问题建筑结构加固防裂技术

罗 诚 著

中国建材工业出版社

图书在版编目（CIP）数据

问题建筑结构加固防裂技术/罗诚著．--北京：
中国建材工业出版社，2021.4

ISBN 978-7-5160-3082-0

Ⅰ.①问…　Ⅱ.①罗…　Ⅲ.①建筑结构－加固－工程
施工　Ⅳ.①TU746.3

中国版本图书馆 CIP 数据核字（2020）第 203053 号

内容提要

本书共六章，主要内容从微裂缝理论、变形裂缝理论到受力裂缝理论；从受力裂缝、变形裂缝到混凝土质量问题建筑结构，介绍防裂和加固技术，并通过大量的混凝土与砌体结构裂缝工程实例和混凝土质量问题工程实例，分析原因、危害及其处理方案。文尾“总结”提出了在处理问题结构中值得进一步研究的结构体系裂缝、整体滑移建筑、混凝土耐久性以及冷拔低碳钢筋的应用等问题，特别推介了“整体滑移建筑”这一概念，其对解决变形建筑结构问题、减轻震害有很大帮助，是值得进一步研究的方向。

本书可供土建工程设计、施工、质监等技术人员、科研工作者及大专院校师生参考使用。

问题建筑结构加固防裂技术
Wenti Jianzhu Jiegou Jiagu Fanglie Jishu
罗　诚　著

出版发行：中国建材工业出版社
地　　址：北京市海淀区三里河路1号
邮　　编：100044
经　　销：全国各地新华书店
印　　刷：北京鑫正大印刷有限公司
开　　本：787mm×1092mm　1/16
印　　张：17.5
字　　数：430 千字
版　　次：2021 年 4 月第 1 版
印　　次：2021 年 4 月第 1 次
定　　价：98.00 元

本社网址：www.jccbs.com，微信公众号：zgjcgycbs
请选用正版图书，采购、销售盗版图书属违法行为

作者简介

罗诚，1970 年生于湖南省长沙市，汉族。1992 年毕业于湖南大学土木系，2005 年晋升为高级工程师，曾任湖南大学设计研究院建筑三所所长，现任湖南湖大工程咨询有限责任公司法人、湖南大学设计研究院副院长。在长期从事房屋建筑结构设计及研究工作中，先后在国内发表论文 7 篇，参编著作 1 本，主持并完成国家标准图集 2 本、地方标准图集及地方规程 2 本。主持并完成 200 余项结构工程设计项目，并获得全国优秀工程设计一等奖 2 项，二等奖 1 项，省部级优秀工程设计一等奖 2 项，二等奖 2 项。

28 年来，作者在从事房屋建筑结构设计和教学（湖南大学土木学院校外研究生导师）工作中，在结构体系裂缝理论、整体滑动建筑试点工程应用、砌体结构加固技术标准建设方面都取得了显著成绩，尤其是在问题工程加固设计、疑难结构技术咨询等工作中，妥善解决了不少建筑结构问题工程、裂缝纠纷和技术难题，获得相关单位及业内专家的一致好评。

前　言

21世纪初，作者参与编写了《混凝土与砌体结构裂缝控制技术》一书，从理论到实践全面系统地论述混凝土与砌体结构在设计方案、施工图设计和施工阶段裂前控制技术，以及裂缝工程检测、鉴定、加固处理的裂后控制技术，使裂缝等问题工程建设达到既安全又经济适用的目的。

该书从2006年出版至今已有十余年，混凝土与砌体结构从材料强度和设计规范、设计理念以及商品混凝土等方面均有新的发展，在检测鉴定、加固处理裂缝等问题工程和改造加固工程的实践中，又积累了一些新的工程经验。

2015年在北京人民大会堂召开了中国第十二届科学家论坛大会，湖南大学设计研究院加固设计研究所向大会提交了一篇论文——《论未来的“建筑医院”》，宣称到该医院看病的不是人而是问题建筑，使问题建筑从诊断（检测鉴定），开处方（加固设计），治疗（加固施工）一体化，实现一条龙服务，使病害建筑的问题得到安全、经济、较快捷的解决，根据这一理念构建的建筑医院，将为延长中国建筑的寿命，为促进中国建筑业健康发展保驾护航。因此，该篇论文从理念上具有创新意义，获中国第十二届科学家论坛大会优秀论文奖。

在获奖论文中不仅论述了“建筑医院”的创新理念，设想了治理问题建筑结构的最佳企业形式，与我国建筑法和相关规范相符，文尾还提出编写建筑医生技术参考书——《问题建筑结构加固防裂技术》一书的提纲，本书是参照该提纲编写的，也是《混凝土与砌体结构裂缝控制技术》一书的续篇。对问题建筑不仅要加固好，而且还要防裂，控制问题结构不出现有害裂缝，达到既安全适用又经济可行的目的。

本书首次在国内明确提出结构体系裂缝的概念，这种体系裂缝在《混凝土与砌体结构裂缝控制技术》一书中曾有工程实例介绍，但未明确是结构体系约束产生的裂缝。在国内文献中，体系裂缝的概念是作者首先提出来的，本书对体系裂缝问题工程专设一章进行介绍，也可以说是创新点，是作者对变形裂缝理论的贡献，据此，既可解释问题工程中异常裂缝的机理，如在非抗震工况下混凝土框架柱头上的交叉状“X”形双向裂缝，也可为处理这种裂缝提供理论依据，本书针对解决体系裂缝的方案，提出了整体滑动建筑的创新建议，这是本书的第一个特点。

本书的第二个特点是，建筑结构加固技术结合问题工程实例，从检测鉴定、加固设计、加固施工进行全面介绍。这一特点得益于我院加固设计研究所、湖南湖大土木建筑检测有限公司、湖南众创特种工程施工有限公司的罗刚团队，对问题工程的处理是按照未来建筑医院的程序实施的，因而才可能拥有从检测鉴定、加固设计、加固施工一整套撰写本书的技术资料。

本书的第三个特点是，书中提供的问题建筑结构加固工程实例，大都是已经过多年考验的成功的加固工程（我们对部分加固工程进行了回访证明是成功的），其加固设计

（包括加固设计方案、计算和构造）对类似问题建筑结构工程的加固设计和加固施工具有较好的参考价值，可确保问题工程得到安全经济、合规可行的解决，符合加固工程中绿色建造的要求，既保障人民安居乐业，又避免浪费人力和物力。

在加固设计中为恢复耐久性，为防裂极力推荐采用冷拔低碳钢丝，是本书的又一特点，对建议大规范和各种加固规范中加固用的钢筋采用冷拔丝有推动作用。

建筑医生系列参考书根据问题建筑结构工程加固技术（包括加固设计与加固施工）的不同，将按如下内容进行介绍：结构裂缝问题工程加固技术；结构材料强度问题工程加固技术；结构改造问题工程加固技术；结构火灾受损问题工程加固技术；地下室基础抗浮问题建筑结构工程加固技术；房屋基础倾斜问题工程纠偏加固技术。鉴于结构裂缝问题和混凝土强度问题是工程常遇的难题，因此，本书先介绍了有关裂缝的基本概念和理论，并列举了大量的工程实例。其他问题工程的加固与防裂将以建筑医生技术参考书的形式陆续编写出版。

在撰写本书的过程中得到了湖南大学设计研究院有限公司的大力支持和资助，并由罗国强教授审稿，高级工程师周泳南校稿，罗刚团队一级注册建造师李伯勋、结构工程师宾帅、国家一级结构工程师陈丞提供了技术资料，湖南大学设计研究院张彦瑜工程师、荣梳君工程师等给予了很大帮助，在此一并致谢。

作者　罗　诚

2020 年 8 月 28 日

目　录

第一章　问题结构加固与防裂概论

结构裂缝是固体材料中某种不连续的现象，当这种现象出现在混凝土和砌体结构上时，由于结构的破坏和倒塌几乎都是始于裂缝的出现和开展，因而人们对裂缝往往有一种破坏前兆的恐惧感。同时，混凝土和砌体结构裂缝可能引起渗漏，削弱结构的整体性。对于混凝土结构，裂缝还将加速混凝土碳化、钢筋锈蚀。但是，绝大多数房屋建筑的业主，甚至某些工程现场不允许混凝土结构出现裂缝，这也是不现实、不科学和不经济的，近代科学对混凝土材料的微观研究以及大量混凝土结构工程实践所提供的经验都说明，钢筋混凝土结构出现某些裂缝是不可避免的，这种结构是可以带裂缝工作的。某些裂缝是一种人们可以接受的材料特征。如对混凝土结构裂缝要求过严，必将付出巨大的经济代价。科学的要求是将裂缝的有害程度控制在允许范围内，这是一门科学，也是一门正确对待和处理裂缝的艺术。有关问题建筑裂缝原因危害分析及其预防加固处理方法，统称为问题建筑加固防裂技术。为掌握好这门技术，首先有必要了解本章介绍的有关裂缝及其结构加固的基本知识，如裂缝分类、裂缝理论及问题结构加固防裂基本规则。

第一节　结构裂缝分类

一、按裂缝原因分类

按裂缝的原因可分为客观和主观两类。

（一）按客观原因分类

问题建筑结构裂缝原因从客观上有两类：一类是由结构上的荷载作用引起的；另一类是由使结构发生变形作用引起的。由前者引起的称为荷载裂缝（或受力裂缝），由后者引起的称为变形裂缝（或非受力裂缝），这是两种性质截然不同的裂缝。

结构上的荷载，根据国家标准《建筑结构荷载规范》（GB 50009—2012），可分为三类：第一类是永久荷载，例如结构自重、土压力、预应力等；第二类是可变荷载，例如楼面活荷载、屋面活荷载和积灰荷载、吊车荷载、风荷载、雪荷载等；第三类是偶然荷载，例如爆炸力、撞击力等。此外，属于荷载范畴的还有如地震、泥石流、洪水、风暴等。本书涉及的荷载裂缝是指在常遇的第一、二类荷载作用下的受力裂缝。受力裂缝根据受力的性质的不同，有受压裂缝、受拉裂缝、受弯裂缝、受剪裂缝和受扭裂缝等。

使结构发生变形的因素也可分三类：第一类是结构材料在硬化过程中发生的体积变形，这种变形因素对现浇混凝土结构以及用龄期短的混凝土砌块砌筑的结构影响较为明显。第二类是结构所处环境气候（温度、湿度）的变化，这种变化使结构发生均匀或不均匀的体积变形（热胀冷缩、湿胀干缩），这种变形因素特别是后者对地处气候经常突变或暴晒、暴雨频繁地区的结构以及火灾中的结构影响较为明显。第三类是建筑地基的沉降、湿陷和膨胀变形，这种变形对基础设计欠妥、软弱地基、湿陷性和膨胀土地基以及场地地基不均匀的结构影响较为明显。此外，钢筋在混凝土中生锈，锈蚀物的膨胀变形，虽然不会导致结构发生变形，但会使钢筋的混凝土保护层胀裂甚至脱落。变形裂缝根据变形性质的不同，有温度（热胀、冷缩、冻胀）裂缝、收缩（干缩）裂缝、沉降（沉陷）裂缝、钢筋锈蚀裂缝等。由于温度（冷缩）与收缩（干缩）几乎都是同时存在的，故习惯统称为温度收缩裂缝。此外，根据变形约束的性质不同，变形裂缝又可分为结构体系约束裂缝和结构局部约束裂缝。

荷载作用引起的结构变形，在超静定结构如钢筋混凝土屋架中，由于节点的位移，会产生所谓次应力，由这种次应力引起的裂缝，属荷载裂缝还是属变形裂缝或者另归一类，是一个有争议的问题，笔者认为，从源头上来说，荷载使节点发生位移，节点位移引起次应力，次应力引起的裂缝仍应属于荷载（或受力）裂缝。不同的是，在次应力作用下，裂缝出现之后，内力将发生重分布。

由上述客观原因引起的裂缝，绝大多数通过人们精心设计、精心施工是可以避免和控制的，但有些则是难以完全避免的，如钢筋混凝土结构中微小的受力裂缝，结构粉刷层表面细小的温度收缩裂缝等。

（二）按主观原因分类

按裂缝原因从主观上可分为两类：一类是设计使用方面的；另一类是施工材料方面的。由设计使用不妥引起的原因有：例如对于荷载裂缝往往是由于未经计算或荷载漏项或少算、误算荷载或改变使用用途，荷载增大等；对变形裂缝往往是在混凝土构件配筋时未考虑温度收缩的不利影响，在砌体结构选用砂浆强度等级时，未考虑屋面热胀对顶层墙体的不利影响（未提高顶层砂浆的强度等级）、未按规范要求设置伸缩缝、沉降缝等。由于施工不当引起的原因有：例如施工时所用材质差、人工挖孔桩基施工抽排水过度、混凝土结构或砌体结构工程未严格按设计和施工规范的要求施工等。由于材料使用不当的情况有：使用过期水泥、不同品种水泥混用、缓凝剂掺量按减水剂掺量使用等。当追究结构裂缝事故的责任时，需要分清是设计、使用失误引起的裂缝，还是施工、材料使用不当引起的裂缝。

二、按裂缝状态分类

按裂缝随时间发展变化的状态分，有稳定裂缝和不稳定裂缝两大类。

（一）稳定裂缝

稳定裂缝是指裂缝随时间的延续不会无限制地开展，将稳定在某一状态。例如，由周期性气温变化引起的变形裂缝，其稳定的裂缝状态是随时间的延续裂缝宽度发生周期性的扩张与缩小：对于冷缩裂缝 w-t 关系曲线如图 1-1 曲线 1 所示，冬季扩张，夏季缩小；对于热胀裂缝 w-t 关系曲线如图 1-1 曲线 2 所示，夏季扩张，冬季缩小。由地基沉降变形引起的稳定的裂缝状态是随时间延续，裂缝宽度逐渐趋于稳定，如图 1-2 所示。由荷载引起的受力裂缝，其稳定状态是，荷载增加→裂缝开展（运动）→荷载稳定→裂缝稳定。稳定受力裂缝宽度（w）与荷载 P（或 σ_s）的关系如图 1-3 曲线 AB 段所示。

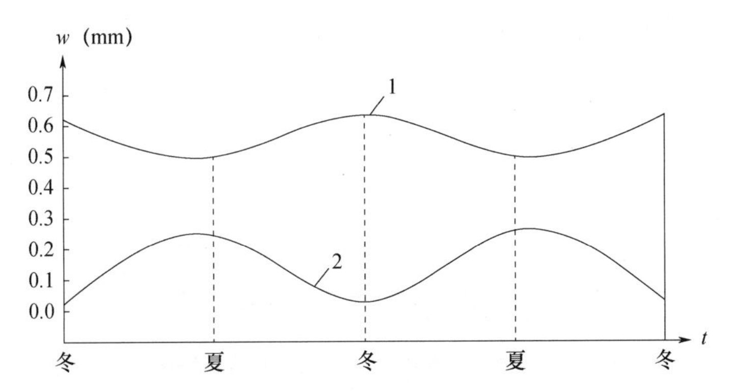

图 1-1　周期性气温变化引起的稳定的变形裂缝 w-t 关系曲线

1—冷缩裂缝 w-t 关系曲线；2—热胀裂缝 w-t 关系曲线

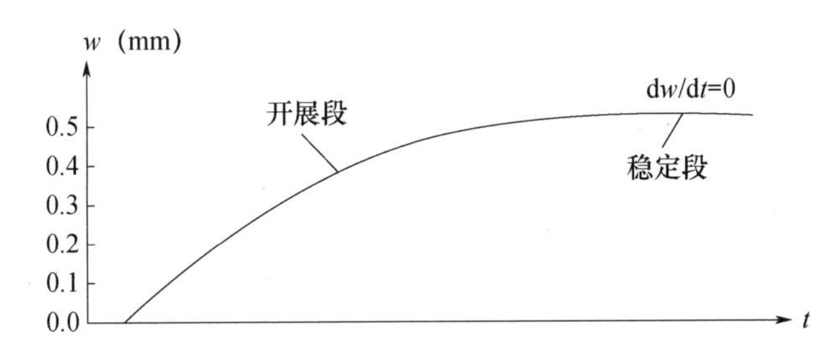

图 1-2　地基沉降变形引起的稳定的变形裂缝 w-t 关系曲线

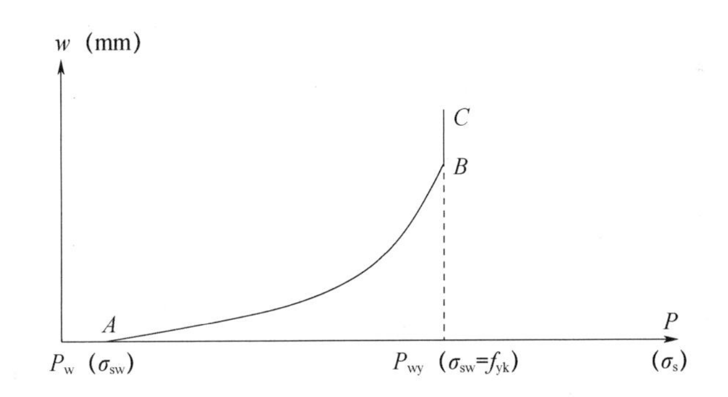

图 1-3　最大裂缝宽度 w 与荷载 P（或钢筋应力 σ_s）关系曲线

当荷载加至 A 点时，出现裂缝，相应的荷载为 P_w，钢筋应力为 σ_{sw}。随着荷载增加，钢筋应力增加，裂缝宽度也相应开展。当荷载增加，钢筋应力小于钢筋屈服强度（$\sigma_s < f_{yk}$）之前，裂缝宽度短时间内仍可处于稳定状态。荷载增加，裂缝宽度大致比例增加；荷载减少，裂缝宽度还会有所闭合。

（二）不稳定裂缝

不稳定裂缝是指裂缝随时间延续不断开展，不会稳定在某一状态。例如，由不稳定的沉降引起的变形裂缝，将随时间的延续而开展。参照国家标准《民用建筑可靠性鉴定标准》（GB 50292—2015）的规定，当连续两个月内的沉降观测，月平均沉降量大于 2mm 时，可认为属于不稳定沉降，在这种沉降变形作用下，相应的裂缝（包括宽度和长度）也会不断发展，如图 1-4 所示。由荷载引起裂缝，当钢筋应力 $\sigma_s \geqslant f_{yk}$时，荷载（钢筋应力）虽不增加，但裂缝迅速开展，如图中 1-3w-P（σ_s）曲线 BC 段所示。

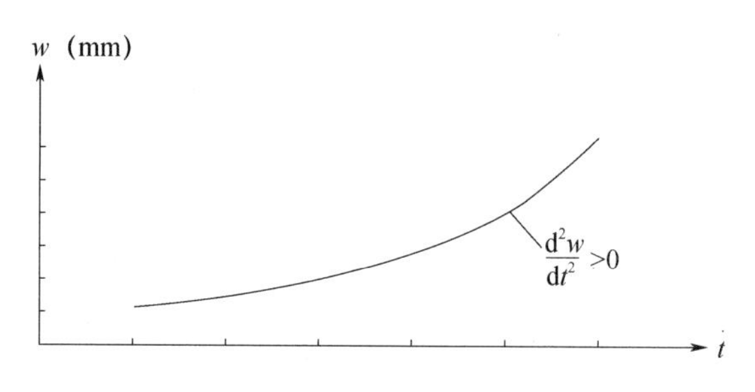

图 1-4　非稳定沉降变形引起的不稳定沉降裂缝

三、按裂缝危害性分类

按裂缝对结构的安全性、适用性和耐久性的危害程度可分为无害裂缝和有害裂缝两大类。

（一）无害裂缝

稳定的变形裂缝和受力裂缝，且最大裂缝宽度在国家或行业标准规程规范允许范围之内，不会危及结构安全、影响结构的适用性和耐久性，可视为无害裂缝。这种无害裂缝结构可不必进行加固处理。

（二）有害裂缝

不稳定裂缝，或最大裂缝宽度大于国家或行业标准规程规范允许值的稳定裂缝，将危及结构安全，或影响结构的适用性和耐久性，可视为有害裂缝。对这种有害裂缝结构应进行加固处理。

四、按裂缝形式分类

按裂缝在结构构件上出现的具体形式，可分为垂直裂缝、水平裂缝、斜裂缝、由斜裂缝形成的螺旋状或“X”形交叉状裂缝等。例如对于框架梁或楼面梁有与其轴线方向正交的垂直裂缝、平行的水平裂缝、非正交的斜裂缝以及由梁四周斜裂缝组成的螺旋状裂缝；对于框架或独立柱有与其轴线方向正交的水平裂缝、平行的垂直裂缝、非正交的斜裂缝以及由柱四周斜裂缝组成的螺旋状或“X”形交叉状裂缝；对于楼板有在板顶支座边或板底跨中与支承梁或墙平行的直裂缝、板底与对角线方向平行的斜裂缝、板顶与对角线方向垂直的斜裂缝（切角裂缝）等；对于墙有与地面正交的垂直裂缝、平行的水平裂缝、非正交的斜裂缝以及柱两侧或墙两端由斜裂缝组成的正八字或倒八字裂缝等。

此外，裂缝按进入构件的深度，可分为表面裂缝（其深度未超过混凝土保护层厚度）、深层裂缝（其深度超过混凝土保护层厚度）以及贯穿裂缝（其深度等于构件截面的宽度或厚度）。

五、裂缝类型判别

对于在混凝土和砌体结构中出现的裂缝，如何判别它们属于哪一种类型，是裂缝结构加固技术中的一个非常重要的问题。因为裂缝类型判别的正确与否，是裂缝结构加固技术成败的关键之一。判断正确就找到了裂缝的真正原因及其危害性，从而方便确定结构加固处理方案。

为正确判别裂缝类型，可按《混凝土与砌体结构裂缝控制技术》一书做好现场调查、结构检测、结构复核、综合分析等方面的工作，最后在裂缝结构检测报告的结论中给出结构裂缝的类型。

根据裂缝理论和实际工程经验，对下列结构裂缝可判别为变形裂缝（或非荷载裂缝）。

（一）钢筋混凝土梁跨中部位梁腹的垂直裂缝

钢筋混凝土梁跨中部位上下纵向钢筋之间梁腹的垂直裂缝，是典型的梁腹混凝土的结硬收缩和降温冷缩变形，受到上部纵向钢筋（或板）和下部纵向钢筋的约束而引起的变形裂缝，这种裂缝以梁腹中间部位最宽，两端至钢筋部位消失，呈梭形状，且多为贯穿裂缝。

（二）钢筋混凝土柱（或剪力墙）与填充墙界面处的垂直裂缝

钢筋混凝土柱（或剪力墙）与填充墙界面处的垂直裂缝也是一种典型的变形裂缝，是由于界面左右两种不同结构材料的冷缩和收缩变形引起的，这种裂缝消失于上下楼板处，大体上等宽，且多为贯穿裂缝。

（三）大体积钢筋混凝土结构表面浅层裂缝

大体积钢筋混凝土结构表面浅层的裂缝是由于大体积混凝土水化热导致的内外温差引起的变形裂缝，这种裂缝表面宽，而消失于混凝土内一定深度。

（四）钢筋混凝土圈梁（卧梁）或连廊梁板中间部位垂直于梁轴线方向贯穿裂缝

此类贯穿裂缝也是梁板混凝土材料收缩和降温冷缩变形受到其下墙体或两端体量较大的混凝土楼面结构的约束在圈梁或连廊梁板中间部位引起的变形裂缝，实际上为结构体系约束引起的变形裂缝。

（五）顶层端部墙体的内倾斜裂缝

此类顶层端部墙体上的内倾斜裂缝是因现浇混凝土屋面结构混凝土热涨时引起的变形裂缝，也称热胀变形裂缝。

（六）混凝土与砌体结构墙柱中的水平裂缝和斜裂缝

混凝土与砌体结构墙柱中的水平裂缝和斜裂缝通常是由墙柱下基础沉降和不均匀沉降引起的变形裂缝，钢筋混凝土墙柱中的斜裂缝在实际工程中也有由基础底板抗浮不够，即在向上水浮力作用下引起沿斜截面剪切破坏的斜裂缝，即柱在水平剪力作用下也将产生斜裂缝。在非地震工况下，在柱中如出现“X”状双向斜裂缝，通过分析表明，这是由冬夏气温变化作用引起的，属于结构体系变形裂缝，可简称为体系裂缝。

在实际混凝土结构工程中如水平裂缝出现在钢筋位置处，且与钢筋走向平行，则属由钢筋锈蚀膨胀引起的变形裂缝。

如裂缝走向与钢筋垂直，且在裂缝位置处宽度最大，则可判断为受力裂缝，或以受力为主的裂缝。因此。对于荷载作用下的结构裂缝应观测钢筋位置处的裂缝宽度。

第二节　结构裂缝理论

一、变形裂缝理论

如前所述，变形裂缝是由各种变形因素在结构构件上引起的裂缝。此类裂缝出现和开展的机理，可用结构构件之间及其材料内部有关约束的概念进行解释。因此，约束、约束应力及应变的概念是变形裂缝理论的核心。本节在论述约束概念、温度作用及温度分布规律、降水影响半径及降水漏斗曲线的基础上，介绍常遇结构及平置梁板构件在不同情况、不同条件下约束应力（温度应力）的实用计算方法。

（一）约束的概念

约束是由相互连接的结构构件之间或结构组成材料之间在变形过程中的相互牵制，其界面上的变形最后达到一致。约束的存在有三个条件：一是至少有两种以上的结构构件和结构材料，或同一结构构件和结构材料但有不同的温度、湿度状态；二是它们之间相互连接，或相互支承；三是结构构件或结构材料发生变形。前两个为必要条件，第三个为充分条件。没有变形就不能体现约束。

结构构件的约束可分为两大类，一类是结构构件的外部约束；另一类是结构构件材料内部的约束。

1. 外部约束

结构构件之间的外部约束，有上部结构与下部结构（地基基础）之间的约束；构件与其支承结构之间的约束，如主梁受柱的约束，次梁受主梁的约束，板受次梁的约束等。结构外部约束按其程度分如下三种情况。

（1）约束很小。

在各种变形因素作用下，支承结构对被支承结构的约束力可忽略不计，接近于自由体，这种情况最有利于对付温度、收缩等变形作用，让其能自由变形。作为这种约束情况的工程实例：例如高温水池，为使水池在高温作用下能自由变形，沿水池长度方向设有钢滚轴（图 1-5）。又如湖南省长沙市金源大酒店（照片 1-1）29 层高层建筑屋顶后加装饰钢构架支座，为尽可能减小钢构架温度变化对屋面结构的影响，除中间支座为固定支座外，周边四个支座为用不锈钢制作的滚动支座，既可沿钢架斜梁方向发生滚动，利用不锈钢弹簧，又能传递一定的水平推力，（图 1-6）。

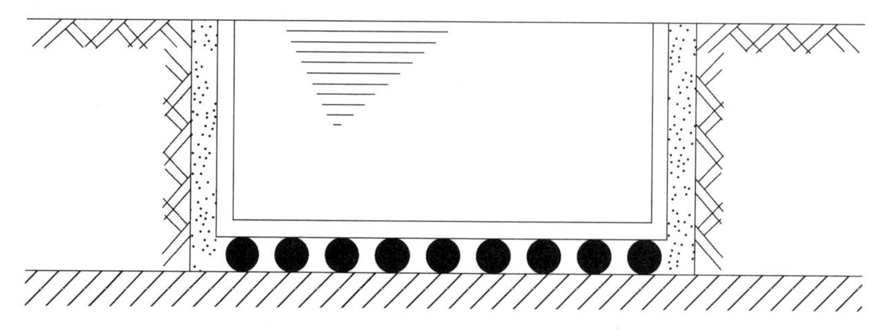

图 1-5　设钢滚轴的高温混凝土水池

照片 1-1　湖南省长沙市金源大酒店屋顶装饰钢构架

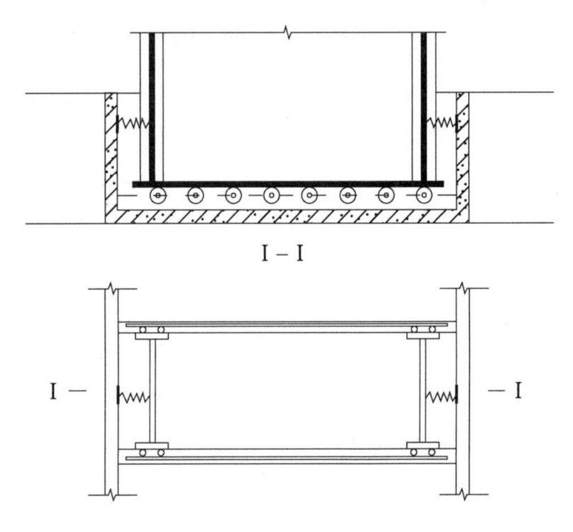

图 1-6　设钢滚轴、弹簧的钢构架滑动支座

此外，在预应力整体滑动细石混凝土刚性屋面和预制构件台面设置油毡或薄膜经过特别处理后的滑动层，也能大大减少基层对面层混凝土的约束，极有利于对付混凝土用温度收缩而产生的应力作用。这种情况将在混凝土平置板块结构裂缝控制的成功实例中做进一步介绍。

（2）约束较大。

在各种变形因素作用下，构件的变形部分得到满足，部分受到约束，其约束力仍较大，不可忽略不计。例如未经特别处理的刚性防水屋面板块、预制构件台面板块以及施工中地基上的长墙或长梁（图 1-7）；采用片筏基础的整体滑动建筑（图 1-8）；弹性排架和框架结构（图 1-9）。前两者为连续式的约束，即地基对板、墙、梁的约束，约束力的大小与构件的长度、正压力以及滑动摩擦系数有关；后者为集中式的约束，即柱对横梁或纵梁的约束，约束力的大小主要与纵、横向排架长度及柱的刚度（主要是柱的长细比）有关，越短越粗的柱对梁的约束力越大。

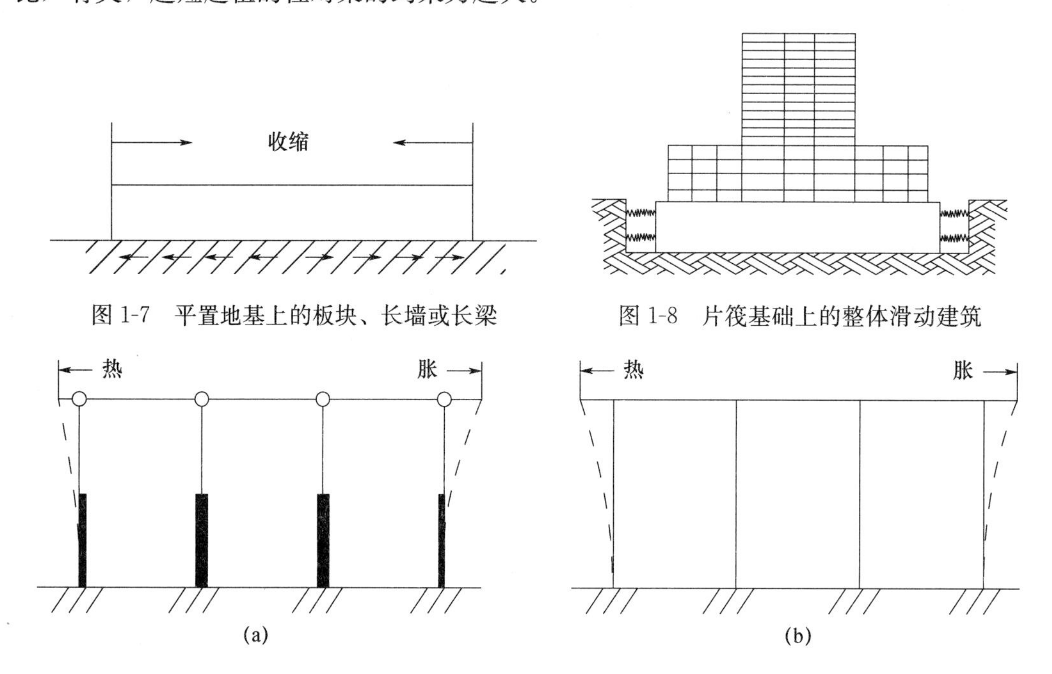

图 1-7　平置地基上的板块、长墙或长梁

图 1-8　片筏基础上的整体滑动建筑

图 1-9　弹性排架和框架结构

（a）弹性排架结构；（b）弹性框架结构

（3）约束很大。

在各种变形因素作用下，特别是混凝土结构在降温冷缩与结硬干缩作用下，结构构件的收缩不能自由完成，变形得不到满足，可视为嵌固或完全约束状态。这种情况在实际工程的例子并不少见：例如与柱子整体现浇的连续地基梁（图 1-10）；两栋高层建筑中间连系走道（图 1-11）；两栋高层楼盘中间地段的地下室顶板（图 1-12）等。由于混凝土的收缩是一种体积收缩，现浇混凝土结构体系的各个组成部分，将向各自的中心收缩，如图 1-11、图 1-12 所示的结构，由于两头的混凝土结构体量很大，它的体积收缩变形量将远大于中间部分的体积收缩变形量，致使中间部分混凝土收缩变形不仅不能得到满足，还要承受两头体量较大的混凝土向各自中心的收缩变形。因此这种结构体系约束，中间走道部分可以视其两端为完全约束或完全嵌固的结构构件。此时，约束力的大小直接与温、湿度有关。这就是产生结构体系裂缝的机理和根本原因。

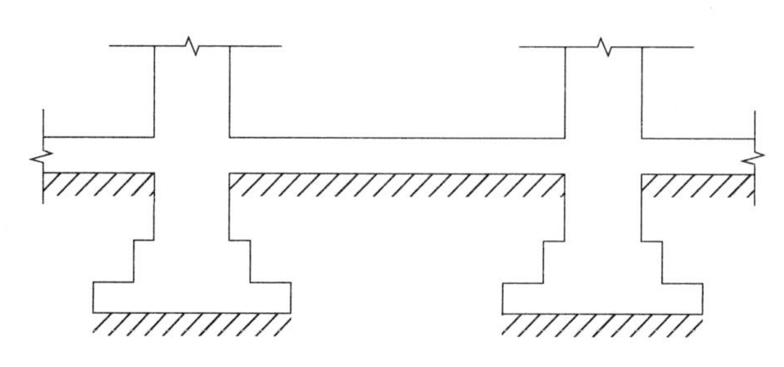

图 1-10　与柱一道现浇的连续地基梁

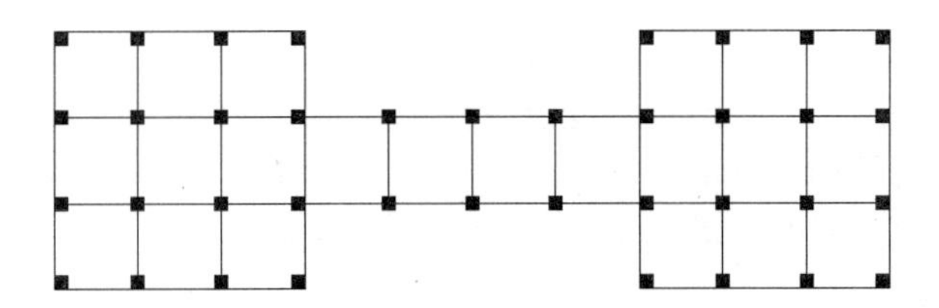

图 1-11　中间走道连系的高层建筑

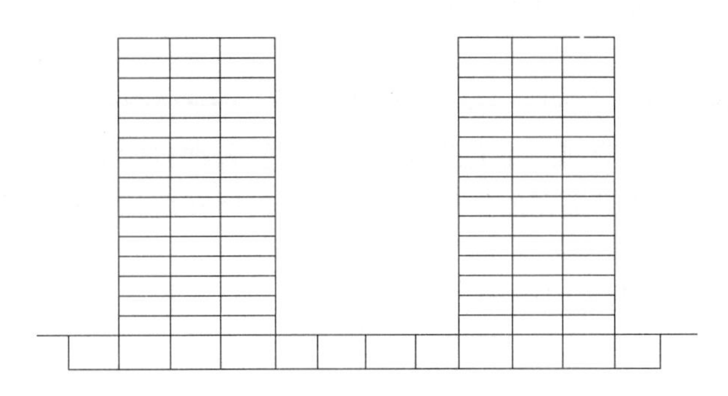

图 1-12　地下室顶板相连的高层住宅楼

2. 内部约束

内部约束是指结构构件内部各质点或各组成部分的相互约束，即内部约束也称为自约束。例如钢筋混凝土结构构件中钢筋对混凝土的约束（图 1-13），混凝土内部骨料对水泥石的约束，砌体结构中砌块对砂浆的约束，结构高温区对低温区的约束（图 1-14），构件高温（湿）面对低温（湿）面的约束（图 1-15）等。

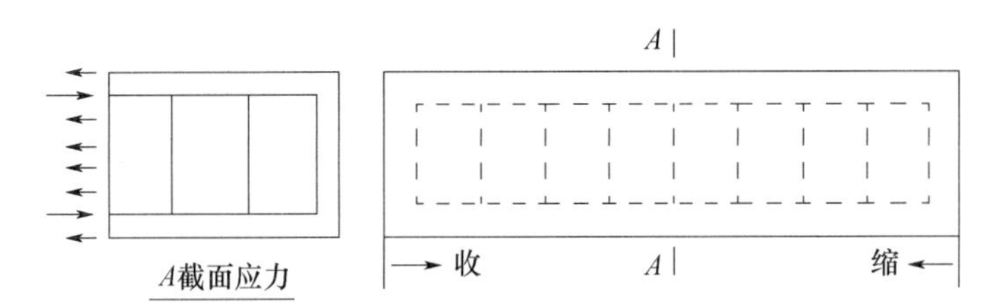

图 1-13　构件中钢筋对混凝土收缩变形时的约束

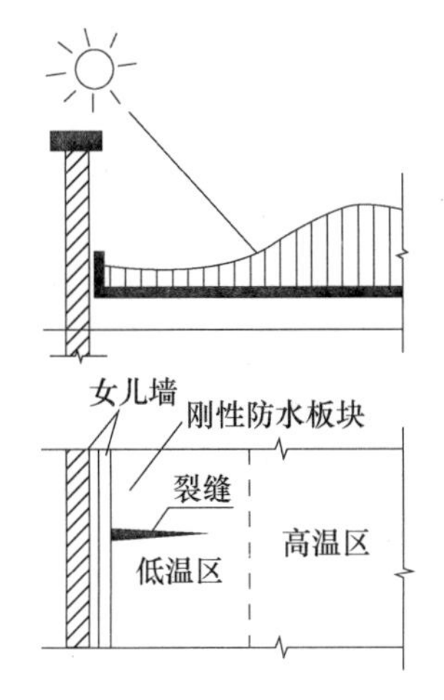

图 1-14　高温区对低温区的约束

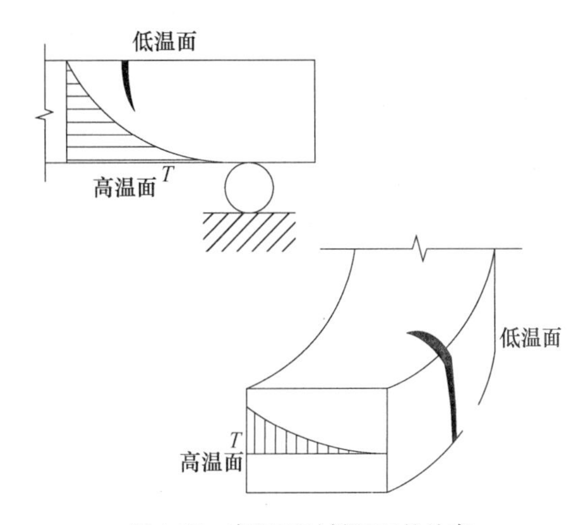

图 1-15　高温面对低温面的约束

一般结构构件之间的外约束及其约束力，可以通过“放”与“抗”或“抗、放结合”的办法从设计和施工上对结构裂缝进行控制。而结构构件内部的约束，特别是混凝土结构的内部约束对结构裂缝的影响，主要从混凝土材料、配合比和施工工艺等方面进行控制。这些问题将在本节“混凝土微裂缝理论”中论述。

（二）温度及其分布规律

在结构工程中，多数变形裂缝与温度的作用有关。因此，在论述变形理论前有必要介绍温度及其分布规律。

1. 温度作用分类

混凝土和砌体结构，特别是露天的结构，要经受各种自然环境条件变化的影响，其表面与内部各点的温度随时都在发生变化。它与结构所在地的地理位置（南方、北方）、地形地貌（平原、山川）、结构物的方位、朝向（朝东、朝西）、所处季节（春、夏、秋、冬）、气候变化（太阳辐射强度、云、雾、雨、雪）等有关。在结构物的内外表面还不断以辐射、对流和传导等方式与周围空气介质进行热交换，其过程十分复杂，由此形成的温度作用及其分布也很复杂。对混凝土与砌体结构工程而言，由于环境条件变化引起的温度作用，可分为三种类型：一是日照温度作用；二是骤然降温温度作用；三是年温温度作用。它们都是自然环境条件变化引起的，是客观存在的，难以消除。此外，也有非环境条件造成的温度作用：如在浇捣大体积混凝土结构的施工中，由于混凝土水化热引起的温度作用；烟囱中高温烟气产生的温度作用；贮仓结构（水泥库、冷库等）贮料温度形成的温度作用；以及核反应堆混凝土防护壳体因核反应产生的高温作用等。下面仅介绍常遇的日照、骤然降温、年温等温度作用的特点。温度变化这类作用不是直接以力（包括集中力和分布力）的形式出现，习惯上也称为“温度荷载”，国际上目前仍有不少国家将“荷载”与“作用”等同采用。这混淆了两种不同的作用——直接作用与间接作用。故本书按我国《建筑结构荷载规范》（GB 50009—2012），称之为温度作用。

（1）日照温度作用。

结构物日照温度变化复杂，受众多因素影响，主要有：太阳直射、天空辐射、地面反射、气温变化、风速以及结构所在地的地理纬度、方位、朝向及其场地的地形地貌等。因此，由日照引起结构表面和内部温度变化是一个十分复杂的随机变化的函数。结构表面温度变化随朝向不同具有明显差别，其中既有太阳辐射引起的局部高温区，又有混凝土热传导特性导致的非均匀分布，函数解难以直接求得，只能采用近似的数值解。实测资料分析表明，在结构物所处地的地理纬度、方位角、时间及地形条件一定的情况下，影响结构物日照温度变化的主要因素是太阳辐射强度、气温和风速。从求得日最高温度出发，风速因素也可忽略，因为当表面温度达到最大值时，风速近乎于零。这样，设计控制温度的影响因素只有太阳辐射与气温变化，它们可从气象站的观测资料中查到。结合现场观测数据进行统计分析，可获得结构表面温度的实用计算公式和相应的温度分布曲线。

（2）骤然降温的温度作用。

在工程实践中，有以下几种情况使结构表面出现骤然降温的温度作用：一是通常日落时引起的降温；二是暴晒时突来的冷空气，特别是暴雨的侵袭（这种情况南方夏天常遇）引起的大幅度降温；三是结构物遭受火灾时，喷水救火引起的陡然降温。

冷空气侵袭作用引起的表面降温速度南方地区平均为1℃/h，最大为4℃/h，比日照升温速度10℃/h慢。暴晒时突然暴雨以及火灾喷水救火引起的降温速度最快，后者可高达100℃/h以上。此时形成很大的内高外低的温度作用，使结构表面出现极为严重的裂缝状况。

（3）年温温度作用。

由于年温温度变化均匀缓慢，对结构的温度作用也较为缓慢均匀。因此，年温温度变化对结构物的影响，均按结构物的平均温度考虑。一般以最高月平均温度与最低月平均温度的差值作为年均温差，即年温变化幅度。年温变化虽然缓慢，但其幅度较大，混凝土结构与砌体结构竣工后半年至一年之内（工期较短者）或竣工前（工期较长者）即发现结构裂缝，这种裂缝往往是由年温温度作用引起的。

2. 温度分布的影响因素

混凝土结构浇捣后，由于内部水化热、外界太阳辐射热以及气温变化的影响，混凝土结构各处处于不同的温度状态，随时在变化。某一特定时刻结构表面与内部各点的温度状态，是指混凝土结构各点温度的大小及分布规律，其影响因素主要有以下两个方面。

（1）外界条件方面。

处于天然环境中的结构物，受其外界大气温度变化的作用，混凝土结构实测资料表明，夏天的最高表面温度可比冬天的最高表面温度高出一倍以上，结构最大年温差不一定在夏季，根据结构方位及其地理纬度等情况，也可能在秋、冬季节。

混凝土结构物各部分的温差分布与其方位、朝向密切相关。如结构的水平表面最高温度发生在太阳辐射最强的时刻，约在下午2时，而温差以朝阳面与背阳面之间的最大。结构垂直表面随其朝向不同，最高温度出现的时刻是：朝东表面在上午10时左右，朝西表面则在下午5时左右，同时在结构厚度方向出现最大温差；对于梁板结构终日不受日照的底部表面，日温度几乎保持不变。

（2）内部条件方面。

① 混凝土的热性能。由混凝土的热性能可知，导热系数很小［1.86～3.49W/（m·K）］，约为黑色金属的4%。因此，当结构外表面温度急变时，混凝土内部各层的温度变化缓慢，具有明显的滞后现象。在同一时间内，通过单位厚度的热量也小得多，导致每层混凝土得到（或扩散）的热量有较大差异，在结构中沿厚度方向形成不均匀的温度状态。根据实测资料分析，当厚度方向温差较大时，其分布为一指数曲线。

② 结构物形状。结构物形状对温度分布也有明显影响。例如在水平箱梁结构中，顶板表面的温度分布比较均匀，腹板表面的温度分布则随时变化。当箱梁的悬臂板较长而梁高较小时，腹板的温度变化就小得多，反之则变化较大。又例如竖向筒体结构，其垂直表面温度随朝向变化，就圆筒结构而言，随太阳方位角的改变而变，但变化是连续的。

桥梁结构的铺装层和屋面结构的保温隔热层对温度也有很大影响。有铺装层和保温隔热层与无铺装层和保温隔热层相比，前者温度较为稳定，而后者温度极不稳定，且为结构温度变化最大的部位。

③ 结构物表面的颜色。结构物表面颜色的深浅，对吸收日辐射热的影响较大，深

者吸热量大，反之则小。因此，改变结构物表面的颜色，可以降低结构物表面的温度。例如采用浅色的屋面代替暴露在外的黑色沥青油毡屋面；采用种植屋面或蓄水屋面，则屋面结构的温度及其作用效应可大为减轻。

④ 水泥水化热。水泥水化热对混凝土结构的温度分布也有影响，尤其是大体积混凝土在浇捣后的一段时间影响较大。这种影响还与施工季节、工艺以及采用的水泥品种、所掺外加剂、养护方法、保温措施、脱模时间等有关。延续的时间较长，如某大跨度预应力混凝土梁从混凝土浇捣开始，约需 15d，才能达到与外界环境温度平衡的状态。

3. 温度分布规律

(1) 温度分布（温度场）的分析方法。

通过实测，可以得到各种结构，例如箱形桥墩、双 T 形梁以及圆筒形结构的温度场，如图 1-16 所示。这些分布曲线都是在某一特定时刻实测的。为解决工程结构温度作用的问题，有必要确定控制设计的最不利的温度场，或接近最不利的温度场。在露天结构中，温度作用效应——温度应力时有超过荷载应力的情况出现。因此，工程界已日益重视温度作用对结构的影响。

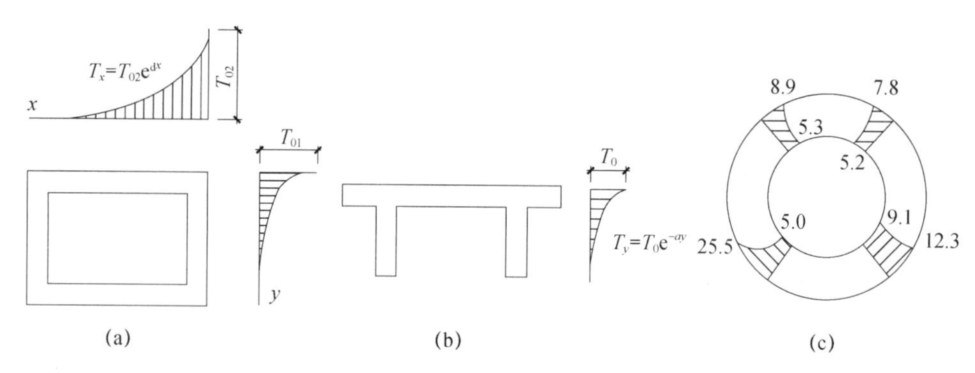

图 1-16　各种结构的温度分布

(a) 箱形桥墩；(b) 双 T 形桥墩；(c) 圆形混凝土水塔

分析结构物温度分布规律的计算方法有三种：一是按 Fourier 热传导求解；二是近似数值解；三是建立半理论半经验公式。前两种分析方法对结构复杂的温度场是一种有效的方法，但在工程设计应用中，不能给出控制时刻温度场的函数式，也就难以导出温差分布与温度应力的关系式。故下面重点介绍简明实用的第三种方法。该法以现场实测资料为依据，用数理统计理论分析温度分布规律，进而建立实用的经验公式。

(2) 温度分布的实用计算公式。

通过近十余年的试验研究，国内外现有实测资料的分析表明，沿梁高、梁宽的温差分布，一般可按下式计算：

$$T_y = T_{01}e^{-ay} \tag{1-1}$$

$$T_x = T_{02}e^{-ax} \tag{1-2}$$

式中　T_{01}、T_{02}——分别为沿梁高、梁宽方向的温差，按实测数据采用；

x、y——均为计算点距受热表面距离，以 m 计；

a——与结构形式、部位方向、计算时刻等有关的参数。

根据大量实测资料统计分析表明，箱梁沿高度方向的温差达到最大值时（下午 2 时前后），$a=5$；沿梁宽方向温差达最大值时（上午 10 时前后），$a=7$。

（三）降水影响半径及降水漏斗曲线

在结构工程中，也有不少变形裂缝是由于大量抽排地下水导致降水范围内的软土，特别是饱水的淤泥土产生不均匀固结沉降，引起降水范围内的结构开裂甚至倒塌，造成工程事故纠纷。为分析裂缝形成的机理，有利于避免施工阶段抽排地下水对临近建筑结构的影响以及解决类似事故纠纷，现将降水影响半径及降水漏斗曲线介绍如下。

1. 降水半径的影响

（1）降水影响半径的经验值。

人们在从事挖桩、挖井过程中，往往需大量抽排地下水，使水位下降到便于施工的操作面以下。在地下水位下降的过程中，以桩位、井位为圆心，离圆心越近，降低的水位越大，反之越小，到一定的距离之后，水位降低趋近于零。该距离称为降水影响半径 R，即抽水孔中心至抽水水位稳定后不受影响的距离。

降水影响半径反映了含水层补给能力的大小，其值主要与松散岩土的粒径有关，粒径越大，含水层补给能力也越大，降水影响半径也就越大。如主要粒径为 0.1mm 及 0.1mm 以下的粉砂层，降水影响半径为 25～50m；主要粒径为 0.25～0.5mm 的中砂，降水影响半径为 100～200m；而主要粒径为 5～10mm 的粗砾石，降水影响半径可达 1500m 和 1500m 以上。松散岩土降水影响半径经验值可参考表 1-1。

表 1-1　松散岩土降水影响半径经验值

土体名称	主要粒径（mm）	影响半径 R（m）
粉砂	0.05～0.10	25～50
细砂	0.10～0.50	50～100
中砂	0.25～0.50	100～200
粗砂	0.50～1.00 1.00～2.00	300～400 400～500
细砾	2.00～3.00	500～600
中砾	3.00～5.00	600～1500
粗砾	5.00～10.00	>1500

（2）降水影响半径的图解法。

由于实际岩土的组成十分复杂，因此降水影响半径可通过多孔井点抽水试验，将井内及观察孔内的水位连成曲线并利用图解法外推求得（图 1-17）

（3）降水影响半径的计算公式。

① 计算假定。为确定降水影响半径，对于稳定流管井出水量，可按地下水流向管井稳定运动的理论进行计算，其计算假定为：

a. 含水层均质且各向同性，水平分布；

b. 水位降与井轴成轴对称，并在距井轴一定距离的圆周上，水位降深 $s=0$；

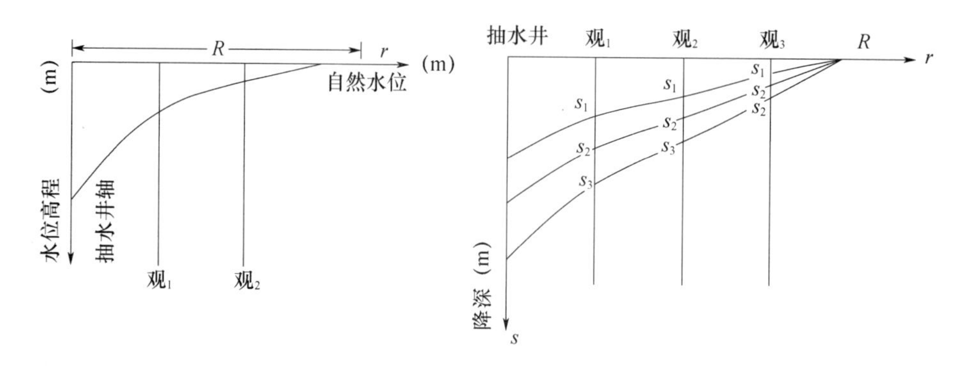

图 1-17　图解法求降水影响半径

c. 水流运动符合达西定律——水在土中的渗流速度 v 与水力坡度 i 成正比，即

$$v=ki \tag{1-3}$$

式中　k——土渗透系数。

② 承压完整井的降水影响半径。承压完整井抽水时，井内及周围含水层内的水头便开始下降，随着降落漏斗不断扩大，水力坡度也在不断改变。当抽水强度不变时，经过一段时间抽水，井内水位稳定在一定高度，漏斗扩展速度逐渐变小，最后稳定于一点。此时，从井中抽出的水量正好等于含水层中的水通过井壁的进入量［图 1-18（a）］。

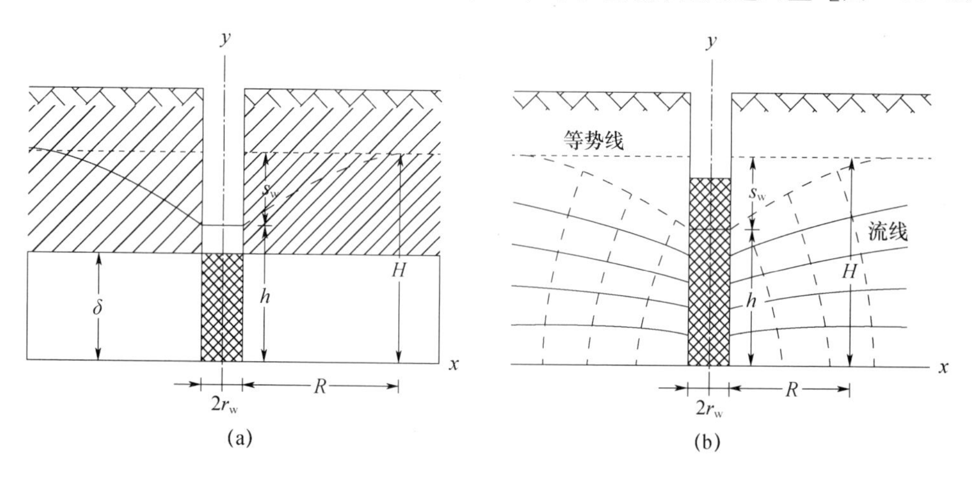

图 1-18　完整井出水量及影响半径计算图

（a）承压水；（b）潜水

沿隔水层顶面设井径向为 x 轴，井中心轴向为 y 轴，离中心为 x 的任意断面上的过水截面、水力坡度和出水量分别为

$$A=2\pi x\delta \tag{1-3a}$$

$$i=\mathrm{d}y/\mathrm{d}x \tag{1-3b}$$

$$Q=kiA \tag{1-3c}$$

由式（1-3a）、式（1-3b）、式（1-3c）得

$$\mathrm{d}y/\mathrm{d}x=Q/(2\pi kx\delta) \tag{1-4}$$

在 $H\sim h$ 范围内移项积分，并经整理得

$$\log R=\frac{2.73k\delta(H-h)}{Q}+\log r_{w}=\frac{2.73k\delta s_{w}}{Q}+\log r_{w} \tag{1-5}$$

式中　H——任意断面处水头（m）；

h——抽水井中水柱高度（m）；

s_w——抽水井中水位降深（m）；

R——降水影响半径（m）；

r_w——抽水井半径（m）；

Q——井出水量（m^3/d）；

δ——承压含水层厚度（m）；

k——土渗透系数（m/d）。

渗透系数 k 与土层性质有关，如黏土几乎不透水，$k<1\times10^{-7}$ cm/s；粉质黏土为弱透水性，$k=(1\sim10)\times10^{-5}$ cm/s；粉土为中等透水性，$k=(1\sim10)\times10^{-3}$ cm/s；砂为透水层，$k=(1\sim10)\times10^{-2}$ cm/s；卵石、碎石为强透水层，$k>1\times10^{-1}$ cm/s。

（4）潜水完整井抽水影响半径。

如图 1-18（b）所示为潜水井抽水时的流线图。流线在剖面上为一系列曲线，由上而下逐渐变缓，等势线也是一条曲线；在影响半径以内的任一过水断面，应为等势线在空间中形成等势面。为简化起见，取圆柱面为过水断面，即 $A=2\pi xy$，同时水力坡度仍为 $i=\mathrm{d}y/\mathrm{d}x$，按式（1-3c）可得

$$Q=2\pi kxy\cdot\mathrm{d}y/\mathrm{d}x \tag{1-6}$$

移项、积分，并整理得

$$\log R=\frac{1.3663k(H^{2}-h^{2})}{Q}+\log r_{w} \tag{1-7}$$

式中　H——潜水含水层厚度（m）；

其余符号意义同前。

对于其他条件下的计算公式以及非稳定流管井降水影响半径 R 或出水量 Q 的计算公式详见文献［15］。

2. 降水漏斗曲线

已知某井孔（桩孔）的水头高度为 H，降水影响半径为 R，井孔（桩孔）半径为 r，井孔（桩孔）要求降水至水柱高度 h，则离开井孔（桩孔）中心任意点半径为 x 处的水头高度 y 可按下式计算：

$$y=\sqrt{H^{2}-q(\ln R-\ln x)} \tag{1-8}$$

$$q=(H^{2}-h^{2})/(\ln R-\ln r) \tag{1-9}$$

式中　H——降水前地下水水头高度，按地质勘察报告采用；

h——降水后井孔内水柱高度，按需要选定；

R——降水影响半径，按前述方法确定或根据土质直接采用经验数据；

r——井孔（或柱孔）半径；

x——任意点距井孔中心的距离；

y——距井孔中心的距离为 x 处任意点的水头高度；

q——为了简化计算公式而采用的一个符号，其与 H、h、R、r 有关。

【例 2-1】某桩孔防水前的水头高度 $H=10\text{m}$，降水后的水柱高度 $h=0.2\text{m}$，桩的半径 $r=0.6\text{m}$，降水影响半径 $R=200\text{m}$，试绘出其降水漏斗曲线。

解： $q=(H^2-h^2)/(\ln R-\ln r)=(10^2-0.2^2)/(\ln 200-\ln 0.6)=17.21$

$$y_i=\sqrt{H^2-q\ (\ln R-\ln x_i)}=\sqrt{100-17.21\ (\ln 200-\ln x_i)} \tag{1-10a}$$

$$\Delta y_i=y_i-y_{i-1} \quad \mathrm{d}y_i=\Delta y_i-\Delta y_{i-1} \tag{1-10b}$$

$$i=\mathrm{d}y_i/\mathrm{d}x_i \tag{1-10c}$$

距桩中心的距离 x_i 为 5m、10m、15m、20m、30m、50m、100m、150m、200m。按式（1-10a)、式（1-10b）和式（1-10c）可分别算得相应 x_i 的 y_i、Δy_i 和 i，如表 1-2 所示。按表 1-2 可绘出降水漏斗曲线，如图 1-19 所示。

表 1-2　降水漏斗曲线计算表

距桩孔中心距离 x_i（m）	水位距孔底高度 y_i（m）	水位下降高度 Δy_i（m）	水位差 $\Delta y_i-\Delta y_{i-1}$（m）	水力坡度 $i=\mathrm{d}y_i/\mathrm{d}x_i$（%）
5	8.51	1.49		
10	8.81	1.19	0.3	6.0
15	8.98	1.02	0.17	3.4
20	9.10	0.90	0.12	2.4
25	9.19	0.81	0.09	1.8
30	9.26	0.74	0.07	1.4
50	9.47	0.53	0.21	1.1
100	9.74	0.26	0.27	0.5
150	9.89	0.11	0.15	0.3
200	10.00	0.00	0.00	0.0

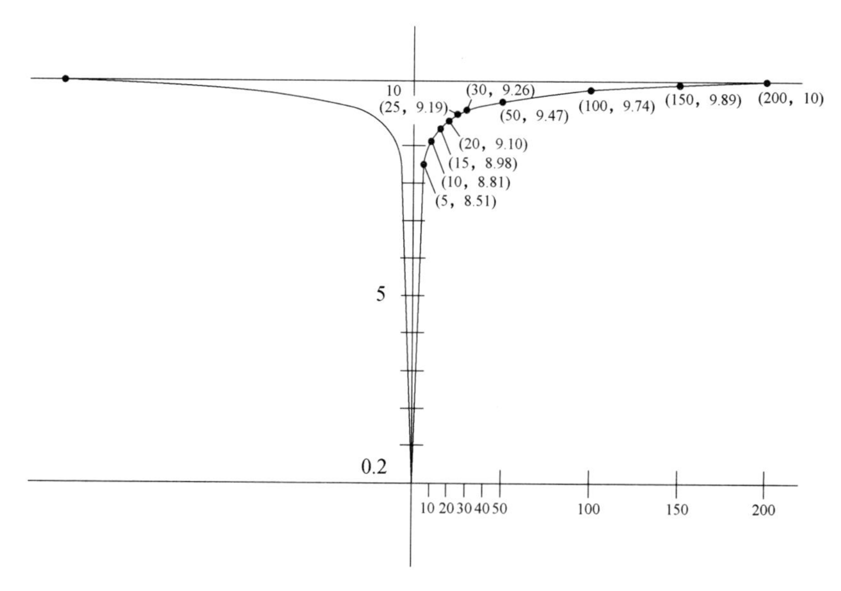

图 1-19　某井孔降水漏斗曲线

（四）常遇结构构件温度应力（约束应力）计算

在气温变化中的降温冷缩与混凝土材料结硬过程中的失水干缩常常是引起结构构件裂缝的主要原因，为考虑两者共同作用，可将材料的收缩率 β，根据材料的线膨胀系数 α 化成相当的温差，即当量温差

$$T=\beta/\alpha \tag{1-11}$$

因此，温度应力可按考虑综合温差 T 进行计算，即包含了材料收缩率这一变形因素的影响。温度应力是在约束状态下引起的，故也称之为约束应力。下面介绍工程中几种常遇结构构件温度应力的实用计算方法。

1. 完全约束梁或板的温度应力

（1）均匀温差。

两端完全约束的梁或板（图 1-20），在沿截面均匀综合温差 T 作用下，其约束应变为

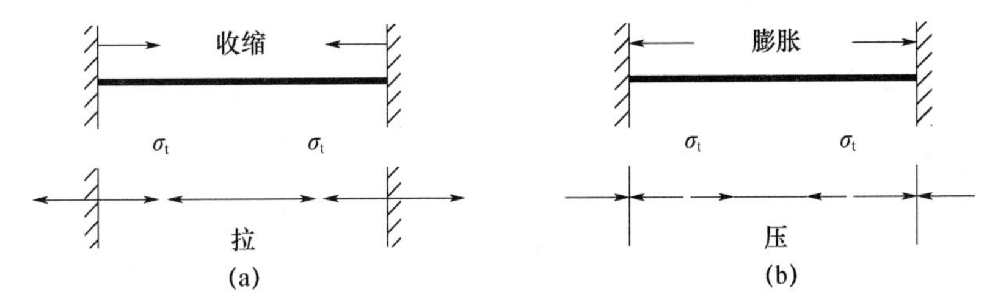

图 1-20　两端嵌固梁、板均匀温差作用

（a）均匀降温收缩时；（b）均匀升温膨胀时

$$\varepsilon_r=-\varepsilon_t=-\alpha T \tag{1-12}$$

相应的约束应力（温度应力）为

$$\sigma_t=\varepsilon_r E=-\alpha TE \tag{1-13}$$

式中　σ_t——温度应力，以受拉为正，受压为负（N/mm^2）；

T——综合温差，以升温为正，降温（或收缩）为负（℃）；

α——材料的线膨胀系数（1/℃），对混凝土当温度在 0℃至 100℃范围内时，$\alpha=1\times10^{-5}$/℃；

E——材料的弹性模量（N/mm^2）。

由上述符号规定可知，两端完全嵌固的梁、板构件，降温（或收缩）时构件受拉［图 1-20（a）］；升温（或膨胀）时构件受压［1-20（b）］。

（2）上下表面温差。

两端完全约束的梁或板，若下表面的温度为 T_1，上表面的温度为 T_2（图 1-21），中间假定按线性分布，上下表面的温差 $T=T_1-T_2$，下表面（高温面）相对于中和轴的温差为$\frac{T}{2}$，上表面（低温面）相对于中和轴的温差为$-\frac{T}{2}$。则约束应变

$$\varepsilon_r=\pm\frac{1}{2}\alpha T \tag{1-14}$$

相应的温度应力

$$\sigma_t=\pm\frac{1}{2}\alpha TE \tag{1-15}$$

低温面为约束拉应力，取正号；高温面为约束压应力，取负号。

2. 弹性约束梁的温度应力

一端嵌固，另一端为弹性约束，当梁的温度从0℃均匀上升至T，由于为弹性约束，发生了δ_0的伸长，相应的应变为ε_0，梁的自由伸长为αTl，l为梁的长度，故其约束的伸长δ_r为$-(\alpha Tl-\delta_0)$，相应的约束应变ε_r为$-(\alpha T-\varepsilon_0)$（图1-22）。因此，弹性约束梁在均匀温差作用下的温度应力为

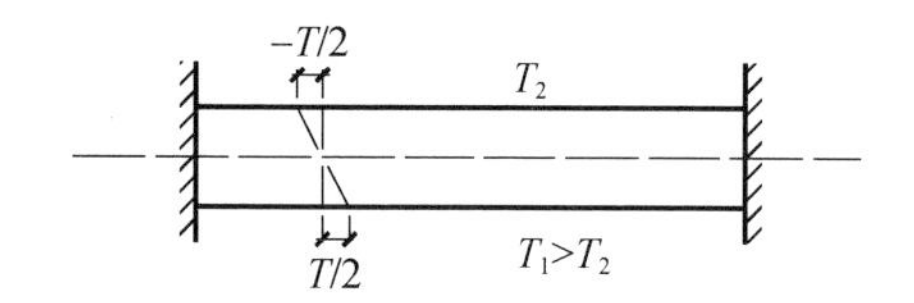

图1-21　两端嵌固梁上下表面温差作用

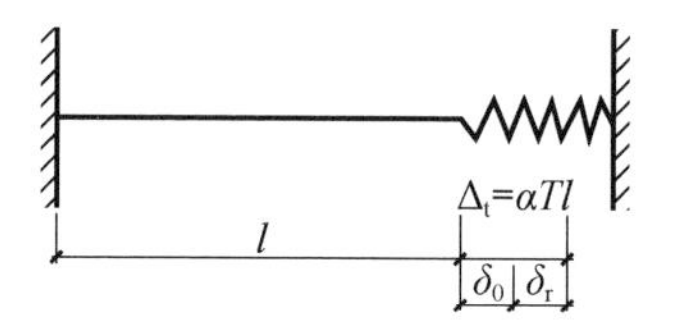

图1-22　一端嵌固，另一端弹性支承梁均匀温差作用

$$\alpha_t=\varepsilon_r E=-(\alpha T-\varepsilon_0)E \tag{1-16}$$

式中　ε_0——实际已发生的应变，与梁的约束程度，即弹簧刚度有关，以伸长为正，缩短为负；

其余符号意义同前。

由式（1-16）可知，当$\varepsilon_0=0$时，$\sigma_r=\sigma_t=\alpha TE$，属于完全约束梁；当$\varepsilon_0=\alpha T$时，$\sigma_r=\sigma_t=0$，属于完全能自由变形的梁，即为一端为嵌固支座，另一端为理想的滑动支座。

3. 梁宽、墙厚表面冷却的自约束应力

对于梁宽、墙厚等大体积混凝土结构，内部水化热温度高，表面温度低，以及受火灾或高温结构冷却时，混凝土自约束应力将引起表面裂缝。如沿梁宽或墙厚方向的温度分布（图1-23），则温度应力为

$$T_{(y)}=\left(1-\frac{y^2}{h^2}\right)T_0 \tag{1-17}$$

式中　$T_{(y)}$——沿梁宽或墙厚度（$2h$），图中y方向的温度分布函数；

h——梁宽或墙厚的一半；

y——计算点沿梁宽或墙厚方向至中和轴的距离；

T_0——截面中心O的峰值温度。

按平面问题采用等效荷载法求自约束应力的方法和步骤如下。

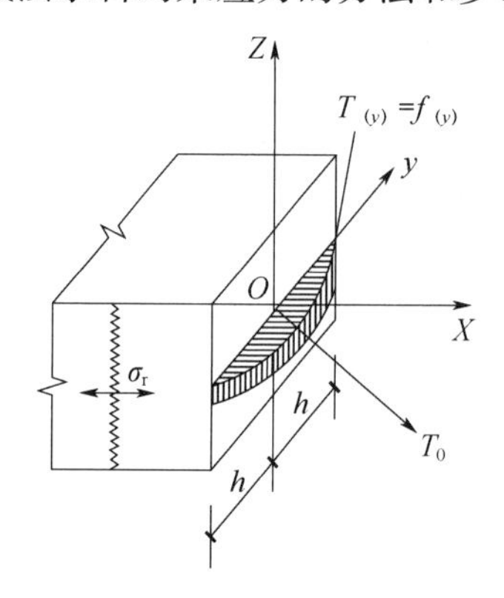

图1-23　表面冷却引起的自约束应力计算简图

(1) 求全约束应力

全约束应变和全约束应力按下列公式计算

$$\varepsilon_r = -\frac{\alpha T_{(y)}}{1-\nu} \tag{1-18}$$

$$\sigma'_{r(y)} = \varepsilon_r E = -\frac{\alpha\left(1-\frac{y^2}{h^2}\right)T_0 E}{1-\nu} \tag{1-19}$$

假定构件两侧对称冷却，故只有全约束轴力，其值为

$$N_r = \int_{-h}^{h} \mathrm{d}\sigma'_{r(y)} = \int_{-h}^{h}\left[-\frac{\alpha\left(1-\frac{y^2}{h^2}\right)T_0 E}{1-\nu}\right]\mathrm{d}y = \frac{-4\alpha T_0 E}{3(1-\nu)} \tag{1-20}$$

(2) 求释放约束引起的应力。

与式（1-20）全约束轴力反向施加一个大小相等的轴力，相当于将约束完全释放，故释放约束引起的应力为

$$\sigma''_{r(y)} = \frac{-N_r}{A} = \frac{\frac{4\alpha T_0 E}{3(1-\nu)}}{2h\times 1} = \frac{2\alpha T_0 E}{3(1-\nu)} \tag{1-21}$$

(3) 求自约束应力。

将按式（1-20）计算的全约束的应力与按式（1-21）计算的释放约束应力叠加（图1-24），即可求得自约束应力为

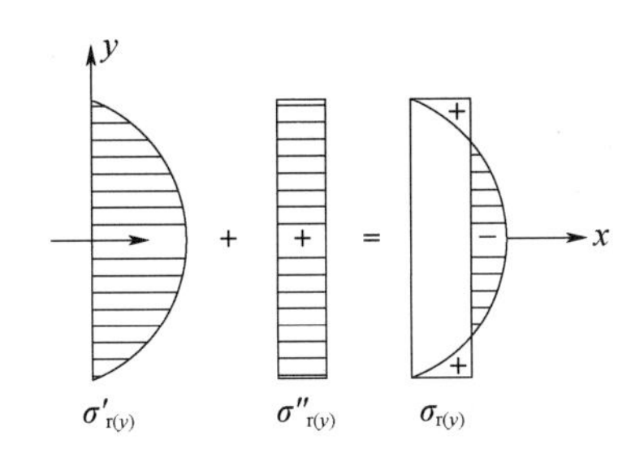

图 1-24　表面冷却引起的自约束应力分布

$$\sigma_{r(y)} = \sigma'_{r(y)} + \sigma''_{r(y)} = \frac{\alpha T_0 E}{1-\nu}\left(\frac{y^2}{h^2} - \frac{1}{3}\right) \tag{1-22}$$

当 $y=h$ 和 $y=-h$ 时，

$$\sigma_{r(y)} = \frac{2\alpha T_0 E}{3(1-\nu)} \tag{1-23}$$

式中　ν——泊松比，混凝土可采用 0.2；

其余符号同前。

由式（1-23）和图 1-23 可知，构件冷却时的表面自约束拉应力最大，其值主要取决于截面中心的峰值温度 T_0（截面中心点与构件表面最大的正温差）。此外，与材料的线膨胀系数 α、弹性模量 E 及泊松比 ν 有关。

考虑混凝土冷却速度（徐变）的影响，式（1-23）应改写为

$$\sigma_{r(y)} = \Psi_{(t,\tau)}\frac{2\alpha T_0 E}{3(1-\nu)} \tag{1-24}$$

式中　$\Psi_{(t,\tau)}$——混凝土龄期 t 天，受温度作用时间 τ 天时的混凝土徐变系数，$\Psi_{(t,\tau)}\leqslant 1$，视温差变化快慢程序可取 $\Psi_{(t,\tau)}=0.3\sim0.5$。对于大火中的构件，喷水灭火为骤然降温，混凝土徐变系数 $\Psi_{(t,\tau)}=1.0$。

4. 圆筒形构筑物的温度应力及边缘效应

(1) 温度应力。

钢筋混凝土圆筒形构筑物，例如水池、水塔、烟囱、贮仓等特种结构，在筒壁上常常出现纵向裂缝，这些裂缝是由温度应力引起的，通常可应用长圆柱壳热弹理论[2]，考虑应力松弛效应（徐变影响）进行分析。

当长圆柱壳两端自由、无外约束、内部无热源，在均匀热胀冷缩及收缩作用下，变形能自由完成，不引起温度收缩应力。

当圆筒内部有热源或内外环境温度差，必然引起筒壁内外表面出现温差或湿差。由于壁厚相对较薄，可以假定温差（或湿差）沿壁厚呈线性分布，因而会产生温度（或湿度）应力。

上述圆筒形构筑物，地面以下嵌固在地基基础上，地面以上顶部为自由端，在远离自由端（顶部）的垂直截面和水平截面不能自由变形，在其正交两个方向引起相同的约束弯矩，如图 1-25 所示，其值为

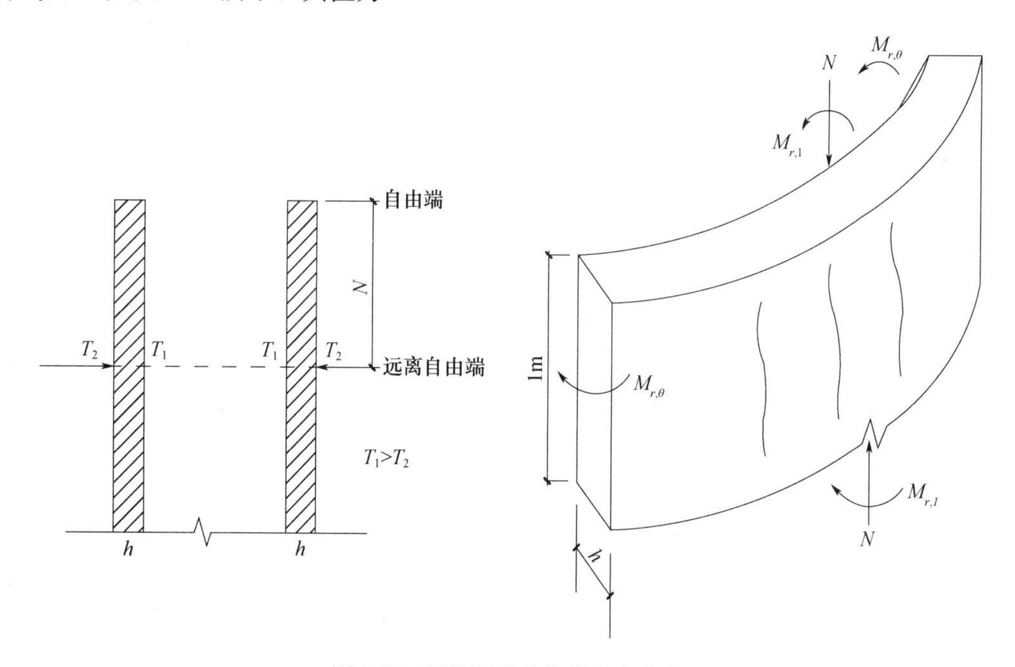

图 1-25　圆筒形构筑物的温度应力

$$M_{r,1}=M_{r,\theta}=\frac{1}{r_r}D \tag{1-25}$$

$$\frac{1}{r_r}=\frac{-\alpha T}{h} \tag{1-26}$$

$$D=\frac{Eh^3}{12(1-\nu)} \tag{1-27}$$

将式（1-26）、式（1-27）代入式（1-25）得

$$M_{r,1}=M_{r,\theta}=\frac{-E\alpha Th^2}{12(1-\nu)} \tag{1-28}$$

相应筒壁内外表面的环向和径向温度应力

$$\sigma_{r,\theta}=\sigma_{r,1}=\pm\frac{-E\alpha T}{2(1-\nu)} \tag{1-29}$$

考虑松弛影响，环向和纵向筒壁内外表面的温度应力

$$\sigma_{r,\theta}=\sigma_{r,1}=\pm\Psi_{(t,\tau)}\frac{-E\alpha T}{2(1-\nu)} \tag{1-30}$$

式中　T——筒壁内外表面温差，$T=T_1-T_2$，T_1 为筒壁内表面温度，T_2 为筒壁外表面温度，通常工作状态下 $T_1>T_2$；

$\sigma_{r,\theta}$、$\sigma_{r,1}$——分别为筒壁环向和径向温度应力，当 $T_1>T_2$ 时，壁内表为约束压应力，壁外表为约束拉应力，其余符号同前。

理论上，筒壁环向和径向温度应力相同，实际上筒壁通常出现的裂缝，是由环向温度应力 $\sigma_{r,\theta}$引起的竖向裂缝，而很少出现由径向温度应力引起的水平裂缝，究其原因，除筒壁竖向的自重压力的影响外，还与竖向钢筋配筋量较大有关。

（2）边缘效应。

如前所述，在远离自由端的部位，沿筒壁竖向作用竖向约束弯矩 $M_{r,1}$，沿筒壁环向作用环向约束弯矩 $M_{r,\theta}$，到自由端处，其边界条件为 $\sigma_1=0$，即 $M_1=0$。为满足该边界条件，应沿筒壁圆周施加与 $M_{r,1}$大小相等，方向相反的弯矩 M_0，即

$$M_{r,1}+M_0=0 \tag{1-31}$$

从而使 $\sigma_1=0$，边界条件得到满足。但环向受力状态有所变化：其一是因 $\sigma_1=0$，$\sigma'_{r,\theta}$由二维问题转变为一维问题，在全约束状态下，$\sigma'_{r,\theta}=E\alpha T/2$，与二维问题的约束应力 $E\alpha T/[2(1-\nu)]$相比，有所减小；其二是为释放边界上的约束弯矩，施加与 $M_{r,1}$反向的弯矩 M_0，必然在筒壁顶部发生对称的弯曲变形，在边界引起径向位移 a_r（图 1-26），使其周长有所伸长，产生附加的环向拉力 N_θ，使边界区的环向拉应力增加。

该附加的环向拉力 N_θ，可根据径向位移 a_r 求得，而 a_r 与 $M_0=M_{r,1}$的大小有关，由圆柱壳基本理论可知

$$N_\theta=\frac{-Eha_r}{r} \tag{1-32}$$

$$a_r=-\frac{M_{r,1}}{2\beta^2 D} \tag{1-33}$$

$$\beta^2=\sqrt{\frac{3(1-\nu^2)}{r^2h^2}} \tag{1-34}$$

$$D=\frac{Eh^3}{12(1-\nu^2)} \tag{1-35}$$

将式（1-33）、式（1-34）及式（1-35）代入式（1-32）中，得

$$N_\theta=\frac{Eh\alpha T}{2\sqrt{3}(1-\nu)}\sqrt{1-\nu^2} \tag{1-36}$$

相应的附加的环向应力

$$\sigma''_{r,\theta}=\frac{N_\theta}{h}=\frac{E\alpha T\sqrt{1-\nu^2}}{2\sqrt{3}(1-\nu)} \tag{1-37}$$

将上式$\sigma''_{r,\theta}$与全约束状态下的$\sigma'_{r,\theta}$叠加得实际状态下的环向拉应力：

$$\sigma_{r,\theta}=\sigma'_{r,\theta}+\sigma''_{r,\theta}=\frac{E\alpha T}{2}\left(1+\frac{\sqrt{1-\nu^2}}{\sqrt{3}(1-\nu)}\right) \tag{1-38}$$

对于混凝土筒形结构，$\nu=0.2$，可算得

$$\sigma_{r,\theta}=1.707\sigma'_{r,\theta} \tag{1-39}$$

由上式可知，圆筒形构筑物，在筒壁内外温差的作用下，自由端边界（顶部）的环向拉应力比远离自由端外全约束状态下的环向拉应力要大得多，对混凝土结构而言，环向拉应力约增大70%。全约束状态下的环向拉应力是由约束弯矩$M_{r,\theta}$引起的，当$T_1>T_2$（内高外低）时，外边缘受拉，内边缘受压，在该应力图形上叠加由附加环拉应力N_θ引起的均匀环拉应力，使外表面的环拉应力最大。这种现象称为“边缘效应”，其影响随着远离自由端迅速衰减，N_θ的衰减方程为：

$$N_{\theta(z)}=-2\sqrt{2}M_0 r\beta^2 e^{-\beta z}\sin\left(\beta z-\frac{\pi}{4}\right) \tag{1-40}$$

式中　z——计算截面至自由端的距离；

其余符号意义同前。

$N_{\theta(z)}$衰减图形如图1-26（c）所示。

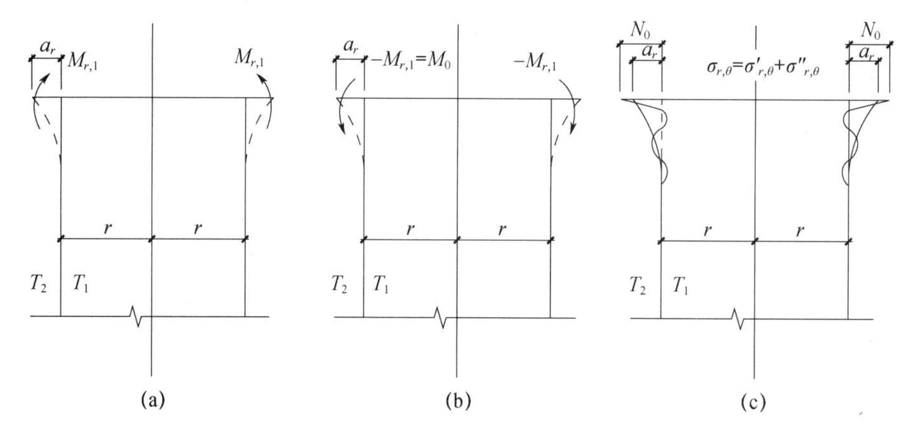

图1-26　圆筒形构筑物温度应力边缘效应及衰减曲线

（a）全约束状态（施加约束力$M_{r,1}$）；（b）放松约束（反向施加约束力M_0）；

（c）（a）、（b）状态叠加边缘效应及其衰减

在矩形水池、贮仓等结构的顶部（自由端）也类似“边缘效应”。因此，在烟囱、水池、贮仓等结构物的上部区域，常常出现上宽下窄、外宽内窄的竖向裂缝，这是一个主要原因。为此，设计上对顶部（自由端）应采取增加配筋、设暗梁或加肋加梁等构造措施予以加强。

考虑温差变形速度的影响，上述环向温度应力，尚应乘以徐变系数$\Psi_{(t,\tau)}$。

（五）平置结构构件温度应力

建筑过程中平置的混凝土结构构件，大部分埋置于地下或半地下，如高层建筑的筏

形基础、箱形基础以及工业厂房大型设备基础。也有在地面以上的，如混凝土预制构件厂的长线台面板块、承重地面、刚性防水屋面细石混凝土板块以及机场跑道等，这些结构构件不仅受水泥水化热和外界气温的影响，而且还受混凝土收缩的影响。因此，在施工阶段应采取措施控制温差、温度（收缩）应力，防止混凝土早期开裂。建筑工程中大体积混凝土结构出现裂缝的部位，多数在基础底板上，常见的裂缝有图 1-27 所示的几种。较薄的平置板块则多为贯穿性裂缝。

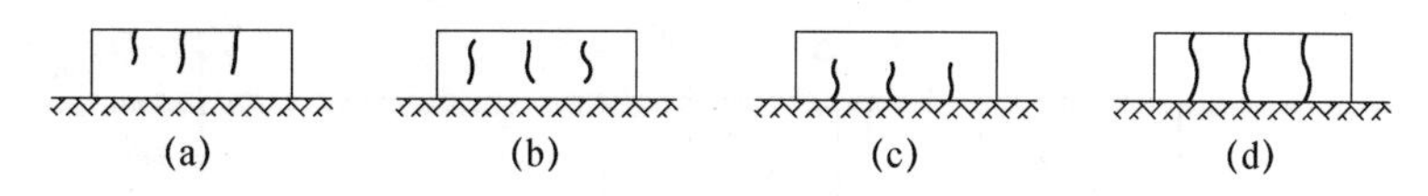

图 1-27　基础底板常见的裂缝形式

(a) 从上表面开裂；(b) 从中间开裂；(c) 从下表面开裂；(d) 贯穿裂缝

为解决平置于地基上的板块、长墙的裂缝问题，从 20 世纪 30 年代起，国内外学者，如美国垦土局、苏联的马斯洛夫、日本的森忠次、我国裂缝专家王铁梦和罗国强等先后进行了大量的工程实践和研究工作。下面着重介绍我国著名学者王铁梦、罗国强经多年潜心研究，并通过工程实践验证的实用计算方法。

1. 地基上的板块和长墙

(1) 温度应力。

建筑工程的结构尺寸一般不像水工结构（例如大坝）那样厚大，它承受的温差与收缩作用，主要是均匀温差及均匀收缩的作用，且由外约束引起的温度应力占主要部分。从施工阶段裂缝控制来看，结构表面裂缝危害性较小，主要应防止贯穿性裂缝。在高层建筑的筏形和箱形基础中，底板厚度远小于长度和宽度、且宽度一般又小于长度，可近似沿长度方向取一长条按长墙或长梁（一维约束）进行分析。

如果在板块与地基之间未设置滑动层，则地基对板块温度、收缩变形的约束与地基刚度（土质）有关，地基的抵抗水平变位的刚度越大，则对板块提供的水平约束力也越大，根据地基接触面上的剪应力与水平变位成线性关系的假定

$$\tau_{(x)} = -C_x u_{(x)} \tag{1-41}$$

式中　$\tau_{(x)}$——板块与地基接触面上的剪应力（N/mm^2）；

$u_{(x)}$——剪应力 $\tau_{(x)}$ 处的地基水平位移（mm）；

C_x——地基水平刚度，即产生单位水平位移所需的剪应力（N/mm^3）。

式（1-41）中，负号表示剪应力方向与位移方向相反。

地基水平刚度 C_x 与地基土的土质有关，其准确数值难以确定，但可偏安全地取为

软质黏土　　0.01～0.03N/mm^3

一般砂质黏土　　0.03～0.06N/mm^3

特别坚硬黏土　　0.06～0.10N/mm^3

风化岩、低强素混凝土　　0.6～1.00N/mm^3

板块或长墙温度应力计算简图如图 1-28 所示。长度方向为 x 轴，板块厚度方向或长墙高度方向为 y 轴，坐标原点位于板块底面长度方向的中点，在距原点 x 处从板块中取出长为 dx 的微段，其高度为 h，宽度为 t；沿高度方向截面左右受法向应力 $\sigma_x + d\sigma_x$ 和 σ_x 的作用，底面受剪应力 $\tau_{(x)}$ 的作用。根据微段水平力的平衡条件得

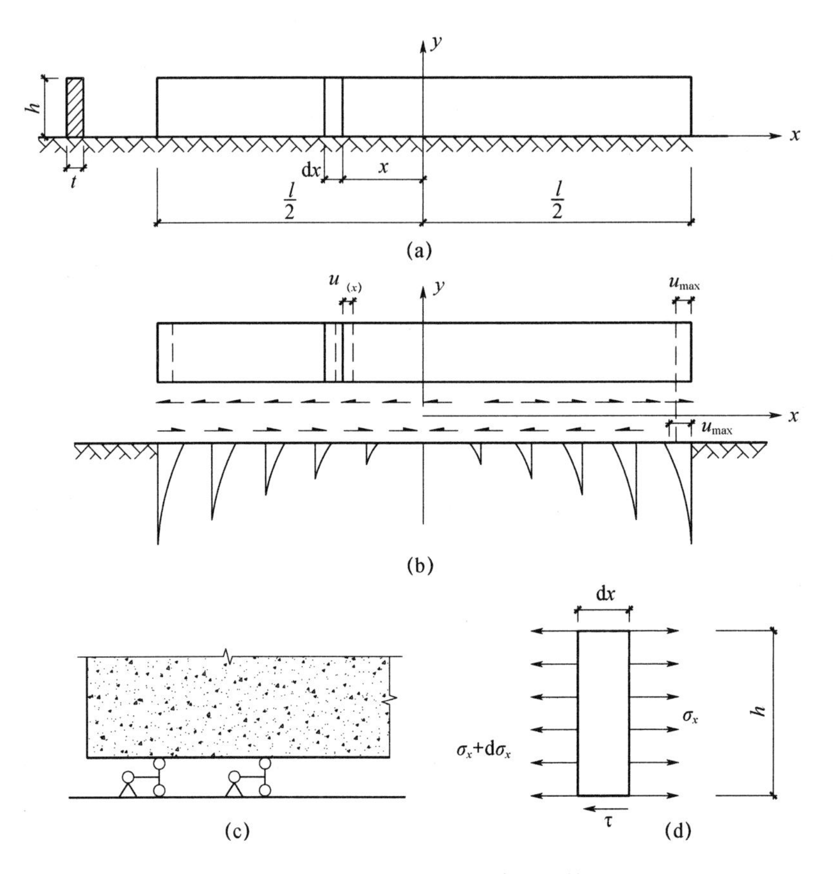

图 1-28　板块或长墙受地基约束的计算简图

(a) 地基上的板块或长墙；(b) 板块或长墙与地基的相互作用；

(c) 地基对板块或长墙约束的模型；(d) 微元体受力状况

$$\frac{d\sigma_x}{dx}+\frac{\tau_{(x)}}{h}=0 \tag{1-42}$$

式中，σ_x 为温度应力或约束应力，可由约束应变求得，即

$$\sigma_x=E\varepsilon_r=E\frac{du_{r(x)}}{dx} \tag{1-43}$$

对 σ_x 一次微分

$$\frac{d\sigma_x}{dx}=E\frac{d^2u_{r(x)}}{dx^2} \tag{1-44}$$

任意的位移 $u_{(x)}$ 由约束位移 u_r 和自由位移 αTx 组成：

$$u_{(x)}=u_r+\alpha Tx \tag{1-45}$$

对 $u_{(x)}$ 二次微分：

$$\frac{d^2u_{(x)}}{dx^2}=\frac{d^2u_r}{dx^2} \tag{1-46}$$

将式（1-44）、式（1-46）、式（1-41）代入式（1-42）得：

$$E\frac{d^2u_{(x)}}{dx^2}-\frac{C_xu_{(x)}}{h}=0 \tag{1-47}$$

设 $\beta=\sqrt{\dfrac{C_x}{hE}}$，上式可简化为：

$$\frac{\mathrm{d}^2 u_{(x)}}{\mathrm{d}x^2}-\beta^2 u_{(x)}=0 \tag{1-48}$$

方程（1-48）的通解为：

$$u_{(x)}=A\cosh(\beta x)+B\sinh(\beta x) \tag{1-49}$$

式中　$u_{(x)}$——任意一点的水平位移；

　　A、B——均为积分常数，可由边界条件确定。

当 $x=0$（中点），即不动点处 $u=0$，由式（1-39）可求得 $A=0$；当 $x=l/2$（自由端），$\sigma_x=0$，由式（1-49）和式（1-43）以及式（1-45）可求得 $B=\dfrac{\alpha T}{\beta\cosh(\beta l/2)}$，并代入式（1-49）得

$$u_{(x)}=\frac{\alpha T}{\beta\cosh(\beta l/2)}\sinh(\beta x) \tag{1-50}$$

由式（1-43）、式（1-45）及式（1-50）求得

$$\sigma_x=-E\alpha T\left[1-\frac{\cosh(\beta x)}{\cosh(\beta l/2)}\right] \tag{1-51}$$

当 $x=0$ 时，可求得最大的水平应力

$$\sigma_{x,\max}=-E\alpha T\left[1-\frac{1}{\cos(\beta l/2)}\right] \tag{1-52}$$

式中　E——混凝土弹性模量（$\mathrm{N/mm^2}$）；

α——混凝土线膨胀系数（1/℃）；

T——温差（℃），以升温为正温差，降温为负温差，收缩可换算成当量负温差；

$\sigma_{x,\max}$——最大的水平应力（$\mathrm{N/mm^2}$），以受拉为正，受压为负；

β——系数（1/mm），$\beta=\sqrt{\dfrac{C_x}{hE}}$；

h——板块厚度（或梁高）（mm）；

C_x——地基水平刚度（$\mathrm{N/mm^3}$）；

cosh（βx）、sinh（βx）——双曲余弦、双曲正弦函数。

由式（1-51）可知：相对于初始温度均匀升温时，在板块中产生水平压应力；相对于初始温度均匀降温时，在板块中产生水平拉应力。工程实践证明，往往当环境气温下降时，在板块中点附近产生垂直裂缝，并具有一再从板块中部开裂的规律（图 1-29）。

当基础底板板块两个方向的平面尺寸比较接近时，可近似按下列公式计算考虑二维约束时的温度应力

$$\sigma=-\frac{E_{(\tau)}\alpha T}{1-\nu}\Psi_{c(\tau)}k_r \tag{1-53}$$

式中　σ——混凝土温度（收缩）应力（$\mathrm{N/mm^2}$）；

$E_{(\tau)}$——混凝土龄期 τ 时的弹性模量（$\mathrm{N/mm^2}$）；

α——混凝土线膨胀系数（1/℃）；

T——混凝土温差；

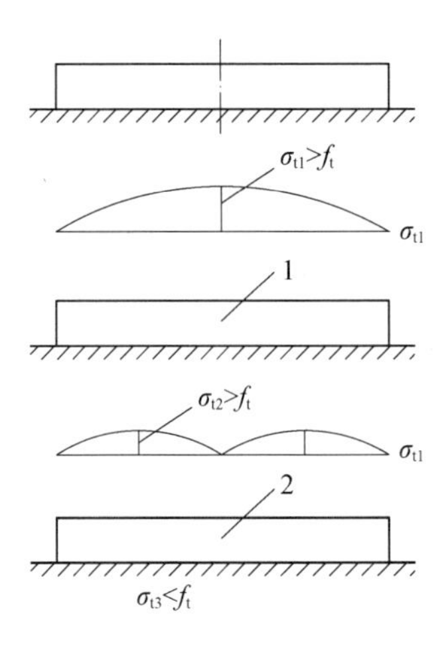

图 1-29　平置板块开裂规律

$\Psi_{c(\tau)}$——混凝土龄期 τ 时考虑徐变影响的松弛系数，此系数当龄期 τ 为 1d、3d、7d、28d、60d、90d 时分别为 0.617、0.570、0.502、0.336、0.288、0.284；

k_r——混凝土外约束系数，岩石地基 $k_r=1.0$；一般地基 $k_r=0.25\sim0.5$；

ν——混凝土泊松比，取 $\nu=0.2$。

（2）伸缩缝间距。

由式（1-43）可知，当最大水平应力达到抗拉强度时，混凝土达到极限拉伸变形，即当 $\sigma_{x,\max}\cong f_t$ 时，$\varepsilon_x\cong\varepsilon_{tu}$、$f_t\cong E\varepsilon_{tu}$，由式（1-49）可求得最大伸缩缝间距：

$$l_{\max}=2\sqrt{\frac{hE}{C_x}}\operatorname{arccosh}\left(\frac{|\alpha T|}{|\alpha T|-|\varepsilon_{tu}|}\right) \tag{1-54}$$

式中　$\operatorname{arccosh}\left(\frac{|\alpha T|}{|\alpha T|-|\varepsilon_{tu}|}\right)$——反双曲余弦函数；

ε_{tu}——混凝土极限拉伸变形值。

混凝土极限拉伸变形值可按下列齐斯克列里经验公式计算：

$$\varepsilon_{tu}=0.5f_t\left(1+\frac{10\rho_s}{d}\right)\times10^{-4} \tag{1-55}$$

式中　f_t——混凝土抗拉强度设计值（N/mm^2）；

ρ_s——配筋率，不带百分数，如 0.2%，取 $\rho_s=0.2$；

d——钢筋直径（mm）。

式（1-55）是以 $\sigma_{x,\max}\leqslant f_t$ 为前提的，如果 $\sigma_{x,\max}$ 稍大于 f_t，则混凝土板块中部开裂，长度减小一半，$\sigma_{x,\max}$将远小于 f_t。此时，裂缝之间的间距可称为最小伸缩缝间距，其值为：

$$l_{\min}=\frac{1}{2}l_{\max}=\sqrt{\frac{hE}{C_x}}\operatorname{arccosh}\left(\frac{|\alpha T|}{|\alpha T|-|\varepsilon_{tu}|}\right) \tag{1-56}$$

设计中采用平均伸缩间距：

$$l_m=\frac{1}{2}(l_{\max}+l_{\min})=1.5\sqrt{\frac{hE}{C_x}}\operatorname{arccosh}\left(\frac{|\alpha T|}{|\alpha T|-|\varepsilon_{tu}|}\right) \tag{1-57}$$

上式中的 αT 与 ε_{tu}，由于它们总是异号，可用绝对值表示，便于应用。

2. 平置整体滑动板块

我国裂缝专家罗国强教授在 20 世纪 80 年代初期开始研究平置板块的温度应力，1981 年在“板块应力的计算原理及其在混凝土板块工程中的应用”一文中，首次在国内提出了露天平置板块温度应力的分析模型和计算公式，并力图用于混凝土露天长线台面和刚性防水屋面的设计。随后，在总结国内刚性防水屋面设计和施工经验的基础上，1983 年编著了《刚性防水屋面设计与施工》一书。20 世纪 90 年代初在混凝土整体滑动台面应用研究获得成功之后，又转向“整体滑动预应力混凝土刚性防水屋面的应用研究”，在屋面试点工程中获得良好的防水效果，进一步验证了整体滑动板块温度应力计算理论的正确性。其主要原理是：一旦平置板块的抗力能克服搁置面上的摩擦力，则板块可伸缩自如，不管温差或收缩有多大，板块也不会断裂。这种理论先后在文献 [4]、文献 [5] 做了介绍，并与作者一道进一步推广应用到整体滑动的基础板块、长墙或长梁的计算，以及推广运用到整体滑动建筑中，照片 1-2 即为一栋建造在整体滑动筏形基础之上的高层建筑。

照片 1-2 某建造在整体滑动筏形基础上的高层建筑

(1) 平置整体滑动板块温度应力计算。

如果在板块与地基之间设置人工的滑动层，则地基对板块温度、收缩变形的约束，在板块未克服摩擦力（未滑动）之前，主要与综合温差有关；在克服摩擦力（滑动）之后，则与综合温差无关，主要与板块的厚度、长度、重度及其上的荷载有关。其温度应力计算公式如下所示。

① 板块滑动前（二维约束）：

$$\sigma_{tx}=\sigma_{ty}=-\alpha TE/(1-\nu) \tag{1-58}$$

② 板块滑动后：

某平置板块如图 1-30 所示，板块 x 方向的长度为 l_x、y 方向的长度为 l_y，坐标原点位于板块的中心“O”，板块的厚度为 h，其上的均布荷载为折算板厚 h_1，在离开板块中心 O 距离为 x 处，取一脱离体，假定板块平置不发生弯曲，当它在温度变化过程中发生平面滑动时，在板块上作用有自重及其上荷载，其值为

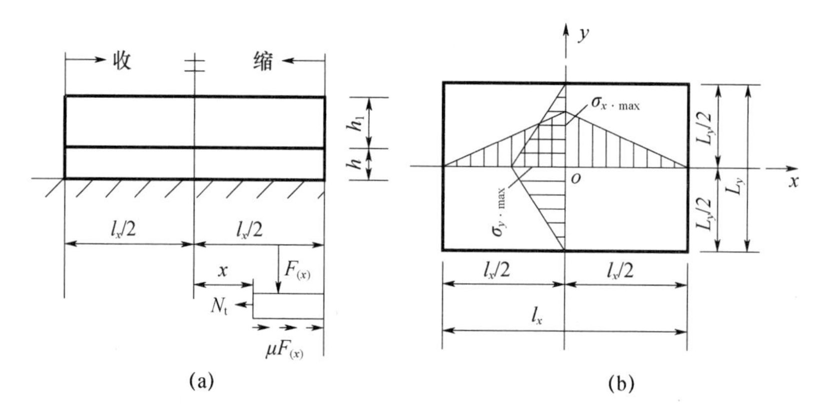

图 1-30　整体滑动板块温度应力计算

(a) 温度应力计算模型；(b) 板块温度应力分布

$$F=\gamma h\left(1+\frac{h_1}{h}\right)l_y\left(\frac{l_x}{2}-x\right) \tag{1-59}$$

此外，在板底作用有与滑动方向反向的阻力 μF；在板块脱离体截面中和轴处，作用有平衡摩阻力的约束（温度）轴力 N_{tx}，由摩阻力引起的偏心弯矩为板块自重及其上荷载引起的弯矩所抵消。因此，用静力平衡条件不难求得温度轴力：

$$N_{tu}=\mu F=\mu\gamma h\left(1+\frac{h_1}{h}\right)l_y\left(\frac{l_x}{2}-x\right) \tag{1-60}$$

相应的温度应力

$$\sigma_{tx}=\frac{N_{tx}}{hl_y}=\mu\gamma\left(1+\frac{h_1}{h}\right)\left(\frac{l_x}{2}-x\right) \tag{1-61}$$

同样

$$N_{ty}=\mu\gamma h\left(1+\frac{h_1}{h}\right)l_x\left(\frac{l_y}{2}-y\right) \tag{1-62}$$

$$\sigma_{ty}=\mu\gamma\left(1+\frac{h_1}{h}\right)\left(\frac{l_y}{2}-y\right) \tag{1-63}$$

$$h_1=\frac{\gamma}{q} \tag{1-64}$$

式中　l_x、l_y——板块 x、y 方向的长度；

γ——板块的重力密度；

h——板块的厚度；

h_1——板块上荷载的折算厚度；

q——板块上的均布荷载。

按式（1-61）和式（1-63）计算的板块温度应力的分布如图 1-30（b）所示。

由式（1-58）与式（1-61）及式（1-58）与式（1-63）相等的条件，可求得界限温差。

$$T_{b,x}=\frac{\mu\gamma(1-\nu)\left(1+\frac{h_1}{h}\right)\left(\frac{l_x}{2}-x\right)}{\alpha E} \tag{1-65}$$

$$T_{b,y}=\frac{\mu\gamma(1-\nu)\left(1+\frac{h_1}{h}\right)\left(\frac{l_y}{2}-y\right)}{\alpha E} \tag{1-66}$$

由式（1-61）、式（1-63）和式（1-65）、式（1-66）以及图 1-30（b）可知：

a. 随 x（或 y）的增加，即离开板块中心距离的增大，$T_{b,x}$（或 $T_{b,y}$）减小，当 $x\to\frac{l_x}{2}$（或 $y\to\frac{l_y}{2}$），$T_{b,x}$（或 $T_{b,y}$）$\to0$，滑动始于板块四周无约束的端部，随着温差的加大，滑动逐渐接近板块中心。

b. 当板块综合温差的绝对值 $|T|$ 小于界限温差 $T_{b,x}$（或 $T_{b,y}$），温度应力直接与温差有关，按式（1-58）计算；当 $|T|>T_{b,x}$（或 $T_{b,y}$）时，温度应力与综合温差无关，主要与板块长度、厚度、摩擦系数及其上荷载有关，按式（1-61）、式（1-63）计算。

c. 板块一旦具有足够的抗力，克服摩擦力，伸缩自如，则温差再大，也不会导致板块开裂。

（2）平置整体滑动板块位移计算。

如前所述，板块克服摩擦力的温度应力计算简图［图 1-30（a）］。在距原点 O 为 x 处从板块中取出长为 dx 的微段，其高度为 h，宽度为单位宽度（图 1-31），沿截面高度方向假定法向应力均匀分布，微段左边为 σ_x，右边为（$\sigma_x+d\sigma_x$），底面作用平均的剪应力 τ，其值为常量 $\mu\gamma h\left(1+\frac{h_1}{h}\right)$，根据微段水平力的平衡条件得

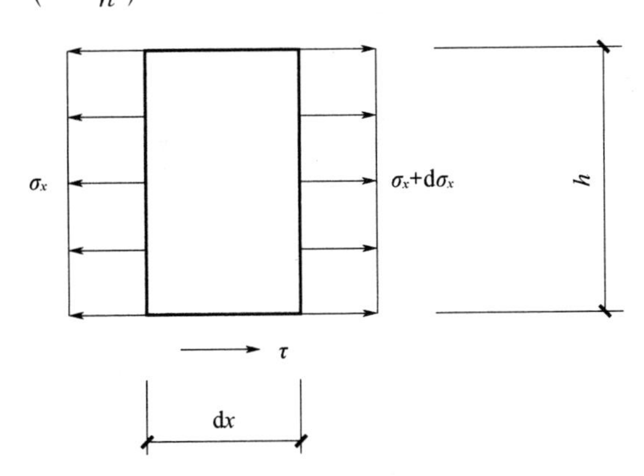

图 1-31　平置整体滑动板块微段受力图

$$\frac{d\sigma_x}{dx}+\frac{\tau}{h}=0 \tag{1-67}$$

板块截面法向约束应力（二维约束）

$$\sigma_x=\frac{E}{1-\nu}\varepsilon_r=\frac{E}{1-\nu}\frac{du_{r(x)}}{dx} \tag{1-68}$$

则

$$\frac{d\sigma_x}{dx}=\frac{E}{1-\nu}\frac{d^2u_{r(x)}}{dx^2} \tag{1-69}$$

而

$$u_{r(x)}=-(\alpha Tx-u_x) \tag{1-70}$$

$$\frac{d^2u_{r(x)}}{dx^2}=\frac{d^2u_{(x)}}{dx^2}$$

故
$$\frac{\mathrm{d}\sigma_x}{\mathrm{d}x}=\frac{E}{1-\nu}\frac{\mathrm{d}^2u_{(x)}}{\mathrm{d}x^2} \tag{1-71}$$

将式（1-71）代入式（1-67）得

$$\frac{E}{1-\nu}\frac{\mathrm{d}^2u_{(x)}}{\mathrm{d}x^2}+\frac{\tau}{h}=0$$

积分两次

$$u_{(x)}=-\frac{\tau}{2hE/(1-\nu)}x^2+C_1x+C_2 \tag{1-72}$$

当 $x=0$，$u_x=0$，由上式可知 $C_2=0$；

当 $x=\frac{l_x}{2}$，$\sigma_x=0$，即

$$\varepsilon_r=\frac{\mathrm{d}u_{r(x)}}{\mathrm{d}x}=0$$

即

$$\frac{\mathrm{d}u_{r(x)}}{\mathrm{d}x}=-\alpha T+\frac{\mathrm{d}u_{(x)}}{\mathrm{d}x}=0 \tag{1-73}$$

$$\frac{\mathrm{d}u_{(x)}}{\mathrm{d}x}=\frac{-\tau l_x}{2hE/(1-\nu)}+C_1 \tag{1-74}$$

将式（1-74）代入式（1-73）可求得

$$C_1=\alpha T+\frac{\tau l_x}{2hE/(1-\nu)} \tag{1-75}$$

将式（1-75）代入式（1-72）得

$$u_x=\alpha Tx+\frac{\tau l_x x}{2hE/(1-\nu)}-\frac{\tau x^2}{2hE/(1-\nu)} \tag{1-76}$$

当 $x=\frac{l_x}{2}$时，位移最大

$$u_{x,\max}=\alpha T\frac{l_x}{2}+\frac{\tau l_x^2}{8hE/(1-\nu)} \tag{1-77}$$

同理

$$u_{y,\max}=\alpha T\frac{l_y}{2}+\frac{\tau l_y^2}{8hE/(1-\nu)} \tag{1-78}$$

$$\tau=\mu\gamma h\left(1+\frac{h_1}{h}\right) \tag{1-79}$$

式中，l_x、l_y 分别为 x、y 方向板裂缝间距，或裂缝之间板块的长度和宽度；τ 的符号与位移的方向相反，如 T 为负值（降温冷缩），则 τ 为正值。反之 T 为正值（升温热胀），则 τ 为负值。由于板块总是在综合降温温差作用下出现裂缝，为应用方便，将式（1-77）、式（1-78）改写为

$$u_{x,\max}=\alpha|T|\frac{l_x}{2}-\frac{\mu\gamma h\left(1+\frac{h_1}{h}\right)l_x^2}{8hE/(1-\nu)} \tag{1-77a}$$

$$u_{y,\max}=\alpha|T|\frac{l_y}{2}-\frac{\mu\gamma h\left(1+\frac{h_1}{h}\right)l_y^2}{8hE/(1-\nu)} \tag{1-78a}$$

由式（1-76）可见：a. 当板块冷缩克服摩擦滑动时，板块端部（$x=l_x/2$，$y=l_y/2$）滑移值最大，而板块中央（$x=0$，$y=0$）为不动点，滑移值为零；b. 板块端部滑移最大值为综合温差作用下的自由变形值［即式（1-77a）、式（1-78a）等号右边的第一项］，减去由摩擦力牵制的约束变形值（即等号右边的第二项）。这两部分变形值符号总是相反，前者直接与温差及板块的长度有关，而后者与温差无关，而与板块的几何尺寸、摩擦系数、弹性模量等有关。

二、混凝土结构微裂缝理论

（一）混凝土内部形成微裂缝的机理

结构混凝土内部的微裂缝是混凝土在未受荷载之前出现的裂缝。这种裂缝形成的机理可从混凝土本身的材料组成及其约束作用两个方面解释。

混凝土的组成材料，如前所述，为石、砂粗细骨料，水泥和水。经搅拌，砂、石表面均包裹有水泥胶凝体。经振捣，粗骨料（石）之间的孔隙为细骨料（砂）所填充。经养护，水泥水化软质的胶凝体随混凝土龄期增长逐渐向硬质晶格转化，多余部分的水分蒸发，在混凝土中出现气孔。如混凝土振捣不密实，在粗骨料之间还会有些细小的孔隙未被细骨料填充。如施工管理不善，砂、石中或砂、石表面还可能存在泥土等杂质。因此，混凝土成型后就是一种固相、液相、气相三相并存的非匀质、非连续、多孔的与时间因素（混凝土龄期）有关的弹塑性材料，这种材料为其内部出现微裂缝提供了必要的和充分的条件。

在水泥水化过程中，水泥石随龄期增长由软质的胶凝体逐渐向硬质的晶格转化，由于骨料的收缩变形极小，而软质的胶凝体收缩变形较大，为满足变形一致的需要，两者必然相互约束。其结果是骨料承受压应力而胶凝体（水泥石）承受约束拉应力。一旦约束拉应力超过水泥石的抗拉强度，即会引起骨料之间的水泥石开裂，这就是混凝土内部在结硬后，混凝土未受荷之前出现微裂缝的机理，它还可以用微元层构模型（图1-32）和微元壳核模型（图1-33）进行解释。

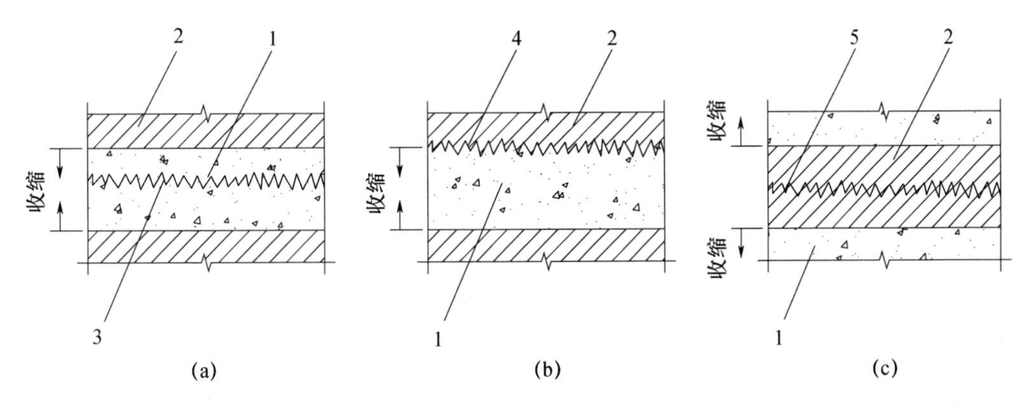

图1-32　微裂缝类型及层构模型

（a）水泥石微裂缝；（b）界面微裂缝；（c）骨料微裂缝

1—水泥石；2—骨料；3—水泥石微裂缝；4—界面微裂缝；5—骨料微裂缝

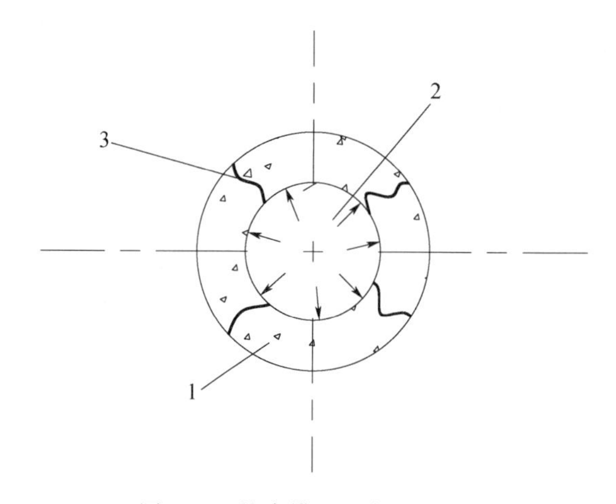

图 1-33　核壳模型及水泥石裂缝

1—水泥石；2—骨料；3—水泥石微裂缝

（二）微裂缝类型

根据混凝土微裂缝出现的部位，可分为如下三种类型。

1. 骨料之间水泥石裂缝

如在“微裂缝机理分析”中所述，当骨料约束水泥石收缩引起的拉应力，大于水泥石的抗拉强度时出现这种水泥石裂缝。这种裂缝通常在水泥石抗拉强度较低时出现[图 1-32（a)]。

2. 骨料与水泥石的界面微裂缝

当骨料表面状况不佳，例如含泥量过高，以至水泥石与骨界面粘结强度较低，当水泥石在结硬过程中收缩时，水泥石与骨料之间的约束拉应力大于界面上的粘结强度时，出现这种界面微裂缝［图 1-32（b)]。

3. 骨料微裂缝

当水泥石与骨料界面的粘结强度较高，而骨料抗拉强度较低时，包裹骨料两对边的水泥石收缩时，将产生这种骨料微裂缝［图 1-32（c)]。

以上三种微裂缝中，一般情况下以骨料与水泥石的界面微裂缝居多。

（三）微裂缝对混凝土受荷性能的影响

微裂缝对混凝土受荷性能的影响，可从混凝土立方试块受荷过程中裂缝的出现和开展以及应力-应变曲线进行说明。

加荷载前，由于前述机理，在混凝土试块中已出现界面微裂缝，如图 1-34（a）所示。加载后，微裂缝尚未发展之前，应力-应变呈线性关系，如图 1-35 中 σ-ε 曲线的 OA 段，此时 A 点的应力为混凝土峰值应力 σ_0 的 30%～50%，混凝土工作处于弹性阶段。

随着荷载的增加，界面微裂缝开展［图 1-34（b)］和水泥胶凝体的黏性流动，混凝土试块应变的增长快于应力的增长，σ-ε 呈非线性关系，如图 1-35 中 AB 段所示。此时，B 点的应力为峰值应力 σ_0 的 70%～90%，混凝土处于弹塑性工作阶段。在宏观裂缝尚未出现以前，σ-ε 曲线为 OAB 段，混凝土试块的体积缩小。

加荷载至 N_{cr}［图 1-34（b)]，界面微裂缝开展，出现一些新的界面微裂缝［图 1-34（b)]，并开展成为宏观可见裂缝。此时，在 σ-ε 曲线上应变速度进一步加快，表明软质的胶凝体进一步发生黏性流动，出现非线性（塑性）变形。

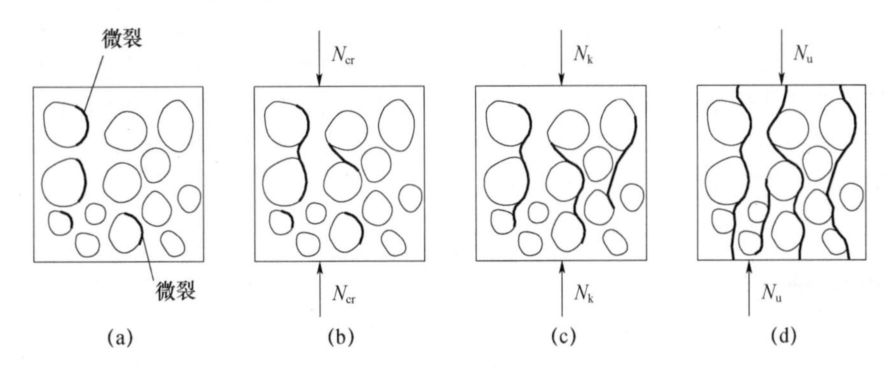

图 1-34　混凝土立方试块从微裂至加载破坏

（a）加载前微裂缝；（b）加载至宏观裂缝出现；

（c）宏观裂缝随加载开展；（d）加载至裂缝将试块分离成若干独立部分而破坏

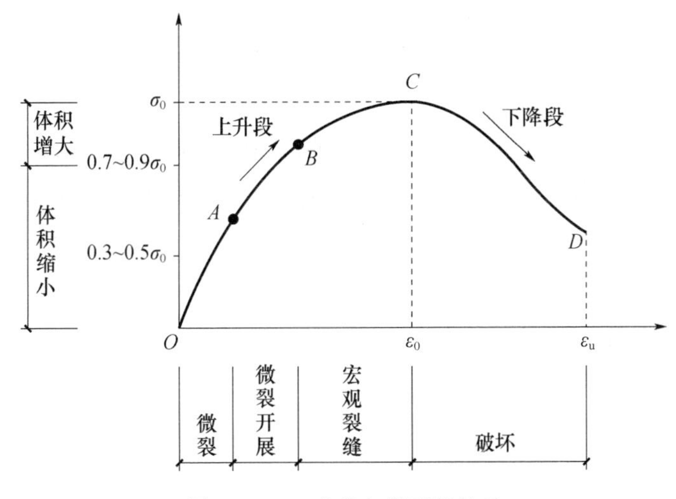

图 1-35　σ-ε 曲线与微裂的关系

加荷载至 N_k［图 1-34（c）］，混凝土内部界面微裂缝不断发展，并在水泥石中出现新的微裂缝，宏观裂缝随之不断开展。荷载加到 N_u［图 1-34（d）］，应力上升至图 1-35 中 σ-ε 曲线顶点 C，达到峰值应力 σ_0。在 BC 段混凝土试块体积有所增加。

在试验机具有足够刚度的条件下，随着应变的急剧增加，应力随之下降到 D 点，应变达到极限压应变值 ε_u，宏观裂缝上下贯通［图 1-34（d）］，试块完全破坏。

在刚度不够的普通试验机上，一旦到达峰值应力 σ_0，试验机积累的应变能会将试件立即压碎，σ-ε 曲线中不会出现 CD 下降段。

（四）微裂缝对混凝土变形性能的影响

微裂缝对混凝土变形性能的影响，主要体现在对混凝土徐变性能的影响。所谓混凝土徐变是指在不变应力持续作用下，随时间增长的变形。试验研究表明，混凝土徐变性能与持续作用应力的大小 σ_c 有关，当 $\sigma_c \leqslant 0.5f_c$ 时，微裂缝不会随时间开展，混凝土的徐变主要是水泥胶凝体黏性流动的结果，与应力的大小成线性关系，称之为线性徐变。当 $\sigma_c > 0.5f_c$ 时，水泥胶凝体不仅随时间发生黏性流动，而且在混凝土中受荷前产生的微裂缝中也会随时间扩展，应变与应力的大小成非线性关系，称之为非线性徐变。当$\sigma_c > 0.8f_c$时，荷载持续作用一段时间之后，微裂缝随时间增长迅速扩展，这种徐变使混凝土的变形超过其极限变形能力而突然破坏。如铁道部曾做过$\sigma_c = 0.8f_c$持续作用的试验，仅仅持续作用6h，试件突然发生破坏。因此，构件混凝土经常处于不变的高压应力状态下是很不安全的。在高层建筑结构中的混凝土框架柱和剪力墙暗柱，即使是非抗震结构，适当控制轴压比是较为稳妥的。

（五）微裂缝对混凝土结构的不利影响及其控制方法

1. 不利影响

微裂缝的出现对混凝土结构的不利影响归纳起来有如下四点。

(1) 微裂缝的出现使混凝土内部形成薄弱环节，降低混凝土的抗裂性能，促使宏观裂缝早现。

(2) 微裂缝的开展，使混凝土徐变增加，刚度减小，降低混凝土抵抗变形的能力。

(3) 在高应力持续作用下，微裂缝导致的非线性徐变，降低混凝土的持久强度，即使混凝土提前丧失承载力。

(4) 对预应力混凝土结构，增加由于徐变引起的预应力损失。

2. 控制微裂缝的方法和措施

控制微裂缝的关键，一个是尽可能减少混凝土中多余的水分，减少水分蒸发后遗留的气泡；另一个是尽可能使混凝土密实，减少混凝土中的孔隙。据此，在混凝土的施工过程中，可采取如下控制微裂缝的措施。

(1) 研制高温高压成型工艺。

(2) 采用真空脱水工艺。

(3) 采用挤压成型工艺。

(4) 掺高效减水剂，配制高强度混凝土。

(5) 长期湿养，如蓄水养护。

此外，在混凝土施工过程中严格控制水灰比，砂石含泥量，粗、细骨料级配优良和振捣密实等，尽量减少混凝土结硬收缩微裂缝。在设计中注意控制轴压比，使混凝土避免长期处于高压应力状态。在施工中严格控制构件底模的拆除时间。

三、荷载裂缝理论

（一）概述

如前所述，荷载裂缝也称受力裂缝，其宽度随荷载（内力）加大而增宽，成为结构构件破坏前的征兆。因此，国家和行业标准规范对裂缝宽度的控制，荷载裂缝比变形裂缝有更为严格的要求。现行国家标准对荷载裂缝控制的方法有两种：一种是通过构件截面承载力的计算和构造间接控制，如混凝土结构中各种受力构件的斜裂缝和砌体结构中的各种裂缝采用间接控制法；另一种是通过构件正截面裂缝宽度的计算直接控制。本节在简要说明混凝土结构中各种受力构件垂直裂缝宽度计算理论的基础上，着重介绍控制这种裂缝宽度的实用的计算方法。

（二）荷载裂缝出现的机理

在钢筋混凝土结构构件中，荷载裂缝出现的机理与构件截面的受力状态有关，即当截面上的主拉应力达到混凝土的抗拉强度时，出现与主拉应力方向垂直的裂缝。如轴心受拉构件，由于全截面受拉，因而出现横向的贯穿全截面的裂缝［图 1-36（a）］。偏心受拉构件，当偏心距较小时，与轴心受拉构件一样，出现横向的贯穿全截面的裂缝；当偏心距较大时，将仅在靠近轴向力一侧的受拉区出现横向裂缝［图 1-36（b）］。偏心受压构件，当偏心距较大时，在远离轴向力一侧的受拉区出现横向裂缝［图 1-36（c）］。简支受弯构件一般在跨中截面受拉区出现垂直裂缝，而在支座截面附近出现斜裂缝［图 1-36（d）］，其裂缝出现的机理或原因以无腹筋梁为例说明如下。

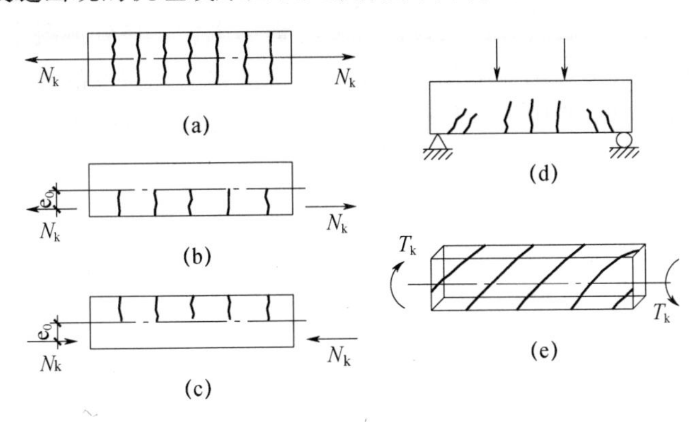

图 1-36　荷载裂缝

（a）轴心受拉；（b）偏心受拉；（c）偏心受压；（d）受弯；（e）受扭

当梁上荷载较小时，裂缝尚未出现，可以将钢筋混凝土梁假定为匀质弹性体，用一般材料力学的公式分析它的应力，截面上任意一点的弯应力 σ 和剪应力 τ 可分别按下列公式计算：

$$\sigma=\frac{M}{I_0}y_0 \tag{1-80}$$

$$\tau=\frac{VS_0}{I_0 b} \tag{1-81}$$

式中　I_0——换算截面惯性矩；

y_0——计算弯应力的纤维到换算截面形心的距离；

S_0——计算剪应力的纤维以上（或以下）部分换算截面面积对换算截面形心的静面矩；

b——计算纤维处的截面宽度。

剪弯区段中各点的主拉应力 σ_{tp} 和主压应力 σ_{cp} 分别为

$$\sigma_{tp}=\frac{\sigma}{2}+\sqrt{\left(\frac{\sigma}{2}\right)^2+\tau^2} \tag{1-82}$$

$$\sigma_{cp}=\frac{\sigma}{2}-\sqrt{\left(\frac{\sigma}{2}\right)^2+\tau^2} \tag{1-83}$$

主应力的作用方向与梁纵向轴一夹角为

$$\tan 2\alpha=-\frac{2\tau}{\sigma} \tag{1-84}$$

当梁上荷载较大，其主拉应力 $\sigma_{tp}\geqslant f_{tk}$ 时，出现与主拉应力方向垂直的裂缝：对于

简支梁的支座截面 $M=0$，$\sigma=0$，故 $\tan 2\alpha=-\infty$，出现与梁纵向轴线成45°的斜裂缝；跨中截面 $V=0$，$\tau=0$，故 $\tan 2\alpha=0$，出现与梁纵向轴线成90°的垂直裂缝，同理，受扭构件将在其表面出现连续的斜裂缝，形成空间的螺旋状裂缝［图1-36（e）］。

试验表明，钢筋混凝土构件（例如轴心受拉和受弯构件），在第一批裂缝出现之后，随着荷载的增加，在两条裂缝之间不断出现新裂缝，当加载到一定阶段，受拉区不再出现新裂缝，裂缝间距基本稳定，构件进入裂缝基本出齐的工作阶段。往后，随着荷载的增加裂缝不断开展。钢筋混凝土构件为什么到一定的受力阶段就不会再出现新的裂缝呢？原来，裂缝出现后，裂缝截面受拉区混凝土退出工作，该处混凝土与钢筋也不再存在粘结力，全部拉力由受拉钢筋承受。在离开裂缝截面的受拉区混凝土中，由于混凝土与钢筋的粘结作用，将钢筋中的一部分拉力通过粘结力传给混凝土。如果混凝土的拉应力达到混凝土实际抗拉强度，又有可能出现新的裂缝。但是，当裂缝间距小到一定程度时，通过粘结力传给混凝土的拉应力，达不到混凝土实际抗拉强度时，则在两条裂缝之间不可能再出现新的裂缝。因此，存在一个裂缝基本出齐的阶段。该阶段的存在，为平均裂缝宽度的计算提供了依据，即可在稳定的平均裂缝间距的基础上，建立平均裂缝宽度的计算公式。

以上为各种受力构件裂缝出现的机理。其中，受力构件存在一个裂缝基本出齐的阶段，是裂缝宽度计算的一个重要概念和客观事实。

（三）荷载垂直裂缝开展宽度的计算

众所周知，混凝土是一种非匀质材料，其抗拉强度离散性较大，因而构件裂缝的出现和开展宽度也带有随机性，这就使裂缝宽度计算的问题变得比较复杂。对此，国内外从20世纪30年代开始进行研究，并提出了各种不同的计算方法。这些方法大致可归纳为两种：一种是试验统计法，即通过大量的试验获得实测数据，然后通过回归分析得出各种参数对裂缝宽度的影响，再由数理统计建立包含主要参数的计算公式；另一种是半理论半经验法，即根据裂缝出现和开展的机理，在若干假定的基础上建立理论公式，然后，根据试验资料确定公式中的参数，从而得到裂缝宽度的计算公式。《混凝土结构设计规范（2015版）》（GB 50010—2010）采用的是后一种方法。

1. 裂缝出现和开展过程

现以图1-37（a）所示的轴心受拉构件为例说明裂缝出现和开展的过程。设 N_k 为按荷载标准组合计算的轴向力，N_{cr} 为构件沿正截面的开裂轴向力，N 为任意荷载产生的轴向力。

当 $N<N_{cr}$ 时，正截面上混凝土法向拉应力 σ_{ct} 小于混凝土抗拉强度标准值 f_{tk}，截面应力状态处于第Ⅰ阶段。

当加载到 $N=N_{cr}$ 时，理论上各截面的混凝土法向拉应力均达到 f_{tk}，各截面均进入 I_a 阶段（出现裂缝的极限状态），裂缝即将出现。但实际上并非如此。由于混凝土的非匀质性，仅在混凝土最薄弱处，首先出现第一批（或第一条）裂缝［图1-37（a）］。各截面原均匀分布的应力状态立即发生变化：裂缝截面混凝土退出抗拉工作［图1-37（b）］，受拉钢筋应力突变由 σ_{sI} 增加到 σ_{sk}［图1-37（c）］；离开裂缝的截面由于混凝土与钢筋共同工作，通过它们之间的粘结应力 τ［图1-37（d）］，突增的钢筋应力又逐渐传给混凝土，使混凝土的应力逐渐恢复到 f_{tk}，而钢筋应力逐渐降低至 σ_{sI}。

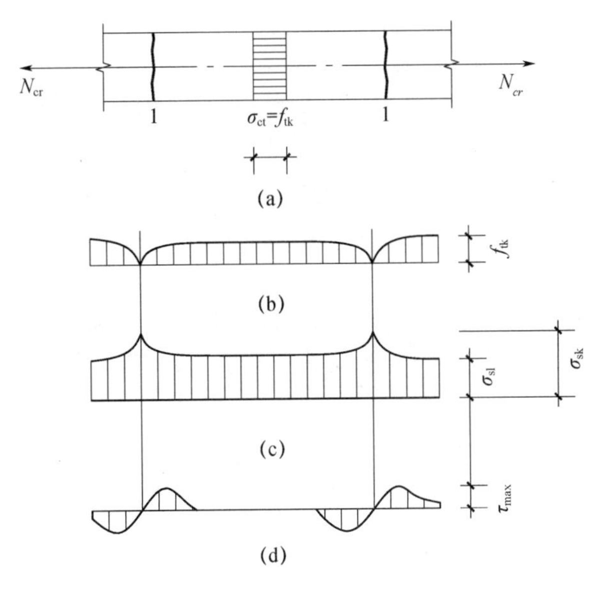

图 1-37　第一批（条）裂缝出现后的受力状态

(a) 轴心受拉 σ_{ct} 沿截面高度分布；(b) σ_{ct} 沿构件长度方向分布；
(c) σ_s 沿构件长度方向分布；(d) τ 沿构件长度方向分布

当继续少许加载时（$N=N_{cr}+\Delta N$），在离开裂缝截面一定距离的部位，由于轴向力引起的拉应力超过该处的混凝土抗拉强度标准值 f_{tk}，因而可能出现第二批（或条）裂缝［图 1-38（a）］。如上所述，此时，构件各截面应力又发生变化［图 1-38（b）、图 1-38（c）、图 1-38（d）、图 1-38（e）］。当裂缝间距小到一定程度之后，离开裂缝的各截面混凝土的拉应力，已经不能通过粘结力再增大到该处的混凝土抗拉强度，即使轴向力增加，混凝土也不会再出现新的裂缝。当然，实际上构件难免会出现一些新的微小裂缝，不过一般不会形成主要裂缝。因此，可以认为裂缝已基本稳定。这一过程可视为裂缝出现的过程。

当继续加载到 N_k，此时裂缝截面的钢筋应力与裂缝间截面钢筋应力差减小，裂缝间混凝土与钢筋的粘结应力降低，钢筋水平处混凝土的法向拉应力也随之减小，混凝土回缩，裂缝开展，各条裂缝在钢筋水平位置处达到各自的宽度［图 1-38（b）中的 w_1，w_2，w_3，…］，裂缝截面处钢筋应力增大到 σ_{sk}，如图 1-38（d）所示。这一过程可视为裂缝宽度开展的过程。

为了说明裂缝出现和开展的过程，对上述混凝土及钢筋的应力状态采用了理想化的图形。实际上，由于材料的非匀质性，这些曲线必然是不光滑的。

2. 裂缝宽度的计算公式

(1) 平均裂缝宽度 w_m。

如前所述，在裂缝出现的过程中，存在一个裂缝基本稳定的阶段。因此，对于一根特定的构件，其平均裂缝间距 l_{cr} 可以用统计方法根据试验资料求得，相应地也存在一个平均裂缝宽度 w_m。

现仍以轴心受拉构件为例来建立平均裂缝宽度 w_m 的计算公式。

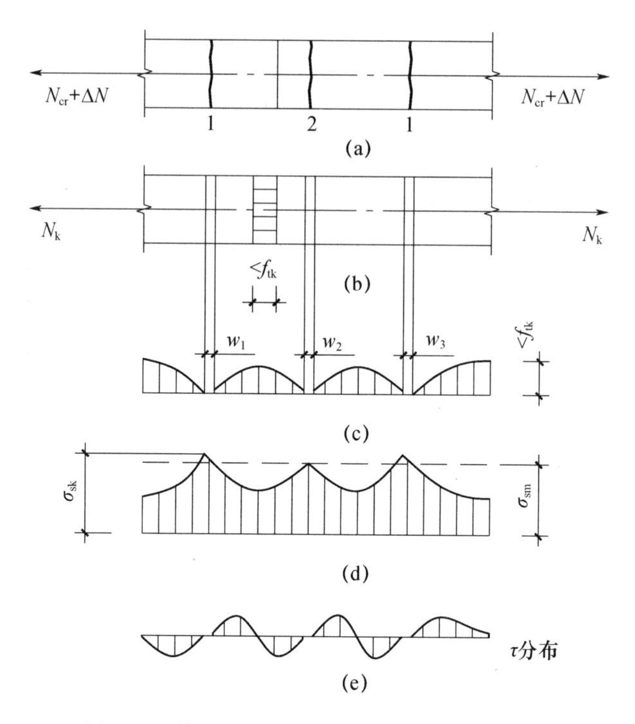

图 1-38　第二批（条）裂缝出现后的受力状态

（a）出现第二批（条）裂缝；（b）$\sigma_s<f_{tk}$裂缝开展；（c）σ_{ct}分布图；（d）σ_{sk}分布图；（e）τ 分布图

如图 1-39（a）所示，在轴向力 N_k 作用下，平均裂缝间距 l_{cr}之间的各截面，由于混凝土承受的应力（应变）不同，相应的钢筋应力（应变）也发生变化，在裂缝截面混凝土退出工作，钢筋应变最大［图 1-39（c）］；中截面由于粘结应力使混凝土应变恢复到最大值［图 1-39（b）］，而钢筋应变最小。根据裂缝开展的粘结-滑移理论，认为裂缝宽度是由于钢筋与混凝土之间的粘结破坏，出现相对滑移，引起裂缝处混凝土回缩而产生的。因此，平均裂缝宽度 w_m，应等于平均裂缝间距 l_{cr}之间沿钢筋水平位置处钢筋和混凝土总伸长之差，即

$$w_m=\int_0^{l_{cr}}(\varepsilon_s-\varepsilon_c)\mathrm{d}l$$

为计算方便，现将曲线应变分布简化为竖标为平均应变 ε_{sm}和 ε_{cm}的直线分布，如图 1-39（b）、图 1-39（c）所示，于是

$$w_m=(\varepsilon_{sm}-\varepsilon_{cm})l_{cr}=\left(1-\frac{\varepsilon_{cm}}{\varepsilon_{sm}}\right)\varepsilon_{sm}l_{cr}=\alpha_c\frac{\sigma_{sm}}{E_s}l_{cr} \tag{1-85}$$

由试验得知 $\varepsilon_{cm}/\varepsilon_{sm}\cong 0.15$，故 $\alpha_c=1-\varepsilon_{cm}/\varepsilon_{sm}=1-0.15=0.85$。令 $\sigma_{sm}=\psi\sigma_{sk}$，则式（1-85）为

$$w_m=0.85\psi\frac{\sigma_{sk}}{E_s}l_{cr} \tag{1-86}$$

上式不仅适用于轴心受拉构件，也同样适用于受弯、偏心受拉和偏心受压构件。式中 E_s 为钢筋弹性模量。但是，应该指出的是，按式（1-85）计算 w_m，是指构件表面的裂缝宽度，在钢筋位置处，由于钢筋对混凝土的约束，截面上各点的裂缝宽度并非如图 1-39（a）所示处处相等。现再将 l_{cr}、σ_{sk}、ψ 的计算分述如下：

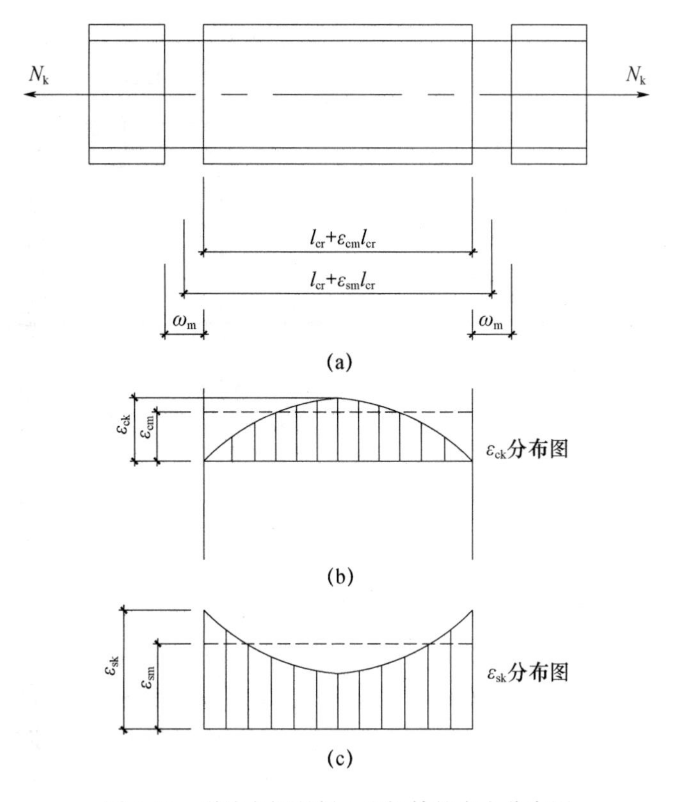

图 1-39　裂缝之间混凝土和钢筋的应力分布图

（a）裂缝宽度计算简图；（b）ε_{ck}分布图；（c）ε_{sk}分布图

① 平均裂缝间距 l_{cr}的计算。

理论分析表明，裂缝间距主要取决于有效配筋率 ρ_{te}、钢筋直径 d 及其表面形状。此外，还与混凝土保护层厚度 c 有关。

有效配筋率 ρ_{te} 是指按有效受拉混凝土截面面积 A_{te} 计算的纵向受拉钢筋的配筋率，即

$$\rho_{te}=A_s/A_{te} \tag{1-87}$$

有效受拉混凝土截面面积 A_{te}按下列规定取用：

对轴心受拉构件，A_{te}取构件截面面积；

对受弯、偏心受压和偏心受拉构件，取

$$A_{te}=0.5bh+(b_f-b)h_f \tag{1-88}$$

式中　b——矩形截面宽度，T 形和 I 形截面腹板厚度；

h——截面高度；

b_f、h_f——分别为受拉翼缘的宽度和高度。

对于矩形、T 形、倒 T 形及 I 形截面，A_{te}的取用如图 1-40（a）、图 1-40（b）、图 1-40（c）、图 1-40（d）所示的阴影面积。

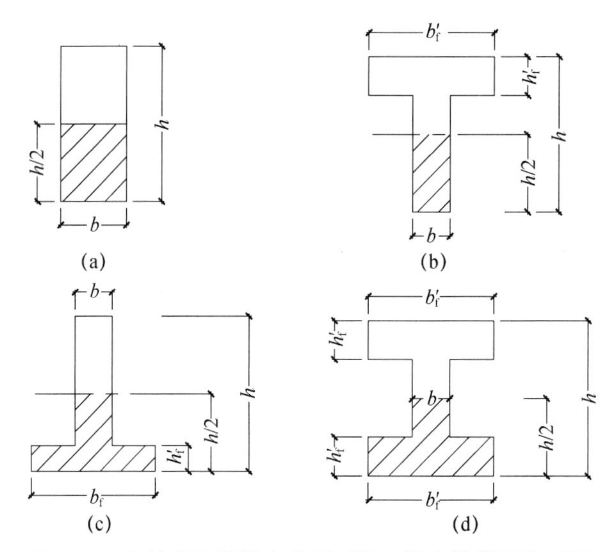

图 1-40　有效受拉混凝土截面面积（图中阴影部分面积）

试验表明，有效配筋率 ρ_{te} 越高，钢筋直径 d 越小，则裂缝越密，其宽度越小。随着混凝土保护层厚度 c 的增大，外表混凝土比靠近钢筋的内部混凝土所受约束要小。因此，当构件出现第一批（条）裂缝后，保护层大的与保护层小的相比，只有在离开裂缝截面较远的地方，外表混凝土的拉应力才能增大到其抗拉强度，才可能出现第二批（条）裂缝，其间距 l_{cr} 将相应增大。

平均裂缝间距 l_{cr} 是确定平均裂缝宽度 w_m 中一个重要的参数。如果 l_{cr} 与 d/ρ_{te}（d 为钢筋直径，ρ_{te} 为有效受拉区配筋率）的关系为通过坐标原点的直线，此即为粘结滑移理论。如果 l_{cr} 与混凝土保护层厚度 c 的关系为通过坐标原点的直线，钢筋与混凝土之间不产生相对滑移，此即为无滑移理论。《混凝土结构设计规范》[7]在确定裂缝间距时，仍采用了以粘结滑移为主的假定，但也考虑了无滑移假定。即在确定平均裂缝间距时，选用了反映这两种理论的参数（d_{eq}/ρ_{te} 和 c），并通过试验对其进行校正，原《混凝土结构设计规范》（GB 50010—2002）表达式为

$$l_{cr}=\beta\left(2.7c+0.1\frac{d}{\rho_{te}}\right)\nu \tag{1-89}$$

式中　β——系数，对受弯、偏心受力构件为 1.0，对轴心受拉构件为 1.1；

ν——钢筋表面现状系数，对光面钢筋为 1.0，对变形钢筋为 0.7。

现行《混凝土结构设计规范（2015 版）》[7]（GB 50010—2010）修订为

$$l_{cr}=\beta\left(1.9c+0.08\frac{d_{eq}}{\rho_{te}}\right) \tag{1-90}$$

$$d_{eq}=\frac{\sum n_i d_i^2}{\sum n_i \nu_i d_i} \tag{1-91}$$

式中　ν_i——受拉区第 i 种纵向钢筋的相对粘结特性系数，非预应力光面钢筋为 0.7，带肋钢筋为 1.0；

c——最外层纵向受拉钢筋外边缘至受拉区底边的距离（mm）；当 $c<20$ 时，取 $c=20$；当 $c>65$ 时，取 $c=65$；

d_i——受拉区第 i 种纵向钢筋的公称直径（mm）；

n_i——受拉区第 i 种纵向钢筋的根数；

d_{eq}——受拉区纵向钢筋的等效直径（mm）。

② 裂缝截面钢筋应力 σ_{sk} 的计算。

在荷载效应标准组合作用下，构件裂缝截面处纵向受拉钢筋的应力，根据使用阶段（Ⅱ阶段）的应力状态（图 1-41），可按下列公式计算。

a. 轴心受拉［图 1-41（a）］：

$$\sigma_{sk}=\frac{N_k}{A_s} \tag{1-92}$$

b. 偏心受拉［图 1-41（b）］：

$$\sigma_{sk}=\frac{N_k e'}{A_s(h_0-a'_s)} \tag{1-93}$$

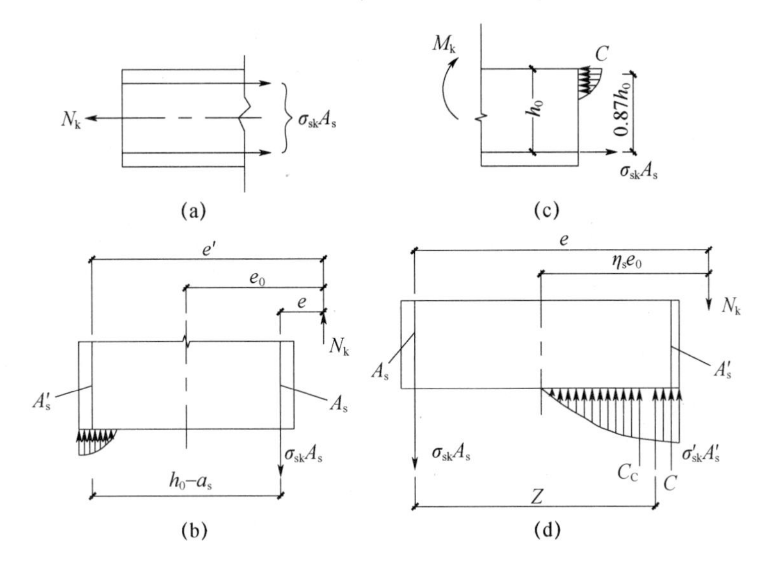

图 1-41　构件使用阶段的截面应力

（a）轴心受拉；（b）偏心受拉；（c）受弯；（d）偏心受压

c. 受弯［图 1-41（c）］：

$$\sigma'_{sk}=\frac{M_k}{0.87h_0A_s} \tag{1-94}$$

d. 偏心受压［图 1-41（d）］

$$\sigma_{sk}=\frac{N_k(e-z)}{A_s z} \tag{1-95}$$

$$z=\left[0.87-0.12(1-r'_f)\left(\frac{h_0}{e}\right)^2\right]h_0 \tag{1-96}$$

$$e=\eta_s e_0+y_s \tag{1-96a}$$

$$\gamma'_f=\frac{(b'_f-b)h'_f}{bh_0} \tag{1-96b}$$

$$\eta_s=1+\frac{1}{4000e_0h_0}\left(\frac{l_0}{h}\right)^2 \tag{1-97}$$

当 $\frac{l_0}{h}\leqslant 14$ 时，可取 $\eta_s=1.0$。

式中 A_s——受拉区纵向钢筋截面面积：对轴心受拉构件，A_s 取全部纵向钢筋截面面积；对偏心受拉构件，A_s 取受拉较大边的纵向钢筋截面面积；对受弯构件和偏心受压构件，A_s 取受拉区纵向钢筋截面面积；

e'——轴向拉力作用点至受压或受拉较小边纵向钢筋合力点的距离；

e——轴向拉力作用点至纵向受拉钢筋合力点的距离；

z——纵向受拉钢筋合力点至受压区合力点之间的距离，且 $z \leqslant 0.87h_0$；

η_s——使用阶段的偏心距增大系数；

y_s——截面重心至纵向受拉钢筋合力点的距离，对矩形截面 $y_s = h/2 - a_s$；

γ'_f——受压翼缘面积与腹板有效面积之比值：按式（1-96b）计算，其中，b'_f、h'_f 为受压翼缘的宽度、高度，当 $h'_f > 0.2h_0$ 时，取 $h'_f = 0.2h_0$。

③ 钢筋应变不均匀系数 ψ 的计算。

裂缝间钢筋平均应变 ε_{sm}（图 1-41）与裂缝截面钢筋应变 ε_s 之比称为钢筋应变不均匀系数 ψ，即

$$\psi = \frac{\varepsilon_{sm}}{\varepsilon_s} \tag{1-98}$$

当 $\psi = 1.0$ 时，即 $\varepsilon_{sm} = \varepsilon_s$，钢筋应变是均匀分布的，裂缝截面之间的钢筋如同处于自由状态中，混凝土与钢筋之间无粘结作用，混凝土不能协助钢筋抗拉。承受多次重复荷载作用的结构以及进入破坏阶段的结构，混凝土与钢筋之间的粘结遭到破坏，将处于 $\psi = 1$ 的状态。

在构件的使用阶段，通常 $\psi < 1.0$，即 $\varepsilon_{sm} < \varepsilon_s$，裂缝截面钢筋中的部分拉应力将通过钢筋与混凝土的粘结力传给裂缝间的混凝土，ψ 越小，传给混凝土的拉应力越大。因此 ψ 的物理意义是反映裂缝间混凝土协助钢筋抗拉作用的程度。系数 ψ 越小，这种作用越大。对于混凝土各种受力构件，系数 ψ 可按下列统一的公式计算

$$\psi = 1.1 - \frac{0.65 f_{tk}}{\sigma_{sk} \rho_{te}} \tag{1-99}$$

式中 ρ_{te}——按有效受拉混凝土截面面积 A_{te} 计算的纵向受拉钢筋配筋率（简称有效受拉区配筋率）；

σ_{sk}——按荷载效应标准组合计算的裂缝截面受拉钢筋的应力。

现在以受弯构件为例说明式（1-99）的由来。试验表明，钢筋应变不均匀系数可按下列经验公式计算

$$\psi = 1.1 - \left(1 - \frac{M_{cr}}{M_k}\right) \tag{1-100}$$

考虑混凝土收缩的不利影响，矩形和工字形截面受弯构件的抗裂弯矩可按下式计算

$$M_{cr} = 0.8 f_{tk} A_{te} \eta_{cr} h \tag{1-101}$$

当在荷载效应标准组合作用下裂缝截面的钢筋应力为 σ_{sk}时，相应的弯矩值 M_k 为

$$M_k = \sigma_{sk} A_s \eta h_0 \tag{1-102}$$

将式（1-101）和式（1-102）代入式（1-100），并近似取内力臂系数比值 $\eta_{cr}/\eta = 0.67$，$h/h_0 = 1.1$，即可得到计算钢筋应变不均匀系数 ψ 的式（1-99）。该式对各种受力构件的区别主要体现在参数 ρ_{te}和 σ_{sk}上。

为避免过高估计混凝土协助钢筋抗拉的作用，当按式（1-99）算得的 $\psi < 0.2$ 时，

取 $\psi=0.2$；当 $\psi>1.0$ 时，$\psi=1.0$，对直接承受重复荷载的构件，$\psi=1.0$。

（2）最大裂缝宽度 w_{max}。

按荷载效应标准组合并考虑长期作用影响的最大裂缝宽度，是在平均裂缝宽度的基础上乘以短期裂缝宽度扩大系数 τ_s、长期作用增大系数 τ_l 求得的，即

$$w_{max}=\tau_s\tau_l w_{sm}=\tau_s\tau_l\left(1-\frac{\varepsilon_{cm}}{\varepsilon_{sm}}\right)\varepsilon_{sm}l_{cr}$$

$$=\tau_s\tau_l\left(1-\frac{\varepsilon_{cm}}{\varepsilon_{sm}}\right)\beta\psi\frac{\sigma_{sk}}{E_s}(1.9c+0.08d_{eq}/\rho_{te})$$

$$=a_{cr}\psi\frac{\sigma_{sk}}{E_s}(1.9c+0.08d_{eq}/\rho_{te}) \tag{1-103}$$

式中，a_{cr} 为构件受力特征系数，其值可按下列公式计算：

$$a_{cr}=\tau_s\tau_l\left(1-\frac{\varepsilon_{cm}}{\varepsilon_{sm}}\right)\beta \tag{1-104}$$

《混凝土结构设计规范（2015 版）》（GB 50010—2010）对式中各参数的取值及按式（1-104）算得的各种受力构件的 a_{cr} 值见表 1-3。

表 1-3　钢筋混凝土构件受力特征系数 a_{cr}

构件种类 \ 系数	轴心受拉	偏心受拉	受弯	偏心受压
τ_s	1.90	1.90	1.66	1.66
τ_l	1.5	1.5	1.5	1.5
β	1.1	1.0	1.0	1.0
$1-\varepsilon_{cm}/\varepsilon_{sm}$	0.85	0.85	0.85	0.85
a_{cr}	2.7	2.4	2.1	2.1

表 1-4 中 τ_s 是根据短期裂缝宽度统计分布中 0.95 分位数的裂缝宽度特征值确定的。即

$$\tau_s=\frac{w_{s,max}}{w_{sm}}=\frac{(1+1.645\delta_w)}{w_{sm}}w_{sm}=1+1.645\delta_w$$

式中　δ_w——短期裂缝宽度统计分布的变异系数。

由于混凝土的不均匀性，裂缝出现是随机的，裂缝的间距和宽度分散性较大。对 40 余根试验梁测得的 1400 余条裂缝宽度数据，按每根梁上测量的各条裂缝宽度与其相应梁的平均裂缝宽度之比值 $\tau_{si}=w_{si}/w_{sm}$ 进行统计（图 1-42），其分布规律基本符合正态分布，可取变异系数 $\delta_w=0.4$，故得 $\tau_s=1+1.645\times0.4=1.66$。此值也适用于偏心受压构件。对于偏心受拉、轴心受拉构件，裂缝的分散性较受弯构件为大，《混凝土结构设计规范（2015 版）》（GB 50010—2010）取 $\tau_s=1.90$。表 1-3 中 τ_l 是参照梁的长期试验资料确定的。

按式（1-103）算得的最大裂缝宽度 w_{max} 不应超过《混凝土结构设计规范（2015 版）》（GB 50010—2010）规定的最大裂缝宽度限值 w_{lim}。在验算裂缝宽度时，构件的材料、截面尺寸及配筋，按荷载效应标准组合计算的钢筋应力，即式（1-103）中的 ψ、E_s、σ_{sk}、ρ_{te} 均为已知，而 c 值按构造一般变化很小，故 w_{max} 主要取决于变形钢筋的直径

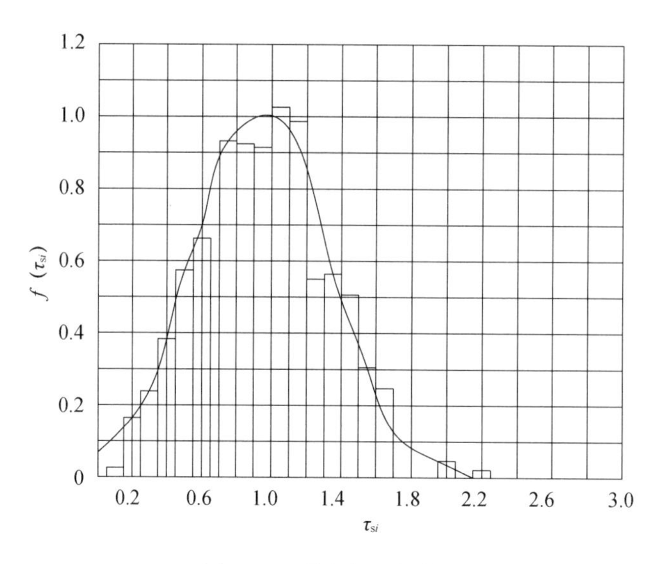

图 1-42　裂缝宽度统计图

d。因此，当计算得出 $w_{max}>w_{lim}$时，宜选择较细直径的变形钢筋，以增大钢筋与混凝土接触的表面积，提高钢筋与混凝土的粘结强度。但钢筋直径的选择也要考虑施工方便。

如采用上述措施不能满足要求时，也可增加钢筋截面面积 A_s，加大有效配筋率 ρ_{te}，从而减小钢筋应力 σ_{sk}和裂缝间距 l_{cr}，最大裂缝宽度不超过限值的要求。改变截面形式和尺寸，提高混凝土强度等级，效果甚差，一般不宜采用。

式（1-103）系计算在纵向受拉钢筋水平处的最大裂缝宽度，而在结构试验或质量检验时，通常只能观察构件外表面的裂缝宽度，后者比前者约大 K_b 倍。该倍数可按下列经验公式估算

$$K_b=1+1.5a_s/h_0 \tag{1-105}$$

式中　a_s——从受拉钢筋截面重心到构件近边缘的距离。

（四）受弯构件不需作正截面裂缝宽度验算的最大钢筋直径图

为避免裂缝宽度验算的麻烦，对于常见的钢筋混凝土受弯构件，可绘出不需作裂缝宽度验算的最大钢筋直径图（图 1-43）。该图的绘制和用法如下。

由最大裂缝宽度验算计算公式（1-103）及其限制条件 $w_{max}\leqslant w_{lim}$，当 $1.0>\psi>0.2$ 时，可推得满足裂缝宽度要求的受拉钢筋的应力

$$\sigma_{sk,w}=\frac{E_s w_{lim}}{1.1a_{cr}\left(1.9c+0.08\dfrac{d_{eq}}{\rho_{te}}\right)}+0.591\frac{f_{tk}}{\rho_{te}} \tag{1-106}$$

该图是参照式（1-106）绘制的。如式中 $c=25$mm、$E_s=200000$N/mm^2、$a_{cr}=2.1$，式（1-106）可简化为：

当 $w_{lim}=0.2$mm 时，

$$\sigma_{sk,w}=\frac{17316}{47.5+\dfrac{0.08d_{eq}}{\rho_{te}}}+\frac{0.91}{\rho_{te}} \tag{1-107}$$

当 $w_{\lim}=0.3\text{mm}$ 时，

$$\sigma_{sk,w}=\frac{25974}{47.5+\dfrac{0.08d_{eq}}{\rho_{te}}}+\frac{0.91}{\rho_{te}} \tag{1-108}$$

当 $\rho_{te}<0.01$ 时，取 $\rho_{te}=0.01$，满足 $w_{\lim}$ 的受拉钢筋的应力仅随钢筋直径变化，按下列公式计算：

当 $w_{\lim}=0.2\text{mm}$ 时，

$$\sigma_{sk,w}=\frac{17316}{47.5+8d_{eq}}+91 \tag{1-109}$$

当 $w_{\lim}=0.3\text{mm}$ 时，

$$\sigma_{sk,w}=\frac{25974}{47.5+8d_{eq}}+91 \tag{1-110}$$

利用上述公式绘制图 1-43 时，考虑到受力钢筋保护层厚度不应小于其直径，故图中仅给出 $d_{eq}=12\sim25\text{mm}$ 的 $\sigma_{sk,w}\sim\rho_{te}$ 关系图。

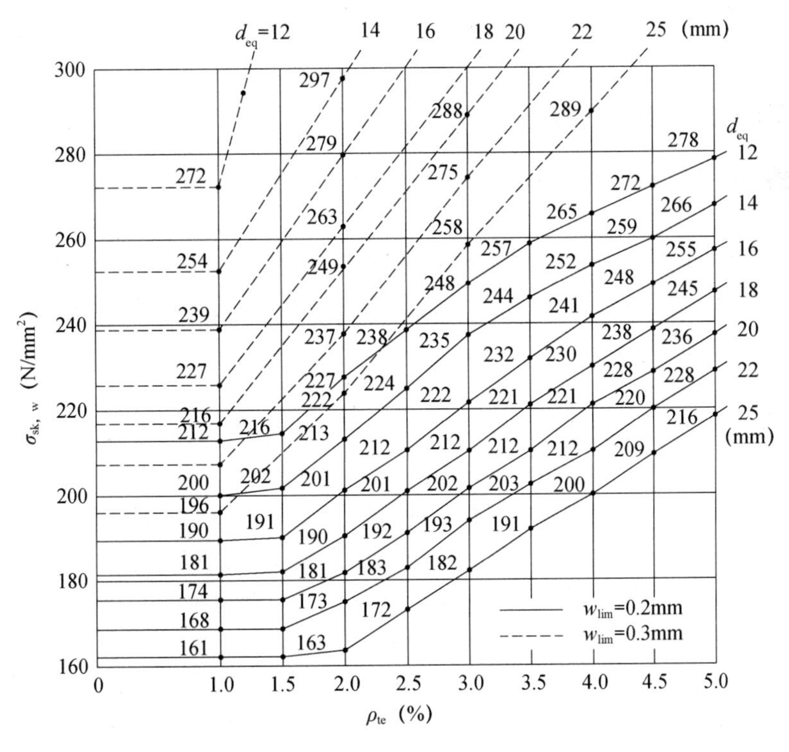

图 1-43　钢筋混凝土受弯构件不需作正截面裂缝宽度验算的最大钢筋直径图

该图的用法如下：

（1）对于配置变形钢筋且混凝土保护层 $c\leqslant25\text{mm}$ 的受弯构件，当其纵向受拉钢筋直径不超过图 1-43 中查得的直径，或当按公式计算的 σ_{sk} 不超过根据 d 和 ρ_{te} 由图中查得的 σ_{sk}（即 $\sigma_{sk,w}$）时，可不进行裂缝宽度验算。

对于配置光面钢筋且 $c\leqslant25\text{mm}$ 的受弯构件，应将计算的钢筋应力 σ_{sk} 查图得到的直径 d_{eq} 乘以系数 0.7。

（2）对于 $c\leqslant25\text{mm}$ 的轴心受拉构件，当配置变形钢筋时，应将钢筋应力 σ_{sk} 值乘以系数 1.3 后再查图。

图 1-43 仅适用于 $c \leqslant 25\text{mm}$ 的情况。从图中可知，在通常情况下（$d_{eq} \leqslant 25\text{mm}$、$c \leqslant 25\text{mm}$），在荷载效应标准组合作用下，当钢筋混凝土构件受拉区纵向钢筋的应力 $\sigma_{sk} \leqslant 200\text{N/mm}^2$ 和 $\sigma_{sk} \leqslant 160\text{N/mm}^2$，可分别满足最大裂缝宽度限值 0.3mm 和 0.2mm 的要求。

第三节　问题结构加固

一、问题结构类型

问题结构是指建筑的结构存在有不安全、不适用的隐患和征兆。问题结构根据产生隐患和征兆的原因有如下几种类型：混凝土与砌体结构工程中的裂缝问题结构；混凝土结构工程中混凝土强度问题结构；建筑改造工程中的问题结构；地下室基础工程中的抗浮问题结构；火灾受损工程中的问题结构；基础倾斜纠偏工程的问题结构；建筑滑坡支护工程的问题结构。

二、问题结构加固基本要求

为消除问题结构的安全隐患，达到安全适用、经济可行的目的，应按下列要求进行加固。

（1）问题结构经可靠性鉴定确认需要加固时，应根据鉴定结论、结构安全等级以及委托方要求的使用年限进行加固设计。加固设计范围，可按整栋建筑物或其中某独立区段，也可是指定的结构构件，但均应考虑结构的整体牢固性。加固设计、加固施工方案完成且经专家评审和施工图审查通过后，方可进行加固施工。

（2）问题结构的加固设计应与实际加固施工方法紧密结合，采取有效措施，保证新增构件和部件与原结构可靠连接，新增截面与原截面粘结牢固，形成整体共同工作，并应避免对未加固部分，以及相关的结构、构件和地基基础造成损伤或不利影响。

（3）对高温、高湿、低温、冻融、化学腐蚀、振动、收缩应力、温度应力、地基不均匀沉降等影响因素引起损坏的问题结构，加固设计应提出有效的防治对策，并应按设计规定的顺序治理和加固施工。

（4）问题结构的加固设计，应在确保安全的前提下，综合考虑其技术经济效果，避免不必要的拆除（凿除）或更换（置换）。

（5）对加固过程中可能出现倾斜、失稳、过大变形或坍塌的问题结构，应在加固设计文件和加固施工方案中提出临时性的安全措施，并宜将临时性加固措施与长期性的结构构造相结合，以提高问题结构加固的可靠性和经济效益。

三、问题结构加固后的安全等级和使用年限

（一）安全等级

问题结构的安全等级，应根据结构破坏后果的严重性、结构的重要性和加固设计使用年限，由委托方与设计方按实际情况共同商定。

（二）使用年限

问题结构加固后的使用年限，应按下列原则确定：

（1）结构加固后的使用年限，应由业主和设计单位共同商定。

（2）当结构加固材料中含有合成树脂或其他聚合物成分时，其结构加固后的使用年限宜按30年考虑，当业主要求结构加固后的使用年限为50年时，其所使用的胶和聚合物的粘结性能，应通过耐长期应力作用能力的检验。

（3）使用年限到期后，当重新进行的可靠性鉴定认为该结构工作正常，仍可继续延长其使用年限。

（4）对使用粘结方法或掺有聚合物材料加固的结构、构件，尚应定期检查其工作状态；检查的时间间隔可由设计单位确定，但第一次检查时间不应迟于10年。

（5）当为局部加固时，应考虑原建筑物剩余设计使用年限对问题结构加固后设计使用年限的影响。

四、问题结构加固防裂措施

对于混凝土与砌体结构中的问题结构，与原结构具有相同的防裂要求。混凝土与砌体结构是我国建筑工程中广泛采用的承重结构，在房屋建筑工程中，至今高层建筑绝大多数采用各种体系的混凝土结构；单层厂房建筑采用钢结构或轻钢结构有日益增多的趋势；而多层建筑，特别是民用建筑仍多采用混凝土框架结构或采用由水平承重的混凝土梁板结构与竖向承重的墙柱砌体结构组成的混合结构，以及采用底层为混凝土框架结构，上部为混合结构的承重方案。因此，在建筑工程中遇到的混凝土与砌体结构的裂缝问题也相应较多。随着住房制度改革、房地产权多元化、房地产事业的发展以及房屋建筑的商品化，裂缝问题日益成为建筑工程管理、设计、施工、监理与质监等工程技术人员的热门话题，一旦房屋建筑在主体结构（包括问题结构加固后）验收之前，或在房屋建筑投入使用之后出现明显的裂缝，有关方面责任人、用户和业主均迫切希望找出产生裂缝的真正原因，了解其危害程度及安全经济的处理方案，以妥善解决由裂缝问题引起的各种纠纷，创造和谐的社会风尚。同时对于在建的房屋建筑或既有建筑问题结构加固处理之后的有关方面的责任人也迫切希望从设计、施工和使用上提供有效的防裂措施，以满足房屋建筑的正常使用要求。

（一）加固设计中的防裂措施

（1）混凝土结构（包括钢筋混凝土与预应力混凝土）通常允许受力构件拉、弯、偏压出现沿垂直于构件轴线方向的垂直裂缝，但要通过配筋计算限制构件在长期荷载作用下的裂缝宽度满足规范限值的要求。

（2）混凝土结构不允许受力构件（剪、扭）出现与构件轴线约成45°的受力斜裂缝，应通过承载力计算抗剪、扭钢筋满足规范要求，并满足有关抗剪、扭钢筋的配筋构造要求。

（3）当加固的梁、柱、墙中纵向受力钢筋保护层厚度大于50mm时，宜对保护层内配置防裂防剥落的钢筋网片，且钢筋网片保护层厚度不应小于25mm。

（4）对于长墙、长梁和板，为防止出现结构体系裂缝，应沿墙、梁、板长度方向按规范要求设置伸缩缝。

（5）对于两种不同材料的墙体界面、墙板界面，为防止出现温度收缩裂缝，应在界面处配置密目钢丝网或其他材料抗裂网片。

（6）对于高梁的梁侧、板角和无受力钢筋的板面，应按规范的构造要求配置抗裂、抗扭的构造钢筋。

（7）裂缝问题结构为避免裂缝墙体再裂，应对裂缝墙体采用配钢筋网粉水泥复合砂浆进行加固。

（二）加固施工中的防裂措施

除应按设计和相关规范要求施工外，根据变形裂缝理论、微裂缝理论和荷载裂缝理论以及对裂缝结构检测鉴定、加固设计和加固施工的工程实践经验，在加固施工中应采取以下防裂措施。

1. 材料及其配比

（1）除水泥不能用过期、受潮、含氯化物的不合格水泥之外，一定要控制好砂、石骨料的含泥量不超标，特别是含泥量高的山砂，有的工程就是因为采用了未经处理的山砂，使混凝土结构易裂且强度连耐久性都不能满足，进而将会造成重大的质量事故。

（2）按符合设计要求的混凝土试配和计量配比施工，对商品混凝土在施工过程中加水，改变水灰比也会导致发生混凝土结构易裂、强度降低的质量事故。

（3）在高温季节避免砂、石暴晒，降低混凝土拌合物的入模温度，有利于减小混凝土结构的温度收缩应力，达到防裂的目的。

2. 混凝土施工工序

（1）模板。跨度大于4m的梁，模板按规范要求起拱。

（2）振捣。钢筋密集的梁柱节点要特别注意振捣密实，例如钢筋过密，其净距太小，粗骨料的最大粒径超过了净距的3/4，难以振捣密实，甚至柱头出现“狗洞”，造成纯地下室顶板回填土施工完成后，出现柱头被压裂或保护层劈裂脱落。对此，在图纸会审时，应请设计方调整钢筋或采用并筋的方法。

（3）拆模。大跨度梁要特别注意拆模时间不应过早，应严格按规范要求，当梁跨为8m或8m以上时，应待混凝土强度达到100%的设计强度方可拆除底模支撑。实际工程中就存在因模板周转问题，提早违规拆模，造成出现大量裂缝的质量事故。

（4）养护。夏天注意保湿养护，冬天注意保温保湿养护，养护期通常不少于7d，对掺缓凝剂的混凝土结构以及地下室有防水要求的混凝土底板养护期不少于14d。

（三）使用过程中的防裂措施

使用过程中不能改变结构的使用环境和使用的用途，以免增加加固后的负荷和不利作用。

五、问题结构裂缝处理

（一）裂缝处理分类

混凝土结构构件的裂缝处理，根据前述调查检测结果，通常有三种情况：一是不需要进行任何处理；二是需要对裂缝处进行修补处理，所谓修补是指为混凝土结构构件因开裂而造成的耐久性、防水性等损伤进行的工作；三是需要对裂缝的结构构件进行加固处理，所谓加固是指为恢复混凝土结构构件因设计配筋不足、施工混凝土强度不够、结构开裂等而导致承载力降低进行的工作。

1. 不需要进行修补的裂缝工程

对于不影响结构功能（安全性、适用性、耐久性）要求的裂缝，通常视为无害裂缝，该裂缝工程可不需进行处理。

按照前述使用性鉴定标准划分为 a_s 级的裂缝，为无害裂缝，该裂缝工程可不需进行处理。

从防渗要求的角度，根据国内外防渗的工程经验，不需修补的裂缝宽度的限值为0.1mm。这种0.1mm宽度的裂缝，在有水和二氧化碳的条件下，如前所述还可自愈，故0.1mm以下的裂缝，即使有防水要求也可不必修补。

2. 需要进行修补的裂缝工程

对于影响结构适用性和耐久性要求的裂缝应进行修补。上述不需处理的裂缝宽度限值，即 a_s 级对应的裂缝宽度，实际上，也是裂缝处需修补的下限值。其上限值，根据《民用建筑可靠性鉴定标准》（GB 50292—2015）可知，对于钢筋混凝土一般受弯和轴拉构件，当处于室内正常环境，不适于继续承载的裂缝宽度：主要构件为0.5mm，一般构件为0.7mm；当处于高温度环境为0.4mm。对于预应力混凝土构件，当处于室内正常环境，主要构件为0.2mm（0.3mm），一般构件为0.3mm（0.5mm）；当处于高温度环境为0.1mm（0.2mm）（括号内限值为适用于热轧钢筋配筋的预应力混凝土构件）。对于斜拉型剪切裂缝，任何温度环境和任何构件均不允许出现。因此，上述裂缝宽度上限值以下，b_u 和 c_u 级的裂缝工程应进行修补。

3. 需要进行加固的裂缝工程

根据《民用建筑可靠性鉴定标准》（GB 50292—2015）安全性划分为 c_u 和 b_u 级的受力裂缝工程，以及按非受力裂缝划分为 c_u 和 b_u 级裂缝工程，不适于继续承载，应进行加固处理。

（二）裂缝修补方法

裂缝修补除恢复整体性、防水性及耐久性外，也要注重美观，同时还应从经济角度考虑修补的范围和规模。此外，有时修补后，过一段时间又产生同样的裂缝，这表明修补材料或方法有误，也可能是结构方面的原因。后者单纯修补已无济于事，必须同时进行补强加固。

水泥水化热、碳化、冷缩、干缩、地基不均匀沉降等引起的变形裂缝，是需进行修补的主要对象。

1. 静止裂缝

静止裂缝即其形态、数量、尺寸（裂缝长度和宽度）均已稳定、不再发展的裂缝和可能防止进一步扩展的裂缝。其修补方法如下。

（1）表面处理法。分为裂缝局部处理和全部处理两种，其使用的材料有弹性涂膜防水材料、聚合物水泥膏以及水泥填料等。施工时，首先应沿裂缝将混凝土表面刷毛，清除表面的灰尘、白灰、浮渣及松散层等污物，然后用毛刷蘸甲苯、酒精等有机溶液，沿裂缝两侧20～30mm处擦洗干净并保持干燥；再用可塑状树脂充填混凝土表面气孔；最后用修补材料涂盖裂缝部分。因该法涂盖层较薄，应注意时效老化问题。这种方法适用于钢筋未受腐蚀，裂缝浅而细、条数很多且裂缝宽度小于 0.2mm 的情况。

（2）注射法。该方法系在裂缝中注射树脂类或水泥类材料，以提高整体性、防水性及耐久性，也可用于饰面材料起鼓部位的修补。注射法的主要灌浆材料是环氧树脂，并宜采用甲基丙烯酸酯类浆液或低黏度的改性环氧树脂浆液用低压低速灌注。该法易控制注入量，并能注入到裂缝深部，是一种减少因温度变化使裂缝继续开展的好办法。该法适用于裂缝细而深，或裂缝宽度大于或等于 0.2mm 但小于 1.5mm 的独立裂缝、贯穿裂缝以及蜂窝状局部缺陷的情况。图 1-44 为使用该法修补的注浆口大样，采取先沿裂缝开深2～2.5mm 的槽再用密封材料封缝的措施，取得更好的补缝效果，这种方法也仅适用于钢筋未受到腐蚀的情况。

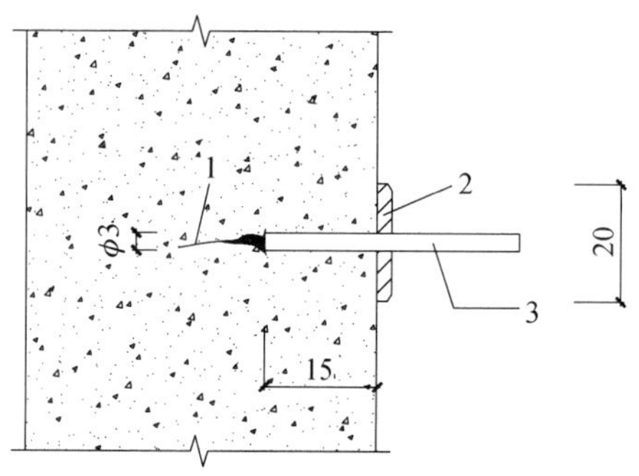

图 1-44　使用注入法修补的注浆口大样

1—裂缝；2—密封材料，厚为 2～5mm；3—铝管 $\phi3$，长 l=50～100mm

（3）压力注浆法。该方法系指在一定时间内以较高压力（按注浆料产品而定）将灌注材料压入裂缝腔内的方法。该法适用于处理大型结构贯穿性裂缝、大体积混凝土蜂窝状严重缺陷以及深而蜿蜒的裂缝。

（4）充填法。它是一种适合于修补裂缝比较宽（1.0mm 以上）以及钢筋因碳化、氧化而受到腐蚀的情况。具体做法是沿裂缝处凿开混凝土，并在该处填充修补材料。当钢筋未锈蚀时，将裂缝处宽约 10mm 的混凝土凿成 U 形槽［图 1-45（a)］；当钢筋已锈蚀时，应将裂缝处的混凝土凿至钢筋生锈的部位，将钢筋除锈，并在钢筋上涂防锈涂料再充填聚合物水泥砂浆或环氧树脂砂浆等材料［图 1-45（b)］。采用这种方法应注意：

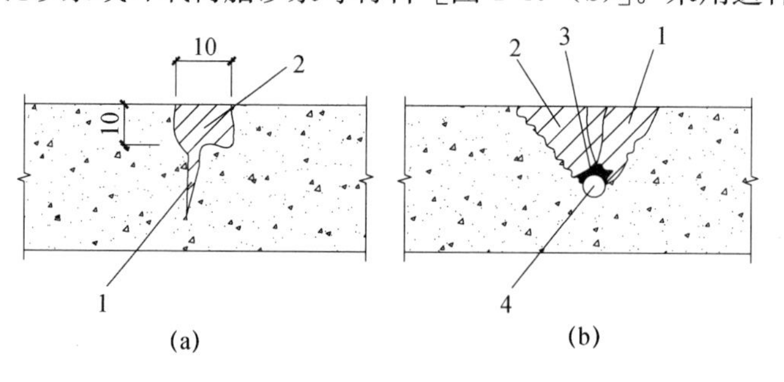

图 1-45　充填法示意图

（a）钢筋未锈蚀；（b）钢筋已锈蚀

1—裂缝；2—填充料；3—防锈涂料；4—钢筋

① 原则上应完全除掉钢筋上的锈蚀部分。

② 没有开裂部分的钢筋往往也已锈蚀，故该部分修补时应予考虑。

③ 当裂缝仍在开展时，宽度有再度扩大的可能，应待其稳定后再修补，但当继续开展的速度缓慢时，也可使用可追随变形的修补材料，如可挠性环氧树脂进行修补。这种材料特别适用于修补因碱性骨料反应引起的裂缝。为控制这种反应引起的裂缝开展，其修补的基本思路是：一方面从外部断绝水入侵的路径（如涂有机硅类或硅氧烷类防水材料）；另一方面要使混凝土内部的水分得以蒸发。

2. 活动裂缝

活动裂缝即处于继续开展的未稳定的裂缝，应在分析并控制裂缝开展使其稳定后，方可按上述方法进行修补。如裂缝开展不能控制，则应采取相应的措施，限制结构的变形，裂缝宜用柔韧性材料进行封闭处理。

3. 裂缝修补工程注意事项

（1）材料贮藏。树脂类材料的贮藏应在10℃～20℃的室内，避免阳光直晒，对于贮存在0℃以下或40℃以上场所的材料，要进行检验，确认质量合格后方可使用。树脂中的添加剂（增黏剂、增塑剂）应贮藏于干燥场所，如添加剂含水量大于0.1%，材性将改变，强度将大幅度降低。

（2）材料计量。树脂材料的主剂及硬化剂等计量要准确，才能得到所需的材性。

（3）配料搅拌。应充分拌和，并快速将容器底部和周围黏附的树脂也拌和进去，到整个颜色均匀为止。

（4）表面处理。表面杂物（油污、灰尘等）应清理干净，对剥离或起鼓的混凝土应完全铲除，按需要让处理后的表面干燥，涂底层涂料等。对于注射法，要开槽、修整、清扫、涂膜密封，在压送灌注材料前，应用压缩空气清洁裂缝内部。涂膜施工前，很重要的一点是要用膏状树脂填充表面的气孔；对于水泥类修补材料，表面应保持湿润。

（5）施工温度。确保施工温度高于5℃，如气温低于5℃，将明显影响灌注材料的凝结硬化。

（6）修补部位保护期。修补后的保护期，对树脂类材料夏季为1d以上，冬季为2d以上；对水泥类材料，夏季为3d以上，冬季为5d以上，在保护期内不得让修补部位承受振动及冲动。

（7）安全卫生。为防止修补材料飞散滴落，脚手架外侧应挂安全网或板材，并注意气象预报，充分考虑刮大风时的安全措施。当修补材料及溶剂等的挥发物质危及施工人员的安全时，必须在室内设置排、换气装置。为确保安全，在施工范围内，应设置禁止进入危险区的安全栏及明显标志，必要时可设置专职警卫。

第二章　混凝土受力裂缝结构加固与防裂

第一节　概　　述

20 世纪 90 年代以来，湖南大学设计研究院结构加固所罗刚团队一直从事混凝土结构工程的检测鉴定加固设计工作。现将 1994—2019 年 25 年间负责处理的混凝土裂缝和质量事故较大的问题工程实例列入表 2-1、表 2-2，共 85 例。其中裂缝工程实例 77 个，混凝土质量事故工程实例 8 个。

在表 2-1、表 2-2 中选择了部分裂缝工程实例，按混凝土受力裂缝、体系约束温度收缩变形裂缝、局部约束温度收缩变形裂缝、锈蚀膨胀裂缝与热涨裂缝等问题结构进行介绍。为使实例具有借鉴作用，按工程概况、裂缝特点、原因、危害及加固处理方案进行介绍。

由于裂缝工程时间跨度大，其中结构复核按当时的标准规范进行。

部分裂缝工程实例，为避免负面影响，采用了简化的工程名称。

从表 2-1、表 2-2 可得到各种混凝土结构裂缝的主要原因和最大裂缝宽度（或钢筋处的裂缝宽度），如表 2-3 所示。从表 2-1、表 2-2、表 2-3 及工程实例介绍可得出如下混凝土结构防裂控裂若干有益的实际知识和经验教训。

（1）在 85 个混凝土结构裂缝工程实例中，以变形因素为主的有 65 个，占总数的 76%；以受力因素为主的有 20 个，占总数的 24%。说明工程中的裂缝原因大多数是以变形因素为主的。因此，为控制好裂缝应重视对变形裂缝的研究。

（2）在以变形因素为主的 65 个裂缝工程中，温度收缩引起的裂缝工程有 46 个，占总数的 70%，说明混凝土结构变形裂缝工程中，以温度收缩因素为主，其裂缝机理及控制方法应成为设计与研究的重点。

（3）温度收缩对混凝土结构构件引起的最大裂缝宽度与约束的条件有关：在局部约束条件下，最大裂缝宽度为 0.1～0.4mm，不会出现很宽的裂缝；在体系约束条件下，一般都会出现十分明显的裂缝，最大裂缝宽度为 0.8～2.0mm，结构配筋率高时，这种体系裂缝宽度将减小。因此，不仅要善于控制局部约束条件下的变形裂缝，更应重视控制体系约束条件下的变形裂缝。

表 2-1　混凝土结构裂缝工程一览表（1992—2004 年）

序号	裂缝结构类型	工程名称	主体竣工	主要裂缝形式	最大裂缝宽度	裂缝主要原因
			鉴定日期		钢筋处宽度（mm）	
1	屋面结构	某市曙光 2 号办公楼	2000.6	梁腹梭形裂缝	0.4	梁腹局部约束温度收缩
			2000.7.5		0.1	
2		某市曙光 6 号楼	1999.11	板跨中贯穿裂缝	0.3	梁柱局部约束温度收缩
			2000.1.20			
3		某县新城宾馆 KJ-A 顶层大梁	1996.10.26	梁腹斜裂缝	0.55	荷载作用
			1998.7.8			
4	楼（屋）面结构	某省新华书店住宅楼	1999.9	板切角裂缝 板跨中贯穿裂缝	>0.5	体系约束温度收缩
			2001.11.5			
5		某省水利水电学校图书馆	1998.10.26	板切角裂缝	1.2	体系约束温度收缩
			2000.10.26			
6		某市晚报社 6 号、9 号、11 号住宅楼	1998.12	板切角裂缝	1.2	体系约束温度收缩
			2000.10.20			
7		某市红星百货城 A1～A4 栋楼（屋）面结构	1999.11.30	板跨中贯穿裂缝	1.5	体系约束温度收缩粉刷层过厚
			2001.1.1		0.25	
8		某市红星农副大市场南副楼	2001.11	梁腹梭形裂缝	0.25	局部约束温度收缩
			2001.10.5		0.10	
9		某省乡镇企业学校（B 区）教学综合楼	2001.8.19	梁腹梭形裂缝	0.22	局部约束温度收缩
			2001.10.25		0.10	
10		某省金山大厦	1993.11	垂直贯穿裂缝	2.0	体系约束温度收缩
			1994		2.0	
11		某市雅园小区 D 栋商住楼楼（屋）面	2000.3.30	垂直贯穿裂缝	0.7	体系约束温度收缩
			2000.7.26			
12		某省外经贸 32、33 栋住宅楼	1998.10	垂直贯穿裂缝	0.5	体系约束温度收缩
			2000.1.18			
13		桂阳康复大厦楼面框架大梁	1997.12	支座斜裂缝	1.0	荷载作用
			2001.8.23			
14		某市维一星城 4 号高层住宅	2000.7.23	跨中贯穿裂缝	0.15	局部约束温度收缩
			2000.9.6			
15		某市万利新村 5、6、7 栋住宅	2001.11	周边及切角裂缝	0.80	体系约束温度收缩
			2002.10.16			
16		某市锦云白果山庄商住楼	1998.5	周边及切角裂缝	0.81	体系约束温度收缩
			1999.4			
17		某市矿冶研究院氧化亚镍车间	1996	板切角裂缝	4.00	地基不均匀沉降
			1999.11			

续表

序号	裂缝结构类型	工程名称	主体竣工 鉴定日期	主要裂缝形式	最大裂缝宽度 钢筋处宽度（mm）	裂缝主要原因
18	楼（屋）面结构	某市监狱犯人伙房屋面梁	2001.3.9	梁腹梭形裂缝	0.40	局部约束温度收缩
			2002.3.15			
19		某市花炮信息发布楼楼面梁	2001.8	梁腹梭形裂缝	0.30	局部约束温度收缩
			2002.9			
20		某市巴陵分公司档案馆楼（屋）面梁	1992.8.30	梁腹梭形裂缝	0.40	局部约束温度收缩
			2003.2.14			
		某市巴陵分公司档案馆楼（屋）面梁	1992.8.30	板切角裂缝	1.50	体系约束温度收缩
			2003.2.14			
21		某市碧云天商住楼	2002.12.11	板切角裂缝	0.50	体系约束温度收缩
			2003.10.18			
22		某市骏豪花园10栋102号别墅	2002.6.8	周边及切角裂缝	0.70	体系约束温度收缩钢筋移位
			2003.11.6			
23		某市一中教学试验楼	尚未竣工	梁梭形裂缝	0.25	局部约束水泥未冷却
			2004.3.17			
24		某市一中生活服务楼	尚未竣工	梁梭形裂缝	0.10	局部约束温度收缩
			2004.3.17			
25		某县金农路东侧排水渠道盖板（覆土2m）	无资料	跨中垂直贯穿裂缝	0.88	荷载作用
			1999.5.26		0.88	
26		某炮学院大礼堂楼座 主梁	1956	跨中垂直贯穿裂缝	0.25	荷载作用
					0.20	
		某炮学院大礼堂楼座 次梁	2002.10.8		0.20	
					0.20	
27	楼梯结构	某市坡子街信丰商住楼	1996.11.26	纵向裂缝	1.0	锈胀作用
			2000.10.8		1.0	
28		某市长途电信线路局住宅楼	2000.8.30	垂直贯穿裂缝	0.25	局部约束温度收缩
			2001.6.2		0.20	
29		某省人大接待处住宅楼	1999.11.20	垂直贯穿裂缝	0.5	局部约束温度收缩
			2002.3.31		0.4	
30	转换层结构	某市五一华府转换层钢筋混凝土大梁	2002.5	梁腹梭形裂缝	0.4	局部约束温度收缩
			2003.6.10		0.1	
31		某省人民医院综合楼转换层预应力混凝土大梁	毛体尚未竣工	梁腹斜裂缝	0.3	预压应力
			2002.12.4			
32	地下室结构	某市东联名园A、B栋地下室顶盖及墙	刚出地面	墙垂直贯穿裂缝	0.25	局部约束温度收缩
			2003.2.25			
33		某省人防三三〇工程地下室底板	施工底板	板垂直裂缝	0.1	局部约束温度收缩
			2003.5.24			
34		某省都市阳光综合住宅楼地下室墙	2003.1	垂直贯穿裂缝	0.3	局部约束温度收缩
			2002.12			
35		某省国税局综合住宅楼地下室墙和楼板	1990	垂直贯穿裂缝	0.3	局部约束温度收缩
			1998.8.14			

续表

序号	裂缝结构类型	工程名称	主体竣工	主要裂缝形式	最大裂缝宽度	裂缝主要原因
			鉴定日期		钢筋处宽度（mm）	
36	钢筋混凝土墙、柱	某省现代城地下室剪力墙	已出地面	垂直贯穿裂缝	0.15	局部约束温度收缩
			2003.5.20			
37		某县国税局办公楼钢筋混凝土柱	1994.7	水平贯穿裂缝	0.40	柱基沉降
			2002.8.5			
38		某县供销社综合楼钢筋混凝土柱	1998.8	水平贯穿裂缝（钢筋未断）	0.20	柱基沉降
			2001.6.28			
39		某省湘中海·星之都6号住宅楼混凝土墙	2003.12.24	垂直贯穿裂缝	0.4	局部约束温度收缩
			2004.1.6			
40	钢筋混凝土烟囱	某省制碱厂热电站80m钢筋混凝土烟囱	毛体尚未竣工	环向水平裂缝	1.0	间隔时间太长强行滑模拉裂
			1991.2			
41		某省冶炼厂133m钢筋混凝土烟囱	1958	竖向裂缝保护层脱落	12.0	混凝土碳化钢筋锈蚀胀裂
			1995.10			
42		某省发电厂180/5m钢筋混凝土烟囱	1979.6	竖向裂缝	60.0	温度收缩配筋不足
			2001.3.20			
43	混凝土质量事故的墙、板、梁、柱	某省信息大厦钢筋混凝土柱	毛体尚未竣工	疏松夹渣层	最大层厚100	未及时清渣
			2003.5			
44		某市住宅小区7栋钢筋混凝土梁柱	毛体尚未竣工	蜂窝麻面狗洞		模板不密缝振捣未到位
			2003.6			
45		某市现代城地下室钢筋混凝土梁柱接头	毛体尚未竣工	混凝土强度低于设计要求		错用商品混凝土
			2003.7			
46		某省直卫技新村安居高层住宅钢筋混凝土剪力墙	毛体尚未竣工	16天尚未终凝		错用外加剂
			2003.10			
47		某省体育局高层住宅梁板柱	毛体尚未竣工	梁板阴角裂缝	1.50	混凝土坍落度过大、气温高而柱拆模过早
			2004.7			

表2-2　混凝土结构裂缝工程一览表（2004—2019年）

序号	工程名称	鉴定日期	裂缝形式	裂缝宽度（mm）	裂缝主要原因
1	某县齐心村移民住宅	2004.09	墙体斜裂、楼面角裂	0.3	冷缩、干缩变形
2	某市新富城公寓	2004.03	墙体垂直裂缝	0.8	不均匀沉降
3	某部队住房地下室顶板	2005.03	梁板贯穿裂缝	0.3	冷缩、干缩变形
4	某市罗汉村安置房	2006.03	基础梁及上部墙体裂缝	3	冷缩变形
5	某县移民楼墙、梁	2009.05	梁竖斜裂、墙体斜裂	12	地勘有误、受力裂缝
6	隆平水稻博物馆	2015.12	竖向裂缝	0.9	收缩变形、温差变形
7	某市小天鹅地下室剪力墙	2015.12	竖向斜裂缝	0.7	冷缩变形裂缝

续表

序号	工程名称	鉴定日期	裂缝形式	裂缝宽度（mm）	裂缝主要原因
8	某市华晨商业中心地下室	2016.07	竖向斜向裂缝	0.6	材料收缩变形裂缝
9	某市明照安置房	2016.09	地下室柱、板开裂	2.1	底板抗浮不足
10	国防科大研究楼梁板	2016.09	板无规则裂缝	0.9	降温冷缩、材料收缩
11	金谷豪庭地下室梁柱	2017.01	柱水平裂、顶板斜裂	0.9	材料收缩低温冷缩变形
12	某县公安局办公楼	2017.04	悬挑板根部水平裂缝	4.0	混凝土质量缺陷
13	某县水产品市场1＃、7＃梁板	2017.10	竖向裂缝枣核形	0.3	收缩变形裂缝
14	某县文体中心地下室梁板	2017.12	竖向及贯穿裂缝	0.4	结硬收缩、冷缩变形
15	某市第一中学地下室墙板	2017.12	竖向及贯穿裂缝	0.4	楼盖体系及变形裂缝
16	某市中泰财富15＃栋	2018.07	屋面板网纹状裂缝	0.8	混凝土收缩变形裂缝
17	某县宏泰综合楼四层梁	2018.09	梁侧及底“U”形裂缝	0.3	温差收缩变形裂缝
18	文体公园B区屋面梁	2018.08	梁“U”形裂缝	0.3	降温冷缩、材料收缩
19	某县山水豪庭38＃楼	2018.09	梁枣核形、板切割裂缝	1.1	材料收缩变形
20	东方新世界3＃住宅楼	2018.10	墙体竖向、斜裂缝	0.8	温差、材料收缩变形
21	某市水木阳光地下室顶板	2019.01	板无规则网纹状裂缝	0.3	材料收缩变形
22	某市学府华庭地下室	2019.02	剪力墙梁板水平、斜裂缝	5.0	顶板标高突变收缩变形
23	某县朝阳21＃新村地下室	2019.01	墙体竖向、顶板角裂	2.5	温差、材料收缩变形
24	嘉宇西苑地下室	2019.03	斜裂、竖向裂缝贯穿	3.0	材料收缩、冷缩变形
25	某州万和世纪城负一层	2019.04	剪力墙竖向贯穿裂缝	1.5	材料收缩、预应力张拉
26	北津学院5、6、9板梁	2019.04	板无规则网纹状裂缝	0.3	温差、材料收缩变形
27	某县创业园6＃厂房	2019.05	梁沿梁边垂直裂缝	1.0	降温冷缩、材料收缩
28	某县丰源华府2＃楼	2019.07	梁底“U”形裂缝	0.2	集中力处未设抗剪钢筋
29	某县永安完小扩建	2019.07	梁跨中“U”形裂缝	0.2	材料收缩、冷缩变形
30	某小区5＃楼地下室连梁	2019.05	连梁水平贯穿裂缝	3.0	约束冷缩变形裂缝
31	某市天心区成达花园	2019.07	水平、竖向裂缝	6.0	挑梁变形
32	某市御园一品F栋墙	2019.03	竖向、斜向裂缝	2.0	体系裂缝
33	某市商贸城A3一层	2018.12	梁对称“U”形裂缝	0.2	温差、材料收缩变形
34	园康星5＃楼	2016.07	竖向、斜向裂缝	2.1	地下室底板抗浮不足
35	某县广电文苑3＃地下室	2017.04	梁底锈蚀水平裂缝	10	梁水平缝施工质量
36	某市浦梓港B栋	2016.06	板无规则裂缝	0.3	温度收缩变形裂缝
37	某县火田中学食堂	2019.08	梁垂直贯穿“U”形裂缝	0.1	结硬收缩变形
38	某区商业广场地下室	2019.11	斜裂“U”形贯穿裂缝	0.4	降温冷缩变形

表 2-3　工程实例裂缝主要原因、最大宽度汇总表

<table>
<tr><td rowspan="3">裂缝主要原因</td><td colspan="4">变形因素</td><td colspan="3">受力因素</td></tr>
<tr><td colspan="2">温度收缩</td><td rowspan="2">地基沉降</td><td rowspan="2">碱化锈蚀</td><td rowspan="2">荷载作用（使用阶段）</td><td rowspan="2">预应力压裂（施工阶段）</td><td rowspan="2">滑模拉裂（施工阶段）</td></tr>
<tr><td>局部约束配筋不足</td><td>体系约束配筋不足</td></tr>
<tr><td rowspan="2">实例数（个）</td><td>41</td><td>16</td><td>5</td><td>3</td><td>14</td><td>2</td><td>4</td></tr>
<tr><td colspan="4">65</td><td colspan="3">20</td></tr>
<tr><td>实例总数（个）</td><td colspan="7">85</td></tr>
<tr><td rowspan="2">实例百分数（%）</td><td>48</td><td>19</td><td>6</td><td>3</td><td colspan="3" rowspan="2">24</td></tr>
<tr><td colspan="4">76</td></tr>
<tr><td>最大裂缝宽度（mm）</td><td>0.10～0.40</td><td>0.8～2.0</td><td>0.2～0.4</td><td>12</td><td>0.55～1.00</td><td>0.3</td><td>1.00</td></tr>
<tr><td>钢筋处宽度（mm）</td><td></td><td></td><td></td><td>12</td><td>0.2</td><td></td><td></td></tr>
</table>

注：未含烟囱的最大裂缝宽度。

（4）从表 2-1、表 2-2 可知，局部约束发生在较高的梁和地下室墙中。梁的腹部和墙的中部混凝土上受楼板下受纵向钢筋的局部约束，当梁腹纵筋不足或间距过大时，由于素混凝土的抗拉强度很低，往往在梁腹受到削弱的部位（例如临时固定模板的对拉螺栓孔、电线预埋钢管边）出现竖向裂缝。地下室墙下受筏基和底板上受顶盖梁板的局部约束，也产生类似于梁腹的竖向裂缝。此外，混凝土现浇楼板和板式楼梯，受其支承梁的局部约束，在板配筋薄弱的部位，如区格板或板式楼梯负钢筋截断处（离支座边 1/4 净跨处）出现上宽下窄的贯穿裂缝。在局部约束条件下，由于混凝土体积收缩的量不大，裂缝宽度主要取决于混凝土入模温度、大气降温温差以及混凝土的总收缩值。因此，一般情况下裂缝宽度不会很大。

（5）从表 2-1、表 2-2 裂缝工程实例的介绍中可知，体系约束发生在平面尺寸较长（或较宽）的钢筋混凝土楼（屋）面结构、剪力墙结构或框架结构，同时在平面或剖面上局部受到削弱（如为形成共享空间或施工阶段要在建筑平面内安装塔吊时楼面开孔削弱）或原平面布置存在结构薄弱部分（如联系两栋建筑的走道，平面布局中局部宽度变小等）。当这种混凝土结构体系发生降温冷缩和结硬干缩的体积变形时，各个体量不同的部分，将发生向各自中心的体积缩小，这样，两端体量较大的部分相当于给中间被削弱的部分施加了一个拉伸变形，当其拉应变值超过混凝土的极限拉应变值时出现裂缝，混凝土退出工作，裂缝截面的约束变形和约束应力全部由钢筋承受。当钢筋为延性差的高强钢筋时，将因约束应变值超过钢筋的极限拉伸应变而拉断，形成活口裂缝。当采用具有明显屈服台阶的钢筋时，钢筋未屈服前，裂缝出现之后，由于裂缝截面约束应力大部分消失，将不断在邻近的截面中出现新的裂缝，收缩变形分散，因而裂缝宽度较小，钢筋不会被拉断，但当钢筋屈服后，也会形成较宽的裂缝。因此，在这种体系约束的条件下，因温度收缩引起的裂缝都较宽。为控制裂缝宽度，结构的配筋除满足按规范计算的要求外，宜适当留有余地，对付计算中难以考虑到的温度收缩的影响。

（6）裂缝工程实例表明，对于较长的楼（屋）面结构，其中间部位梁板内将出现较宽的垂直裂缝，而在楼面的四个角区格板内出现斜裂缝（切角裂缝），前者由法向约束应力引起，而后者由双向剪切约束应力引起。这种情况也属于体系约束。因此，在这种约束条件下，出现的裂缝也较宽。

（7）从表2-1、表2-2所列裂缝工程实例鉴定结果可知，由温度收缩引起的裂缝工程因不危及结构安全，未进行加固处理，但影响结构的整体性、耐久性和美观，视不同情况进行了相应的裂缝处理。对于由于荷载作用引起的且经复核结构承载力极限状态和正常使用极限状态下不满足设计规范要求的裂缝工程，都进行了加固处理。因此，对裂缝工程应首先进行检测鉴定（包括结构复核），确认裂缝的主要原因和危害，方能提出最佳的处理方案。那种不经检测鉴定，单凭裂缝现象认定结构刚度不够需进行加固处理的观点是错误的。因为，结构加固处理比一般裂缝处理的费用将成10倍地增加。在对待裂缝工程问题上，应采取科学的实事求是的态度，决不能受商业利益所驱动。因此，结构检测鉴定与结构加固处理应分别由有资质的单位和项目负责人完成。

（8）从表2-1、表2-2所列裂缝工程实例的检测结果中可知：混凝土结构的耐久性，除混凝土的强度和密实性外，还与下列因素有关：

① 结构所处环境条件。例如在冶炼厂区的混凝土结构，特别是排出含SO_2成分的混凝土烟囱结构，不进行加固处理使用寿命难以达到50年，所检测的混凝土烟囱20～30年碳化就可到钢筋表面，引起锈蚀起壳，导致大面积混凝土保护层胀裂脱落，甚至将钢筋锈断。而在正常环境中工作的混凝土结构，有的虽已历经46年，并未出现碳化锈蚀裂缝。

② 结构中的裂缝缺陷。在上述已使用46年的混凝土结构碳化的检测中，观察到裂缝缺陷对混凝土结构耐久性的影响：沿裂缝部位的混凝土已碳化，而远离裂缝的混凝土未碳化（遇酚酞液变红），说明裂缝的存在使空气中的二氧化碳能深入混凝土内部，裂缝越宽越深，则对耐久性的影响越大。特别是那些贯穿性的裂缝危害更大，必须及时进行裂缝处理。

③ 混凝土保护层厚度。在混凝土烟囱裂缝工程检测中发现，保护层薄的部分，混凝土成片剥落，导致纵向钢筋锈断。

第二节　混凝土受力裂缝问题结构加固方法

当混凝土问题结构的裂缝，经检测鉴定确认为受力裂缝，且存在安全隐患而危及结构安全时，应采取旨在消除安全隐患，确保安全的加固处理方案。问题结构加固有间接加固与直接加固两种方案。设计时，可根据实际情况和使用要求选择既安全适用又经济可行的加固方案。间接加固方案有：体外预应力加固法、增设支点加固法，增设耗能支撑法或增设抗震墙法。直接加固方案有：增大截面加固法、置换混凝土加固法，或采用部分置换混凝土同时加大截面的复合截面加固法。与结构加固方法配合使用的技术应采用符合加固设计规范规定的裂缝修补技术、锚固技术和阻锈技术。问题结构加固设计采用的结构分析方法，应符合《混凝土结构设计规范（2015版）》（GB 50010—2010）规定的结构分析的基本原则，且应采用线弹性分析方法计算结构的作用效应。问题结构加固后改变传力路线或使结构质量增大时，应对相关结构构件及建筑物的地基基础进行必要的验算。下面以混凝土裂缝问题结构的板、梁、柱为加固对象介绍各种常遇的加固方法。

一、钢筋混凝土楼板加固方法

钢筋混凝土楼板往往由于下列原因需要进行裂缝加固处理：①设计上板厚偏小；②施工上板厚不足、混凝土强度等级降低、负钢筋位置下移；③房间改变用途，楼板的使用荷载增加。特别值得注意的是，高级住宅面积较大的客厅，楼板下面要进行吊顶，上面要铺木地板或地面砖，对楼板的刚度有较高的要求，如设计施工不当，楼板刚度不够，不仅楼上使用时对楼下发生干扰，严重的将出现吊顶开裂，地面砖与混凝土楼板脱落。

（一）板上加固法

对已建建筑物，或在建建筑物当楼面吊顶等装饰已完成时，宜在楼板上进行加固。此时，如地面已装修，需将木地板或地面砖拆除，采用在板面上现浇混凝土叠合层的方案进行加固。这种方案特别适用于板面负钢筋位移、楼面板刚度不够的情况。叠合层宜采用不小于40mm厚的细石混凝土，骨料最大粒径不宜大于20mm，强度等级应比原楼板混凝土强度高一个等级。支座负钢筋按叠合板计算并满足锚固等构造要求，其中的一半在整个现浇层内配置，且不小于ϕ6@250的钢筋网；另一半可在离墙边1/4短跨处截断。为使细石混凝土现浇层与原混凝土楼板共同工作。在浇混凝土之前，除要求原混凝土板面凿毛外，宜沿板的四周1/4板跨边缘板带范围内，植不小于ϕ6双向间距为500mm按梅花点布置垂直于板面的拉结筋，并与钢筋网焊牢。混凝土应连续浇捣密实，不留施工缝。初凝后，及时覆盖草袋，浇水保湿养护。待混凝土强度达到设计要求时，方可使用。

（二）板下加固法

对于板跨中承载力不足的楼板，当楼面吊顶装饰尚未进行时，可采用在板下吊模、板上打孔、底板凿毛、植拉结筋、跨中配新增钢筋网、浇自密实混凝土的加固方案。

（三）板上或板下粘钢或贴碳纤维片材加固法

楼板配筋不足、负筋移位等情况造成的裂缝和承载力不足，可采用在板上或板下粘钢或贴碳纤维片材的加固方法。

二、钢筋混凝土梁加固方法

钢筋混凝土梁的加固方法有：加大截面、部分置换部分加大截面、外包型钢、施加预应力、改变结构传力途径、外粘钢或贴碳纤维片材等加固方法。

（一）加大混凝土截面加固法

加大混凝土截面加固法有梁上加高、梁下加高、梁侧加宽或同时加高加宽等方案。当使用上允许梁往上加高时，应优先采用梁上加高的方案。这样，既可较大地提高梁的承载力，施工又较方便。当使用上不允许往上加高时，可采用往下加高并加宽的方案。此时，为便于浇捣加固用混凝土，也可在梁两侧下部局部加宽，并可加配受力钢筋。

当采用梁上加高法时，梁的承载力、抗裂度、钢筋应力、裂缝宽度及变形计算和验算可按《混凝土结构设计规范（2015版）》（GB 50010—2010）中关于叠合构件的规定进行。当采用梁下加高法（加高截面并加配受拉钢筋）时，新增纵向受拉钢筋的抗拉强度设计值应按规范新增钢筋乘以强度利用系数0.9。

加大混凝土截面尺寸加固法关键是要处理好新老混凝土的结合，使其叠合面能可靠地传递剪力。在叠合梁中，传递剪力的措施是，除叠合面凿毛或打成沟槽，槽深不宜小于 6mm，间距不宜大于箍筋间距或 200mm 外，还应将箍筋凿出并用短钢筋焊接接长到需要的位置，与按计算或构造要求确定的新增纵向受力钢筋形成骨架。浇筑混凝土前，原有混凝土表面应冲洗干净，并应以纯水泥浆等界面剂进行处理。

（二）外包型钢加固法

当需要大幅度提高结构构件抗弯、抗剪承载力时，可采用外包型钢加固法（图 2-1）。当采用化学灌浆外包加固时，型钢表面温度不应高于 60℃；当环境具有腐蚀性介质时，应用可靠的防护措施。外包型钢加固法要点如下：

（1）钢筋混凝土梁采用无粘结外型钢加固时，其正截面受弯承载力和斜截面受剪承载力可按《混凝土结构设计规范（2015 版）》（GB 50010—2010）的规定进行除抗震设计外，在受弯承载力的计算中，其外包型钢的抗拉强度设计值应乘以强度利用系数 0.9；在受剪承载力的计算中，其外包扁钢箍或钢筋箍的抗拉强度设计值应乘以强度利用系数 0.7。

（2）用于提高受弯承载力的外包角钢的厚度不应小于 5mm，角钢边长不宜小于 50mm。沿梁轴线应用扁钢箍或钢筋箍与角钢焊接。扁钢箍截面不应小于 40mm×4mm，其间距不宜大于 $20r$（r 为单根角钢截面的最小回转半径），也不宜大于 500mm，在节点区间距应适当加密。钢筋箍直径不应小于 10mm，间距不宜大于 300mm。

（3）梁角钢应与柱角钢相互焊接，当柱不加固时，可用扁钢绕柱外包焊接（图 2-1）。

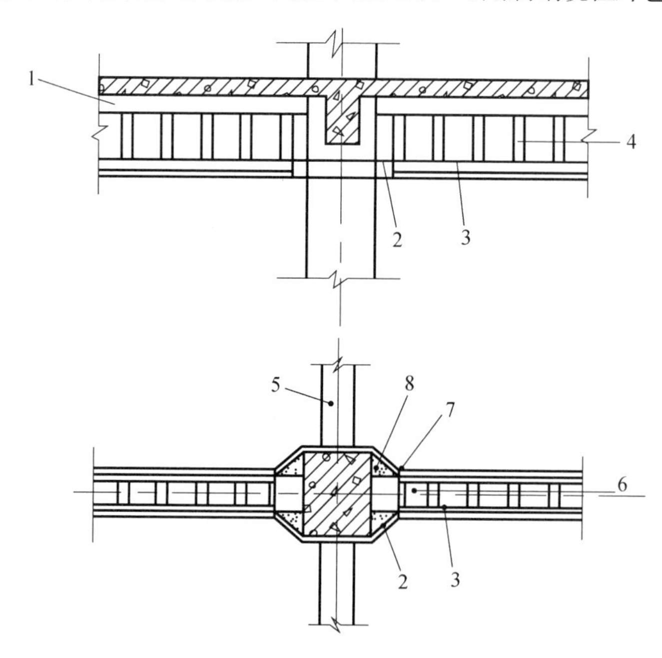

图 2-1　外包钢框架梁连接构造

1—钢板；2—扁钢带；3—角钢；4—扁钢箍；5—次梁；6—主梁；7—剖口焊缝；8—环氧砂浆填实

（三）外部粘钢加固法

外部粘钢加固法是在构件外部粘贴钢板，以提高梁承载力和满足正常使用要求的一种加固方法。其适用于承受静力作用的一般受弯构件、受拉构件，且温度不大于60℃，相对湿度不大于70%，以及无化学腐蚀影响的环境条件，否则应采取防护措施。当构件混凝土强度低于C15时，不宜采用本法进行加固。外部粘钢加固法应注意以下五个方面的要求。

1. 胶粘材料要求

（1）承重结构加固用的胶粘剂，宜按其基本性能分为A级胶和B级胶；对重要结构、悬挑构件、承受动力作用的结构、构件，应采用A级胶；对一般结构可采用A级胶或B级胶。

（2）承重结构用的胶粘剂，必须进行粘结抗剪强度检验。检验时，其粘结抗剪强度标准值，应根据置信水平为0.90、保证率为95%的要求确定。

（3）承重结构加固用的胶粘剂，包括粘贴钢板和纤维复合材，以及种植钢筋和锚栓的用胶，其性能均应符合《工程结构加固材料安全性鉴定技术规范》（GB 50728—2011）第4.2.2条的规定。

（4）承重结构加固工程中严禁使用不饱和聚酯树脂和醇酸树脂作为胶粘剂。

（5）当结构锚固工程需采用快固结构胶时，其安全性能应符合有关规范的规定。

2. 计算要求

（1）正截面抗弯承载力不足的情况。

对正截面受弯承载力不足的梁，例如原构件受拉钢筋配筋率较低，可采用在受拉区表面粘结钢板的方法进行加固（图2-2）。此时，正截面受弯承载力，可按《混凝土结构加固设计规范》（GB 50367—2013）进行计算，其加固钢板截面面积 A_a 的计算中应考虑二次受力影响，对受拉钢板抗拉强度进行折减。

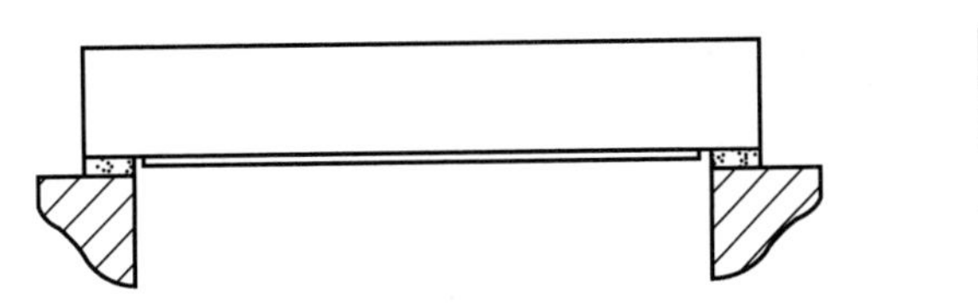

图2-2　梁受拉区粘钢加固示意图

如原构件受拉钢筋配筋率较高，需对构件正截面受压区进行加固，可在受压区梁两侧粘结钢板（图2-3）。此时，加固钢板截面面积可按下式确定

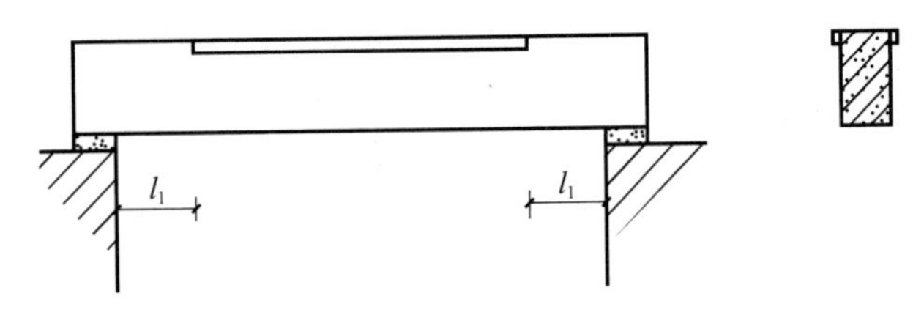

图2-3　梁受压区粘钢加固示意图

$$A'_s=(f_{y0}A_{s0}-f_{y0}A'_{s0}-\alpha_1 f_{c0}b_0x)/f'_{sy} \tag{2-1}$$

式中　A'_s——在受压区的加固钢板截面积；

f'_{sy}——加固钢板抗压强度设计值。

混凝土受压区高度 x 可按下式计算：

$$x=\left\{1-\sqrt{1-\frac{2[M-f'_{y0}A'_{s0}(h_0-a'_{s0})-\psi_{sp}f'_{ay}A'_a(h_0-a'_s)]}{\alpha_1 f_{c0}b_0h_0^2}}\right\} \tag{2-2}$$

式中 ψ_{sp}——考虑二次受力影响时，受拉钢板的应变滞后，受拉钢板抗拉强度折减系数；

α_1——系数，混凝土强度等级不超过C50时，可取 $\alpha_1=1.0$；

a'_{s0}——原构件纵向受压钢筋合力作用点到受压边缘的距离；

a'_s——在受拉区的加固钢板合力作用点到受压边缘的距离；

f'_{y0}——原构件钢筋抗压强度设计值；

A'_{s0}——原构件抗压钢筋截面面积；

h_0——构件有效截面高度；

f'_{ay}——新增型钢抗压强度设计值；

A'_a——新增型钢截面面积；

f_{c0}——原构件混凝土抗压强度设计值；

b_0——原构件截面宽度。

（2）斜截面抗剪承载力不足的情况。

受弯构件截面抗剪承载力不足，应采用胶粘的箍板进行加固，箍板宜设计成加锚封闭箍、胶锚U形箍或钢板锚U形箍的构造方式［图2-4（a)］，当受力很小时，也可采用一般U形箍。箍板应垂直于构件轴向方向粘贴［图2-4（b)］，不得采用斜向粘贴。箍板的截面面积和间距应按加固规范考虑箍板抗拉强度折减进行计算。

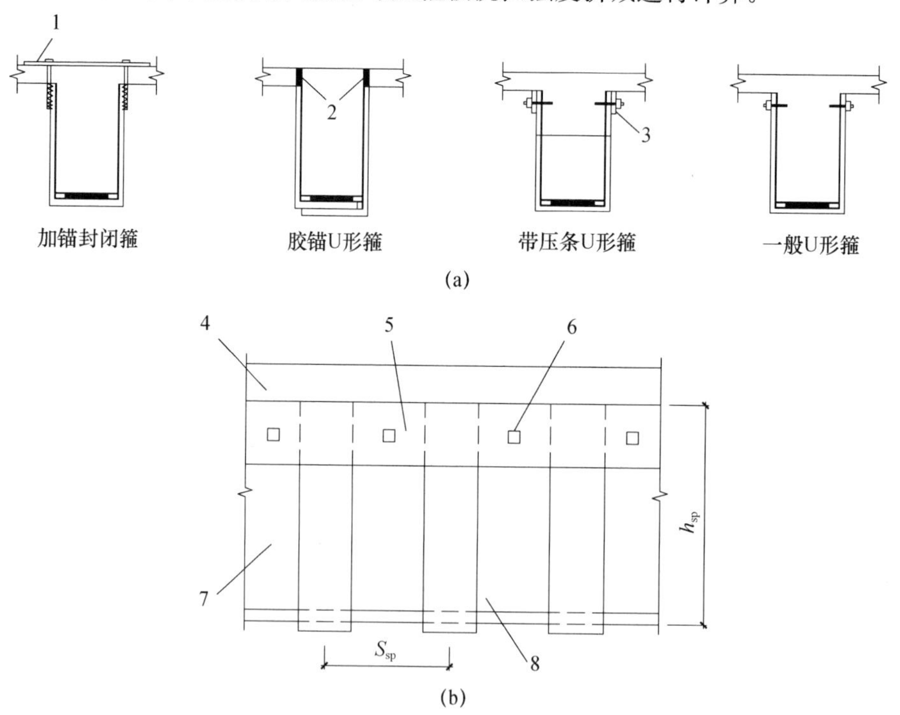

图2-4　扁钢抗剪箍及其粘贴方式

(a）构造方式；(b）U形箍加纵向钢板压条

1—扁钢；2—胶锚；3—粘贴钢板压条；4—板；5—钢板底面空隙处应加钢垫板；6—钢板压条附加锚栓锚固；7—U形箍；8—梁

3. 构造要求

（1）粘钢加固的钢板宽度不宜大于 100mm。采用手工涂胶粘贴的钢板厚度不应大于 5mm；采用压力注胶粘结的钢板厚度不应大于 10mm，且应按外粘型钢加固法的焊接节点构造进行设计。

（2）对钢筋混凝土受弯构件进行正截面加固时，均应在钢板的端部（包括截断处）及集中荷载作用点的两侧，对梁设置 U 形钢箍板；对板应设置横向钢压条进行锚固。

（3）当粘贴的钢板延伸至支座边缘仍不满足延伸长度的规定时，应采取以下锚固措施：

① 对梁，应在延伸长度范围内均匀设置 U 形箍（图 2-5），且应在延伸长度的端部设置一道加强箍。U 形箍的粘贴高度应为梁的截面高度；梁有翼缘（或有现浇楼板），应伸至其底面。U 形箍的宽度，对端箍不应小于加固钢板宽度的 2/3，且不应小于 80mm，对中间箍不应小于加固钢板宽度的 1/2，且不应小于 40mm，U 形箍的厚度不应小于受弯加固钢板厚度的 1/2，且不应小于 4mm。U 形箍的上端应设置纵向钢压条；压条下面的空隙应加胶粘钢板垫块填平。

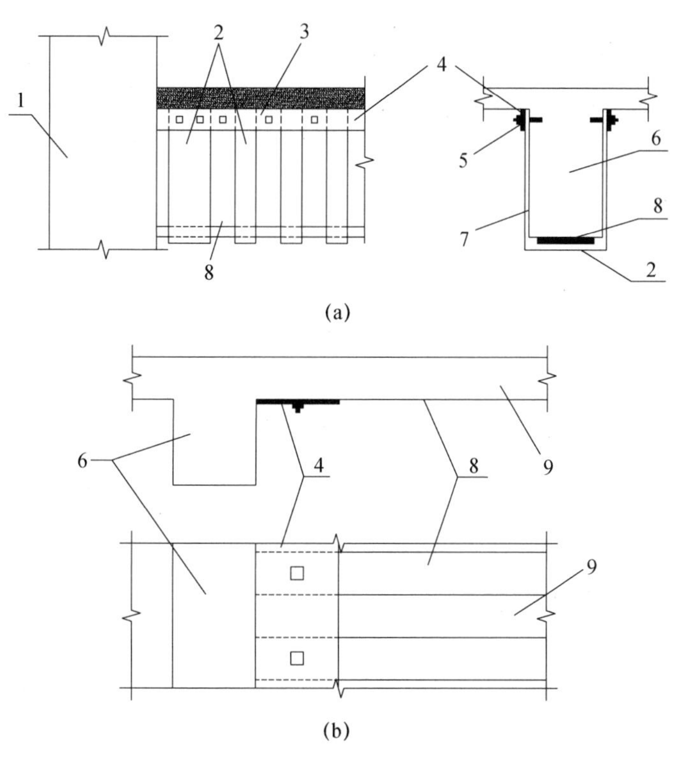

图 2-5　梁粘贴钢板端部锚固措施

（a）U 形钢箍；（b）横向钢压条

1—柱；2—U 形箍；3—压条与梁之间空隙应加钢垫板；4—钢压条；5—化学锚栓；6—梁；7—胶层；8—加固钢板；9—板

② 对板，应在延伸长度范围内通长设置垂直于受力钢板方向的钢压条。钢压条一般不宜少于 3 条；钢压条应在延伸长度范围内均匀布置，且应在延伸长度的端部设置一道。压条的宽度不应小于受弯加固钢板宽度的 3/5，钢条的厚度不应小于受弯加固钢板

厚度的 1/2。

（4）粘结加固基层的混凝土强度等级不应低于 C15。

（5）粘结钢板的厚度以 2～5mm 为宜。

（6）对于受压区粘钢加固，当采用梁侧粘钢时，钢板宽度不宜大于梁高的 1/3。

（7）粘贴钢板在加固点外的锚固长度：对受拉区不得小于 $200t$（t 为钢板厚度），并不得小于 600mm；对受压区，不得小于 $160t$，并不得小于 480mm；对于大跨结构或可能经受反复荷载的结构，锚固区尚应增设 U 形箍板或螺栓附加锚固措施。

（8）钢板表面须用 M15 水泥砂浆抹面，其厚度：对梁不应小于 20mm；对板不应小于 15mm。

4. 施工要求

（1）粘钢加固施工应按图 2-6 所示工艺流程进行。

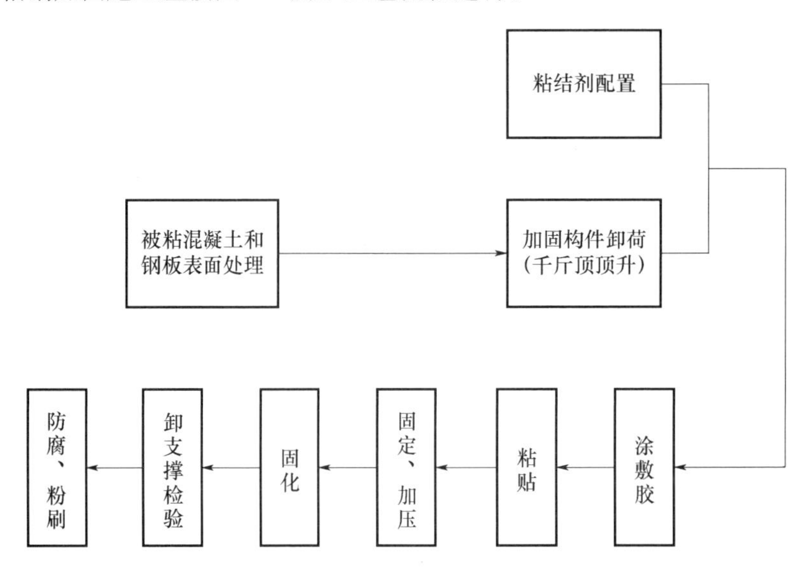

图 2-6　粘钢加固工艺流程图

（2）混凝土构件表面应按下列要求进行处理。

① 对旧混凝土构件的粘合面，用硬毛刷沾高效洗涤剂，刷除表面油垢污物后用水冲洗，再对粘合面进行打磨，除去 2～3mm 厚表层，直至完全露出新面，并用无油压缩空气吹除粉粒。例如混凝土表面不是很旧很脏，则可直接对粘合面进行打磨，去掉 1～2mm 厚表层，用压缩空气除去粉尘或用清水冲洗干净，待完全干后即可用脱脂棉蘸丙酮擦拭表面即可。

②对新混凝土结合面，先用钢丝刷将表面松散浮渣刷去，再用硬毛刷蘸洗涤剂洗刷表面，或用有压冷水冲洗，待完全干后即可涂胶粘剂。

③对于龄期在 3 个月以内以及湿度较大的混凝土构件，尚须进行人工干燥处理。

（3）钢板粘结面须进行除锈和粗糙处理。如钢板未生锈或轻微锈蚀，先可用喷砂、砂布或平砂轮打磨，直至出现金属光泽。打磨粗糙度越大越好，打磨纹路应与钢板受力方向垂直。其后，用脱脂棉蘸丙酮擦拭干净。例如钢板锈蚀严重，须先用适度盐酸浸泡，使锈层脱落，再用石灰水冲洗，中和酸离子，最后用平砂轮打磨出纹路。

（4）粘贴钢板前，应对被加固梁进行卸载。如采用千斤顶方式卸载，对于承受均布荷载的梁，应采用多点（至少两点）均匀顶升，对于有集中力（次梁）作用的主梁，每根次梁下要设一台千斤顶。顶升力的大小以顶面不出现裂缝为准。

（5）胶粘剂为甲、乙两组分，使用前应进行现场质量检验，合格后方能使用，并应按产品使用说明书规定配制。搅拌时，应注意避免雨水进入容器，按同一方向进行搅拌，容器内不得有油污。

（6）胶粘剂配制好后，用抹刀同时涂抹在已处理好的混凝土表面和钢板面上，厚度1～3mm，中间厚边缘薄，然后将钢板贴于预定位置。如果是立面粘贴，为防止流淌，可加铺一层脱蜡玻璃丝布。粘好钢板后，用手锤沿粘贴面轻轻敲击钢板，如无空洞声，表示已贴密实，否则应剥下钢板，补胶，重新粘贴。

（7）钢板粘贴好后，应立即用夹具夹紧，或用支撑固定，并适当加压，以使胶液刚从钢板边缝挤出为度。

（8）胶粘剂在常温下固化，保持在20℃以上，24h即可拆除夹具或支撑，3d可受力使用。若低于15℃，应采用人工加温，一般用红外线灯加热。

（9）加固后，钢板表面应粉刷20mm厚水泥砂浆保护。如钢板表面积较大，为利于砂浆粘结，可用环氧树脂胶粘一层钢丝网或点粘一层豆石。

（10）胶粘剂施工应遵守下列安全规定：

① 配制胶粘剂用的原料应密封贮存，远离火源，避免阳光直接照射。

② 配制和使用场所，必须保持通风良好。

③ 操作人员应穿工作服，戴防护口罩和手套。

④ 工作场所应配备各种必要的灭火器，以备救护。

5. 工程质量验收

（1）撤除临时固定装置后，应用小锤轻轻敲击粘结钢板，从声音判断粘结效果。如有空洞声响，应用超声波法探测粘结密实度。若锚固区粘结面积少于90%，非锚固区粘结面积少于70%，则应剥下重新粘贴。

（2）对于重大工程，为慎重起见，尚需抽样进行荷载试验。一般仅作标准荷载试验，即将卸去的荷载重新全部加上，直至达到设计要求的荷载标准值，其结构的变形和裂缝开展应满足设计规范要求。

（四）外贴碳纤维片材加固法

1. 碳纤维加固技术的发展概况

碳纤维材料用于混凝土结构补强加固的研究工作开始于20世纪80年代，至今日本、美国、新加坡以及欧洲的部分国家和地区都相继进行了大量碳纤维材料用于混凝土结构补强加固的研究开发，并将碳纤维制成织物（布状片材），粘贴到混凝土表面用于结构的补强与加固，在实际工程中应用日益增多。碳纤维片材的主要性能如下：

（1）具有碳材料高强度的特性，又兼备纺织纤维的柔软可加工性。

（2）各向异性，设计自由度大，可进行多种加固方案设计，以满足不同的要求。

（3）可与其他纤维（如玻璃纤维）混合增强，提高性能。

（4）密度小、质量轻，是一般钢材质量的1%，而强度超过10倍以上。

（5）自润滑、耐磨损，抗疲劳、寿命长。

（6）吸能减震，具有优异的震动衰减功能。

（7）热导性好，不蓄热，在惰性气体中耐热。

（8）耐腐蚀，不生锈，耐久性好。

在我国，随着人们对碳纤维加固混凝土结构技术认识的逐渐提高，已有越来越多的高校和科研机构开始重视这一新兴加固技术。21 世纪初，我国已着手编制《碳纤维片材加固混凝土结构技术规程》（CECS 146—2013），并已将粘贴纤维（碳纤维与玻璃纤维）增强复合材料加固法列入混凝土结构加固技术规范。

2. 混凝土加固修补用碳纤维材料分类

普通碳纤维是以聚丙烯腈（PAN）或中间沥青（MPP）纤维为原料碳化制成。目前，用于混凝土结构补强加固的碳纤维材料种类可按以下分类。

（1）按形式分类。

① 片材（包括布状和板状）：

片材通过环氧树脂类粘结剂贴于混凝土受拉区表面，是用于结构加固修复最多的一种材料形式。其中布状材料的使用量最大，而板状材料的强度利用效率较高。

② 棒材：

通常作为代替传统钢筋的材料，既可用于已建结构的补强加固，也可用于新建结构中。

（2）按力学性能分类。

① 高模量型：

拉伸模量很高，可达到 3.9×10^{5}MPa，但其伸长率低。

② 高强度型：

拉伸强度在 3500MPa 以上，加工工艺好的拉伸强度可超过 4000MPa，最高可达 5000MPa。

③ 中等模量型：

拉伸模量一般在 2.7×10^{5}～3.15×10^{5}MPa 之间，伸长率在 1.5%～2.0%之间。

3. 碳纤维加固混凝土结构的优点

同粘钢加固法相比，碳纤维加固具有明显的计算优势，主要体现在：

（1）高强高效。

由于碳纤维材料优良的物理力学性能，在加固过程中可充分利用其高强度、高模量的特点来提高结构及构件的承载力，改善其受力性能，达到高效加固的目的。

（2）耐腐蚀性。

碳纤维材料化学性质稳定，不与酸、碱、盐等发生化学反应，因而用碳纤维材料加固后的钢筋混凝土构件具有良好的防水性、耐腐蚀性及耐久性。

（3）不增加构件的自重及体积。

碳纤维材料质量轻（200～600g/m^2）且厚度薄（小于 2mm），经加固修补后的构件，增加原结构的自重及尺寸很小，不会明显减少使用空间。

（4）适用面广。

由于碳纤维材料是一种柔性材料，可任意裁剪，所以可广泛用于各种结构类型、形状和结构的各种部位。诸如高层建筑转换层大梁，大型桥拱的桥墩、桥梁和桥板，以及隧道、大型筒体及壳体结构工程。

（5）便于施工。

在碳纤维材料加固施工过程中不需要大型的施工机械，占用施工场地很小，没有湿作业，功效高、周期短，对加固环境影响小。

但是，碳纤维加固与粘钢加固同样存在耐火性能低的缺点，具有较高的防火要求，需进行表面防火处理。此外，一般碳纤维单向抗拉强度高，另一向（横向）的抗拉强度低；碳纤维强度高而伸长率低。

4. 碳纤维复合材抗拉强度

《混凝土结构加固设计规范》（GB 50367—2013）中，碳纤维复合材的抗拉强度设计值见表 2-4。

表 2-4　碳纤维复合材抗拉强度设计值　　（MPa）

结构类别＼强度等级	单向织物（布）			条形板	
	高强度Ⅰ级	高强度Ⅱ级	高强度Ⅲ级	高强度Ⅰ级	高强度Ⅱ级
重要构件	1600	1400	—	1150	1000
一般构件	2300	2000	1200	1600	1400

注：L 形板按高强度Ⅱ级条形板的设计值采用。

5. 碳纤维复合材加固构造要求

（1）对钢筋混凝土受弯构件正弯矩区进行正截面加固时，其受拉面沿轴向粘贴的碳纤维复合材应延伸至支座边缘，且应在碳纤维复合材的端部（包括截断处）及集中荷载作用点的两侧，设置碳纤维复合材的 U 形箍（对梁）或横向压条（对板）。

（2）当碳纤维复合材延伸至支座边缘仍不能满足规范延伸长度的规定时，应采取下列锚固措施：

① 对梁，应在延伸长度范围内均匀设置不少于 3 道 U 形箍锚固［图 2-7（a）］，其中一道应设置在延伸长度端部。U 形箍采用碳纤维复合材制作；U 形箍的粘贴高度应为梁的截面高度；当梁有翼缘或有现浇楼板，应伸至其底面。U 形箍的宽度，对端箍不应小于加固碳纤维复合材宽度的 2/3，且不应小于 150mm；对中间箍不应小于加固碳纤维复合材宽度的 1/2，且不应小于 100mm；U 形箍的厚度不应小于受弯加固碳纤维复合材厚度的 1/2。

② 对板，应在延伸长度范围内通长设置垂直于受力纤维方向的压条［图 2-7（b）］。压条采用碳纤维复合材制作。压条除应在延伸长度端部设置一道外，尚应在延伸长度范围内再均匀布置 1～2 道。压条宽度不应小于受弯加固碳纤维复合材条带宽度的 3/5，压条的厚度不应小于受弯加固碳纤维复合材厚度的 1/2。

③ 当碳纤维复合材延伸至支座边缘，遇到下列情况，应将端箍（或端部压条）改为钢材制作、传力可靠的机械锚固措施：

a. 可延伸长度小于按规范计算长度的一半。

b. 加固用的碳纤维复合材为预成型板材。

（3）当采用碳纤维复合材对受弯构件负弯矩区进行正截面承载力加固时，应采取下列构造措施：

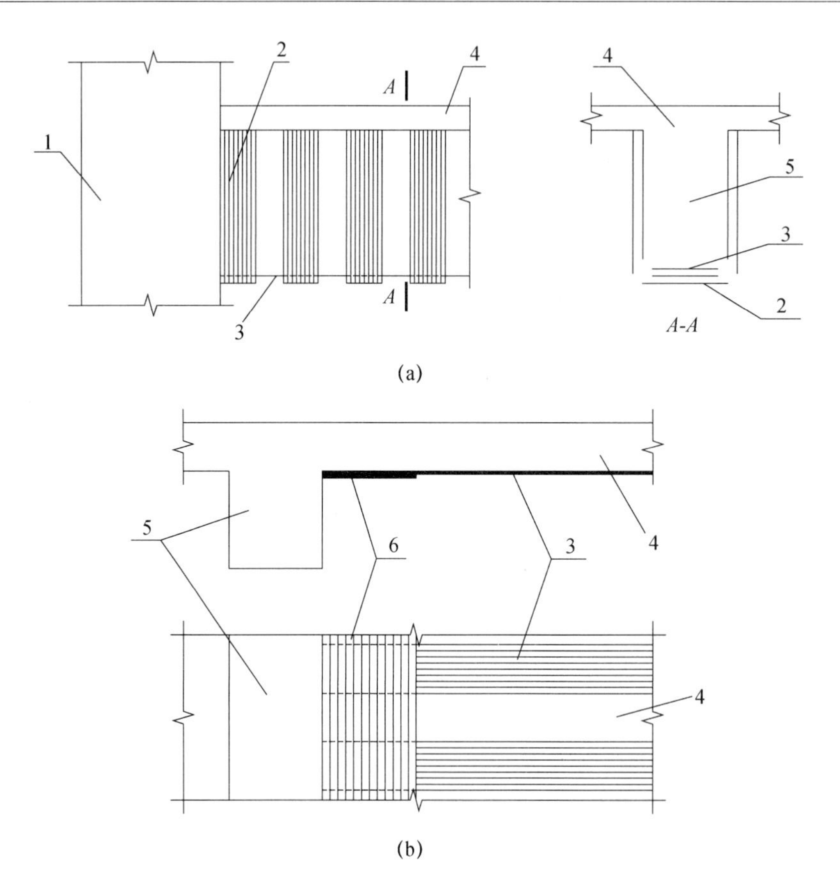

图 2-7 梁、板粘贴碳纤维复合材料端部锚固措施

(a) U形箍；(b) 横向压条

1—柱；2—U形箍；3—碳纤维复合材；4—板；5—梁；6—横向压条

注：(a) 图中未画压条。

① 支座处无障碍时，碳纤维复合材应在负弯矩包络图范围内连续粘贴；其延伸长度的截断点应位于正弯矩区，且距正负弯矩转换点不应小于 1m。

② 支座处虽有障碍，但梁上有现浇板，且允许绕过柱位时，宜在梁侧 4 倍板厚（h_b）范围内，将碳纤维复合材粘贴于板面上（图 2-8）。

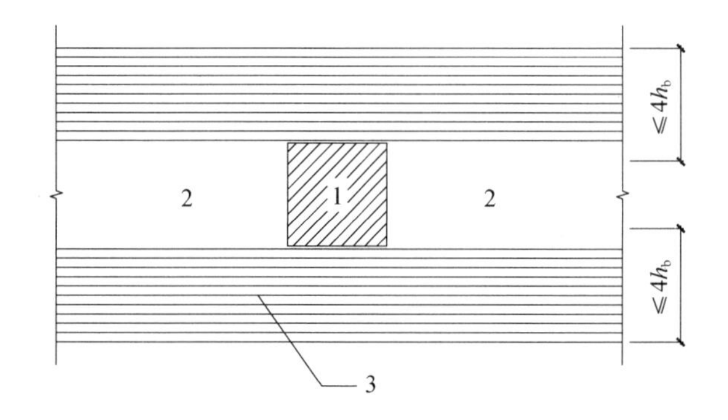

图 2-8 绕过柱位粘贴碳纤维复合材

1—柱；2—梁；3—板顶面粘贴的碳纤维复合材料；h_b—板厚

③ 在框架顶层梁柱的端节点处，碳纤维复合材只能贴至柱边缘而无法延伸时，应采用结构胶加贴L形碳纤维板或L形钢板进行粘结与锚固（图2-9）。L形钢板的总截面面积应按下式计算

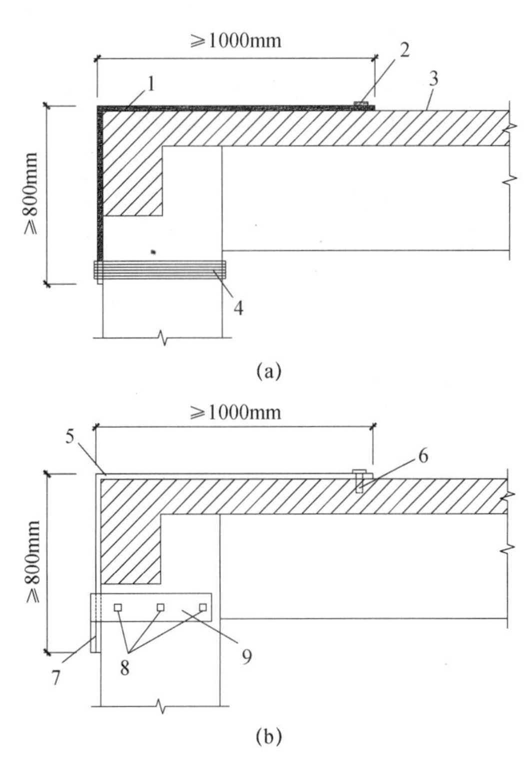

图2-9　柱顶加贴L形碳纤维板或钢板锚固构造

（a）柱顶加贴L形碳纤维板锚固构件；（b）柱顶加贴钢板锚固构造

1—粘贴L形碳纤维板；2—横向压条；3—纤维复合材；4—纤维复合材围束；5—粘贴L形钢板；6—M12锚栓；7—加焊顶板（预焊）；8—$d \geqslant$M16的6.8级锚栓；9—胶粘于柱上的U形钢箍板

$$A_{a,1}=1.2\psi_f f_f A_f / f_y \tag{2-3}$$

式中　$A_{a,1}$——支座处需粘贴的L形钢板截面面积；

ψ_f——碳纤维复合材的强度利用系数，按文献［12］第10.2.3条采用；

f_f——碳纤维复合材的抗拉强度设计值，按文献［12］第4.3.4条采用；

A_f——支座处实际粘贴的碳纤维复合材截面面积；

f_y——L形钢板抗拉强度设计值。

L形钢板总宽度不宜小于0.9倍梁宽，且宜由多条L形钢板组成。

④ 当梁上无现浇板，或负弯矩区的支座处需采取加强的锚固措施时，可采取粘贴L形钢板（图2-10）的构造方式。但柱中箍板的锚栓等级、直径及数量应经计算确定。当梁上有现浇板，也可采取这种构造方式进行锚固，其U形钢箍板穿过楼板处，应采用半叠钻孔法，在板上钻出扁形孔以插入箍板，再用结构胶予以封固。

（4）当加固的受弯构件为板、壳、墙和筒体时，碳纤维复合材应选择多条密布的方式进行粘贴，每一条带的宽度不应大于200mm，不得使用未经裁剪成条的整幅织物满贴。

（5）当受弯构件粘贴的多层碳纤维织物允许截断时，相邻两层碳纤维织物宜按内短

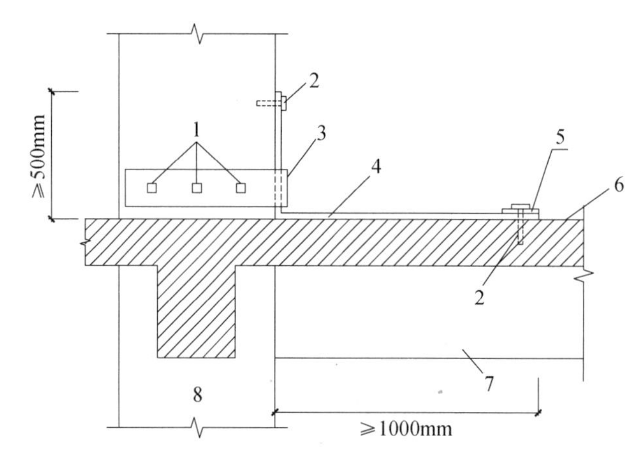

图 2-10 柱中部加贴 L 形钢板及 U 形钢箍板的锚固构造示例

1—d≥M22 的 6.8 级锚栓；2—M12 锚栓；3—U 形钢箍板，胶粘于柱上；4—胶粘 L 形钢板；5—横向钢压条，锚于楼板上；6—加固粘贴的碳纤维复合材；7—梁；8—柱

外长的原则分层截断；外层碳纤维织物的截断点宜越过内层截断点 200mm 以上，并应在截断点加设 U 形箍。

（6）当采用碳纤维复合材对钢筋混凝土梁或柱的斜截面承载力进行加固时，其构造应符合下列规定：

① 宜选用环形箍或端部设锚栓自锁式 U 形箍；当仅按构造需要设箍时，也可采用一般 U 形箍。

② U 形箍的纤维受力方向应与构件轴向垂直。

③ 当环形箍、端部自锁式 U 形箍或一般 U 形箍采用碳纤维复合材条带时，其净间距 $s_{f,n}$（图 2-11）不应大于《混凝土结构设计规范（2015 版）》（GB 50010—2010）规定的最大箍筋间距的 0.7 倍，且不应大于梁高的 0.25 倍。

④ U 形箍的粘贴高度应符合规范的规定；当 U 形箍的上端无自锁装置，应粘贴纵向压条予以锚固。

⑤ 当梁的高度 h 大于 600mm 时，应在梁的腰部增设一道纵向腰压带（图 2-11），；必要时，也可在腰压带端部增设自锁装置。

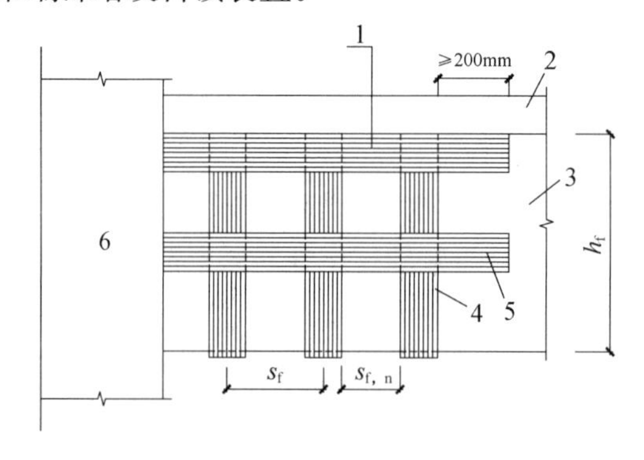

图 2-11 纵向腰压带

1—纵向压条；2—板；3—梁；4—U 形箍；5—纵向腰压带；6—柱；s_f—U 形箍的中心间距；$s_{f,n}$—U 形箍的净间距；h_f—梁侧面粘贴的条带竖向高度

三、钢筋混凝土柱加固方法

在施工中由于水泥性能不稳定，材料配合比和水灰比控制不严，混凝土浇灌不密实，养护不良等的综合影响，往往出现混凝土强度等级低于设计要求的情况。例如混凝土强度降低，使构件的承载力的降低仅在5%以内，或按降低的混凝土强度等级对原结构进行验算仍满足设计要求，在征得设计单位的同意和鉴定的认可之后，可以不作处理；否则，应进行加固处理。此外，当楼面改变用途，使用荷载增加，原柱承载力不能满足要求时，也应进行加固。常用加固方法的选择、计算和构造如下。

（一）增大截面加固法

增大截面加固法适用于使用上允许增大混凝土柱截面尺寸，而又需要大幅度提高承载力的一种广泛采用的加固方法。

采用增大截面加固时，其承载力应按国家标准《混凝土结构设计规范（2015版）》（GB 50010—2010）及《混凝土结构加固技术规范》（GB 50367—2013），考虑新浇混凝土与原结构协同工作进行计算。

1. 轴心受压柱

当用增大截面加固钢筋混凝土轴心受压构件（图2-12）时，其正截面承载力应按下列公式计算：

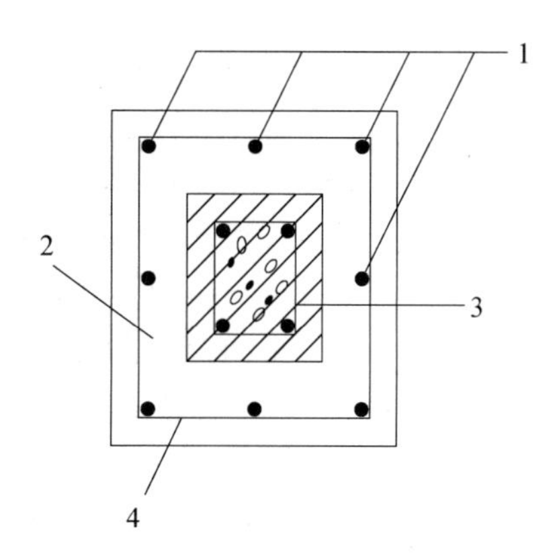

图2-12　轴心受压构件增大截面加固

1—新增纵向受力钢筋；2—新增截面；3—原柱截面；4—新加箍筋

$$N \leqslant 0.9\varphi[f_{c0}A_{c0}+f'_{y0}A'_{y0}+\alpha_{cs}(f_cA_c+f'_yA'_s)] \tag{2-4}$$

式中　N——构件加固后的轴向力设计值；

φ——构件的稳定系数，以加固后截面为准，按《混凝土结构设计规范（2015版）》（GB 50010—2010）的规定采用；

f_{c0}——原构件混凝土的轴心抗压强度设计值；

A_{c0}——原构件混凝土截面面积；

f'_{y0}——原构件纵向钢筋抗压强度设计值；

A'_{y0}——原构件纵向钢筋截面面积；

A_c——构件新加混凝土的截面面积；

f_c——构件新加混凝土的轴心抗压强度设计值；

f'_y——构件新加纵向钢筋抗压强度设计值；

A'_s——构件新加纵向钢筋截面面积；

α_{cs}——新加混凝土与原构件协同工作时，综合考虑新加混凝土和钢筋强度利用程度的降低系数，取 $\alpha_{cs}=0.8$。

应当说明，原构件的混凝土强度等级应按国家标准《混凝土强度检验评定标准》（GB/T 50107—2010）确定，以便按现行国家标准《混凝土结构设计规范（2015 版）》（GB 50010—2010）确定原结构混凝土轴心抗压强度设计值。

2. 偏心受压柱

当用增大截面加固钢筋混凝土偏心受压构件（柱）时，如果截面受压区高度小于新加混凝土的厚度，则可按整体截面、混凝土强度等级为新加混凝土的，用国家标准《混凝土结构设计规范（2015 版）》（GB 50010—2010）的公式进行正截面承载力计算；如果截面受压区高度大于新加混凝土的厚度时，其矩形截面正截面承载力应按下列公式确定（图 2-13）：

$$Ne \leqslant \alpha_1 f_{cc} bx + 0.9 f'_y A'_s + f'_{y0} A'_{s0} - \sigma_s A_s - \sigma_{s0} A_{s0} \tag{2-5}$$

$$N \leqslant \alpha_1 f_{cc} bx \left(h_0 - \frac{x}{2}\right) + 0.9 f'_y A'_s (h_0 - a'_s) + f'_{y0} A'_{s0} (h_0 - a'_{s0}) - \sigma_{s0} A_{s0} (a_{s0} - a_s) \tag{2-6}$$

$$\sigma_{s0} = \left(\frac{0.8 h_{01}}{x} - 1\right) E_{s0} \varepsilon_{cu} \leqslant f_{y0} \tag{2-7}$$

$$\sigma_s = \left(\frac{0.8 h_{01}}{x} - 1\right) E_s \varepsilon_{cu} \leqslant f_y \tag{2-8}$$

式中 f_{cc}——新旧混凝土组合截面的混凝土轴心抗压强度设计值（N/mm^2），可按近似 $f_{cc}=\frac{1}{2}(f_{c0}+0.9f_c)$ 确定；若有可靠试验数据，也可按试验结果确定；

f_c、f_{c0}——分别为新旧混凝土轴心抗压强度设计值（N/mm^2）；

σ_{s0}——原构件受拉边或受压较小边纵向钢筋应力，当为小偏心受压构件时，图中 σ_{s0} 可能变向；当算得 $\sigma_{s0}>f_{y0}$ 时，取 $\sigma_{s0}=f_{y0}$；

σ_s——受拉边或受压较小边的新增纵向钢筋应力（N/mm^2）；当算得 $\sigma_s>f_y$ 时，取 $\sigma_s=f_y$；

A_{s0}——原构件受拉边或受压较小边纵向钢筋截面面积（mm^2）；

A'_{s0}——原构件受压较大边纵向钢筋截面面积（mm^2）；

e——偏心距，为轴心压力设计值 N 的作用点至纵向受拉钢筋合力点的距离；

a_{s0}——原构件受拉边或受压较小边纵向钢筋合力点到加固后截面近边的距离（mm）；

a'_{s0}——原构件受压较大边纵向钢筋合力点到加固后截面近边的距离（mm）；

a_s——受拉边或受压较小边新增纵向钢筋合力点至加固后截面近边的距离（mm）；

a'_s——受压较大边新增纵向钢筋合力点至加固后截面近边的距离（mm）；

h_0——受拉边或受压较小边新增纵向钢筋合力点至加固后截面受压较大边缘的距离（mm）；

h_{01}——原构件截面有效高度（mm）；

A_s——构件新加受拉纵向钢筋截面面积；

A'_s——构件新加受压纵向钢筋截面面积；

其他符号含义同前。

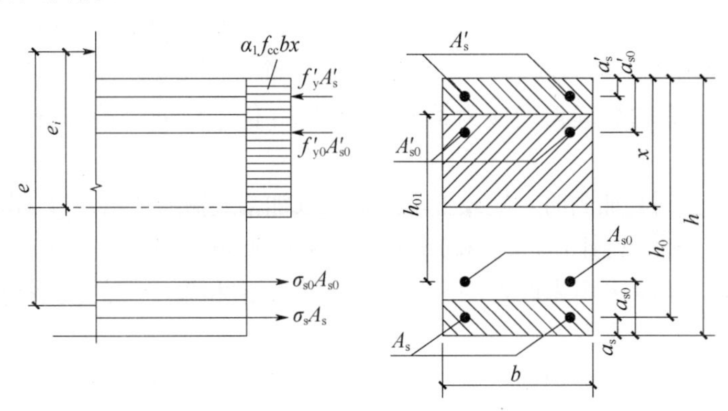

图 2-13　矩形截面偏心受压构件加固的计算

轴向压力作用点至纵向受力钢筋的合力作用点的距离（偏心距）e，应按下列规定确定：

$$e=e_i+\frac{h}{2}-a \tag{2-9}$$

$$e_i=e_0+e_a \tag{2-10}$$

式中　e_i——初始偏心距；

a——纵向受拉钢筋的合力点至截面近边缘的距离；

e_0——轴向压力对截面重心的偏心距，取为 M/N；当需要考虑二阶效应时，M 应按《混凝土结构设计规范（2015 版）》（GB 50010—2010）第 6.2.4 条规定的 $C_m \eta_{ns} M_2$，乘以修正系数 ψ 确定，即取 M 为 $\psi C_m \eta_{ns} M_2$；

ψ——修正系数，当为对称形式加固时，取 ψ 为 1.2；当为非对称加固时，取 ψ 为 1.3；

e_a——附加偏心距，按偏心方向截面最大尺寸 h 确定；当 $h \leqslant 600$mm 时，取 $e_a=20$mm；当 $h>600$mm 时，取 $e_a=h/30$。

3. 柱加固构造要求

（1）采用增大截面加固法时，新增截面部分，可用现浇混凝土、自密实混凝土或喷射混凝土浇筑而成。也可用掺有细石混凝土的水泥基灌浆料灌注而成。

（2）采用增大截面加固法时，原构件混凝土表面应经处理，设计文件应对所采用的界面处理方法和处理质量提出要求。一般情况下，除混凝土表面应予打毛外，尚应采取涂刷结构界面胶、种植剪切销钉或增设剪力键等措施，以保证新旧混凝土共同工作。

（3）新增混凝土层的最小厚度，板不应小于 40mm；梁、柱，采用现浇混凝土、自密实混凝土或灌浆料施工时，不应小于 60mm，采用喷射混凝土施工时，不应小于 50mm。

（4）加固用的钢筋，应采用热轧钢筋。板的受力钢筋直径不应小于 8mm；梁的受力钢筋直径不应小于 12mm；柱的受力钢筋直径不应小于 14mm；加锚式箍筋直径不应小于 8mm；U 形箍直径应与原箍筋直径相同；分布筋直径不应小于 6mm。

（5）新增受力钢筋与原受力钢筋的净间距不应小于 25mm，并应采用短筋或箍筋与原钢筋焊接；其构造应符合下列规定：

① 当新增受力钢筋与原受力钢筋的连接采用短筋［图 2-14（a）］焊接时，短筋的直径不应小于 25mm，长度不应小于其直径的 5 倍，各短筋的中距不应大于 500mm。

② 当截面受拉区一侧加固时，应设置 U 形箍筋［图 2-14（b）］，U 形箍筋应焊在原有箍筋上，单面焊的焊缝长度应为箍筋直径的 10 倍，双面焊的焊缝长度应为箍筋直径的 5 倍；

③ 当用混凝土围套加固时，应设置环形箍筋或加锚式箍筋［图 2-14（d）或 2-14（e）］；

④ 当受构造条件限制而需采用植筋方式埋设 U 形箍［图 2-14（c）］时，应采用锚固型结构胶种植，不得采用未改性的环氧类粘剂和不饱和聚酯类的胶粘剂种植，也不得采用无机锚固剂（包括水泥基灌浆料）种植。

（6）梁的新增纵向受力钢筋，其两端应可靠锚固；柱的新增纵向受力钢筋的下端应伸入基础并应满足锚固要求；上端应穿过楼板与上层柱脚连接或在屋面板处封顶锚固。

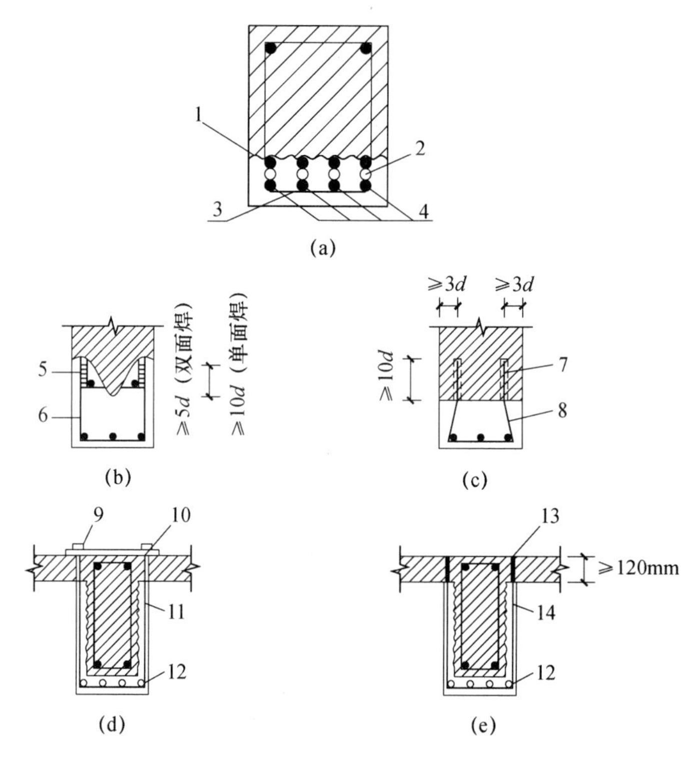

图 2-14　增大截面配置新增箍筋的连接构造

（a）短筋焊接连接构造；（b）设置 U 形箍筋构造；（c）植筋埋设 U 形箍构造；
（d）环形箍筋或加锚式箍筋构造；（e）环形箍筋或加锚式箍筋构造

1—原钢筋；2—连接短筋；3—ϕ6 连系钢筋，对应在原箍筋位置；4—新增钢筋；5—焊接于原钢筋上；6—新加 U 形钢筋；7—植箍筋用结构胶锚固；8—新加箍筋；9—螺栓，螺帽拧紧后加电焊；10—钢板；11—加锚式箍筋；12—新增受力钢筋；13—孔中用结构胶锚固；14—胶锚式箍筋；d—箍筋直径

（二）外包型钢加固法

外包型钢加固法，是在柱四周或两对边包型钢的加固法。按照型钢与构件之间有无

粘结，分为有粘结（湿式）和无粘结（干式）两种。这种加固法适用于使用上不允许柱增大截面尺寸，而又需要大幅度提高承载力的结构。采用化学灌浆的湿式外包型钢加固的结构使用时型钢表面温度不应高于60℃；当环境具有腐蚀性介质时，应采取可靠的防护措施。

1. 外包型钢加固柱的计算

外包型钢加固构件的计算，关键在于确定构件加固后的截面刚度及其承载力。

（1）截面刚度。

加固后构件的截面刚度可近似按下式计算：

$$EI=E_{c0}I_{c0}+0.5E_{a}A_{a}a^{2} \tag{2-11}$$

式中　E_{c0}、E_{a}——原有构件混凝土和加固型钢的弹性模量；

I_{c0}——原有构件截面惯性矩；

A_{a}——加固构件一侧外包型钢截面面积；

a——受拉与受压两侧外包型钢截面形心间的距离。

考虑到采用干式外包型钢加固（图2-15）时，由于型钢与原柱间无任何粘结，或虽有水泥砂浆填塞但仍不能确保结合面有效的传递，外包型钢加固柱的抗弯刚度可近似取$0.5E_{a}A_{a}a^{2}$（a为计算方向两侧型钢截面形心间的距离）。外包钢构架柱与原柱所受外力按其各自的刚度比进行分配。

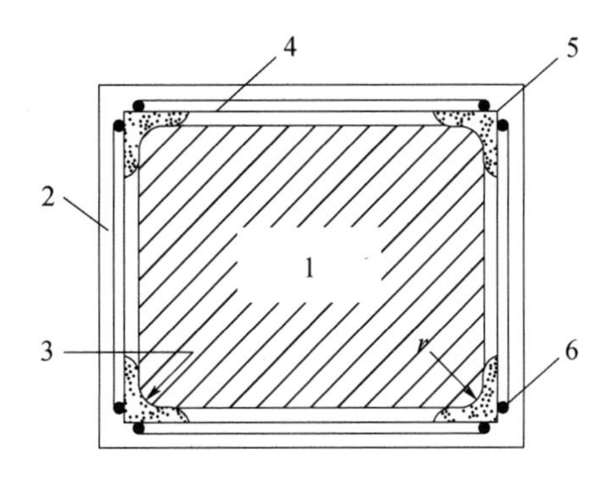

图2-15　外粘型钢加固

1—原柱；2—防护层；3—注胶；4—缀板；5—角钢；6—缀板与角钢焊缝

（2）承载力计算

① 采用外粘型钢（角钢或扁钢）加固钢筋混凝土轴心受压构件时，其正截面承载力应按下式验算：

$$N\leqslant 0.9\varphi(\psi_{sc}f_{c0}A_{c0}+f'_{y0}A'_{s0}+\alpha_{a}f'_{a}A'_{a}) \tag{2-12}$$

式中　N——构件加固后轴向压力设计值（kN）；

φ——轴心受压构件的稳定系数，应根据加固后的截面尺寸，按现行国家标准《混凝土结构设计规范（2015版）》（GB 50010）采用；

ψ_{sc}——考虑型钢构架对混凝土约束作用引入的混凝土承载力提高系数；对圆形截面柱，取为1.15；对截面高宽比$h/b\leqslant 1.5$、截面高度$h\leqslant 600$mm的矩形截面柱，取为1.1；对不符合上述规定的矩形截面柱，取为1.0；

α_{a}——新增型钢强度利用系数，除抗震计算取为1.0外，其他计算均取为0.9；

f'_a——新增型钢抗压强度设计值（N/mm^2），应按现行国家标准《钢结构设计规范》（GB 50017）的规定采用；

A'_a——全部受压肢型钢的截面面积（mm^2）；

f_{c0}——原构件混凝土的抗压强度设计值；

A_{c0}——原构件混凝土的截面面积；

f'_{y0}——原构件钢筋的抗压强度设计值；

A'_{s0}——原构件受压钢筋的截面面积。

② 采用外粘型钢加固钢筋混凝土偏心受压构件时（图 2-16），其矩形截面正截面承载力应按下列公式确定：

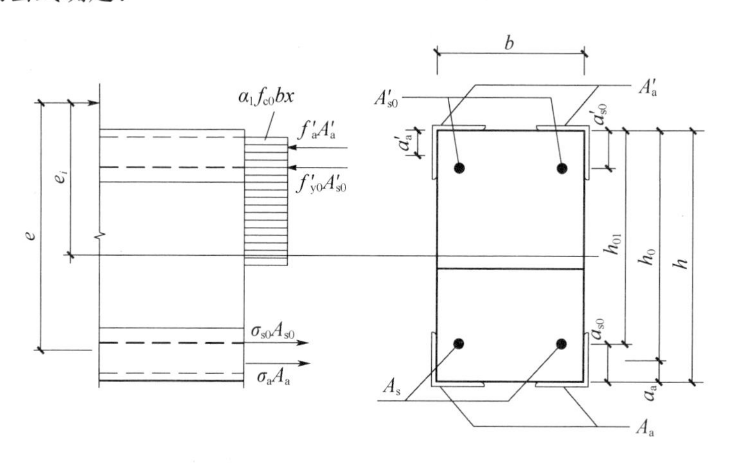

图 2-16　外粘型钢加固偏心受压柱的截面计算简图

$$N \leqslant \alpha_1 f_{c0} bx + f'_{y0} A'_{s0} - \sigma_{s0} A_{s0} + \alpha_a f'_a A'_a - \sigma_a A_a \tag{2-13}$$

$$Ne \leqslant \alpha_1 f_{c0} bx \left(h_0 - \frac{x}{2}\right) + f'_{y0} A'_{s0} (h_0 - a'_{s0}) - \sigma_{s0} A_{s0} (a_{s0} - a_a) + \alpha_a f'_a A'_a (h_0 - a'_a) \tag{2-14}$$

$$\sigma_{s0} = \left(\frac{0.8 h_{01}}{x} - 1\right) E_{s0} \varepsilon_{cu} \tag{2-15}$$

$$\sigma_a = \left(\frac{0.8 h_0}{x} - 1\right) E_a \varepsilon_{cu} \tag{2-16}$$

式中　N——构件加固后轴向压力设计值（kN）；

b——原构件截面宽度（mm）；

x——混凝土受压区高度（mm）；

f_{c0}——原构件混凝土轴心抗压强度设计值（N/mm^2）；

f'_{y0}——原构件受压区纵向钢筋抗压强度设计值（N/mm^2）；

A'_{s0}——原构件受压较大边纵向钢筋截面面积（mm^2）；

σ_{s0}——原构件受拉边或受压较小边纵向钢筋应力（N/mm^2），当为小偏心受压构件时，图中 σ_{s0} 可能变号，当 $\sigma_{s0} > f_{y0}$，应取 $\sigma_{s0} = f_{y0}$；

A_{s0}——原构件受拉边或受压较小边纵向钢筋截面面积（mm^2）；

α_a——新增型钢强度利用系数，除抗震计算取为 1.0 外，其他计算均取为 0.9；

f'_a——型钢抗压强度设计值（N/mm^2）；

A'_a——全部受压肢型钢的截面面积（mm^2）；

σ_a——受拉肢或受压较小肢型钢的应力（N/mm^2）；可按式（2-16）计算，也可近似取 $\sigma_a=\sigma_{s0}$；

A_a——全部受拉肢型钢的截面面积（mm^2）；

e——偏心距（mm），为轴向压力设计值作用点至受拉区型钢形心的距离；

h_{01}——加固前原截面有效高度（mm）；

h_0——加固后受拉肢或受压较小肢型钢的截面形心至原构件截面受压较大边的距离（mm）；

a'_{s0}——原截面受压较大边纵向钢筋合力点至原构件截面近边的距离（mm）；

a'_a——受压较大肢型钢截面形心至原构件截面近边的距离（mm）；

a_{s0}——原构件受拉边或受压较小边纵向钢筋合力点至原截面近边的距离（mm）；

a_a——受拉肢或受压较小肢型钢截面形心至原构件截面近边的距离（mm）；

E_a——型钢的弹性模量（MPa）。

③ 采用外粘型钢加固钢筋混凝土梁时，应在梁截面的四隅粘贴角钢，当梁的受压区有翼缘或有楼板时，应将梁顶面两隅的角钢改为钢板。当梁的加固构造符合《混凝土结构加固技术规范》（GB 50367—2013）第 8.3 节的规定时，其正截面及斜截面的承载力可按《混凝土结构加固技术规范》（GB 50367—2013）第 9 章进行计算。

2. 外包型钢加固的构造要求

（1）采用外粘型钢加固时，应优先选用角钢；角钢的厚度不应小于 5mm，角钢的边长，对梁和桁架，不应小于 50mm，对柱不应小于 75mm。沿梁、柱轴线方向应每隔一定距离用扁钢制作的箍板（图 2-17）或缀板［图 2-18（a）、(b)］与角钢焊接。当有楼板时，U 形箍板或其附加的螺杆应穿过楼板，与另外的条形钢板焊接［图 2-17（a）、(b)］或嵌入楼板后予以胶锚［图 2-17（c）］。箍板与缀板均应在胶粘前与加固角钢焊接。当钢箍板需穿过楼板或胶锚时，可采用半重叠钻孔法，将圆孔扩成矩形扁孔；待箍板穿插安装、焊接完毕后，再用结构胶注入孔中予以封闭、锚固。箍板或缀板截面不应小于 40mm×4mm，其间距不应大于 $20r$（r 为单根角钢截面的最小回转半径），且不应大于 500mm；在节点区，其间距应适当加密。

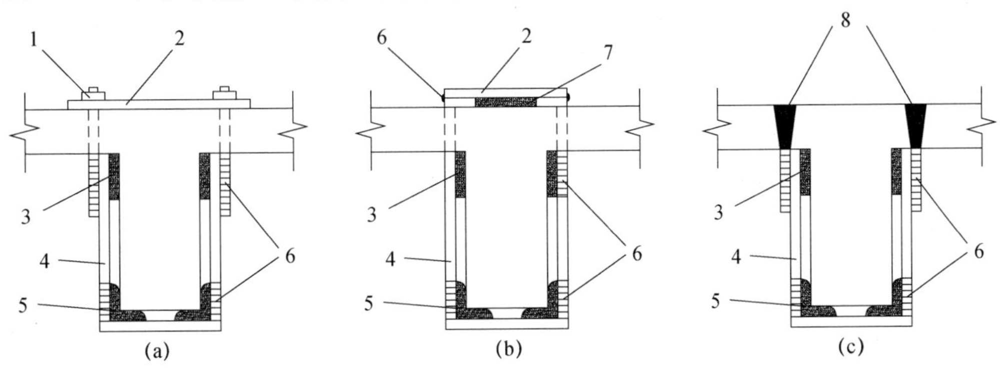

图 2-17　加锚式箍板

(a) 端部栓焊连接加锚式箍板；(b) 端部焊缝连接加锚式箍板；(c) 端部胶锚连接加锚式箍板

1—与钢板点焊；2—条形钢板；3—钢垫板；4—箍板；5—加固角钢；6—焊缝；7—加固钢板；8—嵌入箍板后胶锚

(2) 外粘型钢的两端应有可靠的连接和锚固（图 2-18）。对柱的加固，角钢下端应锚固于基础；中间应穿过各层楼板，上端应伸至加固层的上一层楼板底或屋面板底；当相邻两层柱的尺寸不同时，可将上下柱外粘型钢交汇于楼面，并利用其内外间隔嵌入厚度不小于 10mm 的钢板焊成水平钢框，与上下柱角钢及上柱钢箍相互焊接固定。对梁的加固，梁角钢（或钢板）应与柱角钢相互焊接。必要时，可加焊扁钢带或钢筋条，使柱两侧的梁相互连接（图 2-18）；对桁架的加固，角钢应伸过该杆件两端的节点，或设置节点板将角钢焊在节点板上。

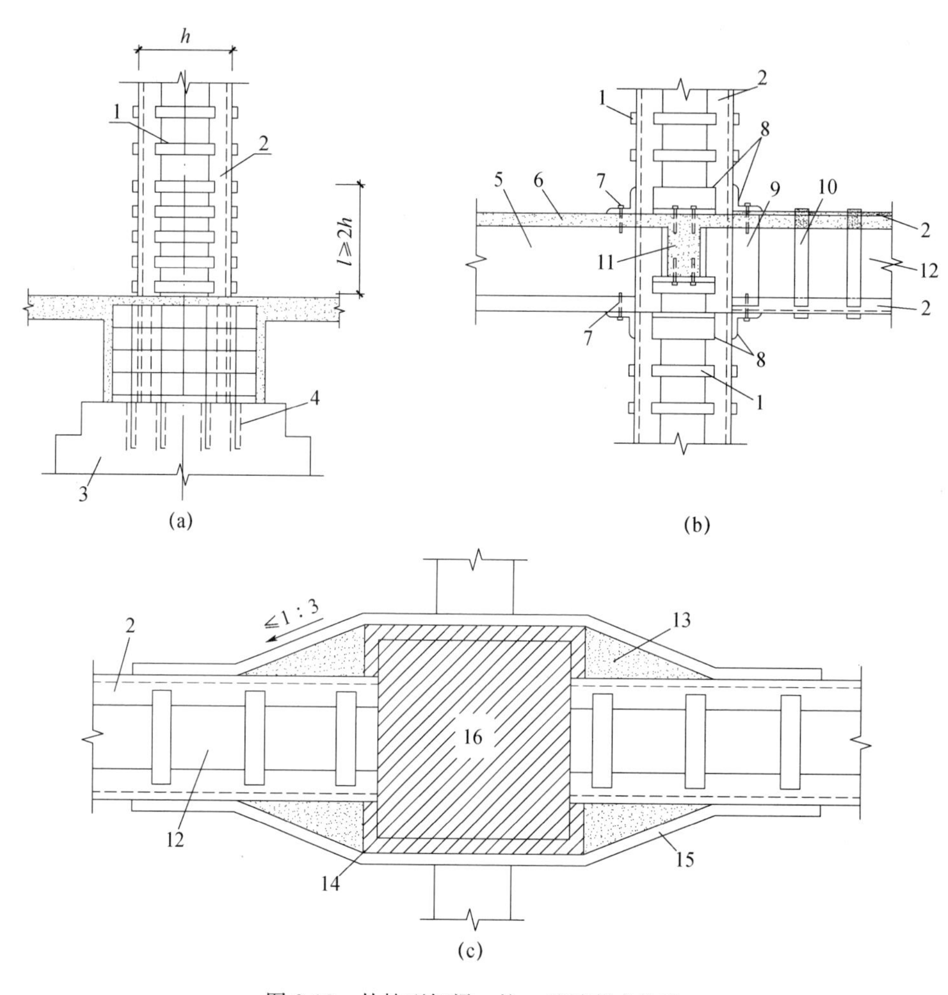

图 2-18　外粘型钢梁、柱、基础节点构造

(a) 外粘型钢柱、基础节点构造；(b) 外粘型钢梁、柱节点构造；(c) 外粘型钢梁、柱节点构造

1—缀板；2—加固角钢；3—原基础；4—植筋；5—不加固主梁；6—楼板；7—胶锚螺栓；8—柱加强角钢箍；9—梁加强扁钢箍；10—箍板；11—次梁；12—加固主梁；13—环氧砂浆填实；14—角钢；15—扁钢带；16—柱；l—缀板加密区长度

(3) 当按《混凝土结构加固技术规范》(GB 50367—2013) 构造要求采用外粘型钢加固排架柱时，应将加固的型钢与原柱顶部的承压钢板相互焊接。对于二阶柱，上下柱交接处及牛腿处的连接构造应予加强。

(4) 外粘型钢加固梁、柱时，应将原构件截面的棱角打磨成半径 r 大于 7mm 的圆角。外粘型钢的注胶应在型钢构架焊接完成后进行。外粘型钢的胶缝厚度宜控制在3～5mm；局部允许有长度不大于300mm、厚度不大于8mm的胶缝，但不得出现在角钢端部600mm范围内。

（5）采用外包型钢加固钢筋混凝土构件时，型钢表面（包括混凝土表面）应抹厚度不小于25mm的高强度等级水泥砂浆（应加钢丝网防裂）作防护层，也可采用其他具有防腐蚀和防火性能的饰面材料加以保护。若外包型钢构架的表面防护按钢结构的涂装工程（包括防腐涂料涂装和防火涂料涂装）设计时，应符合现行国家标准《钢结构设计标准》（GB 50017）及《钢结构工程施工质量验收规范》（GB 50205）的规定。

3. 外包型钢加固施工

（1）当采用环氧树脂化学灌浆湿式外包型钢加固时，应先将混凝土表面磨平，四角磨出小圆角，并用钢丝刷刷毛，用压缩空气吹净后，刷环氧树脂浆一薄层，然后将已除锈并用二甲苯擦净的型钢骨架贴附于构件表面，用卡具卡紧、焊牢，用环氧胶泥将型钢周围封闭，留出排气孔，并在有利的灌浆处（一般在较低处）粘贴灌浆嘴，间距为2～3m。待灌浆嘴粘牢后，通气试压，即以0.2～0.4MPa的压力将环氧树脂浆从灌浆嘴压入，当排气孔出现浆液后，停止加压；以环氧胶泥堵孔，再以较低压力维护10min以上方可停止灌浆。灌浆后不应再对型钢进行锤击、移动、焊接。

（2）当采用乳胶水泥粘贴湿式外包型钢加固时，应先在处理好的柱角抹上乳胶水泥，厚约5mm，随即将角钢粘贴上，并且用夹具在两个方向将柱四角角钢夹紧，夹具间距不宜大于500mm，然后将扁钢箍或钢筋箍与角钢焊接，焊接必须分段交错进行，且应在胶浆初凝前全部完成。

（3）当采用干式型钢外包钢加固时，构件表面也必须打磨平整，无杂物和尘土，角钢与构件之间的空隙宜用1：2水泥砂浆填实。施焊钢缀板时，应用夹具将角钢夹紧。当用螺栓套箍时，拧紧螺帽后，宜将螺母与垫板焊接。

（三）预应力加固法

柱的预应力加固法是采用外加预应力的钢撑杆，对结构进行加固的方法。其适用于要求提高承载力、刚度和抗裂性及加固后占用空间小的混凝土承重结构。该法不宜用于处在温度高于60℃环境下的混凝土结构，否则应进行防护处理；也不适用于收缩徐变大的混凝土结构。

1. 预应力加固的计算

（1）加固轴心受压钢筋混凝土柱。

① 确定加固柱需要承受的最大轴心压力设计值N。

② 计算原钢筋混凝土柱轴心受压承载力设计值N_0：

$$N_0 = 0.9\varphi(A_{c0} f_{c0} + A'_{s0} f'_{y0}) \tag{2-17}$$

式中　N_0——原柱轴心受压承载力；

φ——原柱的稳定系数；

A_{c0}——原柱的截面面积；

f_{c0}——原柱混凝土抗压强度设计值；

A'_{s0}——原柱的受压纵筋总截面面积；

f'_{y0}——原柱的纵筋抗压强度设计值。

③ 计算预应力撑杆承受的轴心压力设计值：

$$N_1 = N - N_0 \tag{2-18}$$

④ 计算预应力撑杆的总截面面积：

$$A'_p = \frac{N_1}{\beta\varphi f'_{py}} \tag{2-19}$$

式中 β——预应力撑杆与原柱的协同工作系数，可取 $\beta=0.9$；

f'_{py}——预应力撑杆钢材的抗压强度设计值。

预应力撑杆由设于原柱两侧的压肢组成，每一压肢由两根角钢或一根槽钢构成。

⑤ 验算加固后柱的承载力，即要求：

$$N_1 \leqslant 0.9\varphi(f_{c0}A_{c0} + f'_{y0}A'_{s0} + \beta f'_{py}A'_p) \tag{2-20}$$

上式若不满足要求，可加大撑杆截面面积，再重新验算。

⑥ 缀板计算：缀板的设置，应保证撑杆压肢或单根角钢在施工和使用时的稳定性，不致出现失稳破坏，其计算可按现行国家标准《钢结构设计标准》（GB 50017）进行。

⑦ 确定施工时的预加压应力值 σ'_p，其值可按下式近似计算：

$$\sigma'_p = \varphi_1\beta_3 f'_{py} \tag{2-21}$$

式中 φ_1——施工时压肢的稳定系数，当用横向张拉法施工时，其计算长度取压肢全长之半；当用顶升法施工时，取撑杆全长按格构压杆计算；

β_3——经验系数，可取 0.75。

⑧ 计算施工中的控制参数 ΔH，当用横向张拉法安装撑杆时（图 2-19），张拉量 ΔH 按下式验算：

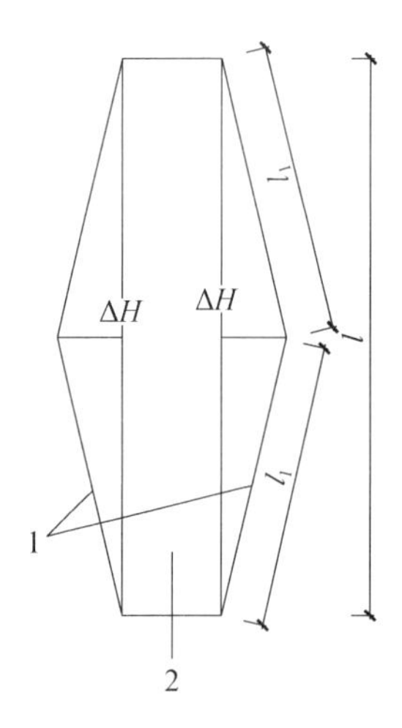

图 2-19　预应力撑杆横向张拉量示意图

1—撑杆；2—被加固柱

$$\Delta H \leqslant (l/2)\sqrt{2\sigma'_p/E_{sa}} \tag{2-22}$$

式中 E_{sa}——撑杆钢材的弹性模量；

l——撑杆的全长；

σ'_p——撑杆的预压应力值。

撑杆中点处的实际横向弯折量可比验算值稍大，根据撑杆总长度可取为 $\Delta H+$

（3～5）mm，施工时只收紧 ΔH，以确保撑杆处于顶压状态。

当用千斤顶、楔块等进行竖向顶升安装撑杆时，顶升量 Δl 可按下式计算：

$$\Delta l=\frac{\sigma_p'}{\beta E_{sa}}l+\alpha \tag{2-23}$$

式中　β——经验系数，可取 0.9；

α——撑杆端顶板与混凝土间的压缩量，可取 2～4mm。

式中其他符号意义同前。

（2）用单侧预应力撑杆加固弯矩不变号的偏心受压钢筋混凝土柱。

① 确定加固柱需要承受的最不利弯矩 M 和轴向力 N 的设计值。

② 在受压或受压较大一侧先用两根较小的角钢或一根槽钢作撑杆，并计算其有效受压承载力（$0.9f'_{py}A'_p$）。

③ 计算加固后原柱应承受的轴向力 N_0 和弯矩 M_0 的设计值

$$\begin{aligned}N_0&=N-0.9f'_{py}A'_p\\M_0&=M-0.9f'_{py}A'_pa/2\end{aligned} \tag{2-24}$$

式中　a——弯矩作用方向上的截面高度；

A'_p——加固型钢截面面积；

f'_{py}——加固型钢抗压强度设计值。

④ 对加固后的原柱进行偏心受压承载力验算，当截面为矩形时，应满足现行国家标准《混凝土结构设计规范》（GB 50010）的要求：

$$N_0\leqslant\alpha_1 f_{c0}b_0x_0+f'_{y0}A'_{s0}-\sigma_{s0}A_s \tag{2-25}$$

$$N_0e\leqslant\alpha_1 f_{c0}b_0x_0(h_0-x_0)+f'_{y0}A'_{s0}(h_0-a'_{s0}) \tag{2-26}$$

$$e=\eta e_i+h/2-a_s \tag{2-27}$$

$$e_i=e_0+e_a \tag{2-28}$$

$$e_0=M_0/N_0 \tag{2-29}$$

式中　f_{c0}——原柱的混凝土抗压强度设计值；

h_0——原柱的截面有效高度；

b_0——原柱的截面宽度；

x_0——原柱的混凝土受压区高度；

A'_{s0}、A_s——原柱受压和受拉纵筋的截面面积；

e_a——附加偏心距；

η——偏心距增大系数；

σ_{s0}——原柱受拉或受压较小纵筋的应力；

e——轴向力作用点至原柱受拉纵筋合力点之间的距离；

a'_{s0}——原柱受压纵筋合力点至受压区边缘之间的距离；

α_1——按相关规范[7]采用。

当原柱偏心受压承载力不满足上述要求时，可加大撑杆截面面积，再重新计算。

⑤ 按现行国家标准《钢结构设计标准》（GB 500017）的有关规定进行缀板计算。撑杆或单肢角钢在施工时不得失稳。当柱子较高时，可采用不等边角钢作撑杆，以保证单肢角钢的稳定性。

⑥ 确定施工时的预加压应力值 σ'_p，宜取 $\sigma'_p = 50 \sim 80\text{N/mm}^2$，以保证撑杆与被加固柱能较好地共同工作。

⑦ 计算横向张拉量 ΔH，可参照前述方法进行。

（3）用双侧预应力撑杆加固弯矩变号的偏心受压钢筋混凝土柱。

由于撑杆主要承受压力，故可按受压或受压较大一侧用单侧撑杆加固的步骤进行。撑杆角钢截面面积应满足柱加固后需承受的最不利的内力组合，柱的另一侧用同规格的角钢组成截面两侧对称的撑杆。其缀板的计算、预加压应力值的确定、横向张拉量或竖向顶升量的估计可参照前述方法进行。

2. 预应力加固的构造

采用预应力撑杆进行加固时，应遵守下列构造要求：

（1）预应力撑杆用角钢采用不小于L50mm×50mm×5mm，两根角钢之间用缀板连接。缀板的厚度不得小于6mm，其宽度不得小于80mm，其长度要考虑角钢与被加固柱之间空隙大小而定。相邻缀板之间的距离应保证单个角钢的长细比不大于40。当要求撑杆的截面较大时，也可用单根槽钢代替两根角钢，两侧的槽钢用上述构造要求的缀板相连。当柱子较高，采用不等边角钢作撑杆时，在较窄的翼缘上焊接缀板，较宽的翼缘则位于柱的两个侧面上，撑杆安装后，再在较宽的翼缘上焊连接钢板。

（2）撑杆末端的传力构造如图2-20所示。组成撑杆的两根角钢（或槽钢）与顶板之间通过焊缝传力；顶板与承压角钢之间则通过抵承传力；承压角钢宜嵌入被加固柱混凝土内25mm左右。传力顶板宜用厚度不小于16mm的钢板，它与角钢肢焊接的板面及其承压角钢抵承的顶面均应刨平。承压角钢应采用不小于L100mm×75mm×12mm。为使撑杆压力能较均匀地传递，可在承压角钢上塞钢垫板或压力灌浆。这样构造使撑杆端部传力可靠。

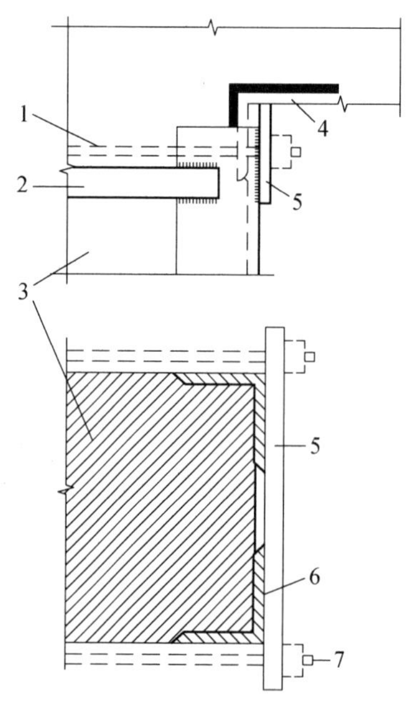

图2-20　撑杆末端传力构造

1，7—安装用螺杆；2—箍板；3—原柱；4—承压角钢，用结构胶加锚栓粘锚；5—传力顶板；6—角钢撑杆

（3）当预应力撑杆采用螺栓横向拉紧的施工方法时，双侧加固的撑杆（角钢或槽钢）中部向外折弯，在弯折处用拉紧螺栓头的方法建立预应力（图 2-21）；单侧加固的撑杆仍在中点处折弯，也可用拉紧螺栓头的方法建立预应力（图 2-22）。

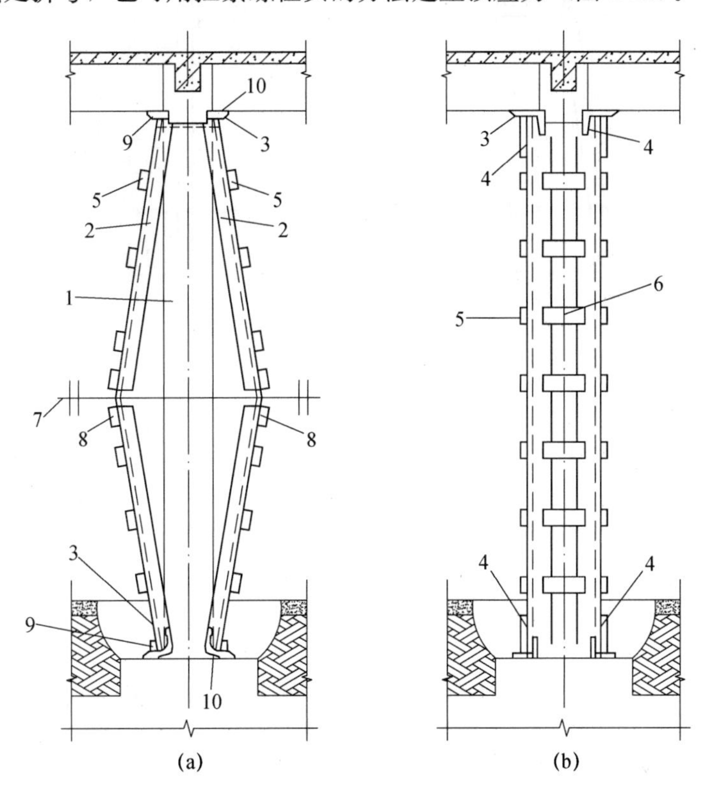

图 2-21 双侧用预应力撑杆加固的钢筋混凝土柱

（a）施加预应力之前；（b）施加预应力之后

1—被加固的柱；2—加固撑杆角钢（或槽钢）；3—传力角钢；4—传力顶板；5—撑杆连接板；6—安装撑杆后焊在两撑杆间的连接板；7—拉紧螺栓；8—拉紧螺栓垫板；9—安装用拉紧螺栓；10—凿掉混凝土表层水泥砂浆找平

（4）弯折角钢或槽钢之前，需在其中部侧立肢上切出三角形缺口，使其截面削弱易于弯折。但在缺口处应用焊钢板的方法加强，如图 2-22 所示。

（5）拉紧螺栓的直径不应小于 16mm，其螺帽高度不应小于螺杆直径的 1.5 倍。

3. 预应力加固的施工要求

预应力撑杆加固柱时，最宜用横向张拉法，施工中应遵守下列规定和要求：

（1）撑杆宜现场制作，先用缀板焊接两个角钢，并在其中点处将角钢的侧立肢切出三角形缺口，弯折成所设计的形状，然后再将补强钢板弯好，焊在弯折角钢正平肢上。

（2）做好加固施工记录及检查工作，施工记录包括：撑杆末端处角钢及垫板嵌入柱中混凝土的深度、传力焊缝的数据、焊工及检查人员、质量检查结果等。检查合格后，将撑杆两端用螺栓临时固定，然后进行填灌。传力处细石混凝土或砂浆的填灌日期、负责施工及负责检查人员、有关配合比及试块试压数据、施加预应力时混凝土的龄期等均要有检查记录。上述施工质量经检查合格后，方可进行横向张拉。

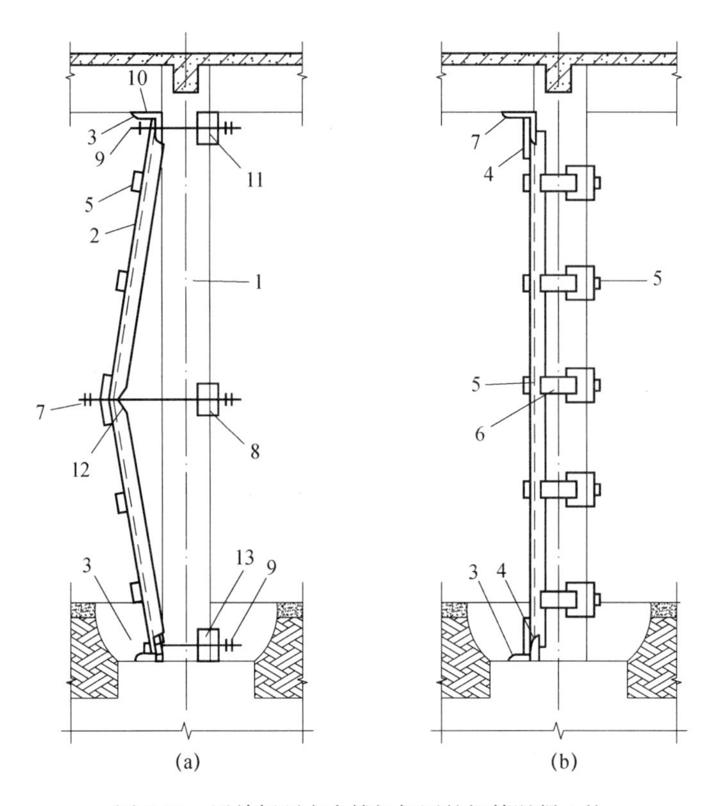

图 2-22 用单侧预应力撑杆加固的钢筋混凝土柱

(a) 施加预应力之前撑杆弯折；(b) 施加预应力之后撑杆变直

1—被加固的柱；2—加固撑杆角钢（或槽钢）；3—传力角钢；4—传力钢板；5—撑杆连接板；6—安装撑杆后，由侧边焊上的连接板；7—拉紧螺栓；8—拉紧螺栓垫板；9—安装用拉紧螺栓；10—凿掉混凝土表面层用水泥砂浆找平；11—固定箍的角钢；12—角钢缺口处；13—安装螺栓的垫板

(3) 横向张拉分一点张拉和两点张拉。当柱子不长时，用一点张拉；当柱子较长时，用两点张拉。两点张拉应用两个拉紧螺栓同步旋紧，在两点之间增设安装用拉紧螺栓，左右对称布置。张拉时，应用同样的扳手同步旋紧螺栓，且两只扳手的转数应相等。

(4) 横向张拉时，应认真控制预应力撑杆的横向张拉量，可先适当拉紧螺栓，再逐渐放松，至拉杆基本平直而并未松弛弯曲时停止放松，记录此时的有关读数，作为控制横向张拉量 ΔH 的起点。横向张拉量要求在操作时控制为 $\Delta H+(3\sim5)$ mm，而旋紧螺栓的量为 ΔH，即撑杆变直后留有 3～5mm 的弯曲量，使撑杆处于预压状态，不致产生反向弯折。

(5) 当横向张拉量达到要求后，应用连接板焊连两侧加固的撑杆角钢或槽钢。当为单侧加固时，应将一侧的撑杆角钢或槽钢用连接板焊连在被加固柱另一侧的短角钢上，以固定撑杆的位置。焊接连接板时，应防止预压应力因施焊时的损失。为此，可采用对上下连接板轮流施焊或同一连接板分段施焊等措施来防止预应力损失。焊好连接板后，撑杆与被加固柱之间的缝隙，应用砂浆或细石混凝土填塞密实。拉紧螺栓及安装用拉紧螺栓即可拆除。

(6) 根据使用要求，对撑杆角钢（或槽钢）、连接板、缀板等涂刷防锈漆或做防火保护层。防火保护层的一般做法是：用直径 1.5～2mm 的软钢丝缠绕加固后的柱，或用钢丝网包裹，然后抹水泥砂浆保护层，其厚度不宜小于 30mm。若柱所处环境有较强腐蚀作用，可在水泥砂浆保护层外再涂防侵蚀的特种油漆或涂料。

第三节　工程实例

一、【结构受力裂缝工程实例 2-1　某县新城宾馆 KJ-A 顶层大梁加固】

（一）工程及设计与施工概况

1. 工程概况

该工程总长为 90.5m，总高为 48.2m（最高楼层为 10 层），总建筑面积为 11582m^2。在②～⑤轴第 10 层屋面上设有 130t 的圆形大水池，其上又设有直径 10m 的圆形观光茶座（照片 2-1-1、照片 2-1-2）。水池及茶座的荷载主要由 KJ-A 承受。基础为人工挖孔桩。该工程于 1995 年 10 月 16 日动工，1996 年 10 月 26 日竣工验收，质量等级评为“优良工程”。工程验收时，建设、设计、施工、质监四方签证齐全。

照片 2-1-1　某县新城宾馆全貌

2. KJ-A 设计及其变更情况

观光茶座原设计为 300t 圆形水池，因建设方要求水池容量减小为 130t，并将它移到茶座下，即在水池上设茶座，相应结构也随之变更。1995 年 1 月 25 日，KJ-A 顶层大梁的截面由原设计的 400mm×2200mm 第一次变更为 300mm×1200mm。当该梁按设计变更扎好钢筋，准备浇混凝土时，施工单位项目负责人对大梁截面尺寸有怀疑，并立即向设计单位反映。经设计人员验算确认第一次设计变更有误，设计单位于 1996 年 4 月 20 日发出第二次设计变更通知，将大梁截面尺寸变更为 400mm×2000mm，而钢筋仍按原设计 400mm×2200mm 的梁配筋，原设计两次设计变更的图中都未标明梁箍筋的

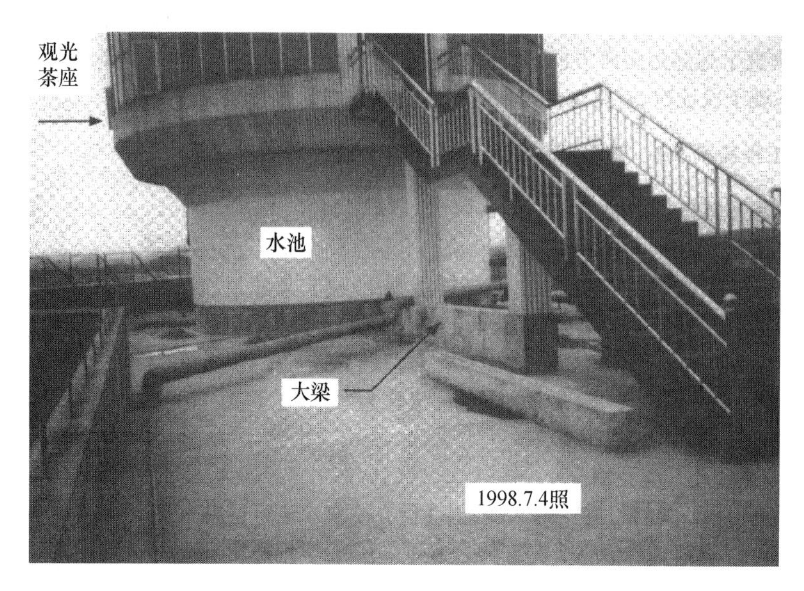

照片 2-1-2　某县新城宾馆屋顶水池及观光茶座

间距，仅在原设计图钢筋表上有箍筋（ϕ12）的总个数（128 个），施工时将箍筋 ϕ12（Ⅰ级）用 ϕ10（Ⅱ级）代替，沿大梁全长均匀布置（四肢 ϕ10@200）。

3. KJ-A 顶层大梁施工情况

当设计单位发出第二次设计变更，KJ-A 顶层柱混凝土已浇筑完毕，且顶层大梁已按第一次变更扎好钢筋。为按第二次设计变更施工，用氧炔吹去已扎好的钢筋，重新按第二次变更配筋，并将有关钢筋焊接，模板也由 300mm×1200mm 改为 400mm×2000mm。由于梁下柱混凝土已浇灌完毕，故截面高度只能往上加高，凸出屋面（水池底板板面）600mm（照片 2-1-2），屋面板与池底板厚分别为 150mm 和 200mm，屋面板（或水池底板板底）以下部分的梁高为 1250mm（或 1200mm）。1996 年 5 月 1 日建设、设计、施工、质监四方共同进行了验筋，并签证该梁截面尺寸和配筋均符合设计要求，同意浇灌混凝土。

4. 观光茶座楼面增设炉渣层的情况

观光茶座楼面原设计周边有阶梯，为使茶座楼面平整，便于使用，1996 年 9 月 1 日建设方向施工方下了一个变更通知，要将原茶座沿周边的阶梯取消，用炉渣填平，在炉渣层上加设混凝土找平层和贴画砖共 80mm 厚。经现场凿开楼面查明，炉渣层为干炉渣，未掺拌石灰砂浆浇灌。经调查，增设炉渣层设计未出具设计变更。

（二）KJ-A 顶层大梁开裂情况

该工程竣工后，由于种种原因，二层以上一直未投入使用。为尽快投入使用，1998 年 3 月 27 日，建设方对大水池进行灌水，水深为 1.67m（60t），1998 年 5 月 1 日将水灌满，5 月 11 日发现屋面渗水开裂，继而观察到 KJ-A 顶层大梁也严重开裂。5 月 12 日～13 日将水池的水泄完。1998 年 7 月 4 日我们对该梁卸载后裂缝观测的展开图如图 2-1-1 所示。裂缝特点为：

（1）KJ-A 屋面大梁竣工近两年未见裂缝，水池满水后即发现开裂，表明裂缝主要由加载引起，故属以荷载为主的受力裂缝。

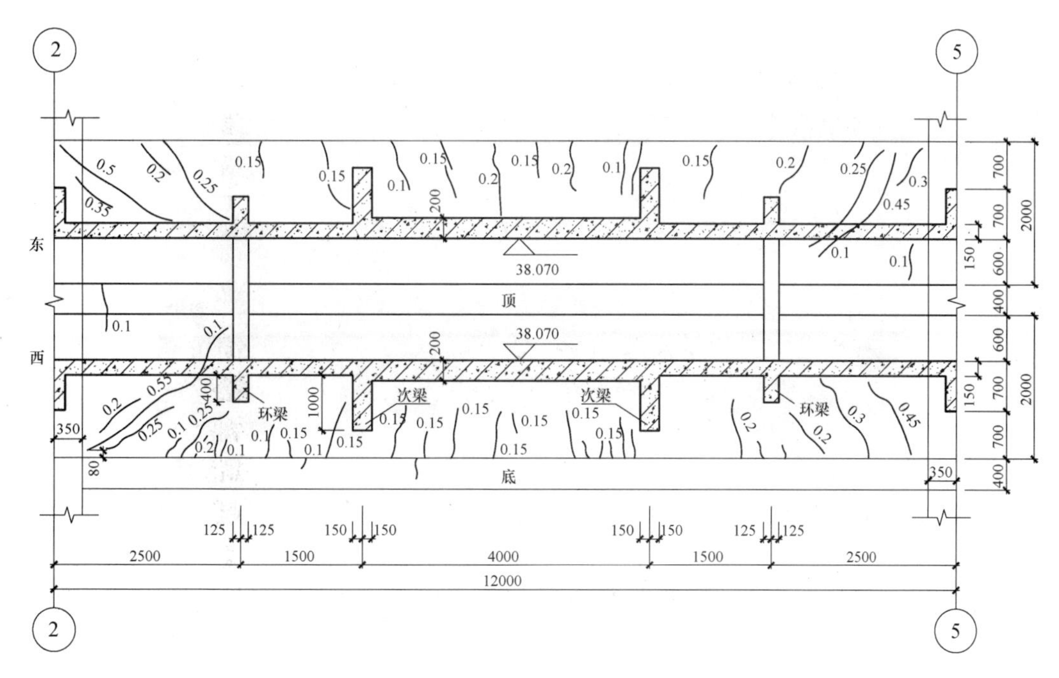

图 2-1-1 某县新城宾馆 KJ-A 顶层大梁裂缝图

（2）裂缝大多数沿垂直于梁主拉应力迹线的切线方向发生，跨中两次梁之间（中距 4m）的水池底板以下出现与构件轴线大体上相垂直的裂缝（照片 2-1-3）；除支座上（柱边）在屋面板以上出现一些短小的垂直裂缝外，还出现与构件轴线约成 45°的斜裂缝（照片 2-1-4、照片 2-1-5、照片 2-1-6），裂缝大体沿与主拉应力相垂直的方向发生，且跨中的梁底和支座的梁顶都出现有与构件轴线相垂直的裂缝，进一步表明裂缝性质主要属于受力裂缝。

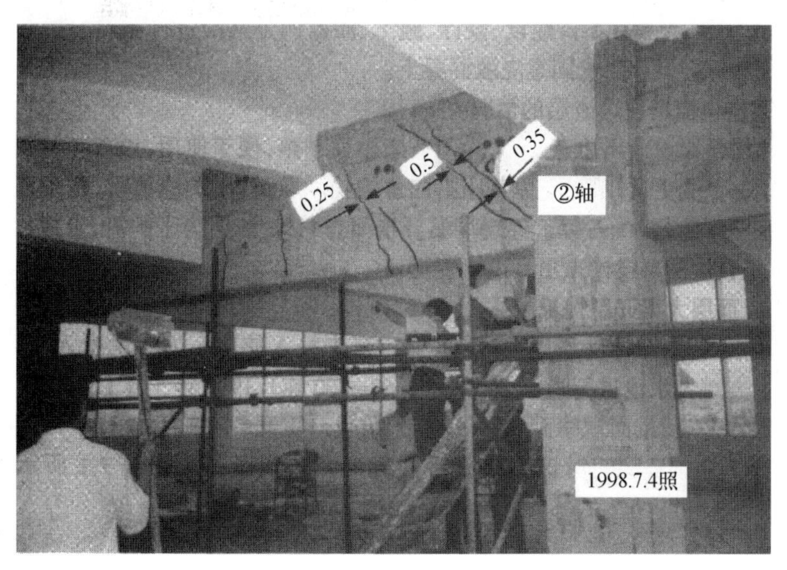

照片 2-1-3 12m 顶层大梁②轴支座附近东侧斜缝

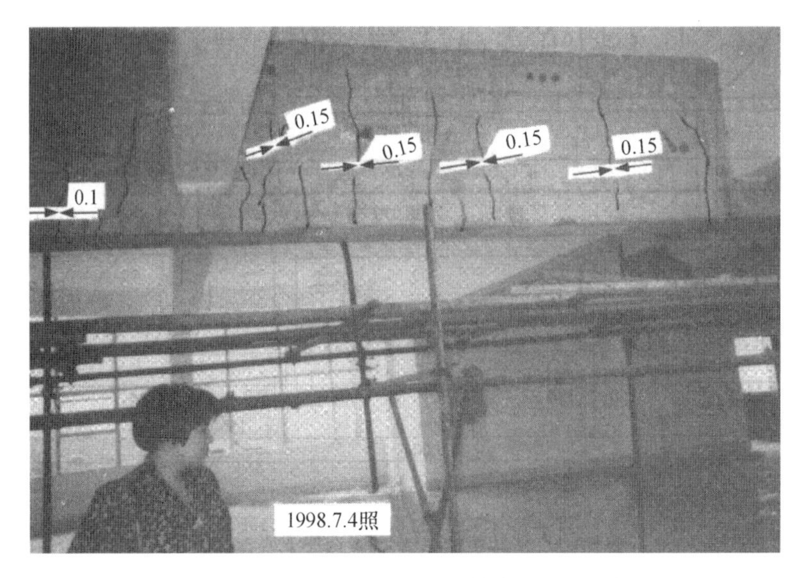

照片 2-1-4　12m 顶层大梁②～⑤轴跨中东侧垂直裂缝

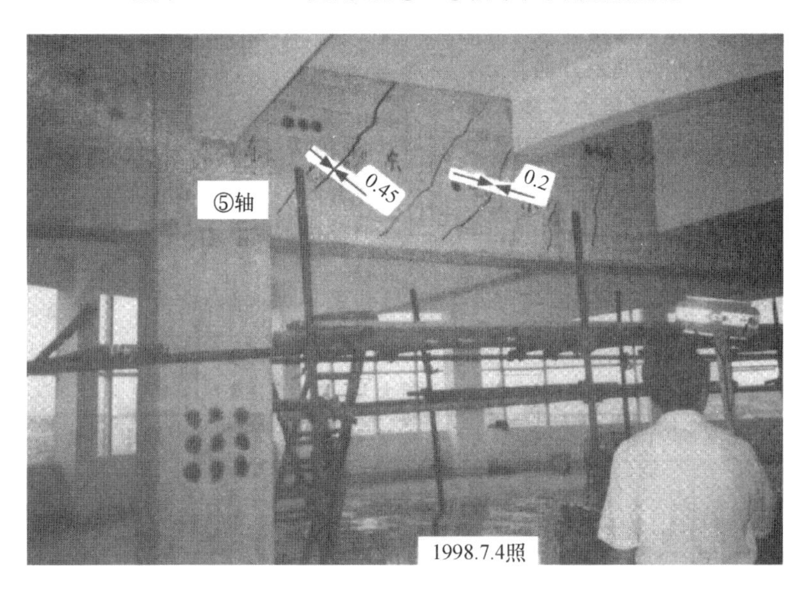

照片 2-1-5　12m 顶层大梁⑤轴支座附近西侧斜裂缝

（3）支座与环梁之间的斜裂缝最宽，长度也最长。最宽的为 0.55mm，最长的为 2.6m，已穿过屋面板，剪压区的高度最小的只剩下 80mm 左右。跨中部分梁侧垂直裂缝与梁底的水平裂缝相连。

（4）斜裂缝的宽度大都在梁的腹部最宽，到纵向受拉钢筋位置处消失，个别裂缝已到梁底，大梁支座附近斜裂缝与构件轴线的夹角为 42°～48°，垂直裂缝上下宽度变化甚微，看不出在跨中“下宽上窄”，在支座“上宽下窄”的裂缝特征。

（三）混凝土强度及探伤检测结果

KJ-A 顶层大梁混凝土的强度采用超声回弹综合法分 10 个测区进行检测，同时检测了混凝土碳化深度。10 个测区中最低换算强度值为 35.94N/mm^2，碳化深度为3～5mm。

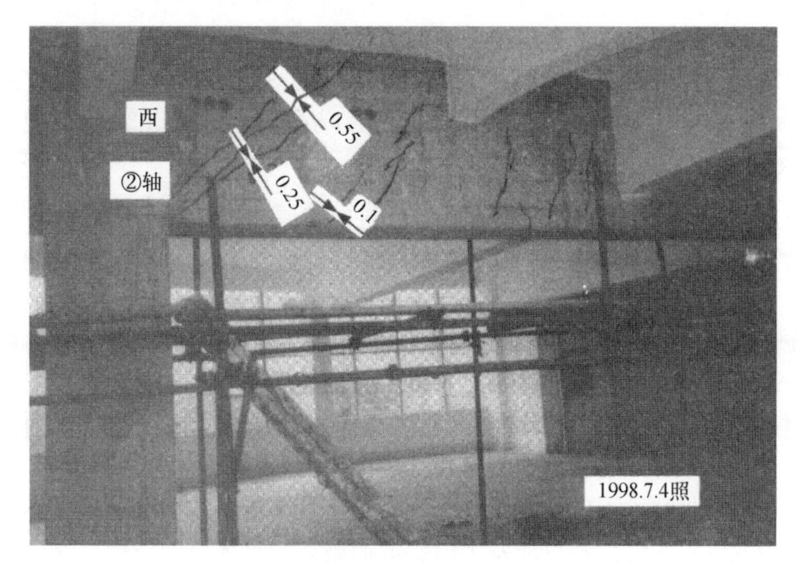

图 2-1-6　12m 顶层大梁②轴支座附近西侧斜裂缝

根据现行标准《超声回弹综合法检测混凝土强度技术规程》(CECS 02) 的规定：当按单个构件检测时，取最低的换算值作为混凝土强度的推定值。故该大梁混凝土强度推定值为 C35，满足 C30 的设计要求。

混凝土超声探伤检测结果表明裂缝为贯穿构件的斜裂缝。用钢筋位置测定仪测得在两端剪力最大区段箍筋的平均间距分别为 199mm 与 196mm。

(四) KJ-A 顶层大梁承载力复核

KJ-A 顶层大梁承载力复核，采用了如下三种计算方法：

(1) 从①轴～②轴输入各层平面几何尺寸及荷载按 TBSA4.2 空间程序电算。

(2) 对 KJ-A 输入各层大梁的截面、几何尺寸及荷载用湖南大学 FBCAD 程序全框架电算，考虑有炉渣层和无炉渣层两种荷载情况。

(3) 对 KJ-A 的顶层大梁按三跨连续梁手算，也考虑了上述两种荷载情况。

三种方法计算结果汇总如表 2-1-1 所示。

表 2-1-1　KJ-A 顶层大梁承载力复核表

<table>
<tr><th rowspan="2">计算方法</th><th colspan="2">截面设计承载力</th><th colspan="3">考虑炉渣层</th><th colspan="3">不考虑炉渣层</th><th rowspan="2">备注</th></tr>
<tr><th>M_u (kN·m)</th><th>V_u (kN)</th><th>M (A_s) kN·m (mm^2)</th><th>w_{max} (mm)</th><th>V (kN)</th><th>M_u (kN·m)</th><th>w_{max} (mm)</th><th>V (kN)</th></tr>
<tr><td>TBSA4.2 版 (电算)</td><td rowspan="3">4298 (13ϕ28)</td><td rowspan="3">2210 (4Φ12@200+2ϕ28 弯筋)</td><td>(7652)</td><td></td><td>(4 肢Φ14@200)</td><td></td><td></td><td></td><td>(抗扭Φ10@200)</td></tr>
<tr><td>湖大 FBCAD (全框架电算)</td><td>3681</td><td>0.302</td><td>2539</td><td>3468</td><td>0.279</td><td>2385</td><td></td></tr>
<tr><td>三跨连续梁 (手算)</td><td>4050</td><td>0.343</td><td>2546</td><td>3824</td><td>0.318</td><td>2386</td><td></td></tr>
</table>

注：1. M_u 和 M 分别指跨中截面的抗弯承载力和弯矩设计值；

2. 手算的剪力为修正后的支座边缘的剪力设计值；

3. 圆括弧内的数值为设计配筋或计算配筋量；

4. 混凝土强度等级 C30，钢筋级别 ϕ (Ⅰ级)、Φ (Ⅱ级)。

从表 2-1-1 可知，无论电算还是手算，无论不考虑炉渣层还是考虑炉渣层，KJ-A 顶层大梁按常规计算的斜截面抗剪承载力均不能满足现行标准《混凝土结构设计规范》（GB 50010）的要求，跨中垂直裂缝最大宽度稍许超过$[w_{max}]=0.3$mm 的规范允许值。

（五）KJ-A 顶层大梁开裂原因分析

如前所述，KJ-A 顶层大梁的垂直裂缝和斜裂缝属受力裂缝。因此，其开裂的主要原因是该梁沿正截面抗裂弯矩 M_{cr}或沿斜截面的抗裂剪力 V_c，小于荷载短期效应组合值 M_s 或 V_s。

该梁在荷载短期效应组合作用下（并非最不利荷载组合），垂直裂缝的最大裂缝宽度已达 0.2mm，裂缝长度近梁高的一半，考虑荷载长期效应的最不利组合，最大的裂缝宽度将超过 0.3mm，因而裂缝宽度不能满足规范的正常使用极限状态的要求。斜裂缝最大宽度为 0.55mm，且裂缝已发展到距梁底仅 80mm 处，当出现最不利荷载组合时，不仅裂缝宽度将严重不符合规范要求，而且将发生沿斜截面的剪切破坏。因此，下面先重点分析发生斜裂缝以及可能发生沿斜截面破坏的具体原因，然后再分析垂直裂缝出现的具体原因。

1. 斜裂缝

上述现场检测和设计复核结果表明，该梁的配筋在浇混凝土前经建设、设计、施工、质监四方签字符合设计要求。混凝土强度等级经超声一回弹综合法检测，按现行标准《超声回弹综合法检测混凝土强度技术规程》（CECS 02：88）推定为C35，也满足设计混凝土强度等级 C30 的要求，表明该梁施工质量良好，为什么还会出现如此严重的裂缝呢？

（1）KJ-A 顶层大梁设计错误。

① 第一次设计变更将该顶层大梁由 400mm×2200mm 改为 300mm×1200mm，纵筋有所减少，箍筋间距不变，仅长度做相应调整。本次验算和大梁开裂的事实已证明，这一设计变更严重有误。幸好施工人员发现，才有第二次设计变更将该梁又改为 400mm×2000mm，配筋按原图施工。

② 原设计（结施 33、35）、两次设计变更都未标出该梁箍筋的间距，仅在原设计图钢筋表中注出箍筋的个数（83 号筋共 128 个）。对于这样承受上百吨集中力的大跨度主梁，其弯矩和剪力都是上百吨米和上百吨的量级，而且剪力的分布是阶梯式的，支座与环梁之间（区段 1）的剪力最大，环梁与次梁之间（区段 2）次之，而两次梁之间（区段 3）的剪力最小。因此，设计图应指明各段箍筋的间距（图 2-1-2）。

③ 按第二次设计变更，截面尺寸为 400mm×2000mm，混凝土为 C30，箍筋为 4 肢 ϕ12@200［按结施 33 的总箍筋个数在全梁均匀配置］以及 2ϕ28 的弯起钢筋，算得斜截面抗剪承载力 V_u＝2210kN，与该梁剪力设计值相比，考虑炉渣层时低 15.21%，不考虑炉渣层时低 7.98%。表明第二次设计变更仍然有误。

④ 施工时，按钢筋表上箍筋的总个数，在全梁均匀分布，设计人员验筋时，签证认为符合设计要求，未提出从构造上在剪力最大的区段加密的要求，表明对剪力最大区段缺乏重视，如能按图 2-1-2 所示分区配箍，总箍筋个数变化不大，支座边区段①的抗剪承载力可提高 18.35%。由于配箍筋 4ϕ10@200 的 V_u 已接近 $V_{u,max}$，故提高有限，有效途径为增加梁截面尺寸。

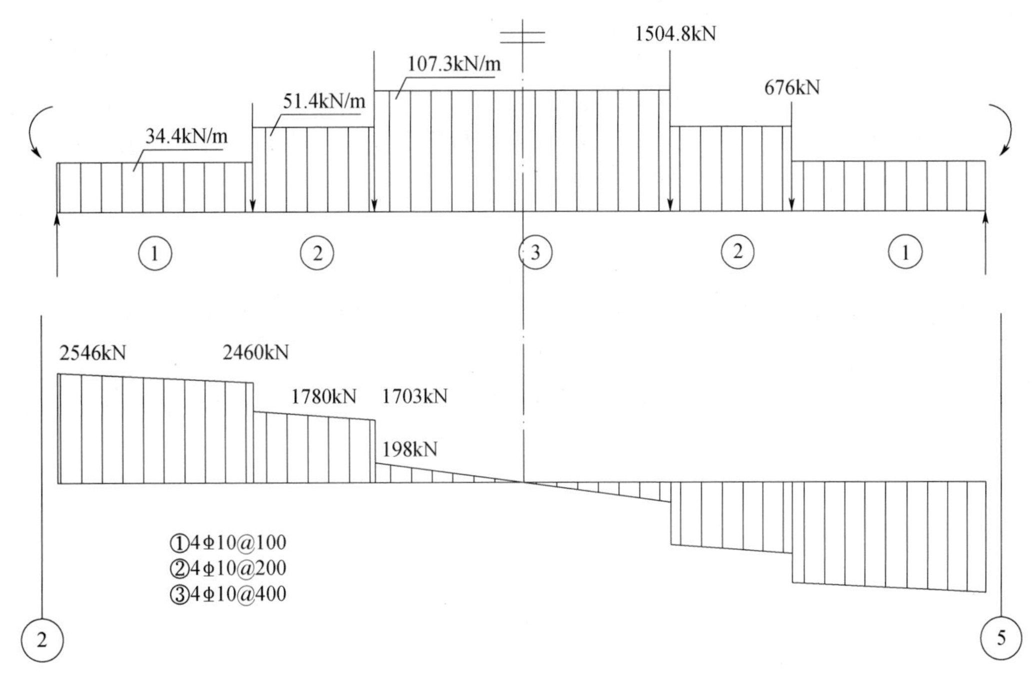

图 2-1-2　12m 跨度大梁剪力分布及配筋分区图

(2) 在弯矩和剪力作用下高梁沿斜截面承载力计算值与实际值之间有一定误差

我国现行标准《混凝土结构设计规范》(GB 50010) 关于受弯构件斜截面承载力的计算，是建立在截面尺寸较小构件破坏试验资料的基础上。苏联维杰涅耶夫水利工程科研所和其他国外进行的高梁 (h=1m 和 1m 以上) 试验表明，苏联建筑法规 (CHNII II-21-75) 中采用的斜截面承载力的计算方法高估了梁的承载力，而且梁越高，高估得越多。我国《混凝土结构设计规范》(GB 50010) 曾对斜截面承载力进行过调整，但对于高梁，也存在类似的问题。估计规范对该高梁的承载力高估 6%左右。对于大跨度、重负荷的高梁，应予高度重视，设计要留有足够的安全储备。因此，规范 GB 50010—2010 (2015 年修订版) 对高梁考虑了斜截面承载力降低的计算。

(3) 施工过程中变更设计的影响。

在施工过程中，为满足使用要求或方便施工，变更设计时有发生，这是一种正常的现象。但是，变更设计要通过正常的程序进行，要重视对结构承载力的影响。KJ-A 顶层大梁之上的观光茶座的楼面，增高炉渣层的设计变更，增加楼面荷载，即增加了大梁的负荷，按 480mm 厚的干炉渣的荷载考虑验算表明，大梁跨中的弯矩设计值增加 5.9%，支座的剪力设计值增加 6.7%。

2. 垂直裂缝

水池满水时，大梁支座和跨中的垂直裂缝不如斜裂缝严重，但满水时，其他荷载并非最不利组合，且为短期作用。大梁在最不利荷载组合作用下，考虑荷载的长期效应，垂直裂缝宽度将不满足设计规范要求，其原因为：

(1) 大梁纵向受拉钢筋虽正截面抗弯承载力符合规范要求，但由于钢筋直径粗 (ϕ28)，应力较高 (263.4N/mm^2)，裂缝宽度验算表明，大梁跨中最大裂缝宽度 (w_{max}=

0.302～0.343mm）稍许超过规范允许值[w_{max}]=0.3mm。

（2）增设炉渣层使跨中弯矩增加 5.9%，如按未增设炉渣层验算，最大裂缝宽度（0.279～0.318mm）可基本满足规范要求。

（3）大梁跨中出现较长（约 1m 长）的垂直裂缝，这与水池满水时，在水侧压力作用下，大梁中部产生轴向拉力成为拉弯构件有关。设计时，应考虑水的侧压力对大梁跨中这一受力的不利影响。

（六）KJ-A 顶层大梁裂缝危害分析及加固方案

KJ-A 顶层大梁的裂缝属于受力裂缝，其中斜裂缝宽度最大已达 0.55mm，长达 2.5～2.6m，剪压区只剩下 80mm 左右，按《危险房屋鉴定标准》已属危险状态，随着最不利荷载组合的出现，在弯矩和剪力作用下，将沿斜裂缝发生剪切破坏。因此，应提高其斜截面抗剪承载力，具体的加固设计方案如下：

1. 在顶层大梁的四角包∟180mm×110mm×14mm 的不等肢角钢，在角钢上焊内径 18mm 的短钢管。

2. 在大梁上下角钢两侧将 ϕ16 圆钢筋穿过短钢管，用拧紧螺帽的方法对 ϕ16 的钢筋施加预拉应力，使角钢与大梁紧密接触；ϕ16 的钢筋①区段为@100；②区段为@200；③区段为@400。

3. ②～⑤轴线混凝土柱四角外包角钢（照片 2-1-7、照片 2-1-8），并用 14 厚钢板将四角角钢相连并焊牢。

4. 将梁上四角角钢与柱上外包的角钢和钢板焊牢。

5. 梁上下各配 6Φ20，梁两侧配Φ12@150 的纵筋及在①区段配Φ12@100、在②区段配Φ12@200、在③区段配Φ12@400 的双肢箍筋，大梁两侧新浇混凝土各厚 100mm，梁顶和底部分别各加高 100mm。

照片 2-1-7　12m 顶层大梁屋面以下部分⑤轴支座附近加固配筋构造

照片 2-1-8 12m 顶层大梁屋面以上部分⑤轴支座附近加固配筋构造

加固设计图见图 2-1-3～图 2-1-6。

6. 在加固施工中应注意以下问题：

（1）设置必要的临时支撑。

（2）角钢与梁、柱紧密结合，先对Φ 16 的钢筋施加预应力，然后与上下角钢焊牢。

（3）新老混凝土良好粘结。

（4）新浇混凝土达到 28d 强度后方可拆模以及水池灌水试压。

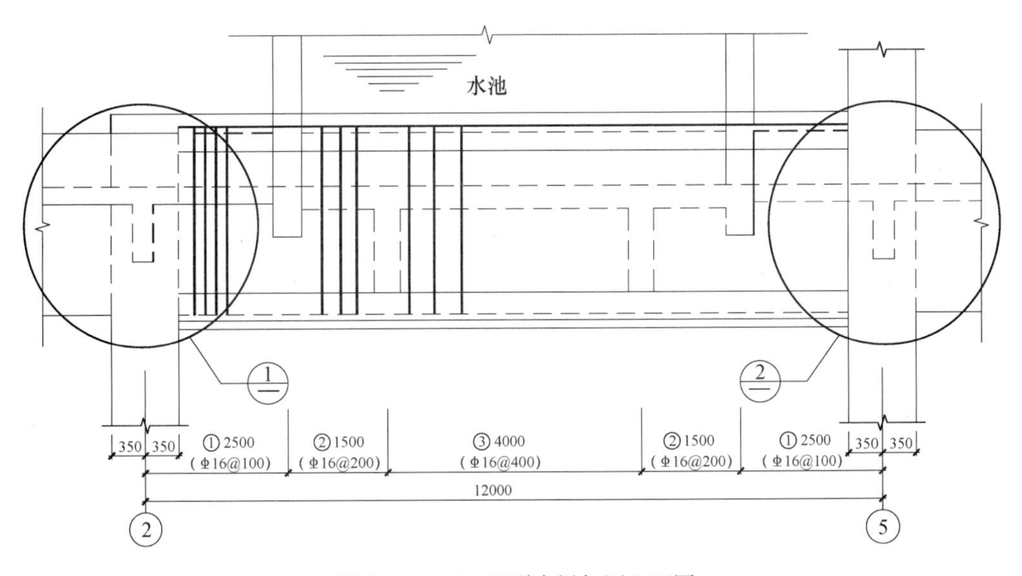

图 2-1-3 12m 开裂大梁加固立面图

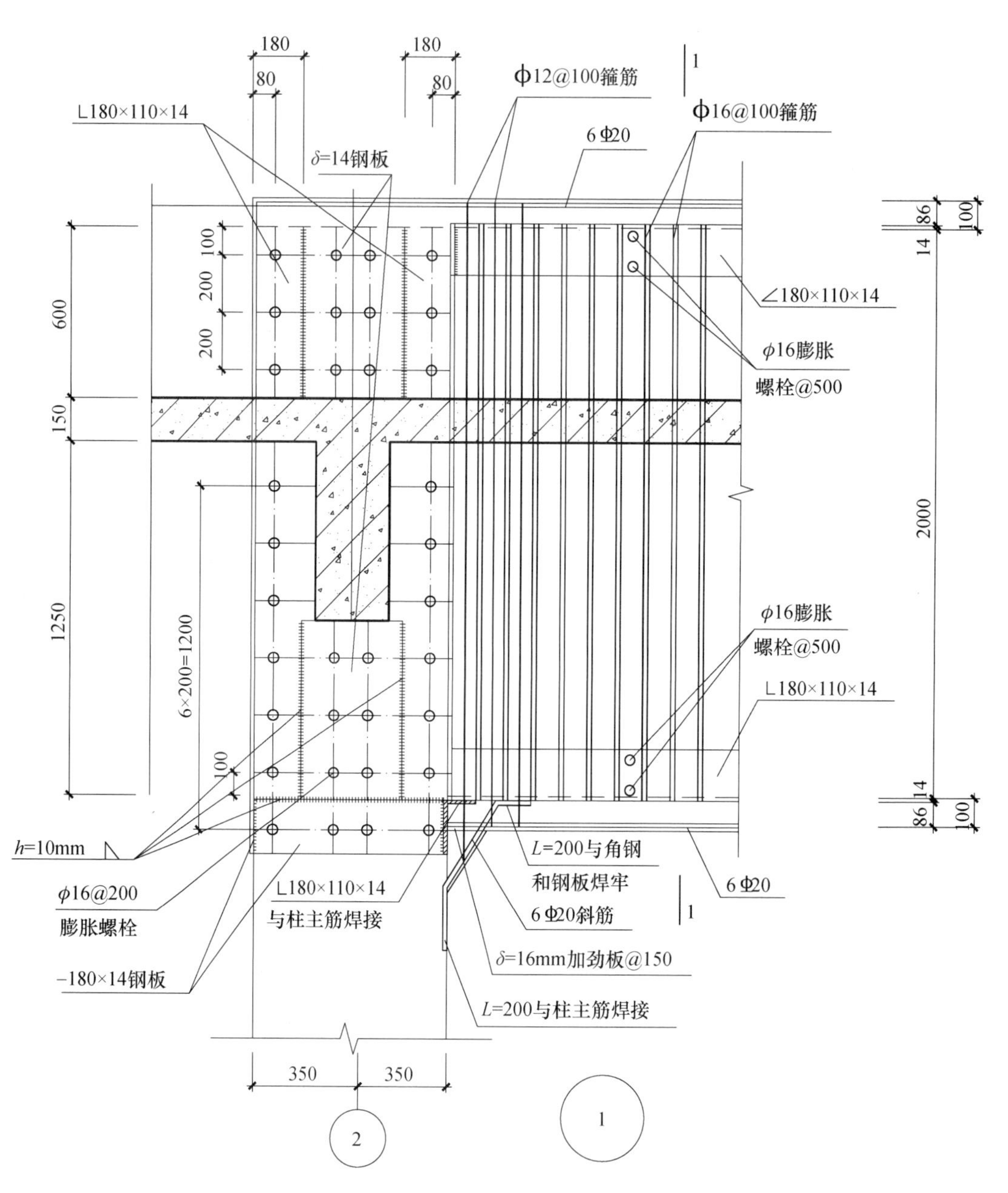
180
180
80
80
1
Φ12@100箍筋
Φ16@100箍筋
∟180×110×14
δ=14钢板
6Φ20
100
200
200
600
150
1250
6×200=1200
100
86
14
100
2000
∠180×110×14
φ16膨胀
螺栓@500
φ16膨胀
螺栓@500
∟180×110×14
14
86
100
h=10mm
φ16@200
膨胀螺栓
-180×14钢板
∟180×110×14
与柱主筋焊接
L=200与角钢
和钢板焊牢
6Φ20斜筋
1
6Φ20
δ=16mm加劲板@150
L=200与柱主筋焊接
350
350
2
1

图 2-1-4 节点 1

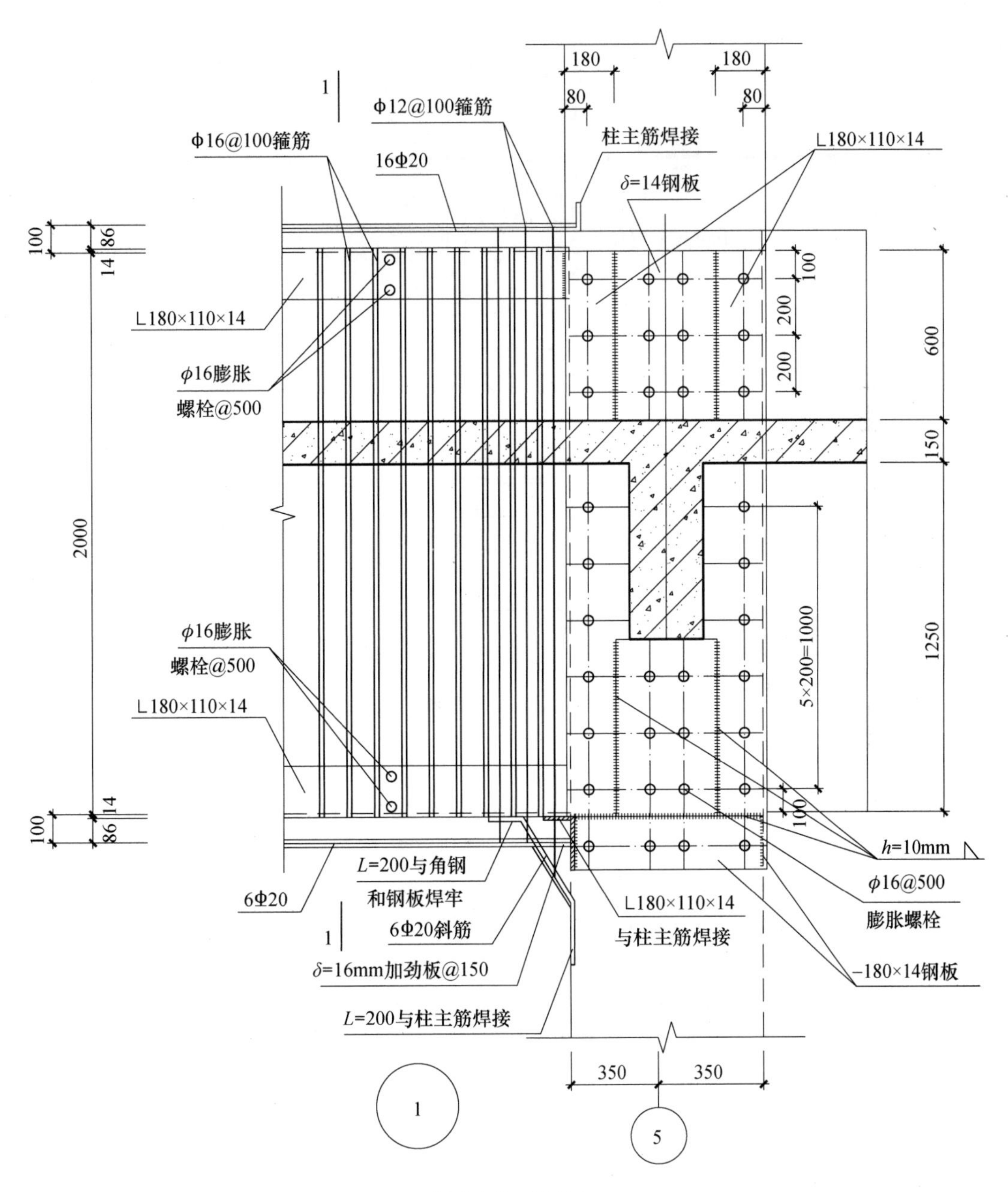

180
180
80
80
1
Φ12@100箍筋
Φ16@100箍筋
柱主筋焊接
∟180×110×14
16Φ20
δ=14钢板
100
86
14
100
200
200
600
∟180×110×14
φ16膨胀
螺栓@500
150
2000
φ16膨胀
螺栓@500
5×200=1000
1250
∟180×110×14
100
14
100
86
h=10mm
L=200与角钢
和钢板焊牢
∟180×110×14
与柱主筋焊接
φ16@500
膨胀螺栓
6Φ20
1
6Φ20斜筋
δ=16mm加劲板@150
−180×14钢板
L=200与柱主筋焊接
350
350
1
5

图 2-1-5　节点 2

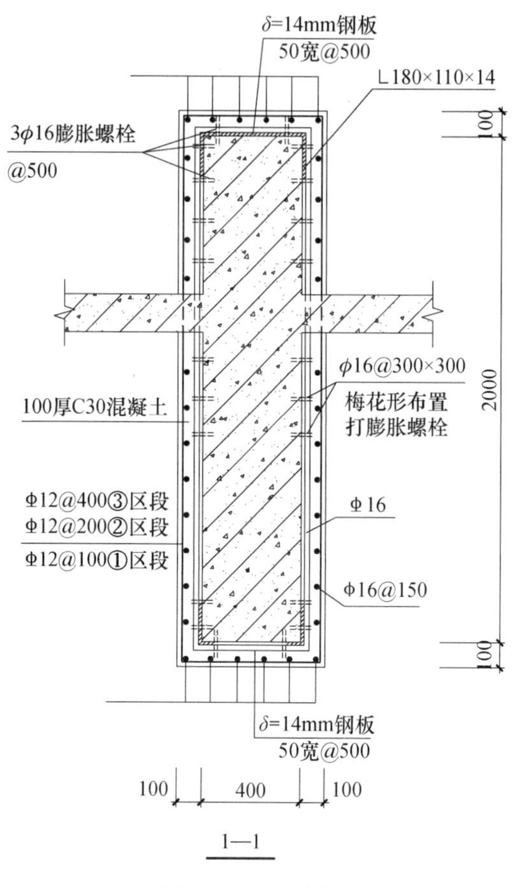

图 2-1-6　1-1 剖面

（七）结论

（1）KJ-A 顶层大梁的裂缝属以荷载因素为主引起的受力裂缝。

（2）该大梁开裂的原因主要是设计有误，考虑炉渣层斜截面抗剪承载力 V_u 比剪力设计值 V 低 15.23%：不考虑炉渣层 V_u 比 V 低 7.98%，其次是高梁的影响，《混凝土结构设计规范》（GBJ 10—1989）对该大梁（高梁）斜截面抗剪承载力有所高估（约 6%），该大梁实际的承载力比规范值低 6%左右。再次是增设炉渣层使剪力设计值增加，相对地降低了截面的承载力约 7.25%。该项影响与水池设计吨位的取值有关，如按 1995 年 11 月 27 日施工图会审纪要水池容量为 200t，该项影响将减小 5%左右。

（3）该大梁的裂缝已危及结构安全，应予加固处理。

（八）总结

该大梁于 1998 年年底按加固设计施工完毕，并安全通过满水试验，现场回访结果表明该大梁加固后至今工作正常。

二、【结构受力裂缝工程实例 2-2　某县康复大厦楼面结构】

（一）工程概况

该工程为临街的综合楼，底层为商业门面，2～8 层为办公用房。采用钢筋混凝土框架结构，柱下人工挖孔桩基础，总建筑面积约为5200m²。该工程于1997年12月主体完工，由于种种原因，至鉴定时尚未竣工验收。

（二）裂缝特点

2001年8月22日，对康复大厦二楼楼面大梁裂缝进行现场检测，其主要特点如下。

1. 裂缝部位

除底层（房屋东、西两端）①轴和⑫轴框架未发现裂缝外，其余房屋中间的②～⑪轴框架大梁的裂缝均出现在中柱的两侧（照片2-2-1～照片2-2-3）。

2. 裂缝形式

裂缝均为与梁轴线约成45°的斜裂缝，由柱两边的斜裂缝形成倒八字状，斜裂缝上端离板底30～50mm，斜裂缝下端消失在下部受拉钢筋或柱边处。

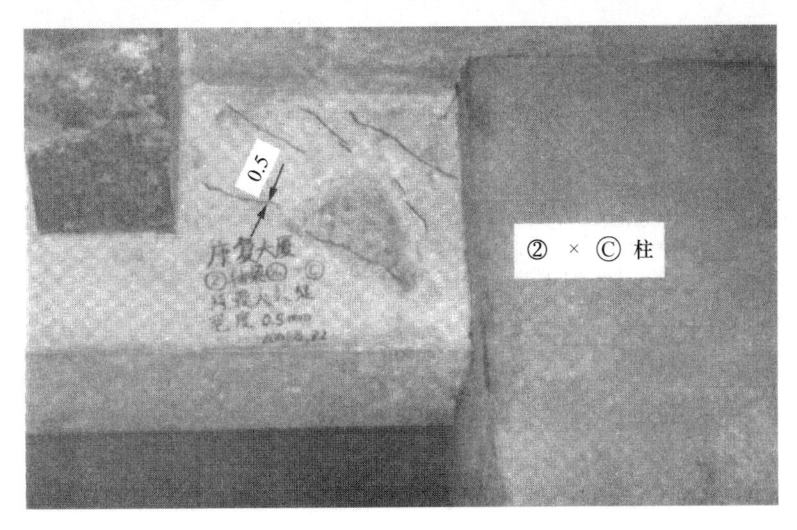

照片2-2-1　某县康复大厦②轴二楼楼面框架大梁裂缝

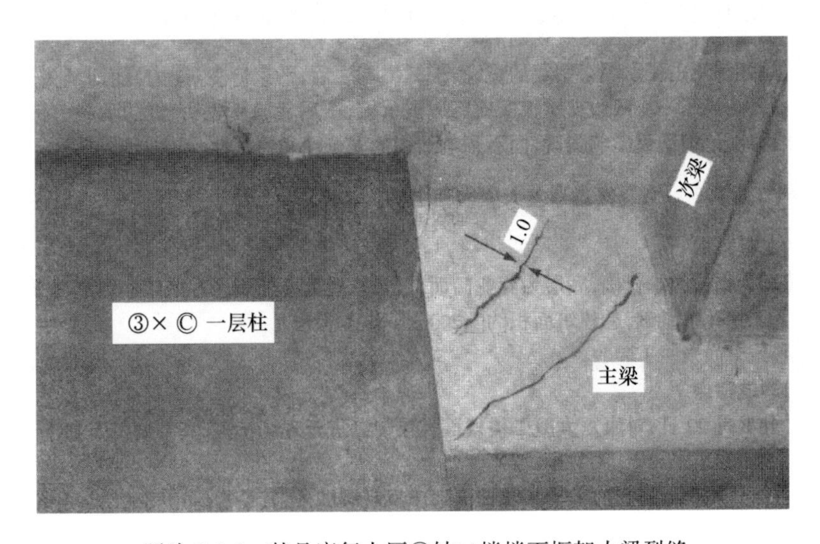

照片2-2-2　某县康复大厦③轴二楼楼面框架大梁裂缝

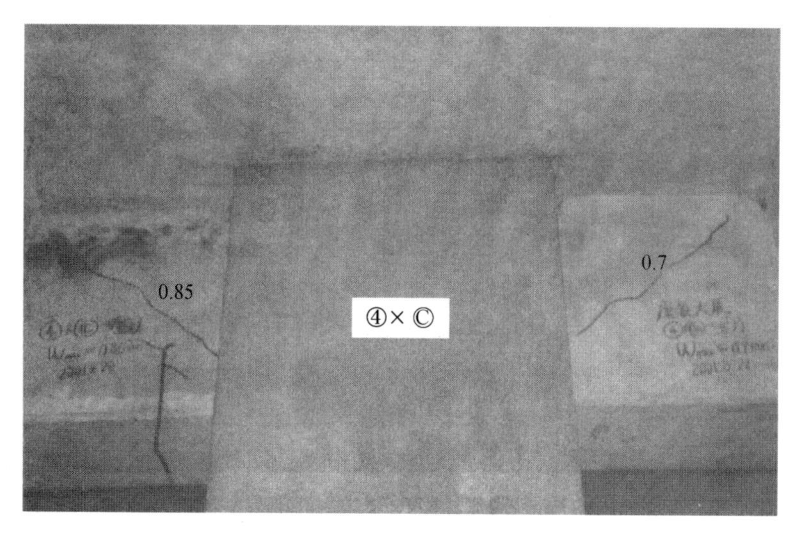

照片 2-2-3　某县康复大厦④轴二楼楼面框架大梁裂缝

3. 裂缝宽度

裂缝在粉刷层表面最宽为 1.1mm，在大梁混凝土表面最宽为 1.0mm。

（三）裂缝原因及危害分析

钢筋混凝土框架大梁除承受自重和本层楼面板传来的恒荷载和楼面可变荷载外，还承受由柱以集中荷载传来的二层以上楼面、墙和屋面的恒荷载和可变荷载。计算表明，混凝土 C20 截面 300mm×700mm，配有 ϕ8@200 箍筋的框架大梁按现行国家标准《混凝土结构设计规范》计算的抗剪承载力，远不能满足规范要求。目前楼面、屋面设计荷载尚未完全上去，已出现如前所述的斜裂缝，也证明钢筋混凝土框架大梁上的抗剪承载力严重不足，不满足规范强制性条文要求。有的框架梁也与混凝土实际强度略低于混凝土设计强度等级有关。

受力裂缝出现之后内力不会消失，其宽度随荷载增加而增加，不仅影响美观，而且将危及结构安全。根据现行标准《民用建筑可靠性鉴定标准》（GB 50292）表 4.2.5 应评为 d_u 级，按现行标准《危险房屋鉴定标准》（JGJ 125）该大梁属于危险构件，应及时进行加固设计与加固施工。

（四）加固设计

根据现场实际情况以及安全、适用、经济和施工方便的原则，经多种方案比较，对钢筋混凝土框架大梁采用在梁下柱两侧设现浇钢筋混凝土牛腿的加固方案（图 2-2-1 及照片 2-2-4、照片 2-2-5），其施工要点如下：

（1）凿除牛腿加固范围内中柱四周和大梁底需电焊部位的保护层，使柱侧和梁底的纵向受力钢筋部分外露，同时将新加牛腿与柱周和梁底的界面处按规范要求凿毛。

（2）将①号斜钢筋（2Φ20）与梁底和柱侧的纵筋焊接，焊接长度不小 $5d$（双面焊）或 $10d$（单面焊），d 为钢筋直径。

（3）在柱两侧布置②号（1Φ20）钢筋，并将②号钢筋与柱中纵筋焊牢；将③号（1Φ25）、④号（1Φ20）、⑤号（ϕ12@150）匚形水平钢筋与①、②号钢筋扎牢。

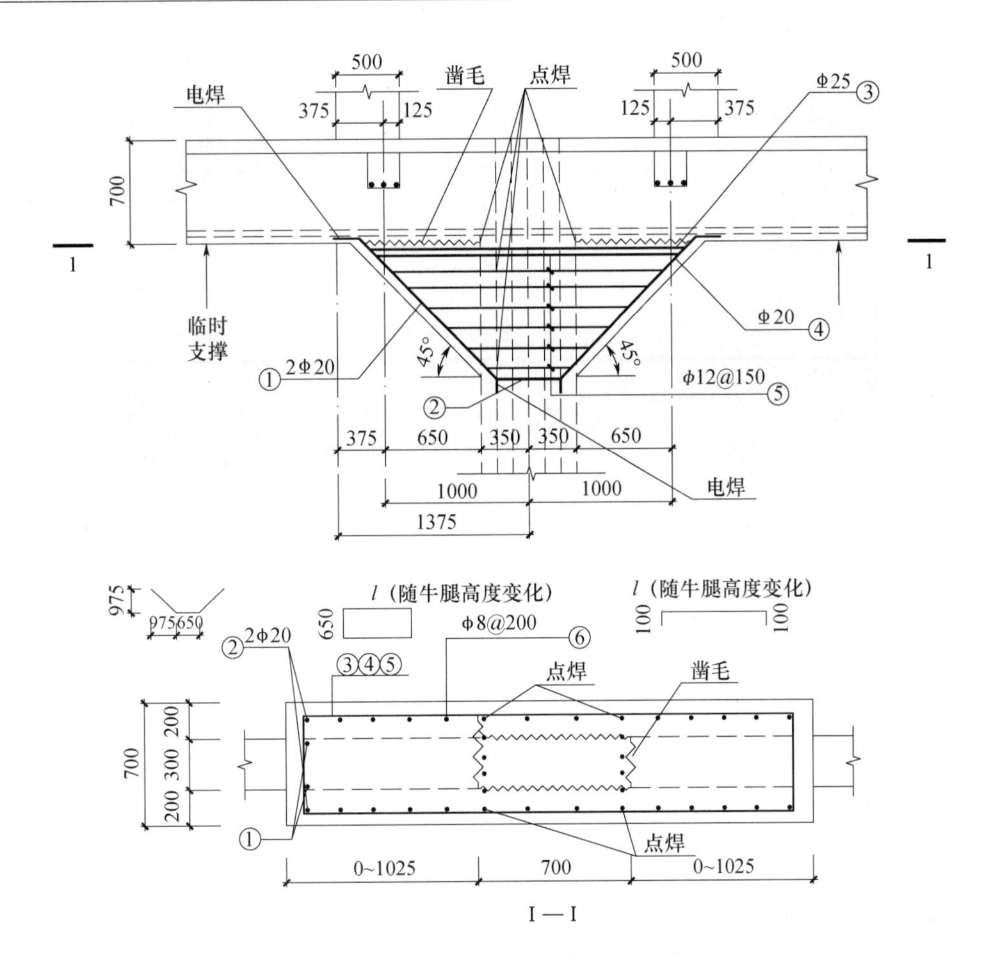

图 2-2-1　混凝土牛腿加固模板及配筋图

说明：1. 混凝土 C30；2. 钢筋 Φ（Ⅰ）；Φ（Ⅱ）；3. 主筋保护层 25mm。

照片 2-2-4　某县康复二楼楼面框架大梁加固配筋图（一）

照片 2-2-5 某县康复大厦二楼楼面框架大梁加固配筋图（二）

（4）在牛腿四周配置⑥号（ϕ8@200）钢筋，将它与③、④、⑤号钢筋扎牢，③、④、⑤号钢筋要求焊成封闭箍筋。

（5）浇捣 C30 混凝土，要求振捣密实，及时洒水养护。浇捣前将柱周和梁底的混凝土表面冲洗干净后刷一道纯水泥浆。

（6）牛腿加固施工前，应对大梁设置临时支撑以确保施工阶段的安全。

（7）如原梁柱中的钢筋实际位置与设计有出入，钢筋下料尺寸应按实际确定。

（8）未尽事宜按钢筋混凝土工程有关施工规范施工。

（五）总结

该大厦二楼楼面框架大梁经加固后已投入使用，现场回访结果表明该大梁加固后至今工作正常。

第三章　混凝土体系裂缝结构加固与防裂

第一节　概　　述

对于建筑裂缝结构工程的调查统计表明，混凝土结构体系裂缝，从屋面、楼面到地下室墙和底板，特别是在结构薄弱部位均有发现，严重的还会伴随发生局部混凝土剥落、爆裂等破损。因此，应重视对这种结构体系裂缝的防控与加固技术。

一、体系裂缝结构

混凝土体系裂缝结构是由于整个结构体系混凝土的降温冷缩与结硬干缩体积变形受到约束不能自由完成时，引起的约束拉应力（约束拉应变）超过混凝土的抗拉强度（极限拉应变）而产生的裂缝。

平置于地基上的素混凝土等截面长梁和长板，由于受地基的约束不能自由地伸缩，当在梁、板中产生的最大约束应力（约束应变）超过混凝土的抗拉强度（极限拉应变），即在梁板中间部位出现受拉裂缝，梁板就会一分为二，当再次发生降温冷缩与结硬干缩时，又会在梁板中间部位断裂一分为二。这种一再在梁板中间部位断裂，是平置梁板结构体系在温度收缩变形作用下的体系断裂的规律。

对于平置于地基上的等截面配筋梁板，在其中间部位一旦出现裂缝，约束应力全部由纵向钢筋承受，混凝土退出工作，平置梁板不会一分为二，而形成裂缝，梁板越长该裂缝越宽，直至将钢筋拉断，形成活口裂缝，才会一分为二，这种平置等截面钢筋混凝土梁板结构体系裂缝也服从一再从梁板中间部位拉断一分为二的断裂规律。

如为非等截面的平置梁板，则将在薄弱的截面处断裂。裂缝工程调查表明，对于钢筋混凝土结构体系在温度收缩作用下，也将首先在薄弱部位发生体系裂缝。

二、结构体系裂缝的特点

从裂缝工程实例和理论分析可知，结构体系裂缝具有如下特点。

（一）特点一

体系裂缝是一种变形裂缝，由于这是一种整个结构体系的体积变形受到约束引起的裂缝，如设计不当裂缝宽度较宽，对结构损害较大。

（二）特点二

体系裂缝也是一种约束裂缝，外界约束越强，约束变形越大，裂缝宽度也越宽，如整个结构体系的温度收缩变形能部分或大部分自由完成，减少约束变形，则体系裂缝宽度也可减小。

（三）特点三

体系裂缝对屋面和楼面结构，大都出现在结构的中间部位、结构体系的薄弱部位以及楼（屋）面结构的四角部位。

三、结构体系裂缝防控措施

（一）裂前设计措施

（1）按现行国家标准《混凝土结构设计规范》（GB 50010）设置伸缩缝。

（2）尽可能避免出现结构薄弱部位和体量大的连体结构，必要时宜在薄弱部位按规范要求设置伸缩缝、抗震缝、沉降缝，使之分离成体量较小的结构体系。

（3）钢筋混凝土楼面、屋面结构采用双层双向拉通的配筋方案，加强底层楼面结构，特别是底层和地下室层剪力墙抵抗温度收缩的水平钢筋。

（4）采用在坚实地基上或桩基承台板上能整体滑动的钢筋混凝土结构体系，最大限度地减小地基对基础结构和上部结构的约束，从而达到减小或消除体系裂缝的目的。

（二）裂前施工措施

（1）严格控制施工用材质量符合规范要求，采取按微裂缝理论，提高骨料之间水泥石的粘结强度，尽可能推迟微裂的出现和开展。

（2）严格控制水灰比和尽量降低混凝土拌合物入模温度以及做好施工阶段的保湿养护，减小混凝土的总收缩值，从而达到减小温度收缩应力的目的。

（3）采用分仓跳捣[16]的施工方案，控制跳捣的时间不宜过短，在工期允许的条件下，尽可能延长跳捣的间隔时间，以达到减小整个结构体系温度收缩应力的目的。

（4）为使钢筋混凝土上部结构和其下的筏板基础能在坚实的地基上或桩基承台板上实现整体滑动，减小温度收缩变形对基础和上部结构的影响，在坚实的地基找平层上或桩基承台上设置细砂油毡滑动层。20 世纪末这一措施已在长沙矿山研究院十层钢筋混凝土框架结构下的筏形基础的设计和施工中采用，并已为实践证明是行之有效的措施。

（三）结构体系裂缝出现后的加固及其防裂措施

针对结构体系裂缝及损坏的具体情况采用如下加固防裂措施。

（1）按加固设计规范的要求对混凝土结构体系裂缝工程进行裂缝修补。

（2）按结构修复规范的要求对混凝土结构体系裂缝结构中混凝土剥落、破损部位进行修复。

（3）对结构体系裂缝工程按设计规范最大伸缩缝间距要求补设伸缩缝。

（4）在现浇混凝土长廊结构与现浇混凝土高层建筑结构的连接部位也宜增设双柱或牛腿，补设沉降缝或伸缩缝。

第二节　整体滑动建筑

整体滑动建筑是一种具有创新意义的建筑，相对于要有一定嵌固深度的传统建筑而言，是一种概念上的变革。想想在波涛汹涌的海面上十几层高的邮轮，能让游客在邮轮内确保安全地起居生活。据此，应能在陆地上建造有利于抵抗温度收缩变形作用的整体滑动建筑。

整体滑动建筑的概念是20世纪末，湖南大学罗国强教授提出的。这一概念的思路来源于对平置整体滑动板块温度应力的计算理论、试验研究及其工程应用。1981年罗国强教授在《板块温度应力的计算原理及其在混凝土板块工程中的应用》一文中，首次在国内提出露天平置板块温度应力分析模型和计算公式，并应用于120m混凝土露天长线台面和56m预应力混凝土刚性防水屋面工程[5]。在台面和屋面试点工程中获得了良好的技术经济效益，进一步验证了整体滑动板块温度应力计算理论的正确性，其主要原理是：一旦平置板块的抗力能克服搁置面上的摩擦力，则板块可伸缩自如，不管温差或收缩有多大，板块也不会断裂。据此，20世纪末作者设计与建造了一栋在整体滑动筏形基础之上十层高的建筑，至今已20余年，并已写入《混凝土与砌体结构裂缝控制技术》一书。下面就整体滑动建筑作一初步论述，以引起业内人士的重视，并能进行深入的研究和推广应用。

应该指出，整体滑动建筑并非建筑在使用过程中会整体滑动一段距离，“滑动”是指建筑结构在温度收缩变形作用下发生的体积变形，是以建筑结构的重心中轴线为不动轴，建筑结构的两端可自如地向着该轴或背离该轴发生滑动。

一、整体滑动建筑的基本概念

整体滑动建筑是指这种建筑的基础和上部结构，在温度收缩变形作用下，能克服天然地基找平层或人工桩基承台板的摩阻力，结构整体可自由伸缩变形的建筑。整体滑动建筑的构造应符合以下四个基本条件。

（一）条件一

建筑的基础为整块的筏板，确保上部结构在各种设计荷载作用下，抗倾覆和抗滑移的稳定性满足规范要求。

（二）条件二

基础的持力层为具有足够抗压承载力的天然岩土层；当为填土或软弱土层时，地基为具有足够抗压承载力的人工桩基及其上承台板组成的人工地基。

（三）条件三

基础与地基持力层之间设有一层减少摩阻力的滑动层。

（四）条件四

混凝土筏板基础和上部结构通长配置的水平钢筋足以克服摩阻力在施工过程中自如完成混凝土结构的体积变形，以能实现整体滑动。

二、整体滑动建筑的特点

分析和研究表明，整体滑动建筑具有如下特点。

（一）特点一

有利于防控和减轻混凝土结构体系裂缝，因为一旦建筑结构的抗力能克服摩阻力伸缩自如，不管温差和收缩变形有多大，都不会导致出现结构体系裂缝，尤其是接近基础的底层或地下室结构，由于能随基础自由变形，因而对控制底层或地下室结构裂缝的出现和开展更为有利。

（二）特点二

当水平地震力能克服地基摩阻力时，建筑在基础非嵌固状态下发生前后左右摆动甚至上下跳动过程中的耗能作用，有利于上部结构节点部位的抗震，减轻建筑结构在强震作用下的震害。

（三）特点三

对于现浇的钢筋混凝土框架结构，抗震等级越高，节点配筋越密集，由于建筑整体滑动，可缓解梁柱节点的传力作用。因此，梁柱节点配筋密集的状况将得到改善，其改善程度有待进一步研究。

（四）特点四

采用整体滑动的建筑，现浇混凝土结构设计规范规定的最大伸缩缝间距的限制也可适当放宽。

由整体滑动建筑的概念、条件和特点可知，如能实现这一创新的建筑结构，对混凝土现浇的多层和高层建筑结构，从基础在地基中的嵌固要求，到桩是否要进入筏板、框架节点抗震配筋构造、楼（屋）面和筏基结构配筋构造等都会有重大的变化，这些都有待深入的理论研究和试验研究以及工程实践，随着研究和实践的深入将日益显现整体滑动建筑的优越性。

三、整体滑动建筑结构计算

（一）计算的前提和内容

（1）整体滑动建筑计算前提是在各种荷载［包括自重、楼（屋）面使用荷载、风荷载、地震等］作用下结构整体抗倾覆抗滑移稳定性、地基抗压承载力安全性均满足规范要求，且不存在建筑边坡不稳定的问题。当建筑物的长度超过规范规定的最大伸缩缝间距时，宜按本节推荐的公式计算。

（2）计算的内容是大气温差变形以及混凝土结构材料自身的结硬收缩变形对整体滑动建筑结构的作用效应。

（二）计算简图

图 3-1 为整体滑动建筑在温度收缩变形作用下结构内力计算简图。图 3-1（a）为整体受力图，建筑结构在温度收缩变形过程中，由建筑物的总竖向重力荷载 Q（包括建筑物自重和楼面、屋面使用荷载）将产生水平的摩阻力 μ_q（kN/m^2）。建筑在 x 方向纵向的长度为 l_x，在 y 方向横向的长度为 l_y，由于在实际工程中 $l_x>l_y$，故只需计算 x 方向的温度收缩内力。建筑结构的高度为 h，温度收缩内力作用在建筑物高度的中间位置，基础底面的摩阻力虽为偏心作用，由它对建筑结构中间位置产生的弯矩，将为建筑结构的重力荷载平衡，始终保持建筑物平置在地基上，不会产生弯曲变形，故实际上建筑物假定在温度收缩变形作用下，可按一轴心受拉构件计算，这一假定已为平置的长梁、预

应力整体滑动的台面板、屋面刚性防水板的工程实践所证实。

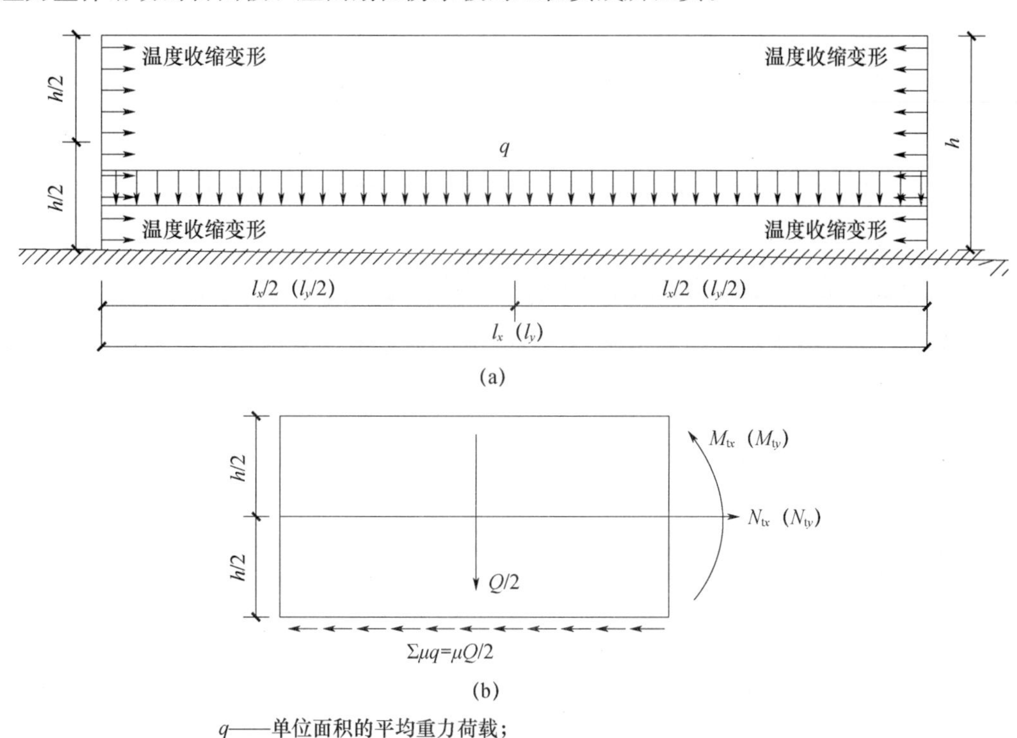

图 3-1　整体滑动建筑筏基施工阶段温度收缩内力计算简图

（三）温度收缩内力计算

理论分析及工程实践表明，整体滑动建筑对承受温度收缩变形的作用以混凝土筏形基础在施工阶段最为不利，因为在整个建筑的施工过程中，筏板基础施工阶段混凝土体量最大，温度收缩变形也最大，为克服筏板与地基之间的摩阻力所需的抗力也最大，故温度收缩内力宜按此阶段的简图进行计算。此时，图 3-1（a）中的建筑结构高度 h 为筏板的厚度或梁式筏板的折算厚度；图 3-1（b）中的 Q 为筏板上的总重力荷载设计值，包括筏板基础的自重及其上的施工重力荷载。自重分项系数为 1.3，施工重力荷载分项系数为 1.5。

图 3-1（b）中由 $\sum x=0$，可求得：

$$N_{tx}=\mu Q/2 \tag{3-1}$$

$$Q=ql_xl_y \tag{3-2}$$

式中　N_{tx}——筏板基础施工阶段 x 方向中间截面的温度收缩轴向拉力设计值；

μ——筏板基础底面与地基找平层之间的摩擦系数，当采用薄砂油毡隔离层时，可取 $\mu=0.6$；

q——单位面积的重力荷载设计值，包括筏板自重及其上的施工重力荷载，自重按筏形基础截面尺寸及重度 $r=25\text{kN/m}^3$ 计算，施工重力荷载按 2.0kN/m^2 计算。

（四）整体滑动建筑筏形基础施工阶段在温度收缩变形作用下承载力按下式复核，以免出现拉断的活口裂缝

$$N_{tx} \leqslant N_u \tag{3-3}$$

$$N_u = f_y \sum A_s \tag{3-4}$$

式中　N_{tx}——筏板基础施工阶段 x 方向中间截面的温度收缩轴向拉力值。

f_y——筏形基础受拉钢筋强度设计值；

$\sum A_s$——筏形基础梁板 x 方向受拉钢筋截面面积之和；

（五）整体滑动建筑筏形基础施工阶段及使用阶段在温度收缩变形作用下抗裂按下式复核

$$N_{tx,k} \leqslant \alpha f_y \sum A_s \tag{3-5}$$

式中　$N_{tx,k}$——筏形基础施工阶段 x 方向中间截面的温度收缩轴向拉力标准值；

α——考虑控制最大裂缝宽度 0.3mm 时的钢筋强度降低系数，取 $\alpha=0.6$。

复核计算如式（3-3）、（3-5）不满足时，应在筏板中间部位增加受拉钢筋，并增加复核截面，以确定增加钢筋的截断点。

四、整体滑动建筑结构的构造

根据建筑能实现整体滑动的要求和结构传力特点，整体滑动建筑结构构造与常规建筑结构不同之处如下。

（一）整体滑动建筑筏形基础与地基持力层之间滑动层的构造

滑动层是整体滑动建筑最重要的构造，要求摩阻力小，工程造价低，施工方便可行，在以往的长线台面、预应力屋面和地面工程以及整体滑动建筑工程采用的构造为：在地基混凝土找平层上铺一层薄粗砂层（约 3mm 厚），在其上铺设用热沥青粘结成整体的油毡一层，之后施工筏形基础。

（二）隔离层的设置

当地基为坚实的岩层或承载力足够的老土层时，找平后即可在其上铺设隔离层；当地基为软弱土层或填土层时，可视具体情况设钢筋混凝土桩基、素混凝土桩基与桩间土组成复合地基。当采用钢筋混凝土桩基时主要传递竖向压力，桩不应进入筏基，以免影响筏基的整体滑动，桩顶标高处应做素混凝土垫层兼找平层，在其上铺设隔离层。

（三）回填要求

筏基四周的回填土宜采用黏土或碎石砂土回填，不可采用混凝土回填。

（四）伸缩缝的要求

钢筋混凝土结构最大伸缩缝的间距，当采用整体滑动建筑且通过抗温度收缩变形作用的复核计算，满足承载力和抗裂要求时，可适当增加。

（五）钢筋要求

筏基、楼（屋）面结构配筋，应将水平方向的钢筋拉通，需要接头时，均应按受力要求搭接或焊接。

（六）节点构造特点

在有试验依据的前提下，钢筋混凝土框架结构的节点配筋，当采用整体滑动建筑时，可对抗震配筋密集的节点构造进行改善。

（七）基础埋深特点

整体滑动建筑在满足抗倾覆和抗滑移稳定性要求具有足够安全度的条件下，筏基的埋置深度可仅由地质条件控制，而不由建筑高度控制。

（八）抗震特点

对于抗震设防烈度高（8 度、9 度）地区的整体滑动建筑，除采用前述油毡滑动层之外，建议在整体滑动筏形基础之下设梅花布置的钢球支座，以便于沿双向或任意向滑动，既可减少温度收缩应力，又可大大减小地震对结构节点的影响。整体滑动建筑最适宜于在强震区推广应用。

五、工程实例

20 世纪末，笔者在长沙矿山研究院采矿科研大楼工程设计中，采纳了罗国强教授的建议，该大楼按整体滑动建筑的概念进行设计，将筏板基础设计为梁肋向上的筏形基础，并在砂砾石地基找平层上铺薄砂油毡隔离层，使混凝土筏形基础及其上的框架结构在温度收缩变形作用下能以克服隔离层的摩阻力自由地伸缩滑动。

该大楼 1995 年建成投入使用。2019 年 12 月 31 日设计院对该大楼进行了回访，从室外散水到室内各层楼面、屋面、墙面、地面进行了仔细观察，未见肉眼可见的沉降裂缝、温度收缩裂缝以及结构体系裂缝。近 25 年来也未进行过维修，建筑结构工作正常，是一栋成功的整体滑动建筑的工程实例，回访的照片见照片 3-1～照片 3-4 。笔者现撰写该章节，以引起业内人士对这一课题的重视。这种创新建筑，不仅有利于防裂，也有利于抗震，特别是可能改善令设计与施工头疼的节点配筋过密的问题。

照片 3-1　整体滑动建筑试点工程——长沙矿山研究院采矿楼

照片 3-2　整体滑动建筑试点工程——采矿研究大楼内回访照

照片 3-3　整体滑动建筑试点工程——采矿研究大楼屋顶全照

照片 3-4　整体滑动建筑试点工程——采矿研究大楼地下室照

第三节　结构体系裂缝工程实例

一、【工程实例 3-1　某省金山大厦楼面结构】

（一）工程概况

某省金山大厦原设计为 17 层，1988 年 4 月第四层楼面完工后，因故停工。1991 年 11 月继续施工，并加两层，共 19 层（照片 3-1-1），1993 年 11 月主体完工。该大厦为全现浇混凝土结构，下部结构采用箱形基础（顶板 500mm、底板 900mm 厚），上部采用剪力墙，为形成底层波德曼空间（净高 15m，净宽 18.4m），从第十层楼面开始往下采用八字形剪力墙，其外缘伸至箱基基顶，内缘伸至二楼楼面处。箱基底板在横向两端做成倾斜的悬挑板，在横向剪力墙底部（箱基顶部）设置有通长的预应力混凝土拉梁，将两侧箱基连成一体，其顶板和底板的钢筋接头全部采用焊接。从 4.475～15.875 标高之间各层走廊、平台采用现浇钢筋混凝土平板（走廊部分厚 120mm，分布筋为Φ6@250），其余部分为密肋板。该大厦的剖面示意如图 3-1-1 所示。

大厦主体外装修已基本完成之后，正待做内装修以及安装电梯和各种管道时，先是发现二楼走廊楼面往下滴水，进而观察到二楼走廊廊梁和楼板出现贯穿性裂缝，廊梁被拉断，最宽的裂缝达 2mm，引起建设方的高度重视，暂停了电梯等设备安装，待鉴定并处理后再继续施工。

照片 3-1-1　某市金山大厦全貌

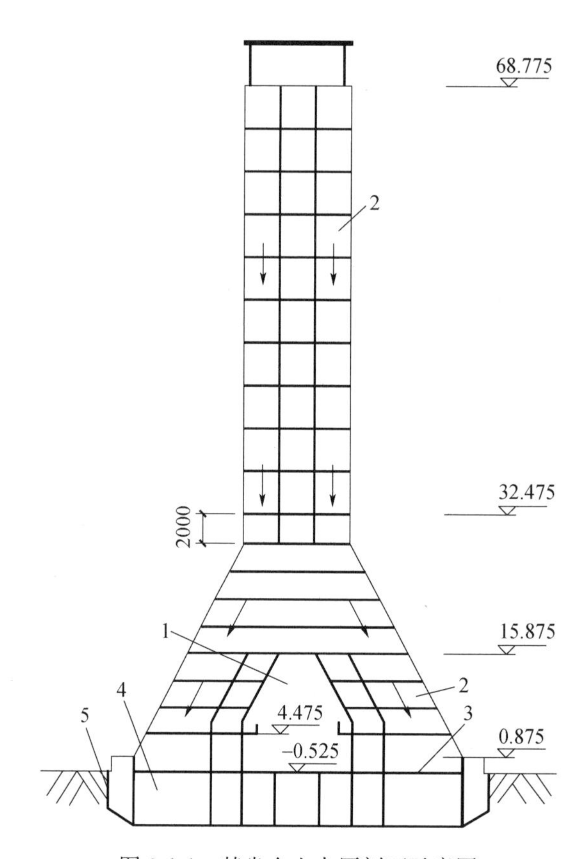

图 3-1-1 某省金山大厦剖面示意图

1—波德曼空间；2—剪力墙；3—预应力混凝土拉梁及箱基顶板；4—箱基隔墙；5—箱基底板（上翘部分）

为分析裂缝原因及其危害性，在调查设计和施工情况的基础上，对裂缝和混凝土强度等项目进行了检测。裂缝重点观测地下室及一～八层的梁、板、墙；混凝土强度重点回弹了地下室和一～二层剪力墙以及一～八层楼板。裂缝较为严重的二层楼面的裂缝分布如图 3-1-2 所示。从地下室及一～七层的裂缝分布及裂缝长度和宽度统计可知：

（1）裂缝沿楼层总的分布趋势是，从首层往上裂缝条数逐渐减少，裂缝宽度也逐渐减小，到第八层已观察不到裂缝。

（2）裂缝开展的方向是从板→梁→墙。大厦地面以上的裂缝大多数出现在各层楼板上，少数发生在梁上，极少数发生在墙上。Ⓐ～Ⓑ轴线之间的二楼走廊梁板的裂缝上宽下窄呈刀口状。

（3）地面以上各楼层的裂缝，以第二层楼面最多、最宽（达 2mm）。大部分裂缝发生在波德曼空间东头Ⓐ～Ⓑ轴线之间的二楼走廊的楼板和梁上以及西头Ⓕ～Ⓖ轴线之间的楼板上，并大体上与Ⓐ轴线垂直。靠墙角的板面出现切角裂缝。在楼板和梁的裂缝中，不少属贯穿性的（水从楼板顶穿过裂缝渗到板底，甚至滴水）。

（4）所有预应力混凝土拉梁在箱基顶板以下部分都有不同程度的裂缝（布置预应力钢筋的部位因埋于土中无法观测），裂缝以Ⓐ轴线上的较为严重，不仅出现的垂直裂缝最长（1.07m）、最宽（0.4mm）、数量最多（17 条），而且在梁与墙的界面出现较长的水平裂缝。

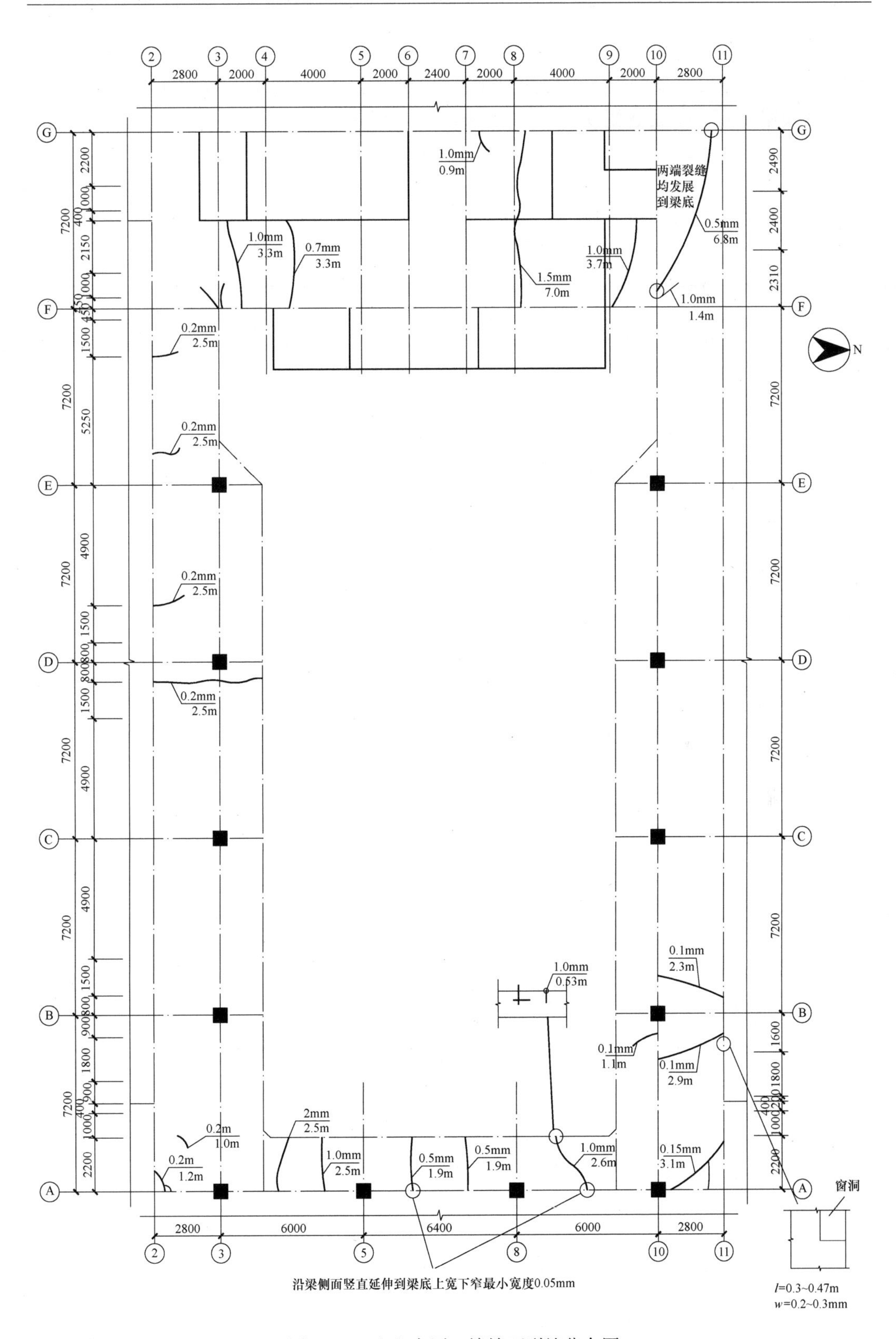

图 3-1-2　金山大厦二楼楼面裂缝分布图

（5）Ⓑ～Ⓔ轴波德曼空间上空的四根大梁（五楼楼面梁）跨中受拉区均观察到垂直裂缝，部分裂缝已发展到板底，但尚未延伸到楼板内。裂缝宽度多数为 0.1～0.15mm，仅 B 轴线梁底有一条裂缝宽 0.2mm（图 3-1-3）。

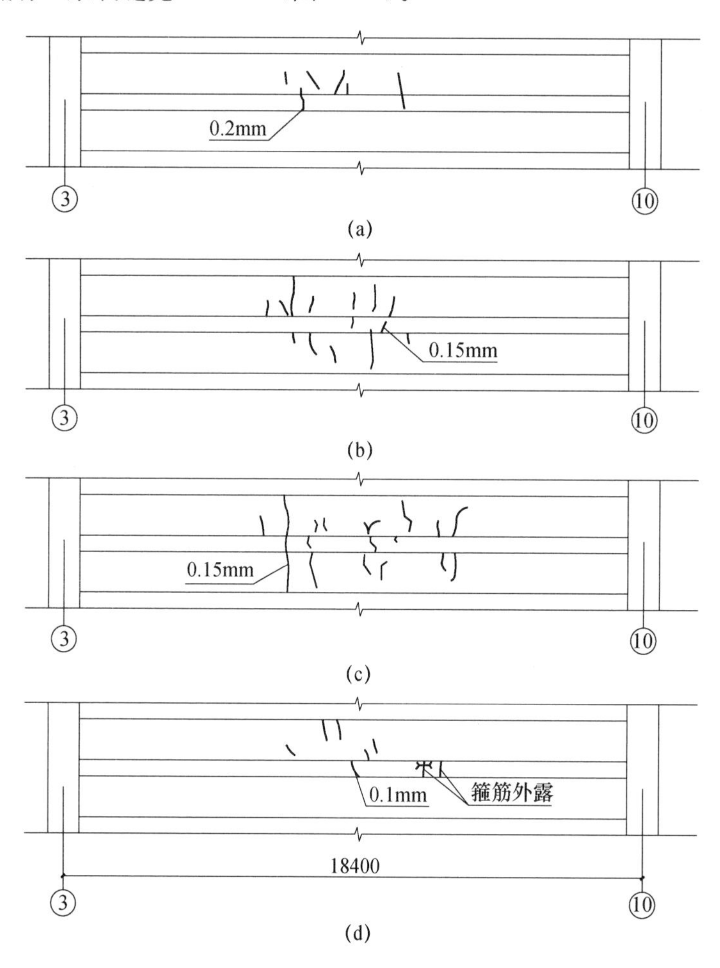

图 3-1-3　波德曼空间上方五楼楼面大梁裂缝图

（a）Ⓑ轴大梁；（b）Ⓒ轴大梁；（c）Ⓓ轴大梁；（d）Ⓔ轴大梁

此外，还发现Ⓔ轴大梁底有两处箍筋外露，无混凝土保护层。

（6）在东头北向楼梯间⑪轴线纵向剪力墙的窗洞下出现斜裂缝（图 3-1-2），从一层到六层均可观察到这种斜裂缝，最宽的为 0.3mm，最长的为 470mm。

混凝土强度检测结果表明，除地下室剪力墙实测值略低于设计强度等级（C28）外，其余墙、柱、梁、板的实测值均多地高于设计值（C28）。

（二）裂缝原因分析

根据该大厦结构特点，观测到的裂缝分布规律、施工质量及沉降观测资料等，对引起板、梁、墙开裂的主要原因分析如下。

1. 结构体系

该大厦为满足波德曼空间建筑造型的特殊要求，采用八字形横向剪力墙（八字上部用各层楼板和大梁联系，八字下部用箱基顶板和预应力大梁联系），并用纵向剪力墙与它们构成波德曼空间两侧刚度很大的剪力墙结构体系。一楼楼板，特别是连接波德曼空间两侧刚度很大的剪力墙结构的各层楼面的走廊，为抗拉刚度很小的梁板结构，与裂缝相垂直的构造配筋也很弱，当混凝土结硬收缩或气温下降冷缩时，波德曼空间两侧刚度很大的剪力墙结构，由于本身的抗力很大，能向各自的刚度中心完成体积缩小的变形，而位于其间的抗拉能力很小的楼层走廊和楼面梁板（构造钢筋仅Φ 6@250），承受不了自身收缩以及两侧剪力墙结构向各自刚度中心收缩产生的拉应力而开裂，并出现贯穿梁板的裂缝。这种裂缝主要由变形因素引起，应为变形裂缝。并且属于由结构体系整体约束引起的变形裂缝，简称为结构体系裂缝。

2. 受力模式

该大厦的受力模式从总体上可简化为带拉杆的拱型结构：波德曼空间以上的各层楼面（即五层及五层以上）结构可视为压杆，而其下两头联系波德曼空间两侧剪力墙结构的各层走廊和楼面以及预应力混凝土大梁和联系两侧箱基的一楼楼面结构可视为拉杆。如箱基墙顶稍有水平位移，一楼楼面梁板、预应力混凝土拉梁以及联系两侧剪力墙的各层走廊和楼面将承受拉力。水平位移越大，拉力也越大。在箱基墙顶处的预应力拉梁和一楼楼面结构的受力最大，离该处越远的走廊和楼面受力越小。由这种力引起的裂缝，属于结构整体的受力裂缝。这种裂缝的开展方向与前述由结构体系引起的变形裂缝的开展方向是一致的。因此，加剧了靠近箱基的二楼走廊梁板的裂缝开展，并形成宽 2mm 的贯穿性裂缝，而远离箱基的楼层走廊梁板，其裂缝数量逐渐减少。这种开裂规律正好与拉杆拱型结构的受力模型相吻合。

3. 地基变形

由于总体受力模型为拱门的现浇混凝土结构，对地基差异沉降较为敏感。该大厦箱基位于褐色亚黏土层，其下无软弱下卧层等不良地质情况，施工阶段沉降观测资料表明沉降均匀且很小（7～8mm）。但 1993 年完成主体之后的观测资料表明，大厦横向两侧角点与中间有差异沉降，最大的有 35mm。靠东头北向楼梯间窗台下纵向剪力墙的斜裂缝，也表明已有差异沉降。裂缝从板→梁→墙的开展规律及刀口状（上宽下窄）的裂缝特点，也表明横向两侧的箱基相对于中间部位有差异沉降。这种裂缝属于变形裂缝。

4. 施工质量

混凝土强度检测结果表明，箱基部分墙体的混凝土实测强度比设计要求的略低（最大的约低 15%）。外观检查表明，有的墙面漏浆严重，有蜂窝、麻面和小孔洞，有的还埋有木板，个别墙施工缝的位置和形式未按施工规范处理。有些构件混凝土表面出现不规则的裂缝，有的墙板因后开孔洞也出现一些裂缝，还有的梁底箍筋外露等。这些反映施工质量存在一定的问题，对结构混凝土的变形性能（如总收缩值）和结构总体受力性能带来一定的影响。

综上所述，该大厦裂缝的原因是多方面的，并且是诸多因素综合影响的结果。就裂缝最为严重的二楼走廊梁板结构而言，是由于结构体系收缩、差异沉降、拉杆拱效应等综合影响所致，但主要属于变形因素引起的裂缝，而且又发生在结构非主要受力方向，不会危及大厦的整体安全。因为拱机构除拉杆（一楼楼面结构、预应力拉梁、各层联系走廊及楼面结构）这道防线外，在箱基底板横向两端作成倾斜上翘的悬挑板可承受一定的推力。同时，八字形剪力墙与水平面的倾角相当大，相应的水平推力相当小。按三铰拱验算表明，由大厦自重引起的摩擦力就足以对付该水平推力。

波德曼空间上方的四根 18.4 跨的大梁，其上的裂缝是值得引起重视的。这些裂缝主要是由楼面荷载及大梁自重引起，故属荷载裂缝，其宽度多数为 0.1～0.15mm，属设计规范允许的正常裂缝。大梁跨中有部分裂缝长度已发展到五楼楼板底面。这些裂缝除荷载因素外，还与混凝土收缩、冷缩变形因素有关。因为该大梁两端受剪力墙结构的强大约束，又有露天工作经历，跨度又大，这些都是形成混凝土约束应力的充分条件。而单纯由荷载引起，裂缝开展到板底时，其裂缝宽度将是相当宽的。因此，这些较长但并不宽的以变形因素为主的裂缝也不会明显影响大梁的承载力。

（三）裂缝危害及处理意见

该大厦从地下室到第七层都出现程度不同的裂缝，虽然不会危及大厦结构的安全，但某些梁板上的最大裂缝宽度已达 2mm，远远超过设计规范允许的最大裂缝宽度。不少梁板还出现贯穿性裂缝，如不及时处理，将损害单个构件的承载力以及结构的整体性、耐久性和建筑美观。根据上述原因及其危害性分析，对该大厦的裂缝应采取如下修补措施：

（1）对最大裂缝宽度为 0.3mm 或 0.3mm 以下的裂缝，采用表面处理法修补。

（2）对最大裂缝宽度为 0.3mm 以上的裂缝，采用充填法处理。

（3）对箍筋外露的大梁应将其表面凿毛，用环氧砂浆粉 20 厚，作为钢筋的保护层。

此外，为稳妥起见，鉴于已出现差异沉降的事实，故还建议在做内装修、安装电梯和各种管道设备等的过程中，继续做好大厦的沉降及裂缝观测。

（四）总结

该大厦楼面结构裂缝按上述建议处理后，现场回访结果表明，该大厦楼面结构 1994 年投入使用至今情况正常。

二、【工程实例 3-2　某市雅园小区 D 栋商住楼楼（屋）面结构】

（一）工程概况

该小区 D 栋商住楼下部二层（含地下室三层）为钢筋混凝土框架结构，上部六层为钢筋混凝土异型柱框架结构，现浇钢筋混凝土楼（层）面结构。一、二层平面长 34.7m，宽 18.3～24.0m。一层为门面，二层为门面用户住房。三～八层为住宅，平面图上 G～(1/H)轴×⑧～⑭轴，(1/L)～Q 轴×⑧～⑭轴区间为住宅楼共享的楼外空间，现浇混凝土楼（屋）面的宽度由 18.3m 缩小为 9m，形成有两个缺口的 E 字形平面（图 3-2-1）。该商住楼建筑面积为 5100m^2。基础为柱下人工挖孔混凝土灌注桩。

该商住楼于 1999 年 7 月开工，2000 年 3 月 30 日通过竣工验收，随后投入使用。

（二）裂缝特征

1. 发现裂缝的时间

该栋商住楼在竣工验收和 2000 年 6 月底的回访中，均未发现楼（屋）面开裂。2000 年 7 月初，在持续一段高温，猛下一场大雨之后，因顶层漏水首先发现屋面板开裂，继而发现各层楼面开裂。

2. 裂缝分布的规律

（1）从商住楼高度（或层数）方向上看，裂缝都出现在平面形状发生变化的四～八楼（屋）面，而一～三层楼面至今未发现裂缝。

（2）从建筑总平面上看，裂缝出现于暴露在阳光之下的 B 户、C 户、D 户、E 户，A 户受日照影响较小，未发现裂缝。

（3）从每栋商住楼的平面位置上看，裂缝主要出现在建筑宽度变小的区段以及受日照影响较大的西南角（照片 3-2-1 和图 3-2-1、图 3-2-2）。

（4）从每一条裂缝出现的位置上看，大都是平行于短跨方向（照片 3-2-2 和图 3-2-1），且未与负钢筋正交的跨中部位。个别出现在板角和支承板的梁边。

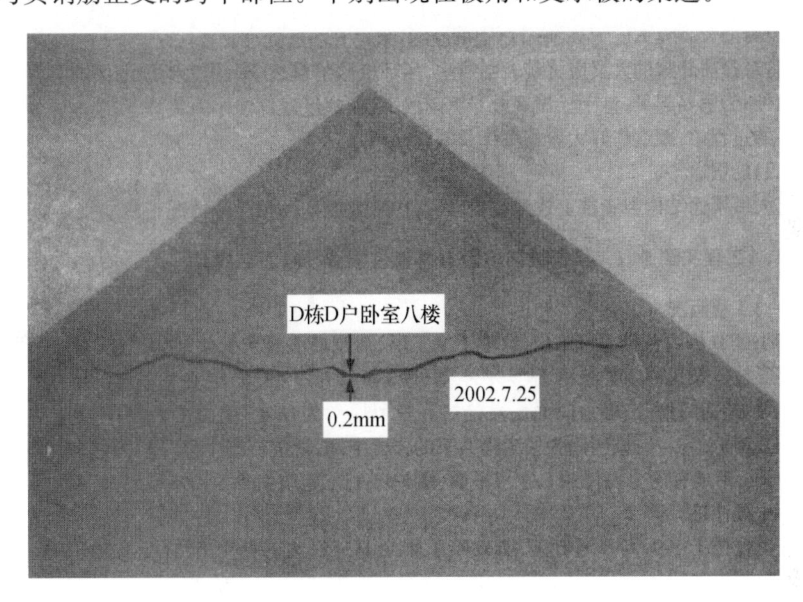

照片 3-2-1　雅园小区 D 栋 D 户卧室八楼楼面板角裂缝（0.2mm）

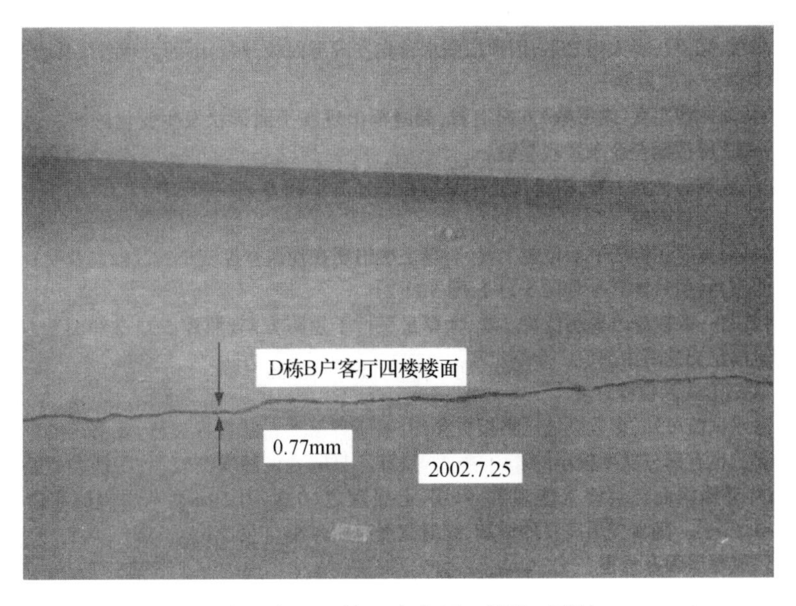

照片 3-2-2　雅园小区 D 栋 B 户客厅四楼楼面裂缝（0.7mm）

3. 裂缝形式和裂缝宽度

由渗水试验可知，多数裂缝已将板贯穿（沿板厚和板宽），属贯穿裂缝，表明是由全截面受拉时引起。也有部分宽度较小的裂缝未将板贯穿。裂缝宽度经实测表明：四楼楼面裂缝最宽（0.7mm），五楼楼面已装修未能观测，六层、七层次之（0.3～0.5mm），八层楼面和屋面最小（0.25～0.5mm），随着楼层高度的增加，裂缝宽度有所减小。

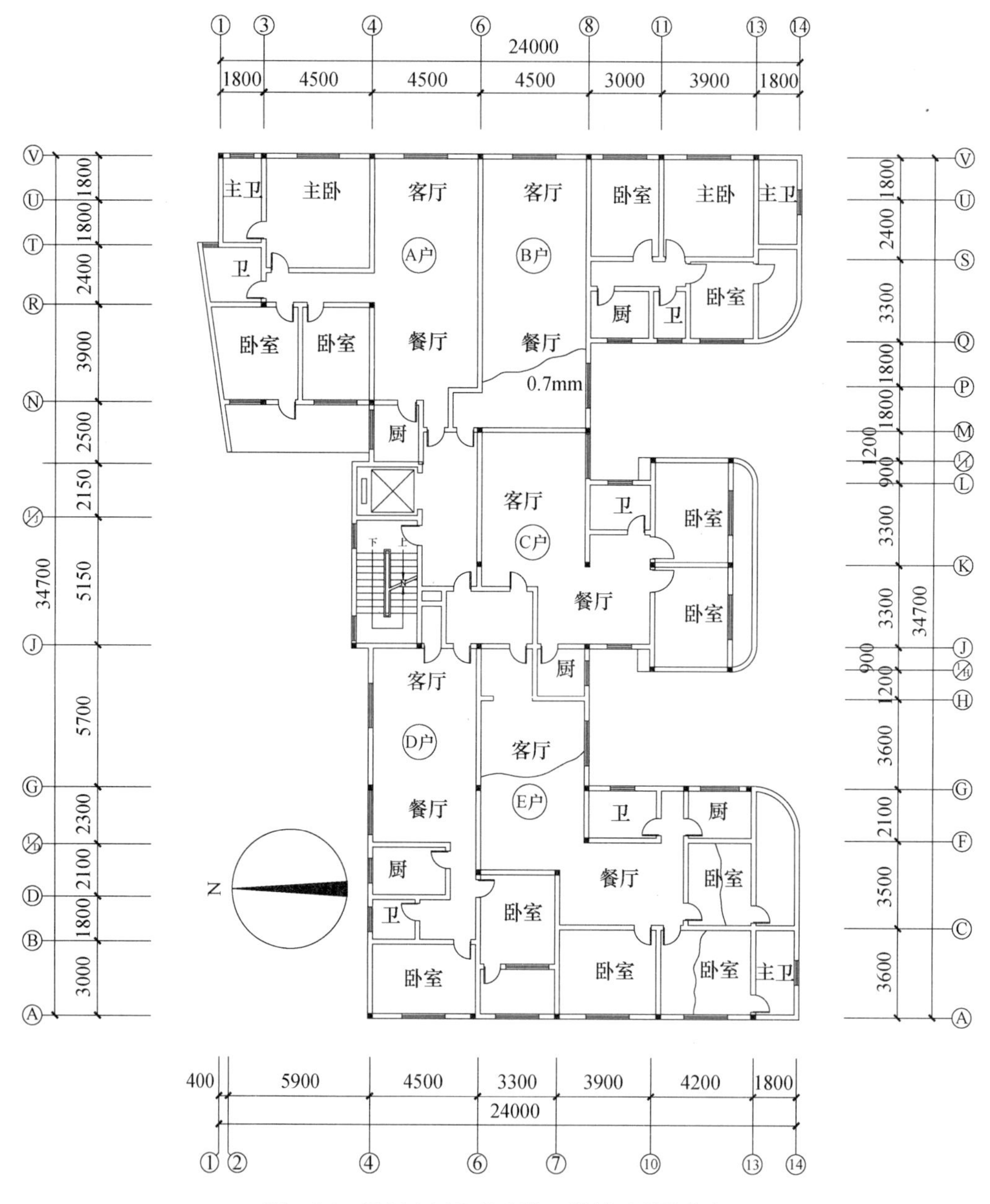

图 3-2-1　雅园小区 D 栋商住四楼楼面裂缝分布

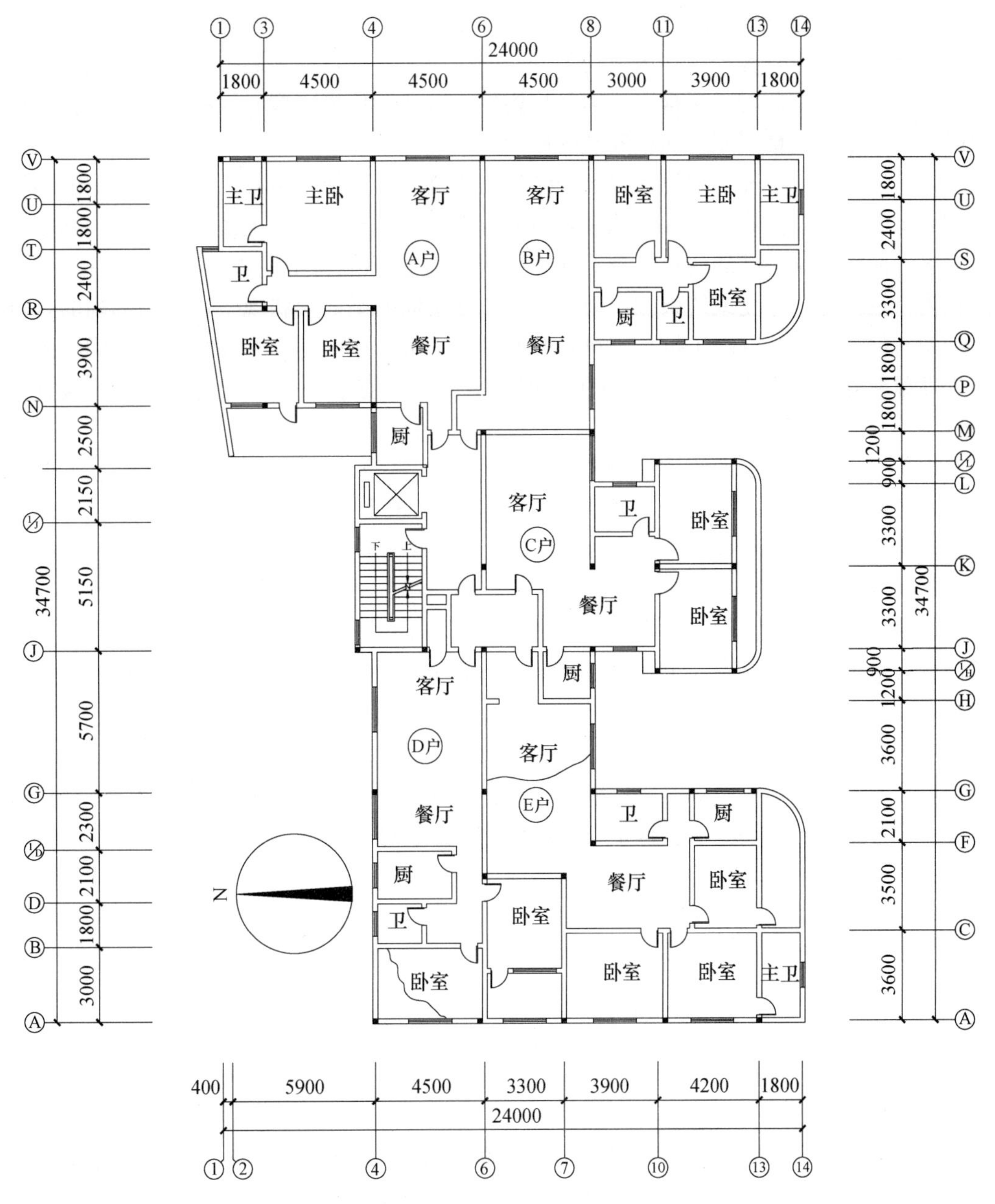

图 3-2-2 雅园小区 D 栋商住楼屋面裂缝分布

（三）裂缝原因及危害

1. 裂缝原因

根据前述工程概况、结构类型、裂缝特征，楼（屋）面板结构复核以及发现裂缝前后气候变化等情况进行分析，引起该商住楼楼（屋）面裂缝的主要原因说明如下。

（1）经楼（屋）面板结构承载力复核表明，该商住楼楼（屋）面板的承载力特征系数 $R/\gamma_0 s>1$，满足设计规范要求。该商住楼（屋）面板的裂缝大都为贯穿性的裂缝特征也说明，开裂的主要原因不是由楼（屋）面荷载引起的，因为楼板在荷载作用下为典型的受弯构件，裂缝仅出现在受拉区，受压区还不会开裂。裂缝贯穿板的特征表明沿板的截面高度方向上，曾经存在大致均匀分布的拉应力，当拉应力超过混凝土的抗拉强度时引起楼板开裂。此时，楼板已成为受拉构件。因此，使楼（屋）面板成为受拉构件的原因，也就是引起楼（屋）面板开裂的原因。

（2）该商住楼楼面为现浇的混凝土结构，现浇混凝土楼（屋）面结构混凝土的结硬干缩和降温冷缩，受到框架柱的约束，不能自由完成，现浇混凝土楼面板则受到刚度较大的纵、横框架梁和柱的约束，混凝土干缩和冷缩也不能自由完成。因此，在楼（屋）面板内存在约束拉应变或约束拉应力。一～三层楼面的平面形状规整，无局部削弱，楼面结构（包括梁板）混凝土抗拉强度能抵抗来自柱的约束拉应力，故一～三层楼面至今未发现裂缝，对于四～八层楼（屋）面，平面局部有较大削弱（削弱为原房屋宽度的一半），在总约束拉力不变的条件下，相当于约束拉应力增加一倍，楼（屋）面板混凝土承受不了成倍增加的约束拉应力，因而引起楼（屋）面板开裂。由于越靠近平面规则的三层楼面的楼面，其约束力越大，约束应变也越大，一旦开裂，裂缝宽度也就越大。这就是四层楼楼面板裂缝最大（0.7mm），随着远离三层楼面的楼（屋）面的裂缝宽度逐渐有所减小的缘故。对于刚度两头大，中间小的结构，在混凝土结硬收缩和降温冷缩这种体积变形的作用下，它们将分别向各自的刚度中心收缩，因而使刚度小的中间部位成为受拉构件。该商住楼于2000年6月底回访之前，楼（屋）面尚未开裂，是由于楼板混凝土强度等级较高（C30），尚能对付半年多的混凝土的结硬收缩和过冬冷缩引起的约束拉应力，到2000年7月初，收缩已大部分完成，且在持续日照高温中，遇上一场大雨，建筑物突然降温，冷缩和干缩的约束拉应力叠加值超过混凝土抗拉强度，使屋面板薄弱部位开裂漏水。这是一种典型的变形裂缝，也称之为体系裂缝，在我国暴热骤冷的南方，平面异常的建筑很容易出现这种体系裂缝。

出现在西南角六～八层楼面和屋面的斜裂缝，除干缩与冷缩的因素外，主要与暴热骤冷的气温有关，楼板来自两个正交方向的约束拉应力的作用，导致出现贯穿楼（屋）面板的切角裂缝。

（3）出现在板角和梁边的裂缝，除前述与干缩冷缩有关的原因外，也与板角部和梁边由荷载引起的负弯矩作用有关，但这不是该栋楼板裂缝的主要原因。

2. 裂缝危害

该商住楼楼（屋）面的裂缝是以变形因素为主引起的变形裂缝，这种裂缝一旦出现，约束内力随即消失（或部分消失），一般不会危及结构安全，但影响结构的整体性、耐久性和正常使用。因此，应对裂缝采取旨在恢复楼（屋）面结构整体性、耐久性和满足其正常使用要求的处理措施。

（四）裂缝处理

为确保商住楼楼（屋）面结构的防水性、整体性和耐久性，对贯穿混凝土楼（屋）面板的，将随气温周期性变化的，以变形因素为主的活动裂缝，根据现行标准《混凝土结构加固技术规范》（GB 50367）的建议，宜用柔性材料进行灌浆封闭处理。

（五）总结

该商住楼的楼（屋）面裂缝经处理后已投入使用，至今工作正常。

三、【工程实例 3-3　某省水利水电学校图书馆楼面结构】

（一）工程概况

某省水利水电学校图书馆为七层混凝土框架结构，长×宽为 28m×28m，柱网尺寸为 7m×7m，现浇混凝土楼面和屋面结构。层高架空层为 3.3m，一～四层为 3.6m，五层为 4.2m，六层为 5.1m。四角角柱从底层到顶层截面和配筋均为 500mm×500mm 和 6Φ20+4Φ18。基础采用一柱一桩的人工挖孔混凝土灌注桩基础，四角桩身直径为 1m。梁、板、柱混凝土设计等级为 C30，桩混凝土设计强度等级为 C20。该图书馆建筑面积为 4944.8m^2。

该工程于 1998 年 7 月 1 日开工，1998 年 8 月 18 日基础验槽，8 月 24 日人工挖孔灌注桩验收。基础工程于 9 月 18 日验收合格，主体结构工程于 1998 年 10 月 26 日竣工验收。1999 年 4 月 28 日最后竣工验收。

（二）裂缝特点

据调查，该工程投入使用之后，于 2000 年 4 月的一场大雨之后，先发现四楼存放的资料被水浸湿，追究其原因，发现五楼西北角楼板板底开裂漏水，该水系从五楼北向窗户（未关）飘进来的雨水。随后发现图书馆东南西北角楼板几乎层层板角开裂，并有发展的迹象，引起建设方、监理方、设计方、施工方等有关领导的重视，并慎重委托湖南湖大检测中心对裂缝进行鉴定。

2000 年 8 月 21～28 日，对该工程结构裂缝的观测可归纳如下特点。

（1）裂缝的构件，不仅是混凝土楼板，在楼面梁和墙中也观察到程度不同的裂缝（照片 3-3-1～照片 3-3-4）。

照片 3-3-1　图书馆六楼西北角楼板板面裂缝

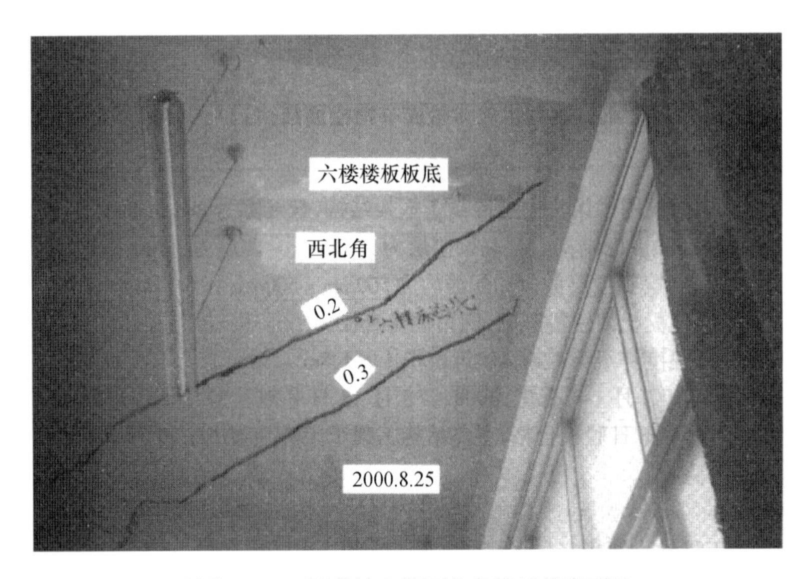

照片 3-3-2　图书馆六楼西北角楼板板底裂缝

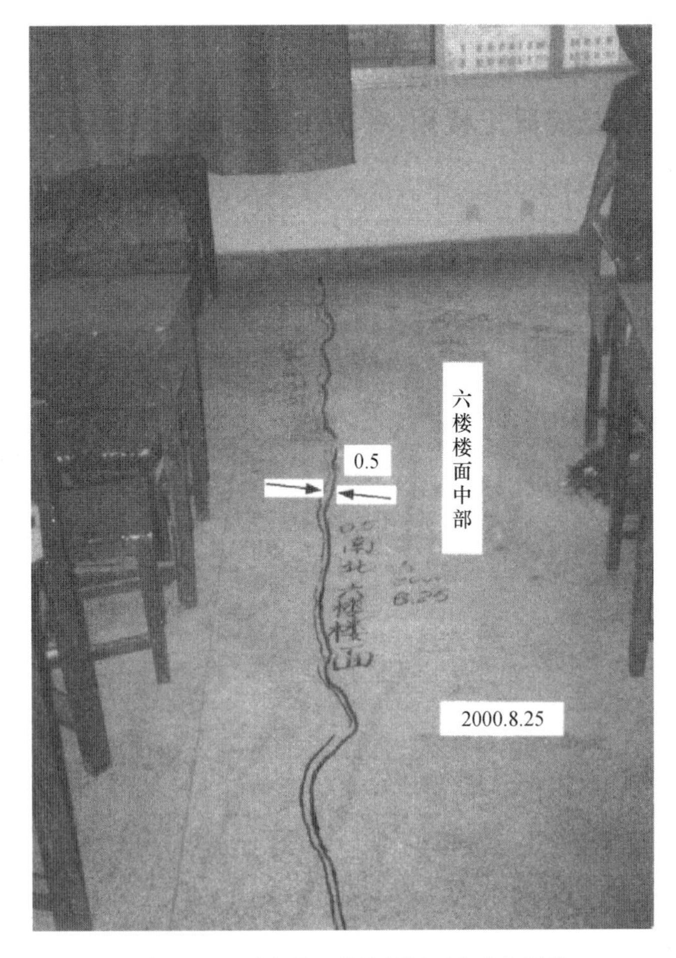

照片 3-3-3　图书馆六楼楼板板面南北向裂缝

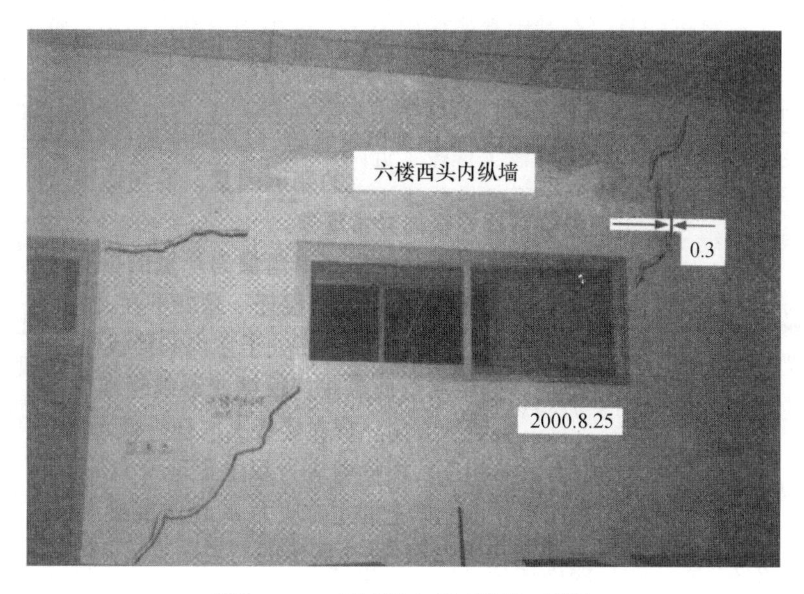

照片 3-3-4　图书馆六楼西头墙面裂缝

（2）从建筑平面，混凝土梁板的裂缝主要发生在图书馆四角，且以西北角和西南角楼面梁板的裂缝最为严重，板面最宽的达 1.2mm。

（3）从建筑高度，一～六层楼面的混凝土梁板均已发现裂缝，除屋面无裂缝外，一～六层楼板均发现裂缝，以五、六层楼板开裂较为严重。墙体裂缝主要发生在顶层。

（4）从板厚度方向，板面裂缝宽度绝大多数大于板底裂缝宽度；从裂缝长度，裂缝中间宽两头窄。

（5）从裂缝的形式：混凝土楼板的裂缝绝大多数为馆内四角贯穿板厚与框架边梁约为 45°的斜裂缝（切角裂缝），个别裂缝为出现在楼面梁边顶部非贯穿板与梁肋平行的裂缝，混凝土楼面梁的裂缝有的为与楼板板底裂缝衔接，并与梁轴线大致垂直、沿梁高等宽度的裂缝。墙体的裂缝为贯穿墙厚与楼面约成 45°的内倾斜裂缝。

（6）五楼楼面裂缝处因漏水于 2000 年 4 月修补过，现该处又重新裂开，并有渗水印。原来楼板上仅一条裂缝的，现观察到有两条，原梁上未发现裂缝的，现也观察到裂缝，说明裂缝仍在发展变化。

（三）楼面板结构复核

第五层西北角楼面的语音教室，取使用荷载标准值为 $3kN/m^2$；第四层西北角楼面为资料室，取使用荷载标准值为 $5.0kN/m^2$，现浇楼面板板厚为 120mm，楼板板面贴瓷砖，板底粉灰，刷“八八八”罩面，按上述楼面构造以及楼板角区按周边嵌固双向板（考虑边梁弹性嵌固）计算，楼板单位长度上正截面抗弯承载力设计值 M_u 按混凝土为 C30、钢筋 I 级和实配的截面面积 A_s 计算，满足 $M<M_u$ 和 $w_{max}<0.3mm$ 的要求。

（四）裂缝机理、原因及危害

混凝土结构裂缝的客观原因有两种：一种是由荷载因素引起；另一种是由变形因素引起。在实际工程中则存在三种情况：第一种是单纯由荷载因素引起；第二种是单纯由变形因素引起；第三种是荷载因素和变形因素共同作用引起。第三种又可能是以变形因素的作用为主，也可能是以荷载因素的作用为主。该工程混凝土楼板裂缝的原因属于第三种，且以结构体系变形因素的作用为主引起，具体分析说明如下。

（1）由技术层（底层）墙面和一楼楼面梁未出现斜裂缝，可以排除桩基差异沉降引起开裂的变形因素。换句话说，该工程竣工近两年，桩基工作情况良好，未出现影响结构安全的异常现象。

（2）根据裂缝出现在楼层的四角，且以西北角和西南角最为严重的事实，以及变形裂缝理论，可将引起楼板裂缝的机理用图 3-3-1 表示，图中为楼层任一角的平面，楼板与楼面梁及角柱现浇为一整体，楼面梁外侧为太阳直接照射的高温面，而处于室内的楼板相对于梁外侧为低温面，高温面随日照升温热胀，低温面则约束高温面热胀。根据变形裂缝理论，板对梁的约束力与热胀的方向相反，如图中梁内侧箭头所示方向。现在楼板上取任一微元体，则微元体受到高温面传来的热胀力（与前述约束力方向相反），根据剪应力双生定理及力的合成不难画出微元体上的受力，如图 3-3-1 所示。当作用在微元体上的主拉应力 σ_{tp}超过混凝土抗拉强度标准值或混凝土实际的抗拉强度 f_{tk}，则在板角出现如图 3-3-2 所示的与楼面梁成 45°的切角裂缝。这就是在双向约束条件下板角出现贯穿切角裂缝的机理。此外，楼板在楼面自重和使用荷载作用下，将引起使楼板上部受拉而下部受压的负弯矩，这既可说明为什么楼板板面的裂缝宽度大于板底的裂缝宽度，也可说明板角裂缝属于第三种情况，是由变形因素与荷载因素共同作用引起的，但以变形因素的作用为主。

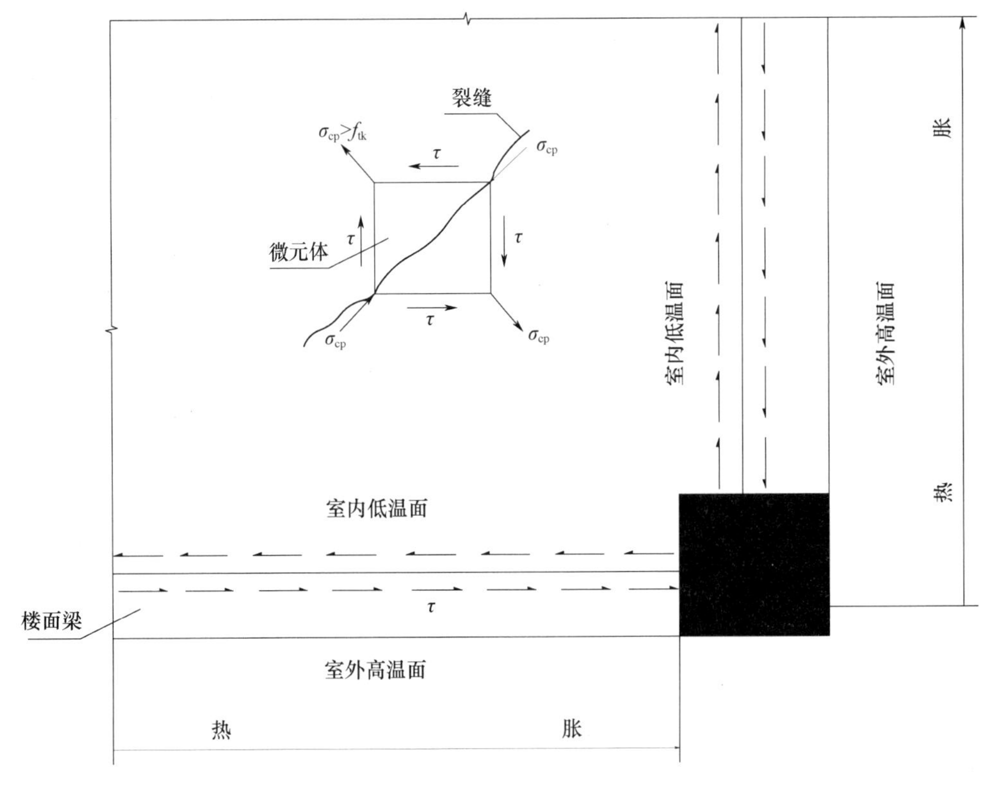

图 3-3-1　楼面四角楼板裂缝机理

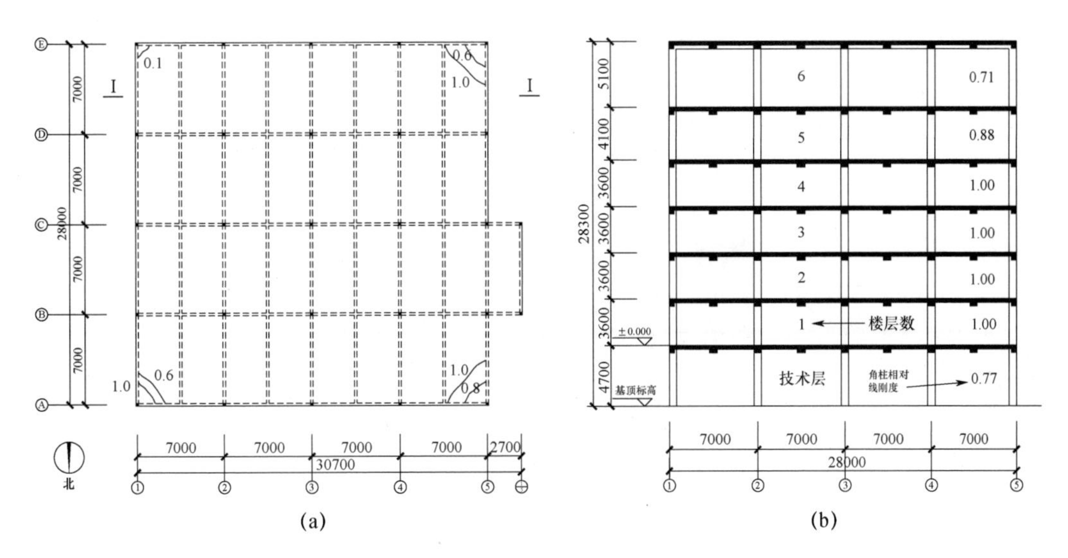

图 3-3-2　五楼楼面结构平面、I-I 剖面及四角裂缝

(a) 结构平面；(b) I-I 剖面

(3) 根据上述裂缝机理可以进一步说明裂缝出现和开展过程及其规律。本工程上部结构是 1998 年 9、10 月施工，于 1999 年 4 月底竣工验收的，当时并未出现板角裂缝。时至长沙的高温季节，在炎夏日照下，楼层四角特别是西北、西南角，楼面梁外侧与室内楼板之间出现较大的温差，在板内产生图 3-3-1 微元体上所示的主拉应力，即出现板角贯穿裂缝。此时，由于梁热胀力受混凝土角柱约束，变形微小。因此，板角裂缝尚不会很宽，还难以察觉。进入 1999 年严冬和 2000 年寒春，楼板相对于成型温度（9、10 月）低得多而发生冷缩。由于板角已出现裂缝，使板的冷缩变形大部分集中在已裂部位，导致裂缝开展。到 2000 年 4 月一场暴雨，雨水飘入室内引起渗漏。进入 2000 年炎夏高温时节，在图 3-3-1 所示机理作用下，裂缝又有所发展，并在梁、板薄弱截面出现新的切角裂缝。这种裂缝随气温变化而变化，但不会无限增大，若干年后将会在一定的范围内变动，属于稳定的结构体系变形裂缝。

(4) 根据裂缝特征、结构复核结果以及裂缝机理分析可知，该工程楼面四角板角切角裂缝的具体原因如下。

① 角区楼面梁室外一侧与室内楼面板的日照温差。该温差越大，低温面的约束拉应力也越大。因此，西北角、西南角日照温度高，内外温差大，故板角裂缝最为严重。

② 角区楼面板混凝土 9～10 月的成型温度与环境最低温度（冬春之交）的季节温差及角柱的线刚度。该温差及角柱的线刚度越大，冷缩时的约束拉应力也越大。

③ 楼面结构的自重及楼面使用荷载。该荷载越大，板面由双向弯矩引起的主拉应力也越大，结构复核表明楼板正截面抗弯承载力足够，短跨第一内支座的板面最大裂缝宽度 w_{max} 为 0.3mm，故荷载的作用不是引起该工程楼板开裂的主要原因。

④ 混凝土强度、配筋率及配筋构造。混凝土强度等级越高，混凝土抗拉强度也有所提高，以及截面配筋率越高，特别是上下配置双层钢筋网，板的裂缝宽度越小。板角的配筋构造如图 3-3-3 所示，板角的下部有一层钢筋网（短向Φ 8@100，长向Φ 8@200），而板角的上部，除支座 $l_n/4$（1020mm）范围内有负钢筋（短向Φ 8@100，长向Φ 8@

200）外，中间部位无钢筋。因此，板角裂缝除上宽下窄外，还具有裂缝中间宽两头窄的特点。

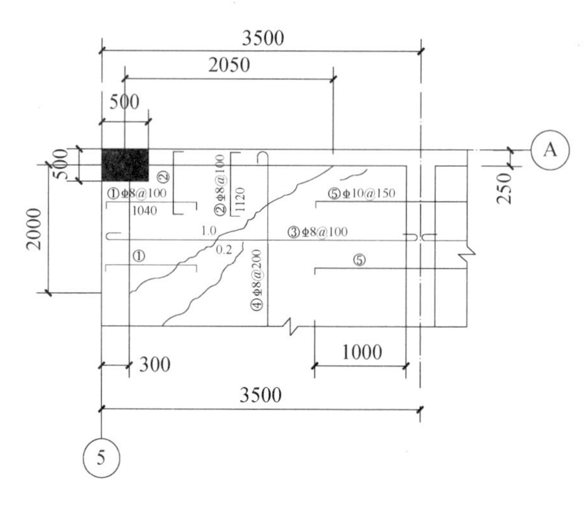

图 3-3-3　四楼西北角楼板配筋及板面裂缝

由于该工程的梁板裂缝属于以变形因素作用为主的裂缝，根据文献［9］的鉴定标准，大部分为 C_u 级，但这种裂缝一旦出现，约束内力（应力）随即消失（或大部分消失）。一般不会危及结构安全，但会影响结构的刚度、耐久性和正常使用。因此，对这些变形裂缝应采取旨在恢复楼面结构整体性和耐久性，满足其正常使用要求的处理措施。

（五）楼面板（梁）裂缝处理意见

为确保图书馆楼面结构的整体性、耐久性和防水性，对贯穿楼面板的、随气温周期性变化的、以变形因素为主的活动裂缝，根据现行标准《混凝土结构加固技术规范》（GB 50367）以及本工程室内楼面均已装修的实际情况，建议在气温较低的季节采用低黏度环氧树脂浆液对楼面梁板的裂缝进行灌浆处理。

四、【工程实例 3-4　某市红星百货城商住楼混凝土楼（屋）面结构】

（一）工程概况

该百货城 A 型（A1、A2、A3、A4）商住楼，底层（框架结构）为商场，层高为 3.9m；2～5 层（混合结构）为住宅楼，层高为 3m。2 楼楼面和屋面为现浇混凝土结构，3～5 层楼面为预制装配结构。基础为洛阳铲桩基础。总长为 46.8mm，共 5 层，总高为 16.96m，每栋建筑面积为 3175m^2。

现浇楼（屋）面混凝土的设计强度等级 2 楼为 C25，其余各层现浇部分为 C20。砌体材料设计强度等级：1～2 层砖为 MU7.5，砂浆为 M7.5 混合砂浆；3～5 层砖为 MU5.0，砂浆为 M5 混合砂浆。实际上，进场红砖的材质证明均为 MU10。

A 型四栋商住楼于 1999 年 7 月 15 日开工，2000 年 9 月 26、27 日浇灌二层楼的混凝土，1999 年 11 月 8～30 日先后完成主体，2000 年 3 月 20 日竣工验收，为合格工程。

（二）裂缝特点

该四栋商住楼竣工验收时，2 楼现浇楼板尚未发现明显裂缝。

于 2000 年 5 月上旬左右，首先在 A3 栋商住楼 2 楼楼板发现裂缝，同年 9 月在 4 栋 A 型商住楼中均发现大面积开裂。该 4 栋商住楼的裂缝具有如下特点。

(1) 裂缝的部位：主要出现在 2 楼现浇混凝土楼面梁和板中，3～5 楼的楼面和现浇屋面板中未见裂缝。

(2) 裂缝的走向：房屋中间部位的裂缝大多数平行于现浇区格板的长边（房屋横墙），两端部位的裂缝也有平行于现浇区格板短边的（房屋纵墙）；个别房屋角区板的裂缝与支承梁成 30°～45°角。

(3) 裂缝的深度：多数有渗水现象，说明已形成使梁板截面受压区混凝土断开的贯穿板厚的裂缝。

(4) 裂缝的宽度：从房屋长度方向看，温度收缩应力较大的中间部位⑦～⑧轴之间楼板粉刷层表面的裂缝最宽，为 1.2～1.5mm（照片 3-4-1）；从房屋宽度方向看，也以靠近中间部位Ⓓ～Ⓔ轴楼板的裂缝最宽，为 0.9mm，但最小的裂缝宽度也有 0.25～0.3mm。值得注意的是，粉刷层表面裂缝宽度为 1.2mm，凿除粉刷层后，混凝土楼板的裂缝宽度仅 0.2～0.3mm（照片 3-4-2）；粉刷层表面裂缝宽度为 0.3mm 的，楼板混凝土表面裂缝宽度为 0.05mm。

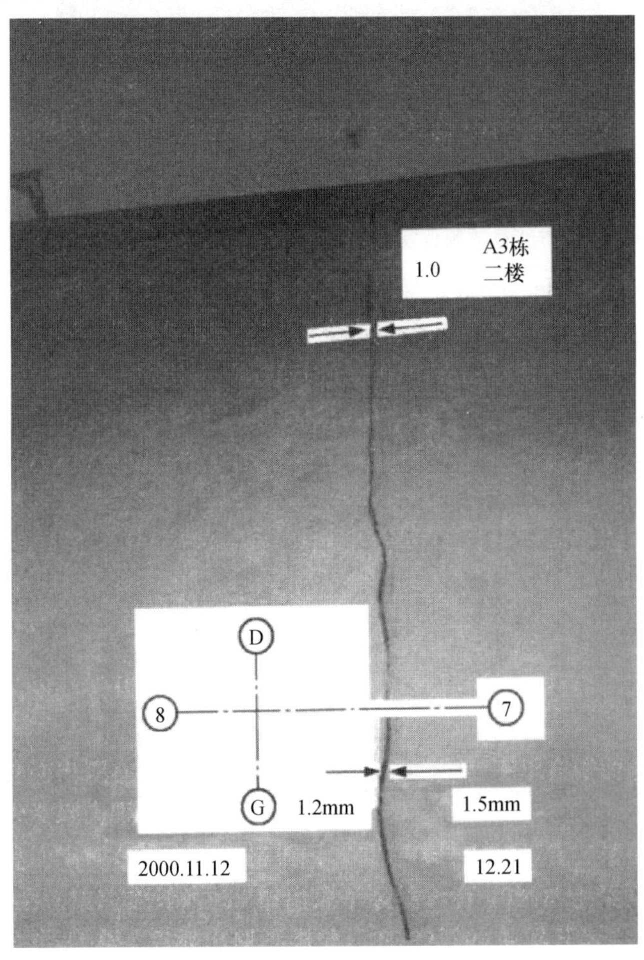

照片 3-4-1　某市红星涟源百货城 A3 栋商住楼北向⑦～⑧轴二楼楼板裂缝

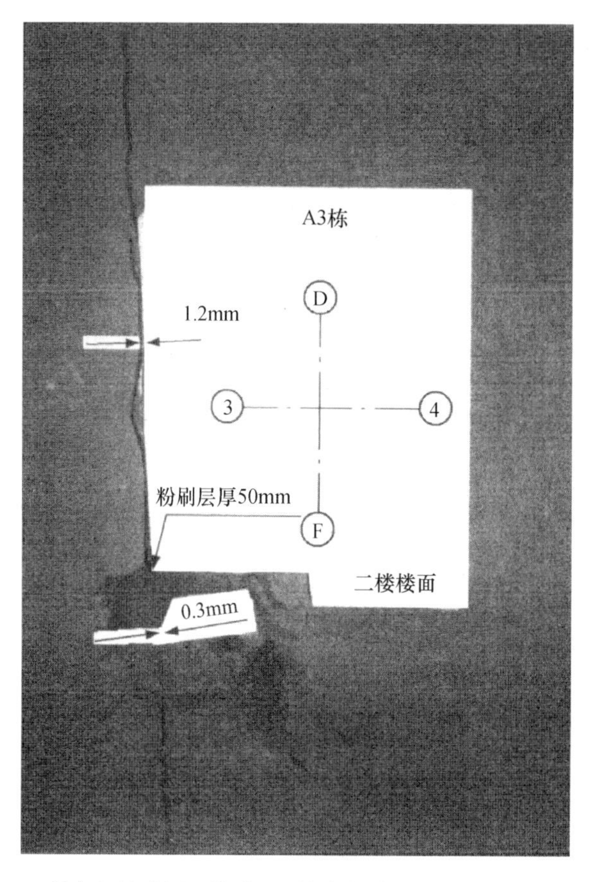

照片 3-4-2 某市红星涟源百货城 A3 栋商住楼北向③～④轴二楼楼板裂缝

（5）屋面未见因板裂缝引起的渗漏现象，但天沟沟壁出现较多的垂直裂缝，裂缝宽度为 0.2mm 左右，天沟壁外侧可见渗水痕迹。

（6）检验人员进场后，除少数屋面圈梁与墙体之间的水平裂缝外，尚未见墙体（包括已局部整改的墙面）开裂。楼面板裂缝分布，如图 3-4-1～图 3-4-4 所示。

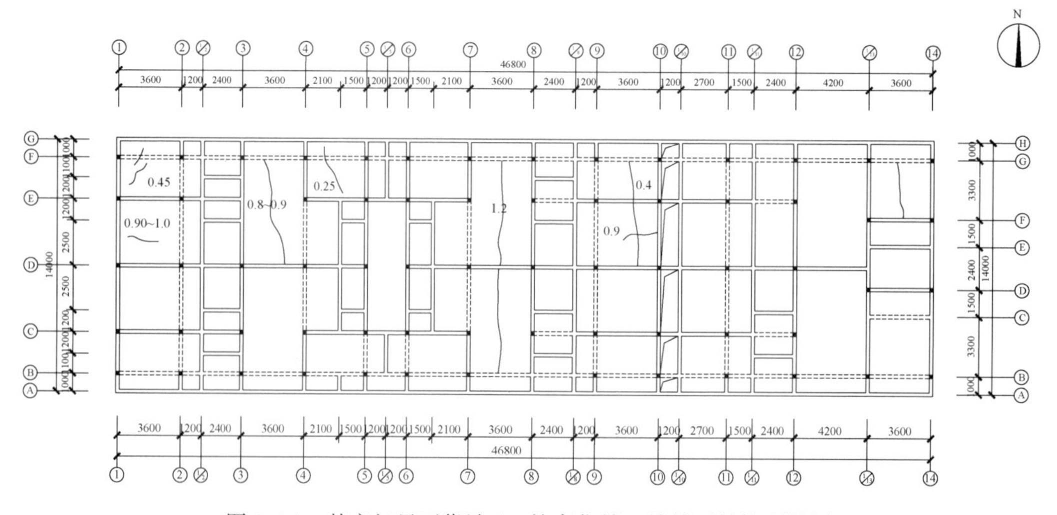

图 3-4-1 某市红星百货城 A1 栋商住楼二楼楼面结构裂缝图

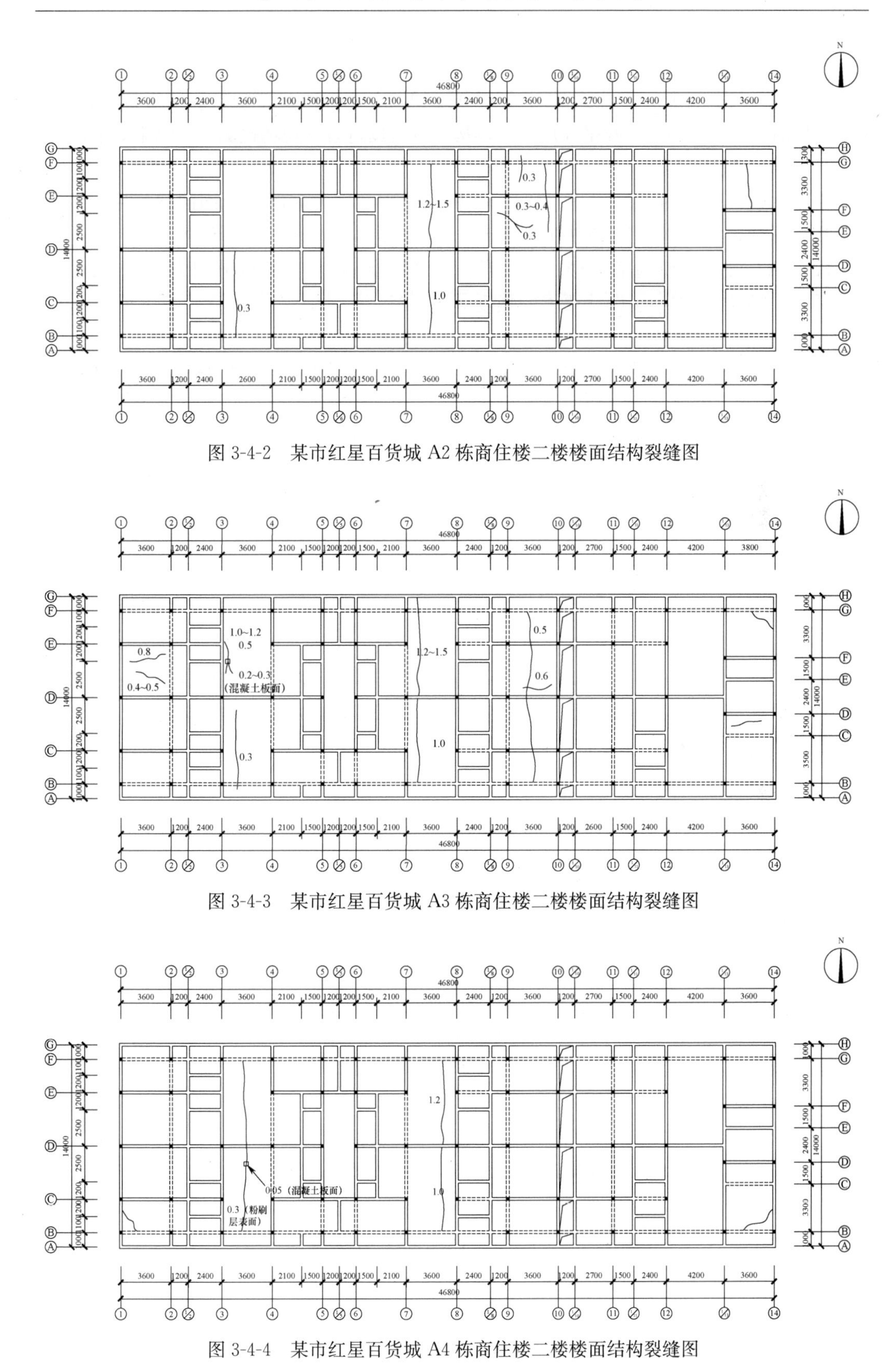
N
46800
3600
1200
2400
2100
1500
4200
0.3
0.3~0.4
1.2~1.5
1.0
14000
3300
图 3-4-2　某市红星百货城 A2 栋商住楼二楼楼面结构裂缝图
1.0~1.2
0.5
0.8
0.4~0.5
0.2~0.3
(混凝土板面)
0.6
3800
图 3-4-3　某市红星百货城 A3 栋商住楼二楼楼面结构裂缝图
1.2
0.05（混凝土板面）
0.3（粉刷
层表面）
图 3-4-4　某市红星百货城 A4 栋商住楼二楼楼面结构裂缝图

（三）检测结果

2000年12月23日，工作人员对A1、A2、A3、A4栋商住楼楼板混凝土抗压强度、板厚、板面水泥砂浆粉刷（找平）层厚以及房屋垂直度进行了现场检测，其结果如下。

1. 混凝土抗压强度

混凝土抗压强度对A1、A2、A3、A4栋商住楼2楼大客厅楼板用回弹仪检测了混凝土抗压强度，10个测区回弹数据的统计分析（碳化深度1～2mm）结果为：

A1、A2、A3、A4栋商住楼二楼大客厅实测混凝土强度推定值分别为20.9、20.4、21.6和21.2MPa，均小于设计要求的强度等级C25。

2. 板厚

对A1、A2、A3、A4栋商住楼二楼大客厅楼板用钻眼法测得的平均板厚分别为123mm、122m、120mm和118mm。

A4栋商住楼二楼大客厅实测楼板板厚略低于设计要求的板厚（120mm），其余3栋的均符合设计要求。

3. 板面粉刷层厚

对A1、A2、A3、A4栋商住楼二楼大客厅楼板板面水泥砂浆粉刷层平均厚度实测结果分别为36mm、32mm、38mm和46mm，最大厚度为54mm。

4. 房屋垂直度

2000年12月23日，工作人员对A1、A2、A3、A4栋商住楼的垂直度进行观测，其最大倾斜率分别为0.68‰、0.67‰、0.71‰和0.63‰（含垂直度施工误差），均未超过现行国家标准《建筑地基基础设计规范》（GB 50007）规定的允许倾斜4‰，故该四栋住宅楼的垂直度均满足国家标准规范的要求。

（四）结构复核

二楼现浇楼面板抗弯承载力复核

1. 荷载

现浇钢筋混凝土板120mm厚　　$0.12\times25\times1.2=3.6\text{kN/m}^2$

天棚粉灰15mm厚　　$0.015\times17\times1.2=0.306\text{kN/m}^2$

1∶2水泥砂浆找平层25mm厚　　$0.025\times20\times1.2=0.6\text{kN/m}^2$

瓷片面层20mm厚　　$0.020\times20\times1.2=0.48\text{kN/m}^2$

静载设计值：　　5kN/m^2

活载设计值：　　$1.5\times1.4=2.1\text{kN/m}^2$

2. 板的内力

$$l_x/l_y=4.2/6=0.7$$

$$M_x=0.0321\times7.1\times4.2^2=4.02\text{kN}\cdot\text{m}$$

$$M_y=0.0113\times7.1\times4.2^2=1.415\text{kN}\cdot\text{m}$$

$$M_x=-0.0735\times7.1\times4.2^2=-9.205\text{kN}\cdot\text{m}$$

$$M_y=-0.0569\times7.1\times4.2^2=-7.13\text{kN}\cdot\text{m}$$

3. 板的配筋

M_x 配Φ10@150　　$A_s=523\text{mm}^2$

M_y 配Φ 8@150　　$A_s=335\text{mm}^2$

$M_{x'}$ 配Φ 12@100　　$A_s=1131\text{mm}^2$

$M_{y'}$ 配Φ 12@150　　$A_s=754\text{mm}^2$

根据混凝土 C25，板厚 120mm 及上述配筋算得相应的正截面抗弯承载力比值$\frac{R}{\gamma_0 s}$分别为 2.62、4.84、2.17 和 2.09。

二楼实际上为货仓（如堆放瓷器），应按 4kN/m² 的活荷载考虑，荷载分项系数为 1.3、混凝土 C20 板厚按 118mm 计算，结构抗力与作用效应比值$\frac{R}{\gamma_0 s}=\frac{19.5}{1\times 13.2}=1.48>1$（可）。

（五）裂缝机理及原因分析

根据 A1、A2、A3、A4 栋商住楼裂缝特征、结构复核、施工情况等，裂缝机理和原因分析如下。

1. 平行于房屋横墙的裂缝

根据二楼楼板中间部位大多数为平行于房屋横墙的贯穿裂缝的特征，其裂缝形成的机理可用图 3-4-5 表示。图中二楼为现浇整体楼面（板厚为 120mm），纵、横梁格布置如图 3-4-1 或图 3-4-2 所示（双虚线及墙下均为梁）。该楼面结构下为固定在桩基础承台上的框架柱，上为 4 层砖混结构。由于砖墙的线膨胀系数和收缩性均比楼面现浇混凝土小以及框架具有一定的抗侧刚度，当现浇楼板结硬收缩和降温冷缩时，上面的 4 层砖混结构和下面的框架柱将约束其收缩，在楼板内沿房屋纵向（x 轴）和横向（y 轴）产生约束轴力 N_x、N_y 的分布，近似如图 3-4-5 所示。从图中可知，楼面结构沿纵向和横向中间部位的约束轴力最大，而两头的约束轴力最小。当约束轴力相应的约束应力 σ_{tr} 与荷载作用下的拉应力 σ_{tq} 之和超过楼面薄弱截面混凝土实际抗拉强度 f_{tk} 时，即

$$\sigma_{tr}+\sigma_{tq}>f_{tk} \tag{3-4-1}$$

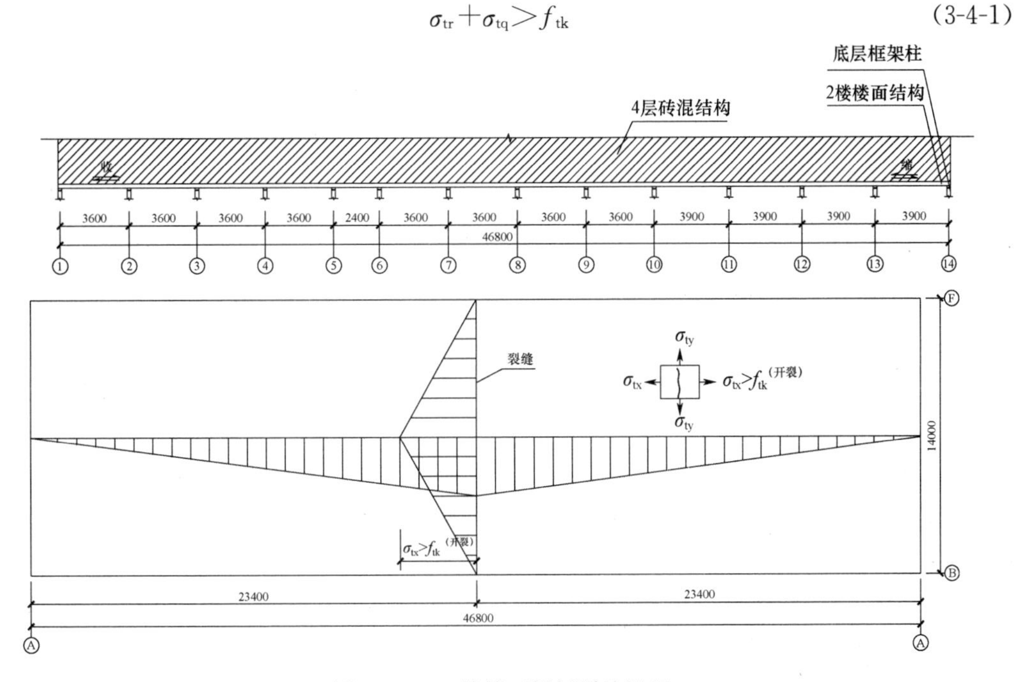

图 3-4-5　二楼楼面梁板裂缝机理

在荷载作用下的受拉区开裂。当约束轴力相应的约束应力 σ_{tr} 与荷载作用下的压应力 σ_{cq} 之和超过楼面薄弱截面混凝土实际抗拉强度 f_{tk} 时，即

$$\sigma_{tr}+\sigma_{cq}>f_{tk} \tag{3-4-2}$$

在荷载作用下的受压区也开裂，这就是A型住宅楼二楼楼板开裂，出现贯穿楼板的裂缝的机理。

当 $\sigma_{tr}=0$，由式（3-4-2）可知板内存在受压区，不会出现贯穿楼板的裂缝。故某市红星涟源城A型商住楼二楼楼板的裂缝不属单纯由荷载因素引起的裂缝，而属于变形因素与荷载因素共同作用，且以变形因素为主的结构体系裂缝。

根据上述裂缝机理，A1、A2、A3、A4栋商住楼楼面梁板裂缝的具体原因如下：

（1）混凝土的降温冷缩变形。

A型商住楼于1999年9月浇捣二楼楼面混凝土，此时成型温度较高，过冬时季节性降温温差较大，混凝土发生冷缩，由于黏土砖砌体的线膨胀系数比混凝土约小一倍。因此，砖墙体将约束混凝土楼面梁板的冷缩变形，在混凝土楼面梁板内产生如图3-4-5分布的约束轴力和相应的约束应力。可促使混凝土内部结硬过程中出现的微裂缝发展成为宏观的发丝裂缝，只是这种裂缝开始不易被察觉。

（2）现浇混凝土的收缩及其总收缩值。

A型商住楼二楼楼板从浇捣混凝土到完成四楼楼面的施工，使二楼楼面结构处于约束状态，估计为1个月左右，此时二楼楼面梁板混凝土已完成总收缩值的30%左右，大面积发现裂缝的时间为2000年9月。此时，二楼楼面梁板混凝土约完成总收缩值的80%。二楼楼面梁板混凝土约有50%的总收缩值受到上下墙柱的约束，产生水平约束拉力和相应的约束拉应力，促使裂缝在楼面结构的薄弱部位（板面无梁肋且负钢筋已切断的截面）出现和开展。混凝土的总收缩值越大，裂缝开展的宽度也越大。混凝土总收缩值与许多因素有关，例如水泥品种及其用量，水灰比、砂石含泥量、混凝土的养护条件等因素。水泥用量越大、水灰比越高、砂石含泥量越大、混凝土养护条件越差，混凝土的总收缩值也越大。

混凝土的材料收缩和降温冷缩变形是引起A型商住楼二楼楼面结构开裂的主要原因。

（3）楼面荷载的作用。

楼面荷载使楼面梁板截面部分受拉部分受压，裂缝先在受拉区出现，随着收缩和冷缩变形作用的增加，裂缝贯穿板厚，并不断加宽。如前所述荷载不是引起A型商住楼二楼楼板裂缝的主要原因，但对裂缝的出现和走向起了一定的作用。

上述裂缝机理和原因分析可以解释为什么裂缝以楼面梁肋最少，而以板中负钢筋被切断最薄弱的、且约束应变（应力）最大的中间部位（⑦～⑧轴之间）的裂缝最宽（1.2～1.5mm）。

2. 二楼楼板板角裂缝

根据裂缝出现在楼层的四角（西南角、西北角或东南角）的事实，以及变形裂缝理论，可将引起楼板裂缝的机理用图3-4-5表示。

根据上述裂缝机理可以说明裂缝出现和开展过程及其规律。本工程上部结构是1999年8～9月施工，于2000年3月底竣工验收的，当时并未出现板角裂缝。时至高温季节，在炎夏日照下，楼层四角楼面梁外侧与室内楼板之间出现较大的温差，在板内产

生图 3-4-5 微元体上所示的主拉应力，即出现板角贯穿裂缝。

3. 天沟裂缝

天沟每隔 2.8～10m 出现一条裂缝，宽为 0.2mm 左右，该裂缝属温度收缩裂缝，其原因是该屋面天沟南北向各长 46.8m，仅在⑧轴位置处设有一道伸缩缝，对于现浇的露天钢筋混凝土结构，现行国家标准《混凝土结构设计规范》(GB 50007）规定为 20m，表的注中还强调，夏季炎热暴雨频繁地区的结构，可按照使用经验适当减小伸缩缝间距。现行国家标准《混凝土结构设计规范》(GB 50007）明文规定外露天沟结构伸缩缝间距不宜大于 12m，故该商住楼屋面天沟伸缩缝间距过大是裂缝的主要原因。

（六）裂缝危害及处理方案

某市红星百货城 A1、A2、A3、A4 栋商住楼二楼楼面梁板以及天沟的裂缝属于以变形因素为主引起的裂缝。这类裂缝的特点是，裂缝一旦出现，变形得到满足或部分满足，由收缩和冷缩约束变形引起的约束应力随即消失或部分消失。因此，这类裂缝一般不会危及楼面梁板结构和天沟的安全，但对结构整体性、耐久性和正常使用（如楼板、天沟渗水及美观）有不良影响，应对楼面梁板和天沟的裂缝进行处理。

A1、A2、A3、A4 栋商住楼主体竣工已近一年，虽然收缩变形已大部分完成，但今后裂缝宽度主要随气温和少量的收缩变形仍有所变化。从恢复结构的整体性、耐久性，满足正常使用，经济又方便施工出发，建议处理方案如下。

1. 混凝土楼板

将楼面裂缝每边 50mm 范围内的水泥砂浆粉刷层凿除，观察混凝土楼板面裂缝，其宽度如为 1mm 和 1mm 以上，充填法处理，如为 1mm 以下～0.1mm，采用注射的方法处理；如为 0.1mm 以下，则可采取封缝剂封闭的处理方法。

2. 混凝土梁

将裂缝每边 50mm 范围内的粉刷层凿除，观察混凝土裂缝宽度，如为 0.1mm 以上，采用注射法处理；如为 0.1mm 和 0.1mm 以下，则可采用表面封闭的方法处理。

3. 混凝土天沟

原则上应将天沟按 10m 左右恢复伸缩缝，对伸缩缝区间内的裂缝用柔性材料低压灌浆处理。

裂缝修补方法应按现行标准《混凝土结构加固技术规范》(GB 50367）附录二进行。

五、【工程实例 3-5　某市奥园神农养生城半地下室墙柱结构】

（一）工程概况

奥园神农养生城位于某市天元区神农大道与珠江北路交叉路西北角，该工程主楼房屋为地下 1 层+地上 33 层框架剪力墙结构，西侧半地下室为 1 层现浇钢筋混凝土框架及挡土墙结构，地下室车库层净高 2.8m。本工程采用人工挖孔桩基础，结构设计基准期为 50 年。该工程半地下室柱及挡土墙混凝土设计强度等级为 C35，工程主体于 2015 年左右完工。

（二）地下室总平面图及西侧部分立面

该养生城地下室（停车库）总平面如图 3-5-1 所示，主楼及纯地下室总长 230m、总宽 72.5m，直线段最长的达 96m 多，属大底盘结构。西侧纯地下室部分为半地下室，墙柱部分在地面以上。西侧地下室立面如照片 3-5-1、3-5-2、3-5-3 所示，由照片可见，地下室顶盖之上为绿化带，柱帽以下与外墙之上为一短柱，短柱之间为露空通风采光孔。北端半地下室和南端半地下室均与主体地下室相连。

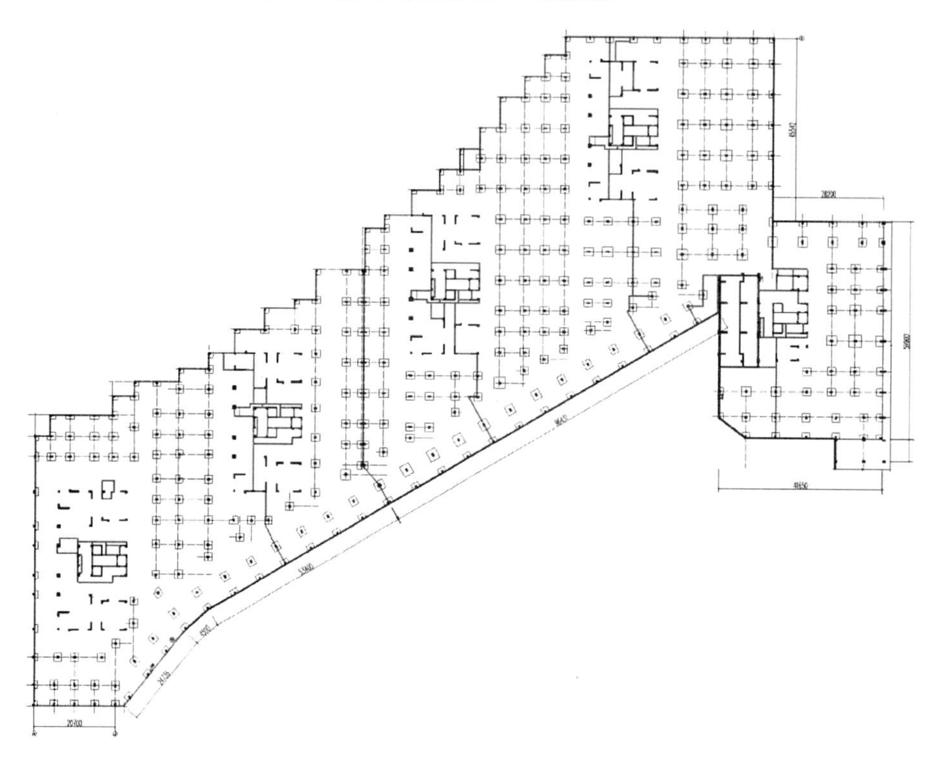

图 3-5-1　奥园养生城地下室（停车库）总平面图

照片 3-5-1　奥园广场西侧北端半地下室墙柱立面

照片 3-5-2　奥园广场西侧中间半地下室墙柱立面

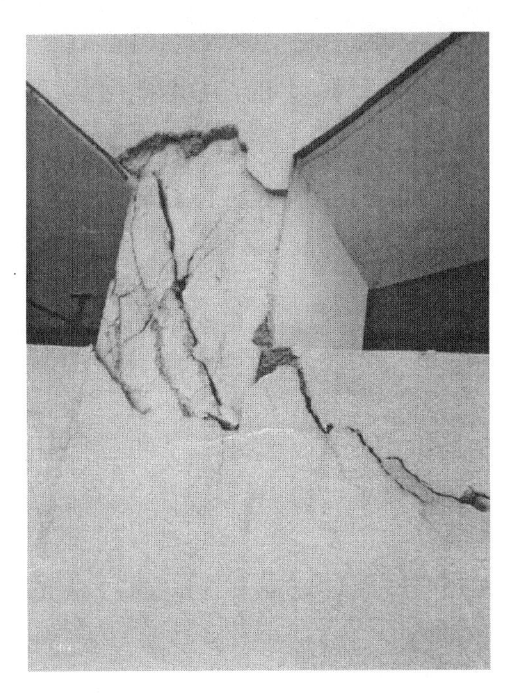

照片 3-5-3　奥园广场西侧南端半地下室墙柱立面

（三）地下室墙、柱裂缝及破损情况

奥园神农养生城半地下室墙柱 2015 年建成后，陆续发现墙柱开裂，2019 年裂缝日趋严重，裂缝及损伤情况如下：

1. 西侧中间部位的混凝土短柱“X”状裂缝及墙柱交接处斜裂缝

西侧中间部位的混凝土短柱在粉刷层表面的“X”状向左（北）倾斜的裂缝宽度为 18.2mm，向右（南）倾斜的裂缝宽度为 1.8mm；裂缝条数左倾的 5 条，右倾的 2 条。短柱顶与柱帽交接处，出现向西错位的水平裂缝，墙与短柱交界处破损粉刷层脱落，并出现向左倾较为平缓的最宽为 1.6mm 的斜裂缝（照片 3-5-4）。

照片 3-5-4　奥园广场西侧中间半地下室墙柱 X 裂缝及破损

2. 半地下室拐角附近墙柱裂缝破损

凿除奥园神农养生城 3 号地下室拐角半地下室裂缝墙柱表面抹灰层，发现裂缝处表面抹灰层内布有一层网格布，抹灰层厚 5～20mm。抹灰层清理后发现局部混凝土破碎脱落，钢筋外露，裂缝最大宽度为 2.0mm，沿水平方向开裂。

3. 1 号半地下室（车库）拐角附近墙柱裂缝破损

凿除地下室柱表面抹灰层，发现开裂的柱表面裂缝处抹灰层内也布有一层网格布，且粉有一层 5～30mm 厚的保护层。清理掉抹灰层发现柱表面蜂窝麻面，粗骨料外露。构件开裂严重，局部混凝土破碎脱落，钢筋外露，裂缝最大宽度为 6.0mm。

（四）开裂及破损原因

1. 裂缝工程特点

从上述总平面图及照片可知，该裂缝破损工程有如下特点：

（1）地下室墙、柱裂缝破损工程平面总长、宽尺寸大，最长的直线段在 96m 以上，属大底盘钢筋混凝土现浇结构工程；

（2）地下室现浇混凝土结构并非全部在地下，而是部分在地面以上，暴露在大气之中；

（3）地下室墙与其顶盖之间为混凝土短柱，其间形成孔洞，这种刚度变化很大的结构形式，虽有利于地下室的采光通风，但不利于地下室现浇混凝土结构对付温度收缩变形的作用；

（4）从裂缝图可见，裂缝和破损严重的大都在墙柱的西面和北面，以及短柱与墙交接部位；

（5）裂缝和破损严重的墙柱发生在半地下室结构沿长度方向的中间部位或平面上拐角的部位；

（6）除一般的裂缝和破损情况之外，本工程实例在短柱上还出现一种“X”状裂缝，表明短柱承受力双向约束变形和双向约束受力的作用。

2.“X”状裂缝的机理

该工程实例位于非地震区，也未曾承受双向水平力的作用（如吊车水平制力），在短柱上出现“X”状裂缝机理如下：

在短柱上取一微元体，如图 3-5-2（a）、（b）所示。在混凝土结硬干缩和降温冷缩共同作用下，顶盖结构收缩时传给短柱微元体上表面的剪应力 τ 从左向右作用，根据剪应力双生定理，绘出如图所示的剪应力分布图，由顶盖大梁传给短柱微元体上的正应力为 σ。如图 3-5-2（a）所示，在微元体中产生的主拉应力和主压应力分别为

$$\sigma_{tp}=\frac{\sigma}{2}+\sqrt{\left(\frac{\sigma}{2}\right)^2+\tau^2} \tag{3-5-1}$$

$$\sigma_{cp}=\frac{\sigma}{2}-\sqrt{\left(\frac{\sigma}{2}\right)^2+\tau^2} \tag{3-5-2}$$

主应力的作用方向与水平线的夹角为

$$\mathrm{tg}2\alpha=-\frac{2\tau}{\sigma} \tag{3-5-3}$$

当 $\sigma=0$ 时，$\alpha=45°$，图 3-5-2（a）显示的裂缝位置角为 $\sigma=0$ 时的角度。

在混凝土结硬干缩和升温热涨共同作用下，顶盖传给微元体的剪应力 τ 从右向左作用，同样根据剪应力双生定理，绘出如图 3-5-2（b）所示的剪应力分布图，由顶盖大梁传给短柱微元体上的正应力为 σ。在微元体中产生的主拉应力、主压应力与水平线的夹角，同样可按公式（3-5-1～3）计算。

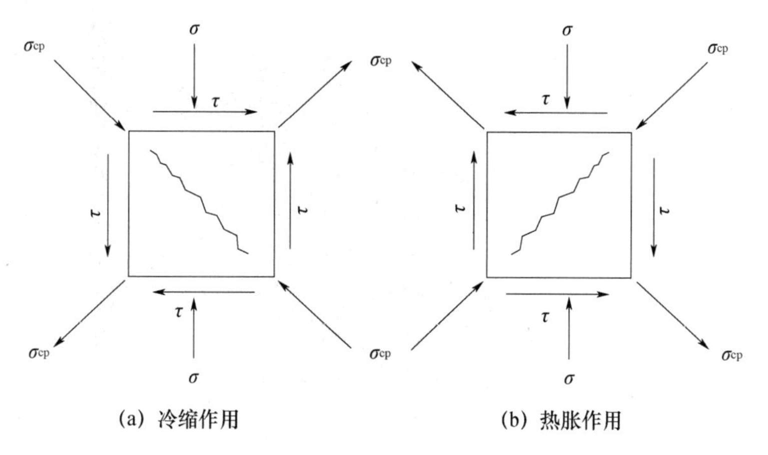

图 3-5-2 短柱微元体裂缝

由于结硬干缩和降温冷缩叠加作用，可见冬天降温冷缩作用产生的裂缝较宽、较严重，而夏天热胀与结硬干缩作用被抵消一部分，故产生另外一个方向的裂缝较小、较轻。这就是产生“X”状裂缝（照片 3-5-4）的机理。

3. 裂缝损伤原因分析

该工程实例的裂缝和损伤有客观和主观两方面的原因：

（1）客观原因

① 结构体系。由于使用功能上的要求，长与宽需要这样大的平面尺寸，并采用了现浇的半地下室混凝土结构，混凝土结构的体量大（超长），材料结硬干缩体积变形大，特别是地下室现浇混凝土顶盖和墙体的这种变形将受到地基基础的约束作用，这是客观存在的因素之一。

② 气温日照。工程实例地处南方，夏天气温高达 40 摄氏度，冬天气温低至 0 摄氏度左右，冬夏温差大，且有日照的影响，朝西日照时间长，这也是不可改变的客观因素。

（2）主观原因

① 设计。未按《混凝土结构设计规范》表 8.1.1 对钢筋混凝土现浇露天的地下室墙壁结构，最大间距 20m 的要求设置伸缩缝，且伸缩缝位置未在接近拐弯处。

② 施工。未采用分段跳捣的方案进行混凝土浇捣。

③ 设计与施工人员主观上对结构体系裂缝及其危害性认识不足，未从设计与施工方案上采取可靠措施，减小混凝土的入模温度，减小地基基础对地下室墙柱的约束作用，如采取整体滑动建筑的设计方案和施工方案。

（五）裂缝及破损加固设计

对本结构体系裂缝及受损工程，加固设计采取了按规范要求增设伸缩缝的方案，对超长的半地下室结构，在超长墙体上切缝，使伸缩缝间距满足规范要求。同时，在平面上有拐弯的地下室墙体宜在拐弯附近的墙体上切缝。

本裂缝工程中框架柱的破损还应按《混凝土结构耐久性修复与防护技术规程》（JGJ/T 259—2012）进行修复。此外，本工程个别框架柱的破损除与结构体系的温度收缩作用有关外，还与地下室顶盖上回填土时机械超载以及混凝土施工质量有关。

第四章　混凝土变形裂缝结构加固与防裂技术

第一节　混凝土变形裂缝类型

混凝土结构按变形因素引起裂缝的原因分类除结构体系约束裂缝之外，还有以下几种。

一、局部约束变形裂缝

局部约束变形裂缝是混凝土的结硬干缩与大气降温冷缩的体积变形因受到局部约束不能自由完成，当约束拉应力（约束拉应变）超过混凝土抗拉强度（极限拉应变）时出现的裂缝。

（一）混凝土板

刚度较小的板两端受到刚度较大次梁的约束，板的结硬干缩与降温冷缩（简称收缩）变形不能自由完成，在板内形成约束拉应力（或约束拉应变），当约束拉应力（或约束拉应变）超过混凝土抗拉强度（极限拉应变）时，即在板内出现裂缝。如板均匀降温，上下表面无温差，这种裂缝一旦出现，就像轴心受拉构件一样，为贯穿全截面的裂缝，即所谓贯穿裂缝。

当板上下表面受到因日照引起的非均匀温差作用时，低温区的冷缩变形受到高温区的约束，在低温区产生约束拉应力（约束拉应变），一旦超过混凝土抗拉强度（极限拉应变值），也会在低温区产生裂缝。这种裂缝只是低温区的表面裂缝，但随着均匀温差的作用，最终也会发展成为贯穿裂缝。

（二）混凝土梁

刚度较小的次梁，两端受到刚度较大主梁的约束，刚度较大的主梁两端又受到刚度更大的柱的约束，在均匀降温或体积收缩作用下，同样道理，也均会在刚度较小的梁上由于局部约束作用出现贯穿裂缝。

在钢筋混凝土梁内，上下配有纵向钢筋，梁腹部中和轴弯曲应力为零，不需要配置受力钢筋。因此，梁腹区常为素混凝土，是梁截面薄弱部位，特别是梁腹有装模的对拉螺栓孔时，局部约束的温度收缩裂缝往往就穿过对拉螺栓孔，在这最薄弱的截面出现。

（三）混凝土屋架

混凝土屋架节点刚度较大，约束各个杆件混凝土的体积收缩或结硬干缩变形，使之不能自由完成，在杆件内产生约束拉应力（约束拉应变），因而在杆件内产生垂直于构件轴线的贯穿裂缝。

二、地基基础沉降变形裂缝（简称沉降裂缝）

沉降裂缝根据沉降的均匀性分为：均匀沉降的水平裂缝和不均匀沉降的斜裂缝两种，其形成和出现的机理分述如下。

（一）均匀沉降的水平裂缝

层厚和土质均匀地基上的房屋基础，在上部结构（墙柱）传来竖向均匀荷载作用下，将发生均匀的沉降变形，这种地基均匀的沉降变形，对整体性较好、刚度较大的上部结构一般不会产生沉降裂缝。但是，当沉降变形过大，上部结构刚度较差时，由于房屋上部结构随基础整体下沉过程中，将逐渐释放墙柱中既有的压应力（压应变），当释放的墙柱压应力（压应变）超过混凝土抗拉强度（极限拉应变）产生均匀沉降裂缝，形成贯穿墙柱的水平裂缝，这就是在墙柱承重结构中出现均匀沉降裂缝的机理。鉴于靠近基础的下部墙柱预先受到的压应力（压应变）大，而靠近屋面的上部墙柱预先受到的压应力（压应变）小，因此，这种均匀沉降裂缝往往在顶层墙柱中首先出现且裂缝较为严重。

（二）不均匀沉降的斜裂缝

荷载均匀，层厚和土质不均匀或土质均匀而上部结构传来的荷载不均匀，房屋结构的基础都会产生不均匀的沉降，这种不均匀沉降变形对上部结构如混凝土框架梁将产生附加的位移弯矩和剪力，在框架梁端产生斜裂缝，特别是会在框架的填充墙中产生更为严重的斜裂缝。产生斜裂缝的原因，主要是梁两端不均匀沉降差 Δs（相对沉降量）引起的附加剪力。如在梁端截面中和轴取一微元脱离体，由于中和轴弯矩为零，故微元体上无法向应力（正应力），只有剪力引起的剪应力 τ，根据剪应力双生定理，可绘出微元体上剪应力分布，从而得到主拉应力和主压应力。

如图 4-1（a）所示，由于Ⓐ轴柱下基础的地基相对于Ⓑ轴柱下基础地基较差，因此，Ⓐ轴柱下基础的地基相对于Ⓑ轴柱下基础地基发生了沉降差 Δs，在沉降过程中，框架梁除承受上部柱传下的竖向力，即梁端向下的剪力 V 之外，还承受由沉降差引起的附加剪力 V'，在微元体上产生较大的向下的剪应力 τ，两邻边剪应力 τ 的合力为与构件轴线成 45°的主拉应力 σ_{pl} [图 4-1（b）]。这就是不均匀沉降变形产生斜裂缝的机理。

三、钢筋锈蚀裂缝

钢筋锈蚀裂缝是混凝土中的钢筋因锈蚀物体积膨胀变形引起的裂缝，这种裂缝沿钢筋走向出现在保护层较薄的一侧，锈蚀严重时可导致保护层脱落，其裂缝机理如下：

混凝土是碱性物质，钢筋在碱性的混凝土中是不会生锈的。引起钢筋锈蚀的原因是，当混凝土不密实或存在裂缝时，空气中的湿气和二氧化碳进入混凝土，生成碳酸钙，使混凝土的碱性降低，当碱性指标 pH 值低于 7 或更低时，混凝土呈酸性，当混凝土被碳化到钢筋表面，混凝土失去对钢筋的保护作用，钢筋开始生锈，锈蚀物起壳膨胀，导致将混凝土保护层胀裂，这就是钢筋锈蚀裂缝的机理。

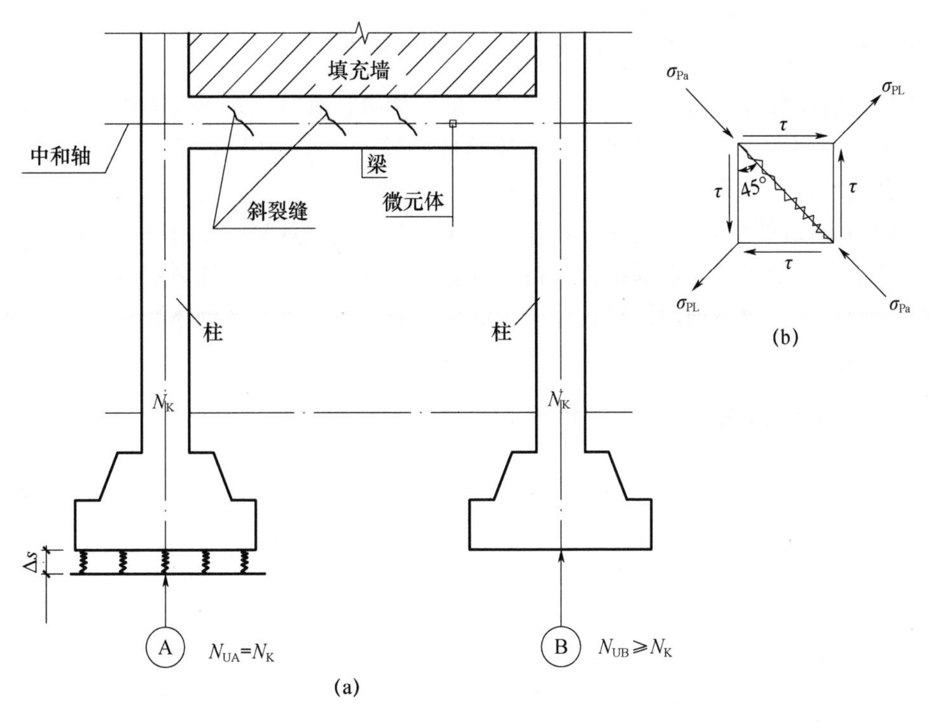

图 4-1　地基基础不均匀沉降裂缝

（a）不均匀沉降裂缝；（b）微元体受力状态

第二节　混凝土变形裂缝特点及其加固处理

一、局部约束变形裂缝特点及其加固处理

局部约束变形裂缝，除了前述有混凝土结硬干缩与大气降温冷缩变形以及因日照引起的上下板面非均匀温差变形受到局部约束不能自由完成引起的原因之外，工程中还有火灾灭火、大体积混凝土结硬过程中引起的内外温差变形，存在高温区约束低温区冷缩变形的局部约束，这些局部约束变形裂缝有两个共同的特点：

（1）结构构件之间的约束或结构构件内部不同温度（湿度）区之间存在相互约束。前者裂缝的宽度与结构构件体量有关，由于构件体量不是很大，所以裂缝宽度不像结构体系裂缝那样宽，一般局部约束变形裂缝宽度较小，有的甚至可以自愈。后者裂缝宽度与温差（湿差）大小有关，温差（湿差）越大，裂缝宽度越宽。

（2）局部约束变形裂缝出现和开展的过程，就是约束变形（约束应力）释放的过程。因此，这种裂缝不存在力的作用，不会危及结构安全，但影响结构的整体性、耐久性和美观，应对裂缝结构进行旨在恢复结构的整体性、耐久性和美观的加固防裂处理。

裂缝工程实例证明，实际工程中大量存在的并非纯变形裂缝，而是以变形因素为主的裂缝。

二、不均匀沉降变形裂缝特点及其加固处理

不均匀沉降裂缝是由差异沉降变形引起的斜裂缝，其特点是不仅影响房屋结构的整体性、正常使用和美观，而且将导致房屋整体倾斜，严重者引起房屋局部或整体垮塌。必须对裂缝结构进行观察和监测，根据监测结果和安全、经济、可行的原则决定是必须及时进行加固或拆除重建，还是在观察中使用，在使用中观察一段时间后，再对问题结构的地基基础进行加固和上部结构进行裂缝处理。鉴于不均匀沉降裂缝对砌体结构较为敏感，影响较大，故不均匀沉降裂缝结构的加固防裂将在第五章砌体裂缝结构加固防裂中介绍。

三、钢筋锈蚀裂缝特点及其加固处理

钢筋锈蚀裂缝也是因局部锈蚀物膨胀变形引起沿钢筋走向的裂缝，其主要特点是有黄色锈蚀物从裂缝中渗出，使钢筋与混凝土分离，失去混凝土对钢筋的握裹力，当裂缝发生在支座部位，一旦要求钢筋发挥抗力作用，钢筋将从支座中拔出或压出，导致构件发生突然的脆性破坏，这是十分危险的。因此，这种钢筋锈蚀裂缝不仅影响结构的美观和正常使用，更影响结构的安全，应及时发现并尽早进行加固处理，这也是结构需定期进行检测大修的必要性。此外，对于腐蚀性环境中的高耸的构筑物如烟囱，更应严格遵守定期修检的维修制度。

四、混凝土变形裂缝的自愈性能

混凝土的抗拉强度和极限拉应变值均很小，在混凝土结构工程中，例如高层建筑地下室混凝土墙壁和楼（屋）混凝土梁板结构，往往在干缩和冷缩变形的共同作用下，在约束应力较大的部位，在施工过程中就出现贯穿梁、板、墙的裂缝，有的裂缝在滴水、渗水，也有的裂缝被白色析出物覆盖，并停止渗漏。这种裂缝现象常常困扰着建设方和施工方有关技术人员。为正确认识和处理这些裂缝现象，有必要了解混凝土的一个重要性能，即混凝土裂缝的自愈性能。

在墙、梁和板上，原先渗漏的贯穿裂缝，经过一段时间，沿裂缝析出白色的覆盖物，将裂缝封闭，不再渗水，这就是混凝土裂缝的自愈现象。为什么混凝土裂缝具有自愈性能呢？原来混凝土的组成材料水泥中含有石灰石（氧化钙，CaO），当室外水分通过墙体裂缝向室内渗流，或通过楼板裂缝向下渗流时，水与混凝土裂缝处的氧化钙化合形成氢氧化钙［$Ca(OH)_2$］，游离的氢氧化钙又是易溶于水的化合物，其溶液必然沿裂缝向地下室内或楼板底渗出，室内空气中存在二氧化碳（CO_2），与溶于水中的氢氧化钙化合生成碳酸钙（$CaCO_3$），堆积在裂缝里面并向其表面析出，形成白色的覆盖层，将裂缝封闭，使渗漏停止。混凝土借助水和空气中的二氧化碳使裂缝完全自愈。

并非所有裂缝和在任何环境条件下混凝土均有自愈能力，也有些混凝土工程墙面和楼（屋）面渗漏并不是随时间逐渐减缓，而是逐渐加剧，最后发展到严重漏水，这种情况将在工程实例中介绍。

混凝土自愈性能的发挥主要取决于裂缝宽度和水头压力，工程实践证明，当裂缝宽度在0.1～0.2mm，水头压力不大（小于15～20mm），混凝土的自愈性能可得到较好的

发挥。

当裂缝宽度超过0.2mm，即使是在较低的压力水作用下，溶于水的氢氧化钙和碳酸钙也将被水冲走，而无法堆积在裂缝侧壁，更不能将裂缝覆盖，裂缝漏水量与时俱增。这种裂缝必须待切断水源，进行干燥处理后，根据裂缝的不同情况，采用注射法或其他方法对裂缝进行修补堵漏。

全面了解混凝土的自愈性能，对混凝土结构工程的施工、管理和裂缝控制具有重要的技术经济意义。一旦在墙面和楼（屋）面板出现贯穿裂缝，不必惊慌失措，在对裂缝进行观测和分析的基础上，注意对墙面、楼（屋）面供湿和保湿，人为地提供混凝土裂缝完成自愈必需的条件，使其自愈。对那些实在不能自愈的裂缝到适当时再行处理。对于已自愈的裂缝，在混凝土强度到达设计要求的条件下，可不必另行处理。但是，如遇酥松和大量裂缝的情况，混凝土表面出现大量密集的白色斑痕，混凝土中的石灰大量渗出，对混凝土强度是一种较为严重的损害，特别是对持久强度极为不利，虽然这种现象在工程中极为少见，一旦遇到这种情况，应从提高强度和耐久性的角度出发，对混凝土进行处理。

第三节　混凝土变形裂缝工程实例

一、【工程实例4-1　某市红星农副产品大市场南副楼楼面结构】

（一）工程概况

红星农副产品大市场南副楼工程，系用于农副产品展览的建筑，长为80m，宽为43m，长方向设有一道伸缩缝，柱网尺寸为5m×10m、5m×13m、10m×10m和10m×13m等，三层混凝土现浇框架结构，二、三楼楼面结构为现浇钢筋混凝土井式楼盖，主梁截面尺寸为350mm×1000mm和350mm×1200mm，十字正交次梁截面尺寸为250mm×600mm，区格板尺寸为2.5m×3.3m、2.5m×3.4m、3.3m×3.3m和3.4m×3.4m等双向板，板厚为100mm。屋盖为43m钢屋架和轻型屋面。鉴定时钢屋架正在三楼楼面上拼装，以便吊装就位，层高为5m，基础为一柱一桩的人工挖孔混凝土灌注桩基础。该工程于2001年7月2日开工，要求于当年11月中旬在楼内举行农副产品博览会开幕式。

（二）裂缝特点

该工程楼面结构（梁和板）裂缝，经观察和检测具有如下特点。

1. 裂缝分布

楼面梁的裂缝均出现在与框架柱相连的楼面主梁上，支承在楼面主梁上的井式楼面次梁截至鉴定时未发现肉眼可见的裂缝。

楼面板的裂缝均出现在柱旁的区格板内，且三楼楼面梁板比二楼的较为严重。如三楼楼面共85根主梁（按跨数计），39根出现了裂缝，有46%的主梁开裂；二楼楼面①轴～⑮轴楼面主梁共31根，7根出现了裂缝，有23%的主梁开裂。在开裂的主梁中，绝大多数为内跨主梁；南副楼楼面周边少数开裂的主梁，其裂缝多在温度缝区段的中间部位。

2. 裂缝形式

楼面梁的裂缝绝大部分为与梁轴方向正交的垂直裂缝，且集中出现在主梁跨中的两根次梁之间，多数裂缝呈枣核状，即裂缝在梁腹处最宽，而消失于主梁下部纵向钢筋部位和上部板底下 100～400mm 处（工程上称之为梭形裂缝）。也有部分裂缝（包括较短的裂缝）穿过纵向受拉钢筋处（照片 4-1-1），部分裂缝在梁底可见（照片 4-1-2、照片 4-1-3）。

楼面板的裂缝绝大部分从柱边或主梁边沿区格板对角线方向开展（照片 4-1-4）。

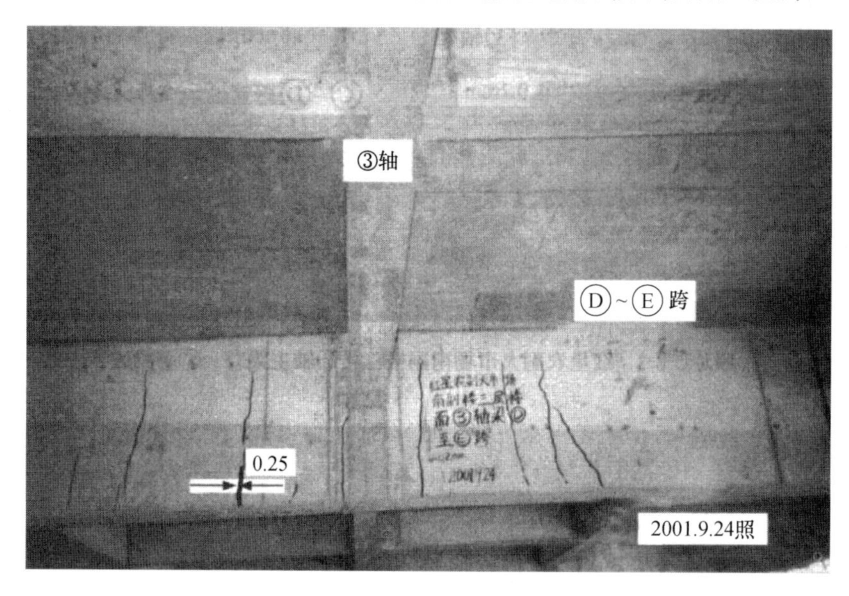

照片 4-1-1　红星农副大市场南副楼三楼③轴主梁Ⓓ～Ⓔ跨裂缝

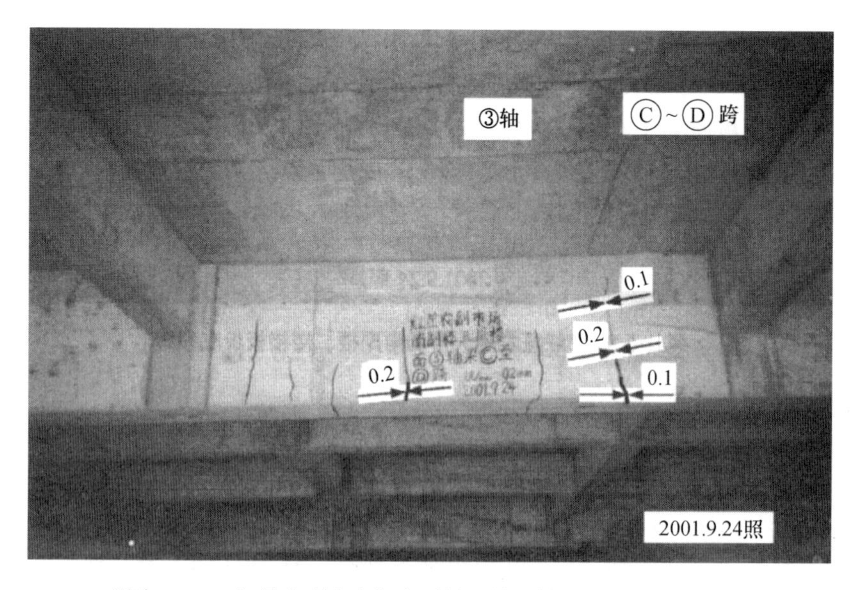

照片 4-1-2　红星农副大市场南副楼三楼③轴主梁Ⓒ～Ⓓ跨裂缝

照片 4-1-3　红星农副大市场南副楼三楼③轴主梁Ⓓ～Ⓒ跨梁

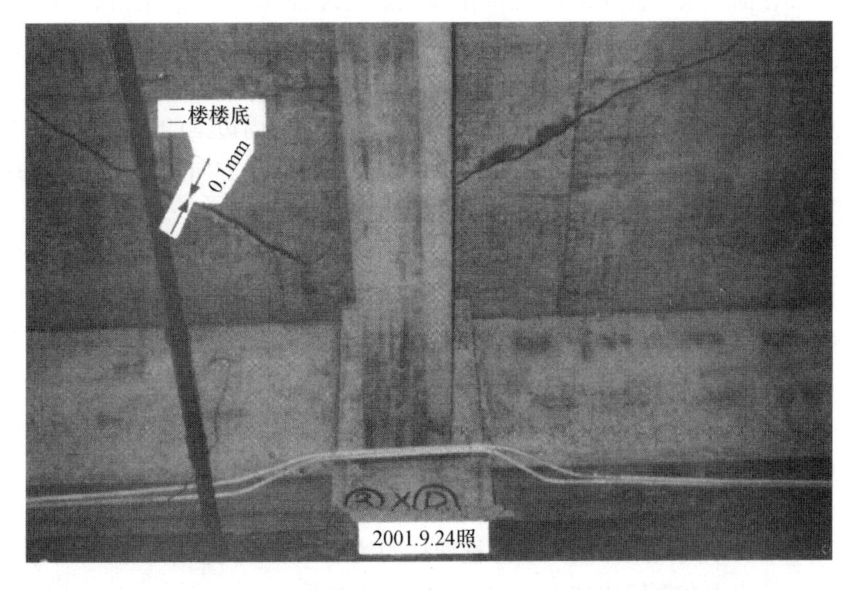

照片 4-1-4　红星农副大市场南副楼二楼楼板板底裂缝

3. 裂缝宽度

（1）主梁。

主梁裂缝宽度以梁腹部最宽，其最大裂缝宽度为 0.25mm，一般在梁腹处的裂缝宽度为 0.2mm，在跨中下部受拉钢筋位置处的裂缝宽度为 0.1mm。

（2）楼板。

楼板板底的裂缝大多数已为白色的碳酸钙析出物封闭，个别楼板板底可见裂缝宽度为 0.1mm。

4. 裂缝间距

裂缝主要集中在主梁跨中两根次梁之间的部位，最大间距为 1100mm，最小间距为

130mm，平均间距为190～210mm。在受拉钢筋部位开裂的梁段，其裂缝较多，间距较小。

（三）裂缝原因

红星农副产品大市场南副楼楼面主梁和板的裂缝，根据裂缝特征、施工现场的实际情况、结构复核等可知，有的裂缝是由变形与荷载因素共同作用引起的，并且是以变形因素为主（照片4-1-1、照片4-1-2、照片4-1-3中的长裂缝），其机理是主梁混凝土材料的结硬收缩和降温冷缩变形受到混凝土框架柱的约束，在主梁垂直截面中产生约束应变（约束拉应力）超过混凝土的极限拉应变（抗拉强度），或变形与荷载的共同作用产生的拉应力超过混凝土抗拉强度所致；有的则主要是荷载因素引起（照片4-1-1、照片4-1-2、照片4-1-3中的短裂缝）。其裂缝的具体原因如下：

（1）三楼楼面梁板混凝土①～④轴于8月24日，④～⑦轴于8月26日，⑦～⑩轴于8月29日浇捣，晴天气温较高，9月19日晚间下雨，气温突然下降，9月20日，先后发现楼面板和主梁开裂。相对于混凝土成型温度的降温冷缩变形受到上下局部约束是引起楼面主梁梁腹宽0.2～0.25mm梭形长裂缝（非受力裂缝）的主要外因。

（2）三楼楼面主梁，拆模之后在该楼面上进行屋面43m钢桁架拼装，一榀钢桁架重约80kN，且在装卸过程中有冲击力，这种施工荷载是造成三楼楼面主梁在尚未投入使用而在跨中受拉区钢筋位置处已出现宽0.1mm短裂缝的主要外因。

（3）由于混凝土板的收缩变形大于梁的收缩变形，在周边梁的双向约束下板内沿与对角线正交方向产生约束拉应力，且在楼板内沿柱间对角线方向预埋直径30mm的管道是二、三楼楼面柱旁区格板沿对角线方向开裂的主要原因。

（4）该工程工期紧，拆模较早（规范规定跨度超过8m的主梁混凝土强度达到100%设计强度方可拆模），主梁的养护条件相对较差，且采用泵送混凝土，含砂率较高、骨料较小、水泥用量较大，结硬过程中，混凝土的收缩变形较大，又受框架柱的约束，这是产生梭形裂缝的主要内因。

（5）从浇捣混凝土到气温下降时混凝土的龄期的影响，由于二楼混凝土的龄期高于三楼的，故三楼主梁由温度收缩引起的梭形裂缝比二楼的多且较为严重。

（6）框架柱的约束条件的影响，该项工程当中间框架柱柱间主梁发生体积收缩时，它对冷缩和干缩变形的约束作用大于边框架柱的约束，故中间框架柱柱间的楼面主梁的梭形裂缝比一端支承在框架边柱上的楼面主梁较为严重。

（四）裂缝危害分析及处理意见

1. 楼面主梁的裂缝

（1）梁腹主要由变形因素引起梭形裂缝。

楼面主梁的梭形裂缝虽然属于主要由变形因素引起的裂缝，但对本工程楼面主梁仍将产生以下几方面的不利影响：

① 梭形裂缝的出现和开展，削弱截面受压区，将导致增大截面混凝土压应力，影响主梁的极限承载力；

② 今后裂缝随荷载和混凝土收缩的进一步开展，钢筋锈蚀，降低构件的耐久性；

③ 梭形裂缝的进一步开展降低构件的刚度，使主梁的变形增大；

④ 混凝土收缩增大了梁腹构造腰筋的拉应力。

鉴于上述不利影响，对主梁上出现的 0.3mm 或以下的梭形裂缝应用灌浆法进行灌缝处理，灌缝胶应使用延伸率大，裂缝跟随性能好，渗透力强的弹性灌缝胶，并应遵守现行标准《混凝土结构加固技术规范》（GB 50367）中有关裂缝修补的规定。

（2）下部受拉区的荷载裂缝

采用广夏 CAD 电算程序对红星农副产品大市场南副楼 10m 跨和 13m 跨的楼面主梁裂缝宽度的计算表明，考虑裂缝宽度分布的不均匀性和荷载长期效应组合的影响，其最大裂缝宽度分别为 0.18～0.29mm 和 0.25～0.27mm。均小于（允许的最大裂缝宽度）0.3mm。10m 跨和 13m 跨主梁的长期挠度分别为 8.39～16.40mm 和 37.95～39.79mm，均小于允许的长期挠度值 37.3mm 和 43mm，满足现行国家标准《混凝土结构设计规范》（GB 50007）的要求。

以上计算是考虑了荷载的最不利组合作用以及荷载的长期作用效应，设计满足规范要求，但计算值均较接近允许值，说明并无过多的安全储备。现设计荷载并未加上，且楼面结构自重也只是短期作用，在受拉钢筋位置处已出现宽 0.1mm 的受力裂缝，随着荷载的长期作用以及最不利荷载组合作用，最大裂缝宽度将超过规范允许值，从而影响结构的耐久性。因此，对现已出现的 0.1mm 和 0.1mm 以上的受力裂缝也应用灌浆法进行灌缝处理，此时，应使用低黏度的结构灌缝胶补强修补，以恢复结构的耐久性和整体性。

2. 楼面板的裂缝

楼面板的裂缝属于以变形因素为主的非受力裂缝，且绝大部分裂缝已为白色的碳酸钙析出物填充，即出现了混凝土“自愈”，个别裂缝宽度也仅为 0.1mm。因此，楼面板裂缝只需用环氧树脂浆液或水泥浆液进行表面封闭处理。

（五）总结

本工程经鉴定灌缝胶补强处理后，2001 年 11 月中旬如期在楼内举行了农副产品会展。至今该楼结构工作正常。

二、【工程实例 4-2　某市煤代油工程混凝土楼面梁】

（一）工程概况

某市煤代油工程，是将煤炭转化为煤气的厂房，该厂房标高 35m 以下为钢筋混凝土框架结构，35m 以上为 59m（局部 62m）高的钢结构，共 94m（局部 97m）高。

厂房南北向长为 50m，东西向宽为 20m，柱网为 10m×10m。框架柱的截面尺寸为（1000mm×1000mm）～（1600mm×1600mm），7.980 标高楼面梁的截面尺寸为（400mm×900mm）～（800mm×1400mm），楼板板厚 120～150mm。楼面结构为Ⓑ～Ⓒ轴×④～⑤轴之间开有一设备安装孔洞（照片 4-2-1）。

标高 7.980 楼面梁板的混凝土于 2004 年 7 月 21 日晚上开始浇捣，23 日早晨 8 点捣完，于 8 月 17 日当混凝土试块已达 100%设计强度时拆模，拆模后发现楼面梁（气化框架大梁和次梁）开裂。

（二）裂缝特点

2004 年 8 月 30 日，工作人员对 7.980 标高的气化框架大梁和次梁的裂缝，采用专用裂缝宽度卡和放大镜以及超声探伤仪（照片 4-2-2）对裂缝宽度和深度进行检测，发现该混凝土结构工程的裂缝具有如下特点：

照片 4-2-1　某市煤气化工程厂房 7.980 标高楼面设备孔洞

照片 4-2-2　超声波探伤检测梁裂缝深度发射端

（1）裂缝部位大多数出现在 7.890 标高楼面④～⑤轴纵向框架大梁和次梁 2m 宽膨胀加强带两侧（带内外界面，且偏于带外）。据现场管理人员反映，拆模后在个别横向框架大梁跨中也观察到裂缝。

（2）裂缝形式为由梁两侧的垂直裂缝和梁底的水平裂缝组成U字形状。

（3）裂缝深度根据超声探伤仪的检测分析，判断为贯穿裂缝。

（4）梁侧裂缝长度为从梁底到离板底50～100mm的高度，裂缝宽度沿高度的分布规律是：主、次梁的腹部裂缝宽度最宽（在0.15～0.25mm范围内），往上至板底50mm到100mm处消失，往下至梁底裂缝宽度有所减小（在小于0.1～0.2mm范围内），即裂缝已穿过下部纵向受拉钢筋，梁底水平裂缝宽度也在小于0.1～0.2mm范围内（照片4-2-3）。

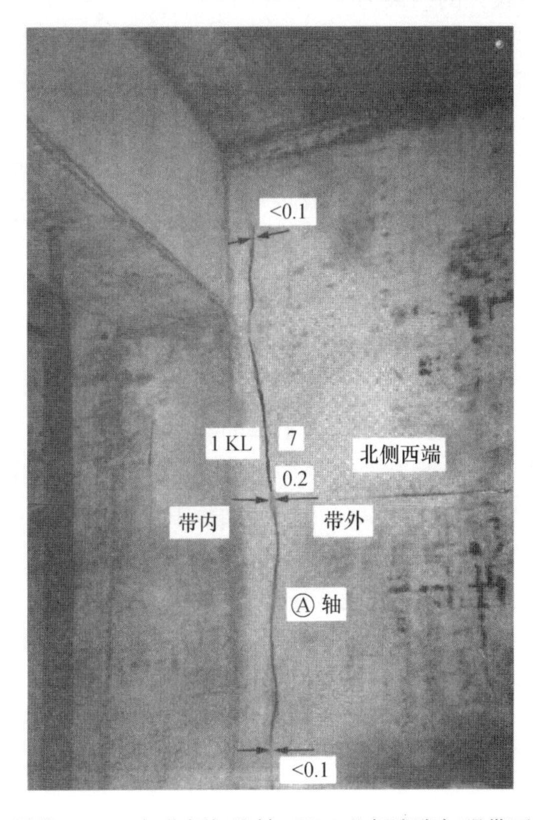

照片4-2-3　气化框架Ⓐ轴1KL7北侧膨胀加强带西

（三）裂缝机理

根据该楼面结构和裂缝的特点以及变形裂缝理论，其裂缝机理分析如下。

（1）在④～⑤轴楼面纵向梁中出现U形裂缝的机理是由于该跨设备孔长向两侧的群柱对纵向梁的整体约束，当两侧的混凝土向各自中心发生体积收缩和冷缩时产生的约束拉应变（约束拉应力）超过混凝土的极限拉应变（混凝土抗拉强度）所致。结构自重和施工荷载的作用，使梁的下部受拉、上部受压，加之板面养护效果较佳，故梁的上部（楼板厚度加50～100mm的高度范围内）未出现贯穿裂缝。

（2）在③轴横向框架大梁中出现裂缝的机理则是该梁受两侧刚度较大柱的局部约束，当梁混凝土发生收缩和冷缩时产生的约束拉应变（约束拉应力）超过混凝土的极限拉应变（混凝土抗拉强度）所致。

（四）裂缝原因

根据该工程结构设计与施工实际情况以及裂缝机理可分析其裂缝具体原因为：

（1）该工程柱、梁的截面尺寸较大（柱最大的截面尺寸为1600mm×1600mm，梁最大的截面尺寸为800mm×1400mm），因而柱对框架主梁和框架主梁对次梁的约束较大。

（2）该工程7.980标高楼面在④～⑤轴×Ⓑ～Ⓒ轴柱网内开有一尺寸较大的安装设备的孔洞，它对④～⑤轴的横向截面有较大的削弱，在总约束力一定的条件下（即混凝土体积总收缩和冷缩变形量一定的条件下），将增加④～⑤轴横向截面的约束应力，且在Ⓒ轴边框架主梁增加较大的约束力。

（3）7.980标高混凝土楼面结构于2004年7月21日晚上开始浇捣，于23日早晨8点以前捣完，至8月17日混凝土达到100%设计强度拆模发现梁开裂，其间曾经发生过一次台风引起的大降温，在上述约束条件下产生较大的约束应力。

（4）混凝土采用商品混凝土，对于日夜连续浇捣混凝土的工程，白天在运输过程中坍落度损失较大，而在夜间损失较小。因此，混凝土入模时的坍落度难以控制，使混凝土结硬过程中的收缩变形较大。

（5）板面和梁底的养护条件不完全一样，梁板将出现收缩差，增加梁肋部分的约束拉应力。

（五）裂缝危害

从上述裂缝机理和裂缝原因可知，该工程的裂缝属于以干缩和冷缩为主引起的变形裂缝，这种裂缝的特点是，一旦被约束结构（纵向框架主梁和次梁）的干缩和冷缩变形得到满足，约束内力随即消失或大部分消失，梁跨中正截面抗弯承载力不会因裂缝的出现而改变，因而不会影响结构的安全。但是，短期裂缝宽度最大的已达0.15～0.25mm，随着时间的延续，长期裂缝宽度还会增加（未完成的干缩和冷缩将进一步发生，荷载长期作用等），空气中的CO_2、SO_2等有害气体通过裂缝进入混凝土内部，加快混凝土的碳化速度，使混凝土失去对钢筋的保护作用，从而降低结构的耐久性（使用期限），同时，由于裂缝的存在降低梁的截面抗弯刚度和结构的整体性，因此应进行裂缝处理。

（六）裂缝处理

为恢复结构的耐久性和整体性及抗弯刚度，对于宽度在0.1mm及以上的贯穿裂缝，建议按现行标准《混凝土结构加固技术规范》（GB 50367）对裂缝进行灌浆处理。对于宽度小于0.1mm的裂缝，建议按上述规范进行表面封闭处理。为取得良好的处理效果，宜在气温较低的季节进行。

（七）结论与建议

鉴于上述裂缝对结构安全性（梁的正截面抗弯承载力）目前没有影响，故在正常设计的条件下，其上部结构的施工可以继续进行。为避免以上各层楼面结构出现类似裂缝现象，建议如下。

（1）楼面结构混凝土宜分区跳捣，使每分区的混凝土能在夜间气温较低的时间内完成，尽量减小混凝土入模温度和降温温差。

（2）当两相邻分区内的混凝土达到70%的设计抗压强度时，用掺有水泥用量12%的UEA膨胀剂浇捣中间分区内的混凝土。

（3）按夜间在运输过程中坍落度损失较小的情况，严格控制商品混凝土的坍落度，使之不至过大。

（4）对于开设备孔洞一侧的边框架大梁（Ⓒ轴纵向框架主梁），宜考虑温度应力集中的不利影响，加强该梁梁侧的纵向钢筋（腰筋）。

为恢复结构的整体性和耐久性，建议按现行标准《混凝土结构加固技术规范》（GB 50367）对裂缝进行修补处理，本工程参考上述建议于2005年建成，验收合格后已投入使用。

三、【工程实例4-3　某市五一华府转换层结构】

（一）工程概况

五一华府分南、北两栋，为地下1层，建筑面积约为3400m^2，地上21层（裙楼2层）的高层建筑，总建筑面积约为40600m^2。上部结构为钢筋混凝土框-剪结构，人工挖孔桩-筏基础。主楼部分柱网尺寸为5.4m×5.4m～7.5m×7.5m，转换层层高为2.4m，柱高为0.5m，柱截面尺寸为（700mm×700mm）～（110mm×1100mm）以及（800mm×1800mm），框架主梁截面尺寸为（600mm×1900mm），次梁截面尺寸为（400mm×1300mm），主梁梁顶设计标高为8.750。主梁梁侧的腰筋为Φ16@200～Φ18@200，箍筋为4肢Φ12@200，梁负筋Φ8@25～Φ10@28，梁底正筋Φ8@28～27Φ28。钢筋级别为HRB400级，梁混凝土强度等级为C45，柱为C40的泵送商品混凝土。南栋转换层结构于2002年10月27日21：10开始浇捣至28日23：50浇完。气候为阴有小雨，气温9℃～14℃。该工程现主体已完工，当时正在进行室内水电安装和室外装修。

（二）裂缝观测

转换层大梁拆模时尚未发现肉眼可见裂缝，裂缝是进行水电安装时首次发现的，具体出现的时间已难以确定。6月5日、6日对南栋转换层大梁进行了裂缝观测，其主要特征如下。

（1）转换层混凝土楼面结构，裂缝主要出现在框架主梁上，次梁次之，板尚未发现肉眼可见的裂缝，南栋转换层大部分的主梁已出现程度不同的裂缝。次梁仅少数梁出现裂缝。

（2）裂缝的形式，一部分是垂直裂缝，其中，多数沿固定模板的预埋竹管（孔径约为30mm）裂开，这种裂缝以梁腹最宽，上部消失于板底，下部终止于受拉钢筋部位或梁底，属于上下小中间大的梭形或枣核状的长裂缝（照片4-3-1～照片4-3-5）。另一部分为间距较密的垂直短裂缝（照片4-3-1～照片4-3-4），在主梁跨中或次梁下部高200～300mm范围内出现一些较短的垂直裂缝和断断续续的水平裂缝（照片4-3-5），也有一些不规则的裂缝。此外，在梁柱接头处出现从南往北倾斜的裂缝（照片4-3-6）。

（3）裂缝最宽的部位在梁腹中间，为0.25mm（照片4-3-6），梁侧下部受拉钢筋位置处的裂缝宽度多数为0.1mm和0.1mm以下，部分裂缝终止于梁下部受拉钢筋位置处。

（4）部分梁侧裂缝与梁底的裂缝（照片4-3-4）已相互衔接，但尚未进入楼板。

（5）Z①×Ⓔ柱头斜裂缝凿开其混凝土表层观察表明，裂缝并未贯穿全截面，属于表面裂缝。

（6）一层和二层楼面梁及梁柱接头部位，尚未发现肉眼可见的裂缝。

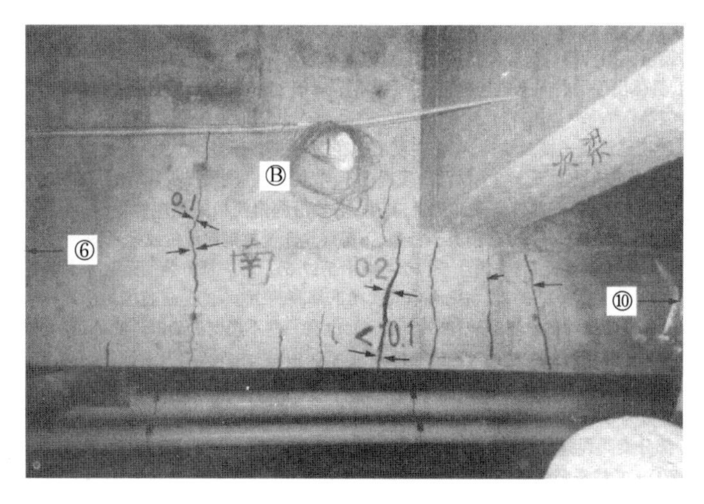

照片 4-3-1　某市五一华府南栋转换层Ⓑ轴⑥～⑩段主梁南侧裂缝

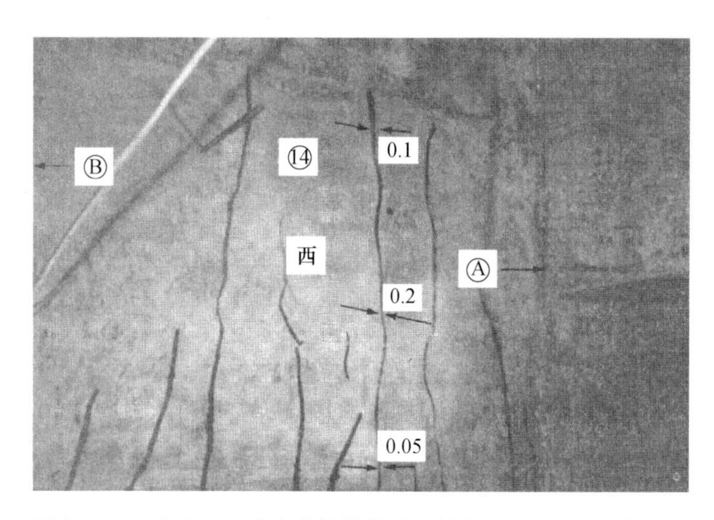

照片 4-3-2　某市五一华府南栋转换层⑭轴Ⓑ～Ⓐ段主梁西侧裂缝

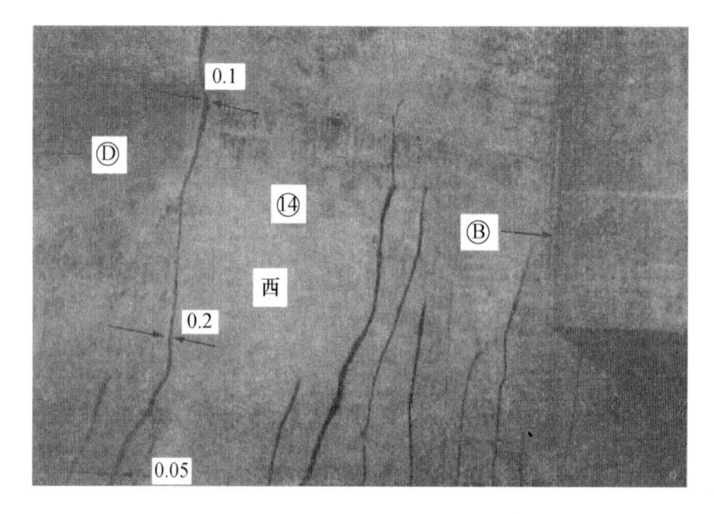

照片 4-3-3　某市五一华府南栋转换层⑭轴Ⓑ～Ⓓ段主梁西侧裂缝

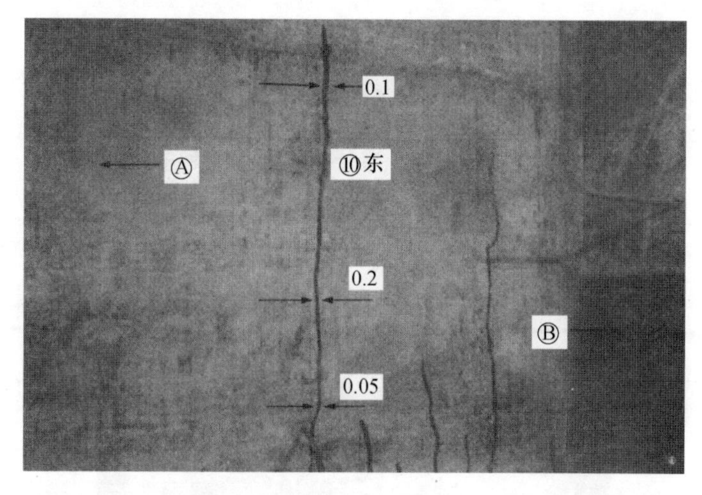

照片 4-3-4　某市五一华府南栋转换层⑩轴Ⓐ～Ⓑ段主梁东侧裂缝

照片 4-3-5　某市五一华府南栋转换层①轴Ⓓ～Ⓔ段主梁东侧裂缝

（三）混凝土强度检测及沉降观测

1. 混凝土强度检测

南栋转换层用经标定后的 ZC3-A 型混凝土回弹仪，按照现行标准《回弹法检测混凝土抗压强度技术规程》（JGJ/T 23），检测了裂缝较为严重的 13 根梁和 4 根柱的混凝土抗压强度，根据实测回弹值及平均碳化深度（约 1mm），并考虑泵送混凝土测区混凝土强度换算值的修正值，从检测结果可知，除个别梁（Ⓔ轴⑥～⑩梁段）略低于设计强度等级 C45 外，其余梁满足 C45，柱满足 C40 的设计要求。

2. 沉降观测

该工程于 2002 年 9 月 24 日进行了第一次观测，于 2003 年 3 月 25 日主体完成之后进行最后一次观测，共观测 21 次。观测点共 20 个，其累计沉降最大值为 7mm，沉降差最大值为 3mm，裂缝较为严重的 ZⒺ×①沉降值为 6mm、与相邻柱的沉降差为 1mm 和 2mm，均在现行标准《建筑地基基础设计规范》（GB 50007）的允许值范围之内。

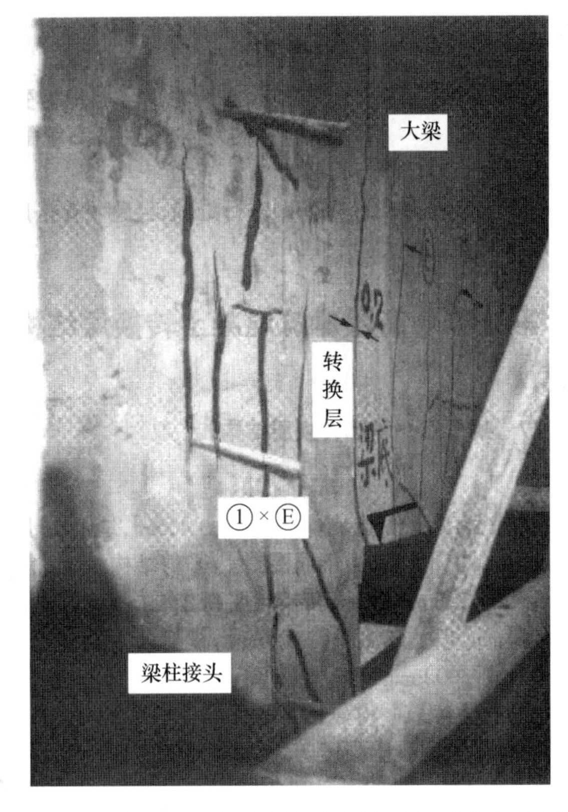

照片 4-3-6　某市五一华府南栋转换层 Z①×Ⓔ轴柱头裂缝

（四）裂缝原因分析

根据转换层结构受力状态、裂缝特点、施工情况、混凝土强度检测和沉降观测结果以及裂缝理论，对各种裂缝的主要原因分析如下。

1. 梁腹梭形裂缝

在转换层的主梁和次梁中出现的梁腹较长的梭形垂直裂缝，最长的从梁底至板底，是一种典型的由于混凝土在结硬过程因水分丧失的干缩和由于环境气温下降相对于混凝土成型温度的冷缩引起的变形裂缝，裂缝之所以梁腹最宽，是因为上面受板和梁较强负筋，以及下面受梁更强正筋约束的缘故。有的梭形裂缝已延伸至受拉区边缘，这种受拉钢筋位置处混凝土也已裂开的裂缝，则同时与梁在上部荷载作用下的受力因素有关。

2. 梁跨中下部（含次梁梁底以下）垂直短裂缝

在梁下部受拉区出现的间距较密的垂直裂缝，始于主梁底、止于中和轴以下或次梁底，裂缝较短较细，为刀刃向上的“刀口状裂缝”。这种裂缝主要是由荷载因素引起的，属于受力裂缝。对于非预应力混凝土结构，裂缝的出现是由于荷载在混凝土受拉边缘产生的拉应力超过混凝土抗拉强度而引起的。

3. 梁下部的水平裂缝

在距主梁梁底 200～300mm 范围内出现的断断续续的水平裂缝，是由于混凝土流动性较大，混凝土拌合物搅拌不足或不均引起的，通常称之为沉缩裂缝。经凿开检查发现，这种裂缝不深，只达到钢筋位置处，属于非受力的沉缩裂缝。

4. 梁侧不规则裂缝

梁侧不规则裂缝是由于构件表面混凝土不均匀收缩的结果，也属非受力的变形裂缝。

5. 柱头及梁端的斜裂缝

该柱（Z①×Ⓔ）柱头及梁端的斜裂缝，由沉降观测结果可知，Z①×Ⓔ与相邻柱（Z⑤×Ⓔ及Z①×Ⓑ）的不均匀沉降差仅1～2mm，且转换层上、下楼面结构梁柱接头均未发现斜裂缝，故可以排除桩基不均匀沉降因素的影响。此外，根据梁柱节点的受力分析表明，如果是受力裂缝，应在转换层柱头的外侧（北向）出现水平的裂缝，而不是在柱内侧（南向）的西侧面出现斜裂缝。因此，该裂缝也并非由受力引起的。凿开混凝土表层查明，柱头的斜裂缝不深，约为30mm。观察凿开部分发现，混凝土粗骨料较少，主要由细骨料和粉煤灰水泥石组成，裂缝消失在粗骨料处，表明混凝土保护层收缩较大是导致形成梁柱接头裂缝的主要原因。

以上分析了各种裂缝的特定原因。其中，裂缝较宽的均属变形裂缝，它们直接与温度收缩变形有关。因此，下面结合本工程的具体情况，进一步分析影响温度收缩变形的诸因素：

（1）气温及施工时间的影响。裂缝较为严重的南栋转换层梁板柱是于2002年10月27日21：00开始浇捣的，至28日23：50浇捣完毕，用两台泵从东到西连续浇捣了26小时40分钟。从气温看，27日的最高温度为18℃，最低温度为11℃，28日阴有小雨，最高温度14℃，最低温度9℃，混凝土的成型温度平均为10℃～14.5℃。转换层结构混凝土过冬的最低温度该市平均为0℃。因此，转换层结构约有10℃冷缩变形的影响。从施工时间上看，裂缝较为严重的西头，正是连续浇捣二十几小时后的23：00～00：00浇捣的，夜间气温低、运输速度快、坍落度（水分）损失少，按白天同样的坍落度控制，将导致现场混凝土坍落度过大（水灰比大）的不利影响。

（2）泵送商品混凝土的影响。从泵送商品混凝土的配合比试验报告得知，每立方米材料用量为：水泥395kg，粉煤灰112kg，外加剂218kg，水（砂、石含水率按零计）158kg，砂（中砂）641kg，石（5～315mm卵石）1121kg，水灰比0.4，含砂率36%，粉煤灰掺量22%，28d龄期混凝土试配抗压强度55.6MPa。据此可做如下分析：

① 试配混凝土抗压强度55.6MPa，比设计强度C45高两个强度等级，说明水泥用量较大，且粗骨料较小，因而混凝土结硬收缩也较大。

② 粉煤灰掺量22%，属较大掺量，它的掺入虽可提高混凝土泵送性能，降低水泥的水化热，但也将降低混凝土的早期强度和极限拉伸应变值，并加大混凝土的收缩。

③ 据现场监理证实，浇捣南栋转换层部位的混凝土坍落度为19.5cm。据调查，出泵的混凝土堆不起来，流动性较大，其原因除与前面提到的夜间运送混凝土坍落度损失较少有关外，还与28日阴转小雨，用水量是否扣除砂、石中的水分也有关。

（3）本工程的转换层（层高为2.4m）采用梁、板、柱结构，主梁高为1.9m，柱高仅为0.5m，而柱的截面尺寸较大［（700mm×800mm）～（1100mm×1100mm)］，柱对主梁的约束也较大。因此，主梁混凝土发生体积干缩和冷缩时产生的约束应力（温度应力）也较大，当温度应力超过混凝土抗拉强度时，即引起开裂，这就是大量变形裂缝出现在主梁上的缘故。次梁和板受到的约束相对较小，且本工程的养护条件较好。因此，板未发现肉眼可见的裂缝。

（五）设计复核及结构实际配筋情况

1. 设计复核

湖南大学设计研究院根据现行标准《混凝土结构设计规范》（GB 50010）、《建筑结构荷载规范》（GB 50009）、《建筑抗震设计规范》（GB 50011）、《高层建筑混凝土结构技术规程》（JGJ 3），五一华府原设计图纸以及中国建筑科学研究院研制的 PKPM 计算软件对五一华府转换层结构复核结果表明，转换层梁柱截面尺寸和配筋满足上述国家标准规范的要求。

2. 结构实际配筋情况

经查阅施工隐蔽工程记录及抽查结果表明，转换层梁柱截面配筋符合设计要求。

（六）裂缝处理方案

1. 梁腹梭形裂缝（长裂缝）

梁腹梭形裂缝属于典型的变形裂缝，这种裂缝一旦出现，混凝土中的约束应力随即消失，不会危及结构安全，但影响结构的耐久性，削弱结构的整体性，伸入到受压区的梭形裂缝对承载力也有一定影响，因此，应予处理。根据现行标准《混凝土结构加固技术规范》（GB 50010），采用如下方案处理：

（1）裂缝宽度小于 0.3mm 时，当裂缝浅而细且条数多时，宜用环氧树脂浆液进行表面封闭。

（2）裂缝宽度不小于 0.3mm 时，宜用 JNLE 弹性灌缝胶灌注。

2. 梁跨中下部刀口状裂缝（短裂缝）

梁跨中下部，特别是次梁（集中力）梁底以下的刀口状裂缝（短裂缝）属于受力裂缝。梁侧纵向受力钢筋位置处的短期裂缝宽度为 0.05～0.1mm，根据现行标准《混凝土结构设计规范》（GB 50010），按荷载效应的标准组合并考虑长期作用影响的最大裂缝宽度计算值要求小于一类环境裂缝控制等级为三级的最大裂缝宽度限值（0.3mm）。因此，当荷载短期作用受力裂缝宽度为小于等于 0.1mm 时，建议用高黏度环氧树脂胶封闭，不需要做结构加固处理。

3. 梁侧下部的水平裂缝和不规则裂缝

这种裂缝属典型的变形裂缝，且裂缝细而密，宜采用高黏度环氧树脂浆液进行表面封闭处理。

4. 梁柱接头处的斜裂缝

该处裂缝经分析和凿开验证虽属混凝土保护层范围的非受力裂缝，但将影响梁柱的耐久性和整体性，对接头的承载力也有所削弱。因此，建议采用先在梁柱接头（梁柱各长在 500mm 范围内）凿除不密实部分焊接 4mm 厚的钢板箍，并设法与梁柱表面留空 1～2mm，然后用环氧树脂浆液灌注的加固处理方案。

在裂缝处理和加固施工中应注意以下几点：

（1）严格按现行标准《混凝土结构加固技术规范》（GB 50010）的要求进行裂缝修补和粘钢加固处理。

（2）修补和加固处理前，应将楼板上堆积的材料、建筑垃圾等清理干净进行卸载。

修补和粘钢的混凝土表面也应按规范要求进行处理。

（3）封缝和灌缝以及粘钢施工是关键工序之一，应按规范要求确保封缝、灌缝和粘钢质量。

（4）灌浆及粘结材料的质量，应符合规范要求。

（5）裂缝处理宜在气温较低时进行。

四、【工程实例 4-4　某市东联名园 A、B 栋地下室顶盖及剪力墙结构】

（一）工程概况

A、B 栋工程为东联名园住宅小区的两座小高层住宅楼，地下室（负一层）为车库，底层为架空车库，二～十一层为住宅，总高为 34.77m。建筑面积：A 栋（地上）为 12022.92m²；B 栋（地上）为 7665.02m²；A、B 栋（地下）为 3700m²。A 栋地下室长 73.8m，宽为 25.65m，纵向在紧靠Ⓚ轴（北向离墙中线 1.25m）设有一道后浇带，横向在⑫～⑬轴和㉕～㉖轴之间各设一道后浇带；B 栋地下室长为 75.4m，宽为 25.90m，纵向在北向离Ⓚ轴墙中 1.25m 设有一道后浇带，在东向离⑯轴墙中 1.25m 设一道后浇带，后浇带宽 1m。要求在封顶之后浇混凝土封闭。A、B 栋均为混凝土框架-剪力墙结构，现浇混凝土楼（屋）面梁板结构及筏形基础。

本高层塔式起重机 A 栋设在地下车库⑳～㉕轴交Ⓚ～Ⓛ区格内（照片 4-4-1），B 栋设在地下车库㊽～㊿轴交Ⓚ～Ⓛ区格内（照片 4-4-2、照片 4-4-3）。

照片 4-4-1　东联名园 A 栋小高层住宅施工现场与塔式起重机

照片 4-4-2　东联名园 B 栋小高层住宅施工现场与塔式起重机

照片 4-4-3　东联名园 B 栋塔式起重机及留孔部位

地下室墙及顶板 A 栋先后于 2002 年 12 月 19 日～2003 年 1 月 15 日，墙分两次、梁板分三次浇捣完毕；B 栋先后于 2003 年 1 月 11 日～1 月 23 日，墙分三次、梁板分两次浇捣完毕。

混凝土采用 C40 泵送混凝土，机械搅拌和振动，气温一般为 5℃～10℃，2003 年 1 月 25 日气温为 0℃～2℃。A 栋 2003 年 1 月 2 日、3 日分两次拆墙模板，1 月 22 日拆顶板模板；B 栋 1 月 13 日、16、18 日分三次拆墙模板，2 月 14 日、18 日分两次拆顶板模板。

（二）裂缝观测

2003 年春节前后该工程施工、监理、质监单位曾对 A、B 栋地下车库挡土墙和负一层顶板进行检查，作者于2003年2月18日进场进行了观测，其裂缝出现和开展的基本情况如下。

1. A栋

（1）地下车库剪力墙裂缝。

2003年1月22日上午分别在南向Ⓑ轴和北向Ⓜ轴剪力墙兼挡土墙上的梁或柱边发现4条和2条裂缝；1月28日分别在Ⓑ轴和Ⓜ轴挡土墙上又发现3条和2条裂缝；2月8日在M轴交⑳轴东约500mm处又发现新增1条裂缝。3次共发现裂缝12条，均属于大体与地面正交贯穿地下室挡土墙的垂直裂缝，具有代表性的裂缝如照片4-4-4所示，裂缝始于底层楼面梁底，止于离负一层地面约650mm处。

照片4-4-4　东联名园A栋小高层Ⓜ轴地下车库剪力墙兼挡土墙㉞轴处裂缝

（2）地下车库顶盖梁板裂缝。

2003年1月22日，在Ⓚ～Ⓜ轴×⑳～㉒轴地下车库顶盖区格板（标高－0.630）发现1条长约3m的裂缝，沿南北向从顶盖板开展到梁侧和梁底；1月24日该板又发现2条；1月26日下午再次发现2条，其中有一条裂缝已开展到挡土墙上；2月26日又增加1条；地下室该区域内顶板裂缝总数达9条。2003年2月18日作者进场后，⑳轴人防墙东侧地下车库顶板南区长裂缝7条，短裂缝3条；北区长裂缝5条，短裂缝2条（照片4-4-5），地下车库顶盖梁板裂缝具有如下特点：

① 裂缝时间：在尚未投入使用（加载）的施工阶段。

② 裂缝部位：在安装塔式起重机负一层顶板开洞和地下车库挡土墙变薄的区域内。

③ 裂缝走向：地下车库顶板、梁以及挡土墙上的裂缝几乎在同一个垂直截面内，

照片 4-4-5　东联名园 A 栋⑳轴地下人防墙东侧北区顶板裂缝

顶板裂缝走向均大体平行于南北向（横向）。

④ 裂缝特征参数：顶板裂缝多数为通长，部分为短裂缝，梁侧最大裂缝宽度为 0.25mm；裂缝已贯穿板厚、梁高和梁宽（渗水）；裂缝的条数，最多的有 10 条，平均裂缝间距为 417mm。

⑤ 顶板裂缝处有明显的湿印和白色的析出物，但梁和墙面裂缝尚未见白色析出物。

2. B 栋

地下车库顶板未发现肉眼可见裂缝。地下车库Ⓑ轴、Ⓜ轴挡土墙（剪力墙）上的梁或柱旁，于 2003 年 1 月 20 日分别发现 5 条和 2 条裂缝，1 月 25 日Ⓑ轴墙新增 3 条，有两条在相邻两柱的中间。Ⓑ轴共出现 10 条，Ⓜ轴出现 2 条，具有代表性的裂缝如照片 4-4-6 所示。B 栋地下室挡土墙这些裂缝的特征与 A 栋大体相同。

（三）裂缝分析

从前述裂缝出现的时间、部位以及裂缝的主要特征分析可知，A 栋负一层顶板（梁）和 A、B 栋地下车库挡土墙（剪力墙）的裂缝，属于非受力因素引起的变形裂缝，现将这种裂缝的机理、原因和危害分析如下。

1. 裂缝机理

裂缝理论认为，结构变形裂缝的形成有三个条件：第一个是条件结构是超静定的、受约束的、变形不能自由发生的；第二个条件是由于自身或外界环境条件（温、湿度）的变化，结构材料有体积变形的要求；第三个条件是结构材料的变形要求，由于受到内部或外部（支承结构）的约束得不到满足，产生的约束应力（或约束应变）超过材料的极限抗力（或极限应变）时引起材料断裂。前两个条件分别为产生变形裂缝的基本条件和必要条件，第三个条件为裂缝出现的充分条件。结构出现变形裂缝的这三个条件，构成变形裂缝形成的机理，据此可以分析特定混凝土结构工程裂缝的原因。

2. 裂缝原因

东联名园 A、B 栋地下车库挡土墙、顶板（梁）以及筏基底板（梁）组成的现浇混

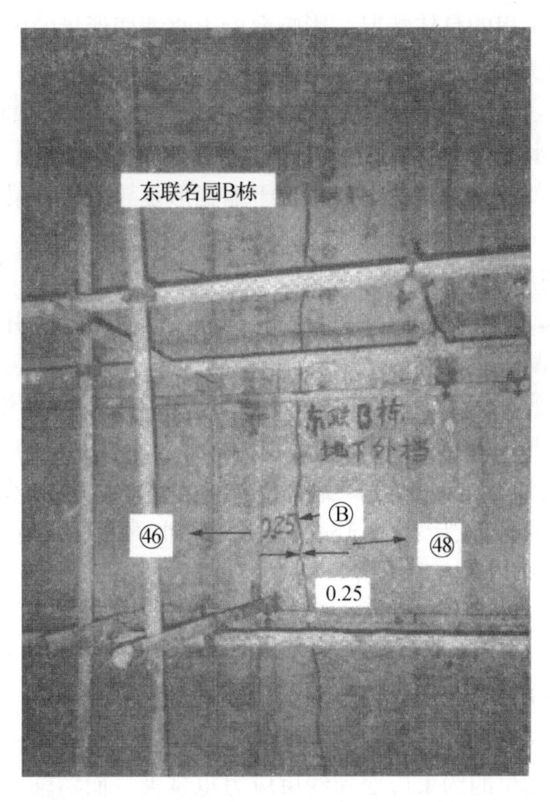

照片 4-4-6　东联名园 B 栋小高层Ⓑ轴地下车库剪力墙兼挡土墙㊻～㊽轴处裂缝

凝土结构，是高次超静定结构。现浇混凝土刚性连接使墙板（梁）间相互约束，因此 A、B 栋均具备由变形因素引起约束应力（约束应变）的基本条件。

混凝土在结硬过程中由于失水必然发生干缩变形，当气温下降到低于混凝土成型温度时必然发生冷缩变形。A、B 栋为混凝土结构工程，因此，它们同时也具备变形因素引起约束应力（约束应变）的必要条件。

找裂缝原因的关键，主要是分析形成裂缝的充分条件，即结构构件的约束拉应力 σ_r（或约束拉应变 ε_r）超过混凝土抗拉强度 f_t（或极限拉应变 ε_{tu}），即

$$\sigma_r > f_t \tag{4-4-1}$$

$$\varepsilon_r > \varepsilon_{tu} \tag{4-4-2}$$

本工程钢筋混凝土筏基中的梁板，在结硬过程中混凝土的干缩和冷缩受到地基土的约束，在筏基中也会产生约束拉应力（或约束拉应变），由于设置了后浇带使得 $\sigma_r < f_t$（或 $\varepsilon_r < \varepsilon_{tu}$），故筏基梁板中未发现肉眼可见的裂缝。同样，在 B 栋的负一层顶板的施工过程中，由于后浇带设在顶板被削弱的部位（安装塔式起重机部位），使得 $\sigma_r < f_t$（或 $\varepsilon_r < \varepsilon_{tu}$），故也未发现肉眼可见的裂缝。而 A 栋情况则有所不同，塔式起重机未设在后浇带部位，而是在温度应力最大的中间部位（顶板被开洞削弱），在诸多因素影响下，使得 $\sigma_r > f_t$（或 $\varepsilon_r > \varepsilon_{tu}$），而导致顶板（梁）和墙开裂。

（1）影响约束应力的因素。

结构在约束条件下，从整体上分析表明，约束应力 σ_r（约束应变 ε_r）与混凝土的干缩和冷缩（统称收缩）的变形量有关。收缩量越大，约束的拉应变值和相应的约束拉应

力值也越大。按照本工程的具体情况，影响混凝土收缩变形量的因素有：

① 混凝土干缩变形。

混凝土干缩变形，主要与水泥用量和水灰比有关，本工程顶板（梁）和墙均采用C40的泵送混凝土，水泥用量和坍落度要求较大，含砂率较高，干缩变形量和相应的约束应变和约束应力也就较大。因此，混凝土干缩变形是导致板（梁）和墙开裂的重要原因之一。

② 混凝土冷缩变形。

混凝土冷缩变形，为混凝土的成型温度与环境最低气温之差引起的收缩变形。成型温度（一般为浇筑混凝土时的温度）越高，环境最低气温越低，混凝土冷缩变形量就越大。顶板开裂部分（⑳轴～㉒轴×Ⓜ轴～Ⓛ轴）的混凝土于2003年1月13日下午6时左右浇捣完毕，从专业气象台的天气预报和施工现场晴雨表得知：13日为晴天，南风2～3级，白天最高气温为15℃，晚间最低气温为2℃；14日为小雨转阴，北风3级，最高气温为15℃，最低气温为2℃；15日为阴天，北风3级，最高气温为12℃，最低气温为2℃；16～19日气温有所上升，到20日最低气温仍为2℃。表明混凝土白天成型、晚间终凝之后温差高达10℃左右，发生了相当大的冷缩约束变形。因此，混凝土冷缩变形是导致顶板（梁）和墙开裂的另一个重要因素。

③ 结构区段几何尺寸及构件截面大小。

被后浇带划分的区段的几何尺寸及构件截面尺寸越大，混凝土总收缩变形量也越大，在结构区段中间部位的约束应变和约束应力也越大。而⑳轴～㉒轴×Ⓜ轴～Ⓛ轴开裂区域（图4-4-1）位于两条横向后浇带的中间，是约束拉应力较大的部位。在该范围内，若以⑳轴（人防墙轴线）为界，⑳轴以西为刚度较大的人防区（④轴～⑳轴），顶板为300mm厚、墙为400mm厚；⑳轴以东（⑳轴～㊲轴）为非人防区，顶板为200mm厚、墙为350mm厚。B栋地下车库均为非人防区，且横向后浇带设在塔式起重机开孔的区域内，被削弱的顶板位于约束应力最小的部位。因此，A栋与B栋，其顶板（梁）和墙在筏基底板（梁）相近约束条件下，A栋比B栋在开孔部位顶板（梁）的约束应变和相应的约束应力要大得多。这就是A栋负一层的裂缝比B栋较为严重的缘故。

（2）影响结构抵抗约束力的因素。

结构抵抗约束拉力的能力主要由两大要素组成，一个是混凝土的抗拉强度（或极限拉应变值）；另一个是抵抗约束拉力的截面尺寸，它们的乘积即为对付约束拉力的总抗力。此外，还与结构中的配筋量有关。

① 混凝土抗拉强度。

强度等级为C40的泵送混凝土采用普通硅酸盐水泥，在正常自然条件下，早期强度提高较快，但当在气温为5℃～10℃的条件下，特别是在5℃以下时，抗压强度提高较慢，相应的抗拉强度也较低。⑳轴～㉒轴×Ⓜ轴～Ⓛ轴开裂区的顶板于2003年1月13日浇捣完，1月22日发现开裂，此间平均气温低于10℃，故顶板混凝土实际的强度是较低的，这也是导致顶板（梁）开裂的又一重要原因。

② 抵抗约束拉力的混凝土截面面积。

A栋横向顶板总宽为25.9m，⑳轴～㉒轴×Ⓜ轴～Ⓚ轴开7.5m×5m的孔安装塔式起重机，削弱顶板截面29.0%。由于离Ⓛ轴1.25m设了一条宽为1m的纵向后浇带，

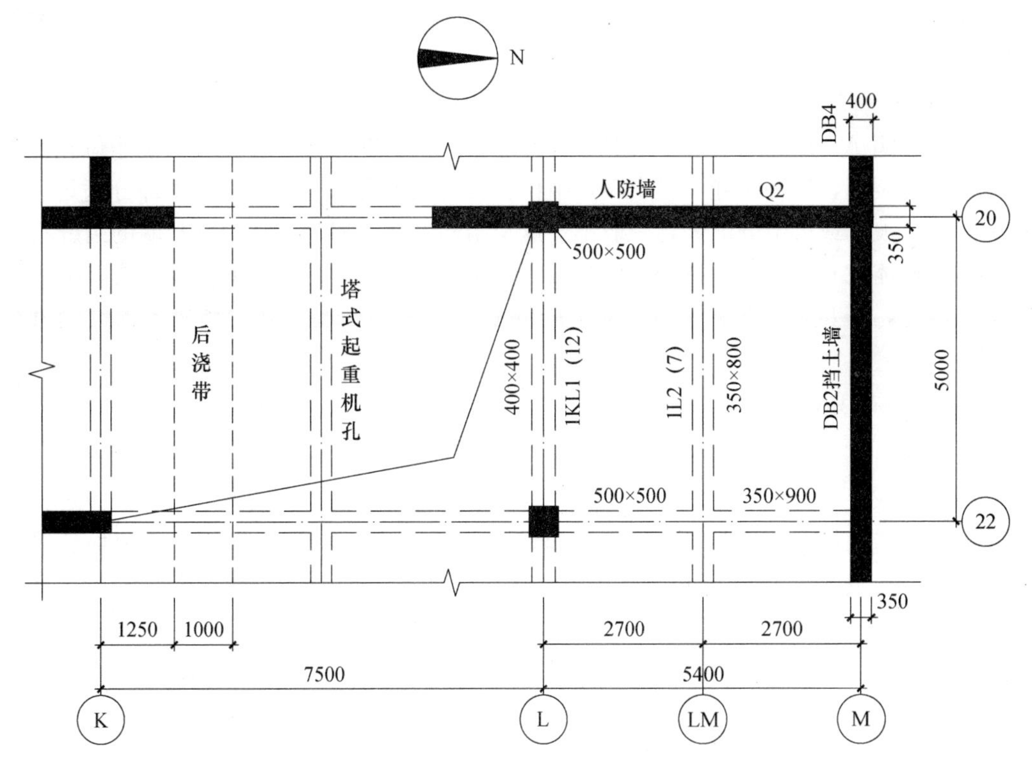

图 4-4-1　地下车库顶盖结构平面

其北面顶板总宽为 10.65m，顶板截面因开孔实际削弱 49.3%，即抵抗总约束拉力的混凝土截面削弱了将近一半，相当于顶板的约束拉应力约增加了一倍，这是导致该区顶板（梁）和墙开裂的主要原因。

③ 配筋。

⑳轴～㉒轴×Ⓜ轴～Ⓜ轴区间内地下车库顶板的配筋为双层钢筋网；纵向（东西向）面筋 14@100，底筋 14@150；横向（南北向）面筋 12@150，底筋 12@200，纵向面筋和底筋通长配置，其配筋百分率为 1.2%，可用以抵抗纵向约束拉力。这种非预应力钢筋，在顶板开裂之前，对抵抗约束拉力作用不大。但是，当顶板出现第一条（或多条）横向（南北向）裂缝之后，在限制裂缝开展宽度上发挥较大的作用。如果顶板为无筋或少筋（低于最小配筋率）混凝土结构，出现第一条裂缝之后，一般不会再出现第二条，结构今后进一步发生的收缩变形将集中在这条已出现的裂缝上，使之成为活口裂缝，将开展达几十毫米宽的裂缝。对于少筋构件可将钢筋拉断。本工程顶板配筋率高达 1.2%，出现第一条裂缝之后，裂缝截面混凝土退出工作，约束拉力由裂缝截面处的钢筋承受，变形不会集中在第一条裂缝截面。当邻近抗力薄弱截面混凝土约束拉应力大于混凝土抗拉强度时，又会出现一条或多条新的裂缝。这就是为什么在顶板内会出现多条细小裂缝的缘故。

Ⓛ轴纵向框架梁 1KL1 截面尺寸为 400mm×1000mm，在梁腹部每侧配 3Φ12 的腰筋，该梁腹部裂缝较宽，呈梭形，说明构造腰筋的配置较弱，梁的裂缝绝大多数在设置固定模板用的对拉螺栓孔的部位，表明预留螺栓孔削弱构件截面起了诱发裂缝出现的作

用。次梁1L2截面尺寸为350mm×800mm，在梁腹部每侧配1Φ12的腰筋，也有类似裂缝情况发生。

3. 裂缝危害

东联名园A、B栋地下车库挡土墙（剪力墙）和顶板（梁）的裂缝属于非荷载因素引起的变形裂缝，这种裂缝一旦出现，结构材料的变形要求得到满足或大部分满足，约束力随即消失，或大部分消失，一般不会危及结构安全。但是，其中梁和墙的裂缝将影响结构的整体性和耐久性，特别是位于截面受压区的裂缝，还会影响截面抗弯、剪的承载力。因此，需要对地下车库顶盖的钢筋混凝土梁和挡土墙（剪力墙）上的裂缝进行处理。

（四）裂缝处理

1. 地下车库顶板的裂缝

2003年2月18日，工作人员通过对⑳轴～㉒轴×Ⓜ轴～Ⓛ轴地下车库顶板观察表明，其上裂缝两侧有大块湿印和不太明显的白色析出物。2月24日再次对顶板裂缝进行了观测，其宽度小于0.1mm，白色析出物更为明显，裂缝两侧的湿印已消失。这些现象表明，裂缝渗漏已停止，且已自愈。因为混凝土中存在石灰矿物质，当外界水分通过裂缝向室内渗流时，水与混凝土裂缝处的石灰化合物（CaO）形成氢氧化钙[$Ca(OH)_2$]，游离的氧化钙又是很容易溶解于水的矿物质，它将沿着裂缝向地下室内渗出，室内空气中存在二氧化碳（CO_2）与渗漏水带出的氢氧化钙结合形成碳酸钙（$CaCO_3$），沉积在裂缝的里面和表面，形成白色的覆盖层，这就是前述裂缝自封或自愈现象。因此，对于地下车库顶板的裂缝不需另行处理。

2. 地下车库顶盖梁和挡土墙（剪力墙）裂缝

2003年2月24日，工作人员对地下车库顶盖框架梁1KL1和次梁1L2的裂缝再次观测结果分别如图4-4-2和图4-4-3所示。从图中可知：1KL1（12）在五个固定模板的对拉螺栓预留孔处，出现5条垂直裂缝，始于板底、止于离梁底100～200mm处。离⑳轴500mm和离㉒轴590mm的梁腹裂缝宽度为0.1mm，离⑳轴1350mm和离㉒轴1720mm的梁腹裂缝宽度为0.2mm，离⑳轴2200mm的梁腹裂缝最宽为0.25mm。南侧因未拆模未能观测。

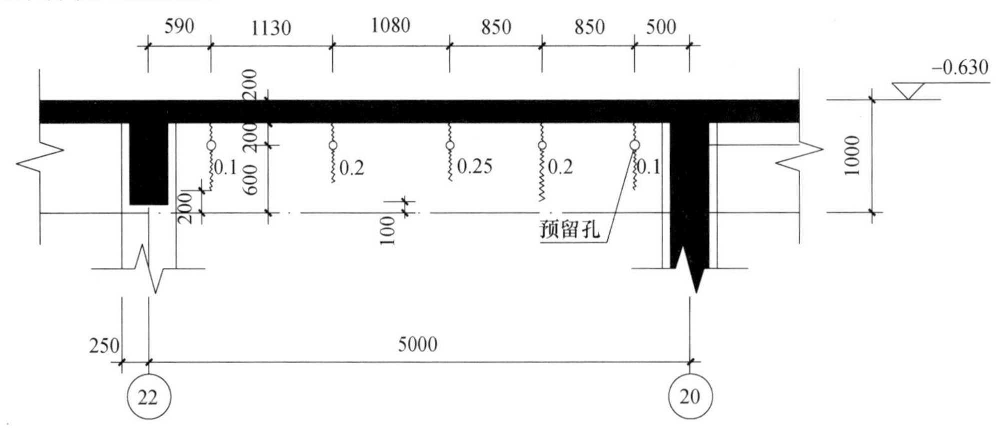

图4-4-2　1KL1背面裂缝图

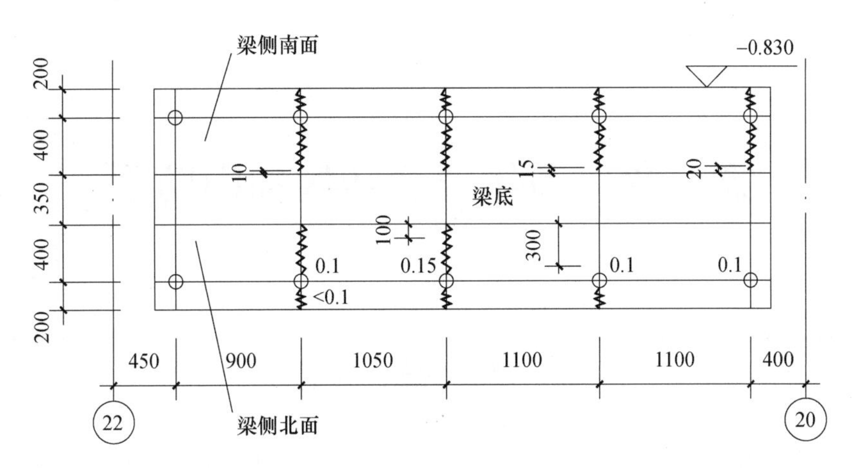

图 4-4-3　1L2 裂缝展开图

1L2（7）在四个固定模板的对拉螺栓预留孔处，发现四条垂直裂缝，始于板底、止于离梁底 10～50mm 处。个别裂缝已发展到梁底，钢筋位置处裂缝宽度小于 0.1mm，梁腹处的裂缝宽度也很小，仅 0.1mm，但裂缝已贯穿梁厚。

根据中国工程建设标准化协会标准《混凝土结构加固技术规范》（CECS 25—1990），本工程地下车库顶盖梁和挡土墙（剪力墙）裂缝宽度小于 0.3mm，且为贯穿性裂缝，宜用低黏度环氧树脂浆液灌注，其施工应严格按 CECS 25—1990 规范进行。

灌注施工原则上应安排在混凝土收缩变形大部分完成以及塔吊孔按施工规程、规范封闭之后进行。考虑到工期和施工安排上的合理性，顶盖梁的灌缝应安排在地下车库顶板做防水层之前进行，挡土墙（剪力墙）的灌缝可安排在主体工程开始施工之前进行。灌缝应选择有类似工程经验和有资质的单位施工。

（五）结论

（1）东联名园 A、B 栋地下车库顶板（梁）和挡土墙（剪力墙）的裂缝，属于非荷载因素引起的变形裂缝。

（2）裂缝的主要原因是混凝土的早期收缩（冷缩和干缩）以及 A 栋在两条横向后浇带中间部位地下车库顶板开孔较大的缘故。

（3）地下车库顶盖梁和挡土墙（剪力墙）的裂缝按上述方案进行处理并经验收合格后，地下车库结构的承载力、整体性和耐久性可得到恢复。在正常设计和正常使用条件下，A、B 栋地下车库结构在预定基准期内，满足有关设计规范要求。

第五章　砌体裂缝结构加固防裂

第一节　概　　述

砌体结构的裂缝主要出现在墙和柱中，也有不少裂缝出现在墙和钢筋混凝土构造柱的垂直界面或与梁的水平界面及其附近。

1987—2004 年，作者参与湖南湖大土木建筑工程检测有限公司罗国强教授鉴定的砌体结构裂缝工程有案可查的共 26 例（其中房屋结构 24 例、砖烟囱 1 例、毛石砌体挡土墙 1 例），如表 5-1 所示。从表中以及实例介绍可总结出砌体裂缝结构加固防裂若干有益的实际知识和经验教训。

表 5-1　砌体结构裂缝工程一览表

序号	工程名称	楼层及墙柱名称	竣工日期 鉴定日期	主要裂缝形式	最大裂缝宽度（mm）	裂缝主要原因或未裂原因
1	某市矿冶研究院办公楼	顶层外纵墙	1956 1987.8	内倾斜裂缝	10.0	屋面热胀
2	某市烟草复烤厂幼儿活动室	外纵墙	1992 1994.5	水平裂缝	20.0	桩基沉降
3	某市冶炼厂办公楼	底层墙	1975	八字裂缝	3.00	墙基不均匀沉降
			1995.11.29	竖向裂缝	1.00	荷载作用
4	某县百货大楼	底层墙	1994.4.26	斜裂缝	8.00	桩基施工不当 桩基不均匀沉降
		顶层墙	1995.7.6	内倾斜裂缝	9.00	屋面热胀
5	某县商住楼	顶层墙	1998.8 1999.4～2001.6	内倾斜裂缝		屋面热胀 砂浆强度过低
6	某市望月湖9片附16栋住宅楼	楼梯间各层	1993.3.24 1997～1999.8	斜裂缝	3.0	抽水、桩基不均匀沉降
7	某市栖凤商贸城	底层墙	1995	未裂		采用黏土砖
		二、三层墙	1995 1999.5～7	竖向裂缝	1.80	采用粉煤灰砖，温度收缩体系约束
		顶层墙	1999.5～7	内倾斜裂缝	2.00	采用粉煤灰砖，屋面热胀

续表

序号	工程名称	楼层及墙柱名称	竣工日期 鉴定日期	主要裂缝形式	最大裂缝宽度（mm）	裂缝主要原因或未裂原因
8	某县平阳大厦	一、二层墙	1995 1999.5～7	斜裂缝	0.30	桩基施工不当 桩基不均匀沉降
9	某县农林城商住楼	一、二层墙	1999.3	八字裂缝	0.50	基础设计不当 墙基不均匀沉降
		顶层墙	2000.11.28	内倾斜裂缝	0.50	屋面热胀
10	某市电机厂住宅楼	底层墙	1997.12	大量竖向裂缝	1.20	混凝土砌块 温度收缩体系约束
		二～五层墙	2002.4.28	少量竖向裂缝	0.20	温度收缩 局部约束
		顶层		少量内倾斜裂缝	0.20	屋面热胀
11	某市人民新村6栋住宅楼	楼梯间墙	1996.6 2000.8.6	踏步走向裂缝	0.3	温度收缩 局部约束
12	某市苏仙区广电局宿舍	底层窗下墙	1994	竖向裂缝	1.50	荷载作用
		底层窗下墙	2000.8.10	内倾斜裂缝	3.00	荷载作用
		顶层墙		内倾斜裂缝	0.20	屋面热胀
13	某市制酸制盐车间	底层墙	1960 2000.9.15	斜裂缝	3.00	地基基础腐蚀 地基沉降
14	某市烟草中专学院住宅楼	架空底层墙	1999.12.4～27	竖向裂缝	1.00	混凝土砌块砌体 温度收缩体系约束
		一层墙		竖向裂缝	0.55	
		二层墙	2000.12.10	竖向裂缝	<0.10	砖砌体温度收缩
		顶层墙		内倾斜裂缝	0.2	屋面热胀
15	某市电力学院教工住宅楼	杂屋层	1999.12	斜裂缝	3.00	桩基设计不当 桩基沉降
		一层			2.10	
		二层			1.50	
		三层	2001.4.3		1.70	
		四层			0.80	
		五～七层			<0.50	
		六层		水平裂缝	0.30	
16	某市供销社住宅楼	底层纵横墙	1981	斜裂缝	1.50	抽水基础沉降
		底层纵横墙	2001.1.8	水平裂缝	0.90	
		三层横墙		水平裂缝	1.50	
17	某高校教学北楼中间楼梯及走廊	三～四层歇台窗上墙	1951—1955	竖向裂缝	24.00	地基不均匀沉降 温度收缩
		三～四层歇台窗下墙	2001.1.8	竖向裂缝	6.00	
		三层纵墙		斜裂缝	1.50	

续表

序号	工程名称	楼层及墙柱名称	竣工日期 鉴定日期	主要裂缝形式	最大裂缝宽度(mm)	裂缝主要原因或未裂原因
18	某市五交化站A栋楼	底层东山墙	1978	水平裂缝	30.00	抽水基础沉降
		二层东山墙			<30	
		三层东山墙	2002.6.8		<30	
		底层柱			30.00	
19	某县税局住宅楼	底层墙	1999.10 2000.6.24	水平裂缝	9.50	抽水基础沉降
20	某市迎春路住宅楼	底层墙	1996.1.30	竖向裂缝	2.00	温度收缩体系约束
		顶层墙	2002.7.16	内倾斜裂缝	0.82	屋面热胀
21	某市交通规费征稽办公大楼	顶层（十层）外墙	1999.11	竖向裂缝	3.00	混凝土收缩与徐变
			2002.12.3	水平错动	1.50	
22	某市长青街居民住宅楼	底层外纵墙（东）	1999.6	斜裂缝	2.20	桩基施工不当 桩基沉降 温度收缩
		二层外纵墙（东）		斜裂缝	4.50	
		四层外纵墙（东）		斜裂缝	2.00	
		五层外纵墙（东）	2003.11.12	斜裂缝	3.00	
		五层外纵墙（西）		斜裂缝	5.00	
		五层内纵墙		水平裂缝	2.20	
23	某县蔬菜水果批发市场商住楼	底层～顶层		竖向裂缝	无	
		顶层外墙		内倾斜裂缝	0.80	屋面热胀
		屋顶女儿墙		竖向裂缝	30.00	屋面热胀
24	某市湘太园1号住宅楼	底层外横墙	2002.12	斜裂缝	4.00	桩基施工不当 桩基沉降
		二层横墙		水平裂缝	12.00	
		二层横墙	2003.11.2	斜裂缝	13.00	
		三层横墙		斜裂缝	4.00	
25	某市硬质合金厂70m砖烟囱	筒身标高35.000～65.000	1957 2000.3.15	竖向裂缝	10.00	温度收缩
26	某市电力学院教工住宅楼北向挡土墙	墙身	1999.6 2000.4.1	竖向裂缝	4.00	土压力

一、砌体结构裂缝的主要原因

（一）地基基础沉降或不均匀沉降

在24例房屋墙柱裂缝工程中，有14例是由地基基础沉降或不均匀沉降引起，占总数的58%。而在这14例中，因附近人工挖孔桩抽水引起地基基础发生沉降或不均匀沉降的有4例，占总数（14例）的29%；因桩基施工不当的有5例占36%；因设计不当的有 3 例占 21%，其他（地基基础腐蚀等）原因的有 2 例占 14%。因此，砌体结构应重视沉降裂缝的控制，除控制人工挖孔桩抽水外，要使桩基的设计与施工符合规范要求。

（二）温度收缩

在 24 例房屋墙柱裂缝工程中，墙体上有垂直裂缝的 10 例是由温度收缩变形引起的，占总数的 42%。其中，有 2 例是由于采用了粉煤灰砖和混凝土砌块，使得裂缝较为严重。

（三）屋面热胀

在 24 例房屋墙体裂缝工程中，有 9 例是因屋面热胀使顶层墙体出现内倾斜裂缝，占总数的 37.5%。这种裂缝多半发生在我国南方现浇钢筋混凝土屋面下的墙上，或砂浆强度过低（设计等级低或施工质量差）的顶层墙体中。因此，房屋顶层墙体的砂浆强度等级不应因其受压力最小而采用过低，宜通过温度应力计算和按砌体结构设计规范采取对付这种裂缝的构造措施。

（四）荷载作用

在 26 例砌体结构的裂缝工程中，有 4 例墙体裂缝与受力因素有关，占总数的 15.4%，且多数属于受弯或受剪裂缝，仅 1 例因墙体受压引起。由砌体受压破坏过程（单砖先裂；裂缝贯穿若干皮砖；将墙或柱分裂成若干独立小柱因失稳而丧失承载力）可知，砌体结构裂缝确是危险的征兆。因此，砌体结构不允许带裂缝工作，应以控制不出现裂缝为原则。这就是为什么很难遇到以受压力为主引起的裂缝工程。但是，如若设计或施工不当，砌体结构的安全储备过小，这种结构发生破坏或倒塌的概率相当大。这点，可以从文献［1］建筑结构倒塌事故一章中了解。

从裂缝原因来看，砌体结构的裂缝工程，80%以上属于变形裂缝，而且主要原因为两大方面：一方面是材料的热胀冷缩和干缩；另一方面是地基基础的沉降和不均匀沉降。因此，砌体结构除确保墙柱的承载力外，地面以下要设计施工好基础，地上要设计施工好屋面。

二、裂缝形式与裂缝原因的关系

从表 5-1 的裂缝工程实例，可以看到在不同楼层墙体的裂缝形式与裂缝原因的关系，因而通过裂缝形式可初步反推裂缝的原因。

（一）热胀裂缝

顶层墙体的内倾斜裂缝及混凝土圈梁与墙体界面附近的水平裂缝为屋面热胀引起的变形裂缝，简称热胀裂缝。内倾斜裂缝出现在房屋四角顶层外纵墙和山墙上；界面水平裂缝出现在同一个温度区间的两端开间内。有的墙体内倾斜裂缝还与墙上下屋楼面板的切角裂缝相连，形成墙板空间切角裂缝。

（二）沉降裂缝

底层墙体的斜裂缝、正八字或倒八字裂缝为地基基础不均匀沉降引起的变形裂缝，简称沉降裂缝。房屋各层窗间墙发生向一个方向倾斜的斜裂缝（裂缝工程实例 5-4、工程实例 5-5)，说明房屋一边沉降大而另一边沉降小；房屋窗间墙出现正八字的裂缝，表明房屋地基基础中间部位沉降大而两头沉降小；房屋窗间墙产生立面上呈倒八字的裂缝，则揭示房屋地基中间部位沉降小而两头沉降大。有了上述实际知识，可进一步从荷载分布的不均匀性或地基土质的不均匀性或采用了不同类型基础来查明产生不均匀沉降的具体原因。

墙柱中的水平裂缝，是由墙基或柱基沉降引起的变形裂缝，也简称为沉降裂缝。这种裂缝通常出现在较高的楼层或顶层中。在新回填土较深的桩基上的单层房屋，在负摩擦力作用下也有在窗上墙出现水平裂缝的工程实例。

（三）温度收缩裂缝

墙上的以及墙与混凝土构造柱界面的竖向裂缝一般为温度收缩引起的变形裂缝，简称温度收缩裂缝。凿除粉刷层，砌体上的裂缝往往为呈锯齿状，只有当砌块的强度低而砂浆的强度较高，砌块被拉断才会出现与表面大致相近的竖向裂缝。这种裂缝大都出现在房屋纵墙中间部位的窗下墙中。在房屋底层窗下墙上的竖向裂缝，往往是靠近窗台裂缝较宽而远离窗台裂缝较窄，此种裂缝则与墙下地基反力有关。

当房屋顶层墙体或变形缝处出现竖向裂缝，则是因房屋过长，墙基发生不均匀沉降引起的纵墙顶部张开的沉降裂缝。此时，伴随而来的是房屋发生较大的整体倾斜。

（四）受力裂缝

在竖向荷载作用下，墙柱和门窗过梁或底层窗下墙跨中沿灰缝或贯穿若干皮砌块沿齿缝的垂直裂缝以及门窗过梁或底层窗下墙支座附近的沿齿缝的斜裂缝为荷载裂缝，也称受力裂缝。

三、引起各种裂缝的具体原因

从砌体结构裂缝工程实例中归纳如下引起各种裂缝的具体原因。

（一）沉降裂缝

沉降裂缝是由地基基础沉降（或不均匀沉降）引起的，而导致沉降或不均匀沉降的具体原因有如下几类。

1. 抽排地下水

不少工程的裂缝是由邻近建房，人工挖孔桩抽排地下水引起的；也有的是在井中大量抽取地下饮用水造成的。特别是有的工程为赶施工进度突击挖桩、大量抽排地下水，使邻近房屋地下水位发生较大的落差，加之裂缝工程又为对地基沉降十分敏感的砖混结构，因而极易引发沉降裂缝甚至倒塌事故。因此，有的地区建设主管部门规定在周围建筑密集，且地下水丰富的岩溶场地不允许采用人工挖孔桩桩型。

2. 设计不当

(1) 桩选型不当，如在地下水丰富的地区不应采用人工挖孔桩桩型，当有较厚淤泥质土层时，不应采用洛阳铲桩桩型，而应采用泥浆护壁的机械钻孔或旋挖灌注桩桩型或采用机械成孔后对骨料注浆成桩的施工工艺。

(2) 当填土较厚时，桩中纵向钢筋长度应超过填土的深度，不能仅在上部很浅的局部范围内（约 2.5m）布置。

（3）在荷载、地质条件差异较大的交界部位以及较长建筑的中间部位未设置沉降缝等。

3. 施工不当

（1）桩基未到达设计要求的持力层。

（2）灌注混凝土前未进行清底。

（3）混凝土拌合物未计量配比，混凝土浇灌质量差，开挖后发现断桩、弯桩、歪桩等严重缺陷。

（二）热胀裂缝

1. 炎夏日照

炎夏日照使混凝土屋面结构处于高温状态，且混凝土线膨胀系数较大，发生较大的热胀变形，而屋面下的砖墙温度较低，且其线膨胀系数较小，发生较小的热胀变形，因其热胀变形差较大而产生混凝土屋面结构对砖墙的热胀推力。

2. 屋面隔热

屋面结构上未做隔热层或隔热效果很差，未从温差上减小热胀推力。

3. 界面隔离

在屋面结构和墙体界面之间未设隔离滑动层，没有从摩阻力上减小热胀推力。

4. 砂浆强度

设计与施工往往忽略顶层砌体的砂浆强度，误认为顶层墙体受力最小，砂浆强度可以最低，未顾及屋面热胀引起的推力对墙体的作用。在检测鉴定中发现，一是从设计上顶层的砌筑砂浆强度采用 M2.5，是各楼层中的最低值，而实际施工连 M1.0 都未达到，手捏即成粉末状，因而顶层墙体出现了较为严重的屋面热胀裂缝。

（三）温度收缩裂缝

1. 降温收缩

砌体成型温度高，气温下降到低于成型温度时，砌体发生冷缩。裂缝工程实例表明：建成交付使用后的裂缝，往往是由季节性温差较大，炎夏砌筑的砌体到冬季寒潮来临时发生。

2. 材料收缩

砌体的收缩包括两个方面：一是非烧结砌块（如混凝土砌块）在结硬过程中的干缩；另一个是砌筑砂浆在结硬过程中的干缩。因此，非烧结砌块砌体总是比烧结黏土砖砌体的材料收缩大，特别是刚出厂短龄期的混凝土砌体的收缩更大。这点在混凝土砌块砌体结构裂缝工程中，得到充分的体现。

3. 约束条件

对墙体的约束条件，也有局部约束和体系约束两种。前者为发生在两种材料界面的约束或纵墙与横墙相互间的约束，这种局部约束由温度收缩引起的竖向裂缝，其宽度为 0.2～0.3mm；后者裂缝发生在墙体截面受到削弱的窗上墙或窗下墙上，每层竖向墙体受到地基基础以及各层楼（屋）面的约束。当主要受各层现浇混凝土楼（屋）面约束，且具备两头楼（屋）面面积大，中间楼（屋）面面积小的条件时，不仅在中间面积较小的现浇混凝土楼（屋）面板上出现贯穿裂缝，而且其下的墙体中在相应部位也会出现竖向裂缝。这种体系裂缝宽度较宽，为 1.2～3.0mm。

各种裂缝原因的叠加，常常使裂缝加剧，一旦出现沉降引起的斜裂缝，温度收缩将使这种裂缝加宽。

（四）受力裂缝

底层窗下墙，在条形地基反力的作用下，为弯、剪构件，因而在窗下墙中间的上部出现垂直裂缝，而在支座附近出现斜裂缝。

窗间墙或窗间护壁柱在自重、各层楼面和屋面梁板传来的荷载作用下，一般为小偏心受压构件，当抗压承载力安全储备不满足规范要求时，往往使轴向压力达到墙体破坏荷载的 50%以上，因而使单砖先裂，继而出现贯穿若干皮砖的竖向裂缝，其原因往往是少算荷载或加层超载引起的。

四、裂缝危害及其处理

（一）热胀及温度收缩裂缝

热胀及温度收缩裂缝，属于随季节气温周期性变化的稳定的变形裂缝，一般不危及结构安全，但超过一定宽度的变形裂缝影响房屋结构的整体性和正常使用。因此对这种裂缝工程，作者建议在最佳时期进行裂缝处理。例如长沙矿冶研究院办公楼，屋顶为现浇混凝土结构，其外纵墙被推裂的宽度达 10mm，用户非常担心会发生安全事故。经作者建议在最热的季节，对内倾斜裂缝处理后，能满足正常使用要求，更未出现安全问题。对于温度收缩裂缝工程，则建议在气温较低的季节进行裂缝处理，均取得了良好的效果。裂缝处理的具体措施，墙体、门窗洞口的加固如图 5-1 所示，抗震构造要求的组合构造柱和组合圈梁见图 5-2 以及详见裂缝工程实例介绍。

（二）沉降裂缝

由地基均匀沉降引起的水平裂缝以及不均匀沉降引起的斜裂缝、正八字裂缝均属变形裂缝，它们随沉降的稳定而稳定，随沉降的发展而发展。因此，对待这种裂缝，一般不宜急于处理，特别是未经鉴定就急忙进行加固处理。这样，不仅会带来较大的，有时甚至是巨大的经济损失，而且会使裂缝问题越来越严重。本章介绍的某县平阳大厦结构裂缝工程实例（建筑面积约为 8000m^2）堪称典型。该大厦竣工验收后，一、二层门面已开业，三～八层户主已入住。虹桥跨桥事件不久，平阳大厦桩基发生一次大沉降，其承台梁压在相邻五层老办公楼的条形基础上，条基发生转动，使老办公楼上部墙体、楼面倾斜、开裂，成为危房，并由电视台曝光。据此，当时县质监站已下文平阳大厦为危房，责令门面停业，住户搬迁，立即进行加固处理。作者陪同罗国强教授接受县建设局委托进场前，桩基加固队伍已先进场，采用挖砂桩的方案进行处理。并在动员门面停业，住户搬迁。作者进场仔细观察平阳大厦之后，仅在钢筋混凝土框架梁上找出几条细小的裂缝，初步认为不必停业和搬迁，更不必急着加固处理，并建议立即停止正在进行的挖桩加固施工。提出该大厦“在观察中使用，在使用中观察”的观点，当即得到县建委领导和总工程师、县质监站、设计院技术负责人的赞同。经过两年多的观测，最后，仅结合拆除紧邻的老办公楼重建时，对局部桩基采用钻孔桩进行加固处理。既保证了大厦的安全使用，又避免了上百万元的直接损失。

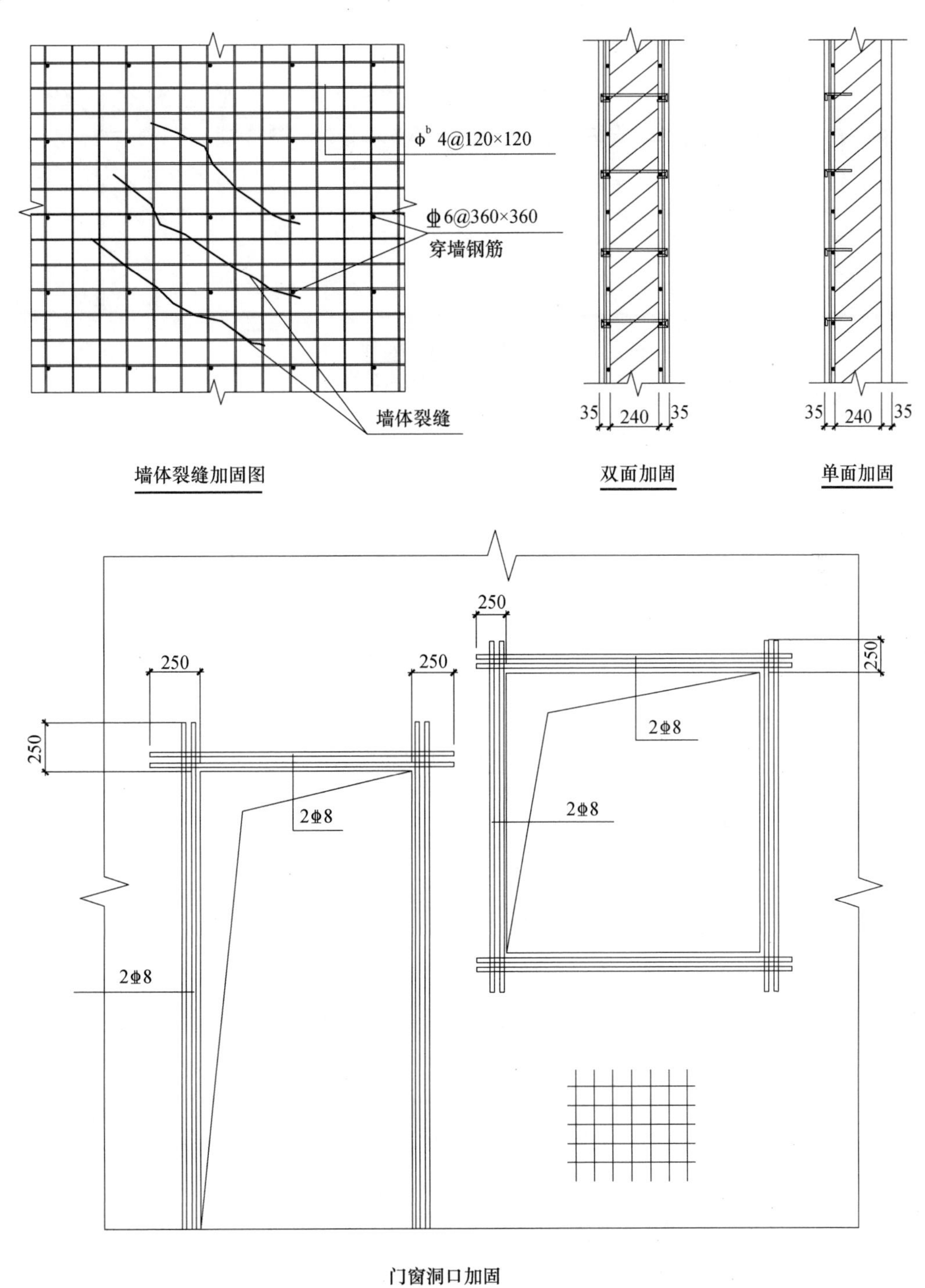

图 5-1　墙体、门窗洞口加固

说明：

1. 墙体裂缝用 ϕ^b4@120×120 纵横钢筋网、ϕ 6@360×360 穿墙钢筋拉接，钢筋应四向植筋 10d，上粉 M30 水泥复合砂浆 35mm，保湿养护 7d；

2. 门窗洞口加 2ϕ8 构造筋，每边延伸 250mm（双面）；

3. 墙体为贯穿裂缝应双面加固，只有一边有裂缝时，只需单面加固。

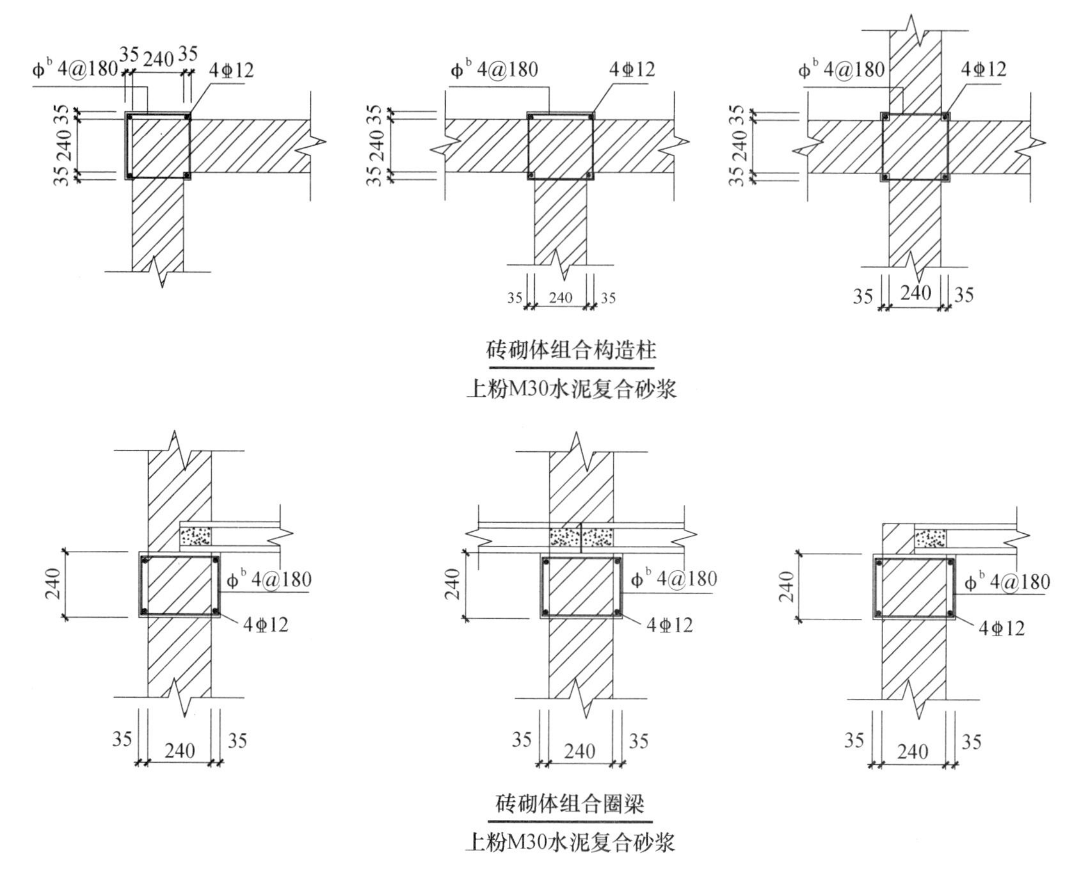

图 5-2　砖砌体组合构造柱和组合圈梁

根据“在观察中使用，在使用中观察”的原则，作者还对桂阳百货大楼、邵东毛荷殿商住楼等曾下文停业的裂缝工程，在未停业的前提下进行观测，后经加固处理，确保了安全使用。但是，在检测、鉴定或加固处理过程中，如发现沉降在不断发生，导致房屋整体倾斜，接近危房标准时，应及时拆除以消除安全隐患。

（三）受力裂缝

在表 5-1 中房屋建筑的裂缝工程仅一例发现墙柱主要由压力引起的受力裂缝，一旦发现这种裂缝垂直贯穿若干皮砌块，经结构复核，又确认为受压承载力不足引起，应立即对墙柱进行加固，以消除安全隐患，避免房屋突然发生倒塌的重大事故。该例考虑到加固费用将超过重建造价的 40%，以及房屋已使用 20 余年，不均匀沉降裂缝现象又较严重，故表 5-1 中的某市冶炼厂办公楼最后已决定拆除重建。

五、墙柱加固用钢筋

砌体结构墙柱加固用钢筋，作者对于旨在恢复结构整体性、耐久性，提高结构抗裂性而设置的构造钢筋，极力推荐采用直径为 4mm 的冷拔低碳钢丝，为阐明其理由，特将作者在 2017 年第六届全国建筑结构技术交流会上发表的论文《冷拔低碳钢丝在中国建筑工程中的地位与作用——兼谈国标〈混凝土结构设计规范〉删除冷拔低碳钢丝的合理性》作为本书参考文献，以引起同行业内人士重视，特别是《混凝土结构设计规范》编制组以及相关加固设计规程规范编制组的重视，为传承冷拔低碳钢丝这种具有中国特色的建筑用钢在中国建筑工程以及支援第三世界建设中的作用，作者建议是否能将它重新纳入国标或行标之中。

第二节　地基基础沉降裂缝工程实例

一、【工程实例 5-1　某市烟叶复烤厂幼儿活动室】

（一）工程概况及裂缝特点

幼儿活动室为单层砖混结构，砖扶壁柱的中距为 3.3m，钢筋混凝土屋面梁的跨度为 6.3m，由于该园坐落在约 9m 厚的填土区，故在扶壁柱下设有直径为 350mm 的洛阳铲人工挖孔灌注桩。活动室的建筑平面及剖面如图 5-1-1（a）所示，1992 年该工程主体完工并粉刷之后，发现墙、柱开裂，情况日益严重，钢筋混凝土承台梁出现剪断的斜裂缝［图 5-1-1（b）］，砖墙墙面上出现宽为 5～10mm 的斜裂缝，砖扶壁柱在接近窗顶处出现宽约 20mm 的水平裂缝，如图 5-1-1 *Ⅰ-Ⅰ* 剖面所示。水平裂缝的特点是：砖柱内侧的裂缝宽度较大，而外侧较小，内外裂缝贯通，如图 5-1-1 *Ⅱ-Ⅱ* 剖面所示。

（二）裂缝原因

Ⓐ轴线桩的布置如图 5-1-1 *Ⅰ-Ⅰ* 剖面所示，单桩承载力设计要求不低于 200kN，足以承受柱及承台传给桩基的荷载。为什么会出现上述裂缝呢？根据现场调查，原来成孔时，因大雪停工，待冰雪融化约 20d 后，才灌注混凝土。成孔后虽盖上桩孔，但仍有融化的泥水流入孔底，且在灌注混凝土之前又未清孔底，严重违反成孔后应立即灌注混凝土，以及灌注混凝土之前，要再次清孔底的施工要求。因此，造成桩下虚土过厚，形成一些吊脚桩。

根据图 5-1-1 *Ⅰ-Ⅰ* 剖面所示的裂缝特征可知：在②、③、④轴线的桩形成吊脚桩，从*Ⅱ-Ⅱ*剖面可知，吊脚桩上除承受墙、柱、桩及其承台梁向下的自重外，还承受填土固结引起方向向下的负摩擦力。在吊脚桩向下集中力的作用下，承台梁的受力图为如图 5-1-1（b）所示的带悬挑的简支梁，在弯矩及剪力均较大的部位，先将承台梁沿斜截面剪断（该承台梁截面高 400mm，宽 500mm，配有 8ϕ20 的纵向钢筋和 4 肢 ϕ6@250 的箍筋，混凝土强度等级为 C20）。然后，在窗顶处沿抗拉强度很低的水平截面将窗间墙和砖柱拉断，形成贯穿砖柱的水平裂缝，并在悬臂梁端(2/3)～④轴线的墙面上出现斜裂缝。

（三）加固处理

对于这起桩基的工程质量事故，进行了如下加固处理：对于②、③及④轴线处，紧靠原桩位的一侧，在室外补打 2 根桩，紧靠近承台梁的桩为压桩，远离承台梁的为拉桩，拉压桩上现浇的混凝土挑梁，利用杠杆原理，调整桩距，尽可能减小拉桩的内力，支承承台梁。当吊脚桩继续下沉时，将集中力通过悬挑梁传给增补的桩上。实践表明，这样加固后，控制了裂缝开展，效果良好。

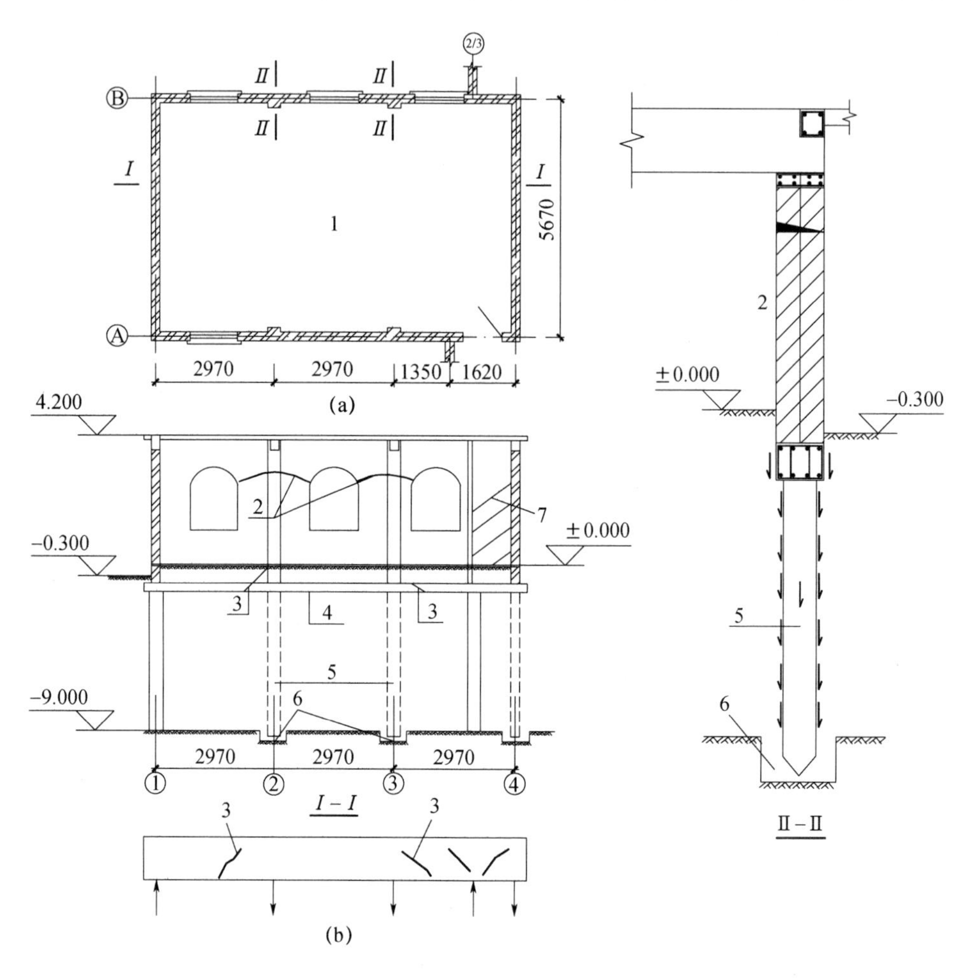

图 5-1-1　某幼儿园活动室承台梁及墙柱裂缝

(a) 平面；(b) 承台梁受力图

1—活动室；2—水平裂缝；3—裂断；4—承台梁；5—吊脚桩；6—虚土；7—斜裂缝

(四) 经验教训

该项工程事故是单层房屋采用桩基础出现沉降裂缝的典型实例，根据现行标准《建筑桩基技术规范》(JGJ 94)，从中对洛阳铲（冲孔）桩可总结如下经验教训：

(1) 孔口应按规范要求设置钢护筒。

(2) 冲孔挖出的土石方应及时运离孔口，不得堆放在孔口四周 1m 范围内。

(3) 冲孔至设计标高（持力层），清孔后应立即灌混凝土，尽量减少间隔时间。

(4) 清孔后，孔底沉渣（或虚土厚度）满足规范要求。

二、【工程实例 5-2　某县农林城 8 栋商住楼】

(一) 工程概况

农林城 8 栋为砖混结构，以杂填土为持力层的强夯地基、钢筋混凝土条形基础，建筑面积为 2800m^2 的四层商住楼（底层为层高 4.2m 的门面，上面 3 层为层高 3.2m 的住宅），其立面如照片 5-2-1 所示。1998 年 12 月 21 日开始强夯，1999 年 1～2 月进行强夯地基检测和补充检测。1999 年 2 月 4 日由农林城工程指挥部召开了强夯地基技术应用论证会，在论证会上指挥部要求设计院在未得到补充勘测报告时，对强夯地基做最差的估计，修改基础设计。随后，设计者将原独立柱柱下基础和条形基础下的桩全部取消，改为钢筋混凝土条形基础，承重横墙部分的条形基础宽为 1.2m，非承重纵墙部分的条形基础宽为 0.6m。1999 年 3 月初按修改图施工，6 月主体完工，11 月完成室内外装修。

照片 5-2-1　某县农林城 8 栋商住楼外貌（共 48 栋）

（二）勘察、设计与施工

1. 勘察

根据工程地质勘察报告，该商住楼所处的场地原为梯田地段，其土层构造由上而下依次为人工填土、腐殖土（耕作土）、残积黏土、强风化红色粉砂岩、中风化至微风化红色粉砂岩。人工填土为施工前的近期填土，由两部分组成：上部为黄褐色黏性土，土质较均匀，碎石含量少，湿至很湿，厚 3m 左右，局部达 4m，进行过机械夯实；下部由碎石、块石及少量黏性土组成，局部含少量砾石，厚 1.5～2.5m，受机械夯实影响小，密实度差。腐殖土主要成分为淤泥质黏性土，厚 0.6～2m，因钻孔间距过大(40.8m)，故未准确掌握其厚度。残积黏土质地均匀、正常固结、中压缩性，钻孔未穿透该层，故未知其层厚。

2. 设计

根据 1998 年 11～12 月的设计图可知，该商住楼底层承重方案为部分横向混凝土框架（②轴和⑫轴）承重，其余部分为横向砖墙承重，间距为 3.6m，宽度为 16.76m。除南、北向设有外纵墙外，在中间（Ⓓ轴）底层设有一道内纵墙，它们基本上为非承重墙。在二楼的楼面上（亦即一楼承重横墙的墙顶上）设有纵、横向的钢筋混凝土梁，支承以上三层砖混结构。走廊两侧有两道（在楼层处无联系的）内纵墙。为支承这两道内纵墙，在其下设有钢筋混凝土梁（L6），梁下设有钢筋混凝土构造柱。该商住楼 1998 年

12月原设计为桩基础，后修改为强夯地基上的钢筋混凝土条形基础。

3. 施工

(1) 1998年12月21日进场开始强夯。

(2) 1999年1月20日，强夯结束后对强夯地基进行检测，经标贯及土样试验，8栋强夯地基土的承载力均达到150kN/m^{2}以上，强夯地基合格。鉴于上述地质情况，报告建议，在作施工图之前应进行详勘，以防强夯层下卧的水塘、河道淤泥构成的软弱层影响房屋安全。

(3) 1999年2月4日，由农林城工程指挥部主持召开了讨论强夯地基在农林城的应用问题，希望出席会议的专家通过理论和实践两方面对强夯地基进行论证，如有不足之处或薄弱环节，还可在上部结构施工之前及时采取有效的处理措施，确保农林城内投资客商生命财产的安全。根据与会专家的意见，农林城工程指挥部作出如下决定：

① 请省物勘院马上开始按照原始地形地貌所提供的水塘、河道的准确位置进行深层勘测，并及时提供补充勘测报告。

② 在尚未收到报告之前，请设计院做最坏的估计，对基础进行修改，并尽快发出设计修改通知。

③ 有关城内施工用水，由工程部下文严格控制用水流失，并督促施工单位修好临时用水排水设施。

④ 已开挖的基槽必须年前完工，未开挖的基础一律停止施工。

⑤ 组织人力物力，做好春季防汛工作，确保场地不积水。

(4) 1999年3月初按修改图施工，6月份主体完工，11月30日装修完毕并竣工验收。

(三) 裂缝概况

1999年11月中旬首先在8栋四楼Ⓕ、Ⓔ/Ⓕ轴纵向隔墙②～③轴墙面发现约成45°的斜裂缝（照片5-2-2）。到2000年4月1日裂缝不断有所发展，砖墙和混凝土梁上的裂缝如照片5-2-3、照片5-2-4所示。砖墙裂缝具有如下特点：

(1) 砖墙裂缝绝大部分出现在纵向墙面上。

(2) 纵向墙面从一楼到四楼均已发现裂缝，以四楼的裂缝发现得最早，到目前为止，四楼墙的裂缝宽度也最宽。此外，四楼的裂缝宽度还随气温变化，阴雨天气变小，晴天中午增大。

(3) 纵向墙面的裂缝绝大部分为与地面成45°的斜裂缝（照片5-2-2、照片5-2-3），个别为呈水平状的裂缝（照片5-2-4）和窗台下的垂直裂缝。

(4) 裂缝的宽度最小约为0.1mm，最宽约为20mm。

(5) 2000年4月1日从一楼到四楼的横墙尚未见裂缝，5月5日～11月4日观察到二层少数横墙已出现裂缝。

(四) 地基承载力复核

③×Ⓒ轴和③×Ⓔ轴构造柱下基础地基承载力验算如下。

1. 构造柱传给地基的轴向压力

根据原设计结构布置图，二楼楼面在②～③轴、③～④轴之间，预制板是沿4m跨度

照片 5-2-2　农林城 8 栋四楼肖宅Ⓔ/Ⓕ轴纵向墙面裂缝

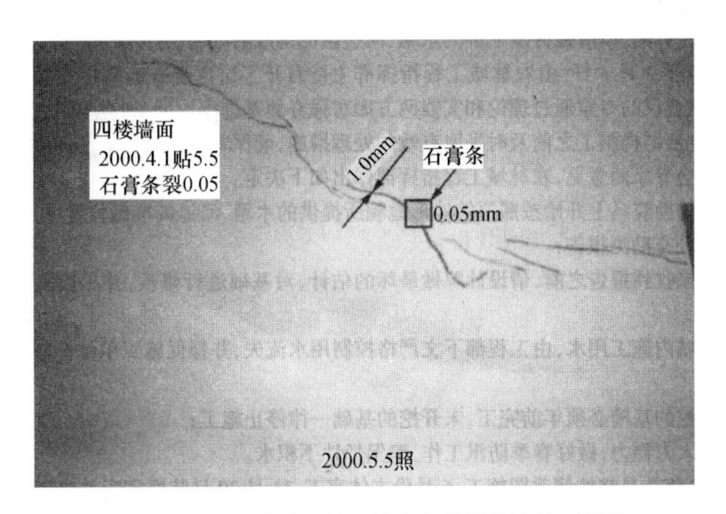

照片 5-2-3　农林城 8 栋四楼肖宅Ⓕ轴纵墙墙面裂缝

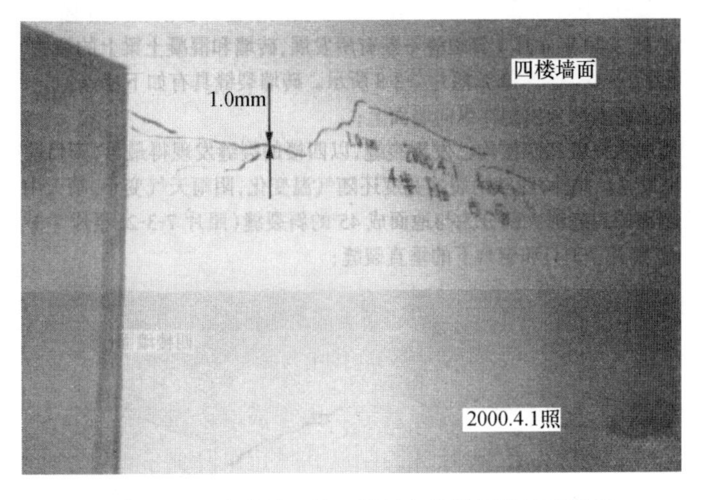

照片 5-2-4　农林城 8 栋四楼尹宅Ⓕ轴纵墙墙面裂缝

方向布置的，故传力路径为：预制板（YKB_2 440）→L2（150mm×400mm）→L11（250mm×500mm）→L6（250mm×600mm）→构造柱（240mm×240mm）→基础（按45°传力，不考虑垫层作用，基底面积为1200mm×1680mm）→强夯地基。

构造柱传给地基的轴向压力按上述传力路径其计算结果为322.5kN。

2. 基础及其台阶上回填土重

$$1.2\times1.2\times1.68\times0.72\times20=34.84\text{kN}$$

3. 构造柱下基础传给地基的轴向力和压应力

$$N=322.5+34.84=357.34\text{kN}$$

$$\sigma=\frac{N}{A}=\frac{357.34}{1.2\times1.68}=177.25\text{kN/m}^2$$

4. 地基承载力复核结果

当不考虑垫层及纵墙的作用时

$$\sigma=177.25\text{kN/m}^2>f=150\text{kN/m}^2\text{（不满足）}$$

（五）裂缝原因

1. 墙体斜裂缝

根据裂缝特征、工程地质勘察报告、强夯地基检测报告、结构设计及变更设计图以及地基承载力验算结果，8号楼纵墙体出现斜裂缝的主要原因可从下列几个方面进行分析。

（1）按裂缝特征和裂缝机理分析。

如前所述，一层横墙为承重墙，其上无斜裂缝；一层纵墙为非承重墙，出现了与地面约成45°的斜裂缝，与另一侧纵墙上的斜裂缝形成正八字形裂缝，如图5-2-1所示。

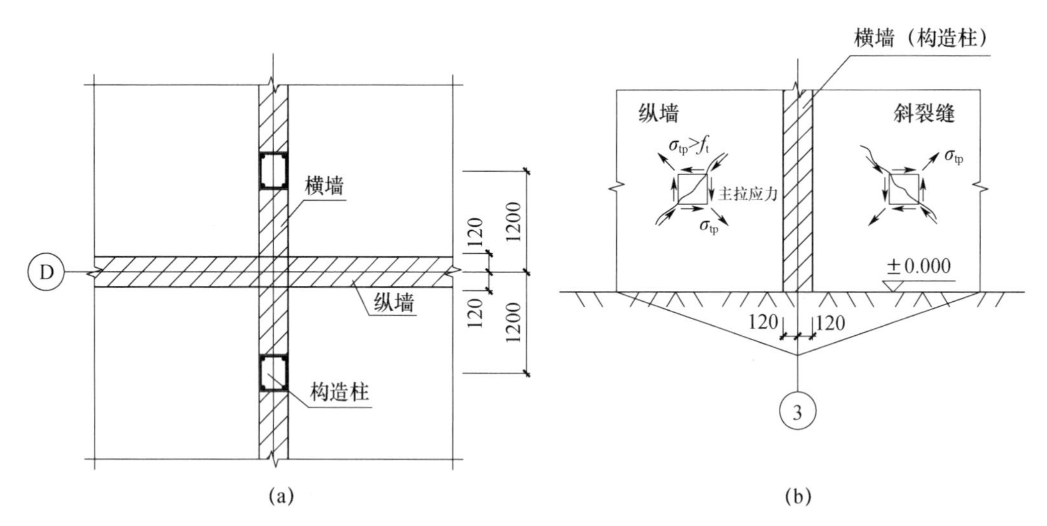

图5-2-1　底层非承重纵墙出现斜裂缝的机理

（a）平面；（b）立面

承重的横墙在荷载作用下发生沉降变形，由于横墙下设有钢筋混凝土条形基础，墙内又设有钢筋混凝土构造柱，具有较好的刚度和抵抗沉降变形的能力，且横墙基础自身沉降差较小，因此，在一层横墙上未出现斜裂缝。但是，一层纵墙为非承重墙，其基础只承受一层纵墙自重，沉降很小，与横墙基础有较大的沉降差，在横墙基础与纵墙基础交叉的部位，要求沉降变形一致，迫使纵墙基础发生与横墙基础相协调的沉降变形，也使纵墙基础承受部分由横墙传来的荷载。由于纵墙墙体抵抗不均匀变形的能力较差，当不均匀沉降在纵墙内引起的主拉应力超过砖砌体的抗拉强度时，在纵墙上引起如图 5-2-1 所示的斜裂缝。横墙与横墙以及横墙与纵墙墙基之间的差异沉降变形，使支承在横墙上的二、三、四层的纵向墙体受剪，产生主拉应力，在主拉应力超过砖砌体抗拉强度的部位出现斜裂缝。因此，8 栋二、三、四层墙体的斜裂缝也均出现在纵墙上（照片 5-2-2、照片 5-2-3）。此外，对于第四层（顶层）墙体，由于混凝土屋面热胀变形时，将使温度较低，热胀系数比混凝土约小一倍的纵向砖墙受剪，提早和加剧了顶层砖墙斜裂缝的出现和开展，这是顶层墙体斜裂缝出现得最早和开展最宽并随气温变化的缘故。

（2）从强夯地基检测和工程地质勘察结果分析。

从强夯地基的检测结果可知，8 栋强夯地基的承载力达到和超过150kN/m^2 的设计要求。但是从工程地质勘察报告得知，强夯地基下卧软弱腐殖土，其压缩性高，土层厚薄不一（0.6～2.0m），当基础通过强夯地基传递的压力较大时，将导致差异沉降量过大，而引起墙体出现斜裂缝。

（3）从构造柱下基础地基承载力验算结果分析。

构造柱下基础地基承载力验算结果表明，当按常规不考虑垫层，且只考虑横墙承重时，地基压应力 $\sigma=177.25\ kN/m^2>f=150kN/m^2$，不满足现行国家标准《建筑地基基础设计规范》（GB 50007）对地基承载力的要求，表示地基将发生较大的沉降变形。当纵墙开裂后，构造柱的力部分将通过纵墙墙基传给地基，此时，地基压应力将小于 $f=150kN/m^2$，满足规范对地基承载力的要求，但当强夯地基下卧层软弱，且厚薄不均时，将继续引起差异沉降，导致纵墙裂缝继续开展。

综上所述，引起 8 栋纵墙开裂的主观原因是设计上的失误，表现在以下几个方面：

（1）从结构布置上，针对强夯地基承载力较低且存在软弱下卧层的客观条件下，设计时应避免地基上出现较大的集中压力和相应的压应力。在横墙内 L6 下设置构造柱，造成较大的集中力，这是设计上的失误之一，在农林城内，兴建了 48 栋类似的商住楼，L6 下未设构造柱的商住楼均未出现纵墙开裂的现象。因为二楼楼面梁（L6）的支座反力通过梁垫按 45°压力角可均匀地传递到墙下基础和地基。

（2）即使设了构造柱，如果通过计算得知，不满足地基规范的要求，会考虑到局部加大基础的底面积，使之满足规范对地基承载力和地基变形的要求。构造柱柱下基础未局部加大，这是设计上失误之二。

（3）1999 年 2 月 4 日强夯地基论证会上，建设方明确提出在未得到强夯地基下卧层的详勘报告之前，要按最坏的情况考虑。此时，设计者未对强夯地基承载力取较低的数值，未加大基底面积，以减少传给下卧层的应力和相应的沉降变形，这是设计上失误之三。

（4）基础的底面应根据上部结构传力的大小进行设计，既不能以小代大，也不能以大代小，否则，将使地基承载力不能满足规范要求，或人为地造成差异沉降，这是基础设计中必须严格遵守的原则。8 栋的设计正是违背了该原则，在基础设计变更中，将 8 栋的基础归为两种；一种是承重墙下基础（包括框架柱下基础），用于结构图中用阿拉伯数字标注的轴线及转角部分轴线：另一种是非承重墙下基础，用于结构图中英文字母标注的轴线。按照该施工图变更说明①轴（或⑬轴）为边轴，其基础的受力与②轴（或⑫轴）的受力几乎相差一倍，而两者均采用同一基底尺寸的基础，使其沉降也将相差几乎一倍。这是设计失误之四，也是最严重的失误。

2. 外悬挑墙体裂缝

外悬挑墙体有两部分，一部分是Ⓖ轴外悬挑梁（XL-1）上的横向墙；另一部分是$\frac{1}{G}$轴上二楼窗台以下和窗两侧的纵向墙。这两部分墙体裂缝原因如下：

（1）从裂缝特点及裂缝机理分析。

这两部分墙体裂缝具有如下特点：

① 二楼$\frac{1}{G}$轴窗下②～③轴纵向墙出现向③轴倾斜的裂缝（照片 5-2-5），而四楼②～③轴窗侧纵向墙也出现向③轴倾斜的裂缝（照片 5-2-6）

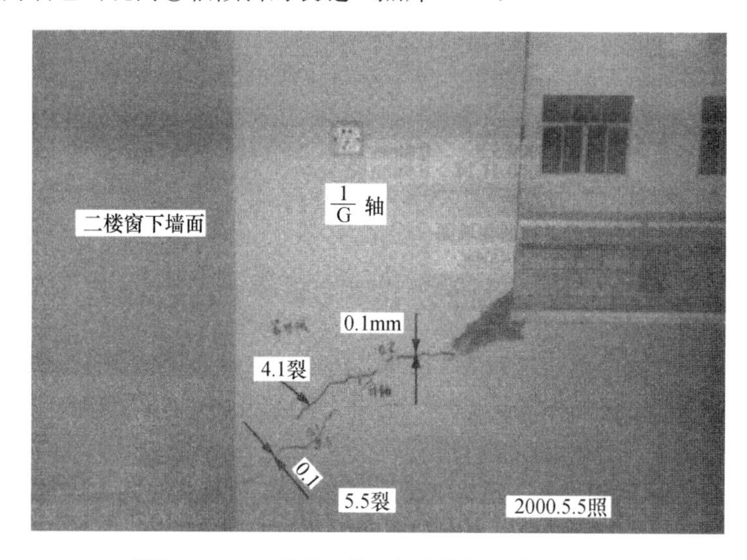

照片 5-2-5　农林城 8 栋二楼$\frac{1}{G}$轴窗下墙面斜裂缝

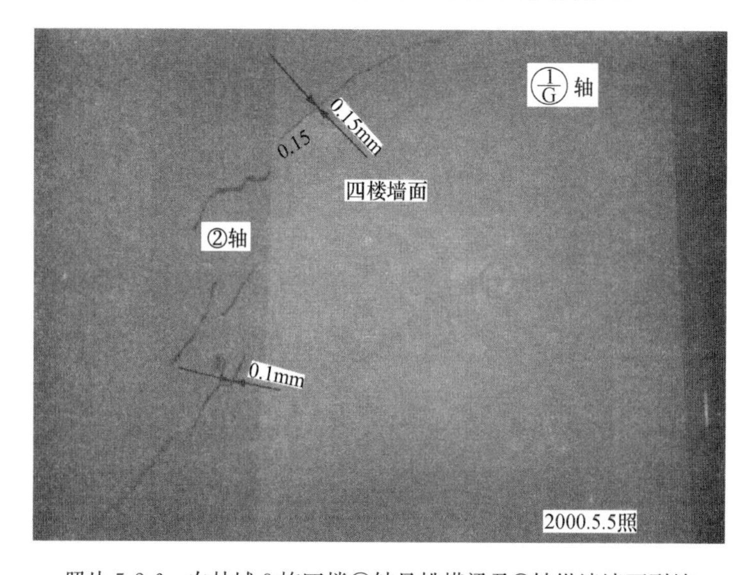

照片 5-2-6　农林城 8 栋四楼②轴悬挑横梁及$\frac{1}{G}$轴纵墙墙面裂缝

② 四楼⑯轴窗一侧纵向墙在上半部位出现水平裂缝。

③ 悬挑梁上的横墙二楼出现略向外倾的垂直裂缝，而四楼出现明显外倾的斜裂缝（照片 5-3-10）。

④ 农林城 8 栋②～③轴、⑤～⑥轴、⑧～⑨轴、⑪～⑫轴凸出的⑯轴上的纵向墙和两侧悬挑横向墙均出现类似的裂缝，反映了这些裂缝出现具有一定的规律性，不是一种偶然现象。

引起这些裂缝的原因是沿垂直于裂缝方向的主拉应力超过砌体的抗拉强度。墙体中的主拉应力是由相邻横墙地基不均匀沉降、悬挑梁不均匀的下垂变位引起的剪应力和弯应力共同作用的结果。

（2）从悬挑梁（XL-1）承载力验算结果分析。

悬挑梁（XL-1）承载力验算结果表明，按分层受力考虑，三、四层楼悬挑梁的抗弯、抗剪承载力均足够，仅二楼的悬挑梁正截面抗弯承载力不够，其抗弯承载力系数 $R/r_0s=28.4/(1\times38.96)=0.725$，安全系数不满足混凝土结构设计规范的要求。由于上一层悬挑梁是在下一层墙上现浇的，受力不能按分层考虑，实际上以二楼悬挑梁的受力最大，相应的弯曲和剪切变形也较大，其上的砌体也随之变形，砌体结构本来抗拉强度低，抗变形能力差，如果砖墙砂浆强度低、施工砌筑的质量差，则更易引起沿与主拉应力垂直方向开裂。在二楼悬挑梁下垂变形过程中，使⑯轴纵墙的薄弱部位，如窗两侧墙体的水平截面受拉，因而产生水平裂缝。

（3）从各横向条形基础受力不同分析。

该商住楼底层为 3.6m 开间的门面，二、三、四层为住宅。由于建筑功能上的不同，每户承重墙布置有所变化，因而底层各横向承重条形基础的受力也不同，加上强夯地基之下存在情况各异的软弱土层。因此，各横向条形基础的沉降也不同，这种沉降的差异，使⑯轴二楼窗下纵墙产生如照片 5-2-5、照片 5-2-6 所示的单向倾斜的裂缝。

此外，8 栋的结构设计图未见设计、校核、审核人签字，违背了《中华人民共和国建设工程质量管理条例》第三章第十八条和第十九条的规定。

（六）裂缝危害性分析

砖墙由差异沉降和屋面热胀引起的斜裂缝属变形因素引起的，它们一旦出现，在砖墙内由差异沉降和屋面热胀引起的约束拉应力随即消失，这种裂缝如能趋于稳定，不会影响结构的承载力，但对结构整体性和正常使用（例如门窗不能关启）以及美观有不良影响，应对这些裂缝部位的砖墙进行加固修复处理。对于仅仅是墙面粉刷层的表面裂缝，则只需做重新粉刷即可。由屋面热胀引起的裂缝，随气温周期性变化，属稳定裂缝。但是，当强夯地基存在非常软弱的下卧层，纵墙裂缝将不断发展，一旦裂缝转移到横墙，使承重横墙的整体性和稳定性遭到破坏时，将危及到房屋结构的安全。此时，应对承重横墙的基础进行加固处理。

Ⓖ轴外悬挑梁上墙体裂缝，主要是由二楼悬挑梁承载力不够引起的。此外，也与地基不均匀沉降、温度变形等因素有关。但主要属于荷载裂缝，这种裂缝不仅影响美观，而且存在安全隐患，一旦出现最不利组合作用，将危及结构安全，除对地基进行加固处理外，对二楼悬挑梁也应进行加固处理。

（七）加固处理

上部结构的裂缝，主要是由于横向承重墙不均匀沉降引起。为避免进一步沉降，采取卸载的办法，在承重梁（L-6）下设墙和墙基的方案，将横墙一部分由梁传来的荷载，转移到横墙墙基之间的纵向墙基下的强夯地基上。因此，沿Ⓔ、Ⓒ轴各开间均在梁下设墙及墙下基础，在①～②轴和⑫～⑬轴之间的靠近Ⓑ轴和Ⓛ轴的梁下也设置墙和墙基。此外，在Ⓖ×①、Ⓖ×②、Ⓖ×③、Ⓖ×⑤、Ⓖ×⑥五处对二楼悬挑梁进行加固。上述加固部位见图 5-2-2。

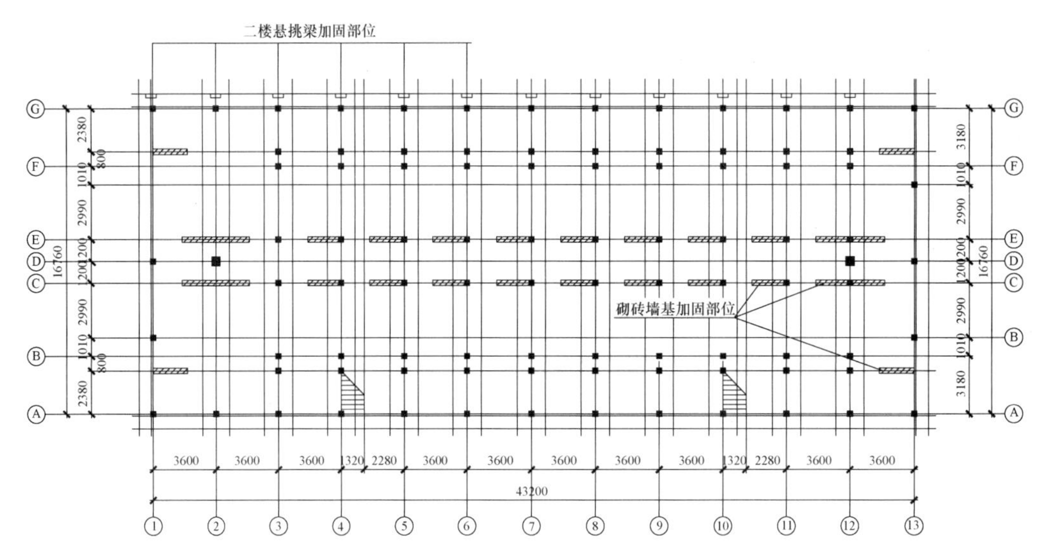

图 5-2-2　梁和基础加固平面布置图

1. 二楼悬挑梁下墙柱地基基础加固

为了使二楼悬挑梁既减小跨度又可使部分横墙墙下地基基础卸载，采用如图 5-2-3 所示加固方案。其施工要点如下：

（1）紧靠Ⓖ轴外墙沿①、②、③、⑤、⑥轴处（图 5-3-4）开挖平面尺寸约 0.83m×（1.5m＋原柱宽）、深约 0.9m 的基坑。

（2）按图 5-2-3 结构平面所示，施工直径 ϕ350 的洛阳铲挖孔混凝土灌注桩，桩底至原基底垫层底为 2m，桩沿全长配置 6Φ10 的纵筋和 ϕ6@200 的螺旋箍筋，桩的混凝土强度等级为 C25，混凝土保护层厚度为 35mm，混凝土第一次浇捣至原基础垫层顶面标高。

（3）按截面Ⅲ-Ⅲ配置悬挑梁的纵筋（上部 3Φ16，下部 2ϕ10）和箍筋（悬挑部分为 ϕ8@100），以及按截面Ⅰ-Ⅰ配置立柱的插筋 4Φ12，并按 A 节点大样和结构平面在混凝土垫层内配置 5Φ10 的受力筋和 ϕ8@200 的分布筋。

（4）浇捣 C25 的混凝土至地面标高 0.000 处。

（5）扎立柱纵筋并与柱顶悬挑梁底 4ϕ16 的膨胀螺丝焊接。

（6）浇 C25 混凝土至悬挑梁底下 100mm 处。

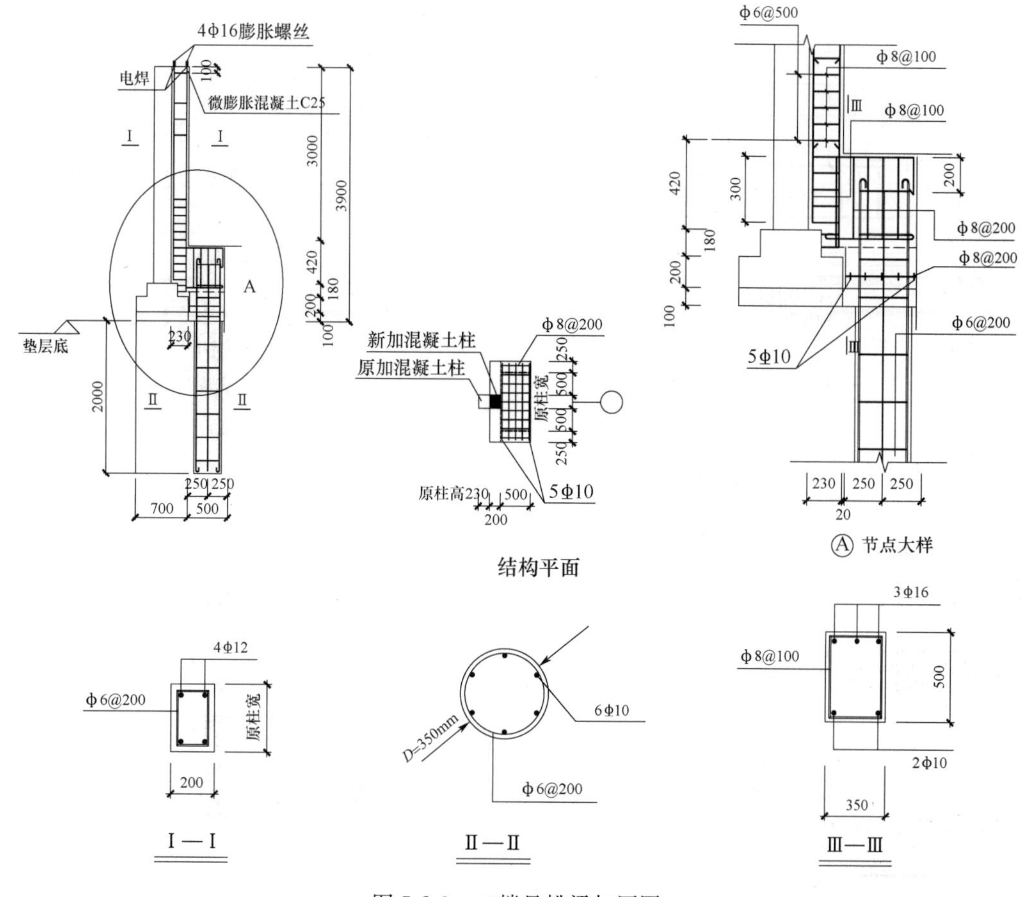

图 5-2-3　二楼悬挑梁加固图

（7）在梁底与柱顶之间浇掺水泥用量 12%的 UEA 膨胀剂的微膨胀混凝土。

（8）待微膨胀混凝土初凝后适时浇水养护，养护期 14d。

2. L-6 下砌砖墙加固

为将 L-6 承受的荷载通过新砌的梁下砖墙传到墙下条形基础以及相应位置的强夯地基上，使横墙地基基础卸载，采用图 5-2-4 所示的加固方案，其施工要点如下：

（1）按图 5-2-4 加固平面图及*II-II*剖面所注尺寸开挖土方，至原横墙墙基垫层底部标高。

（2）按*II*-*II* 剖面浇 C10 垫层及用 MU10 砖、M5 水泥砂浆砌砖大放脚。

（3）按*I*-*I*、*II*-*II* 剖面制作挑梁的纵筋和箍筋，并控制挑梁梁顶标高为－0.050，立模、浇梁混凝土，并注意将新做的基础与原墙基用泡沫塑料隔断。

（4）回填夯实后，在挑梁上用 MU10 砖、M5 混合砂浆砌 240 砖墙，至二楼楼面梁下 100mm。

（5）对墙顶与梁底 100mm 空隙浇捣微膨胀 C25 混凝土，内掺水泥用量 12%的 UEA 膨胀剂。要求混凝土振捣密实，并注意适时养护，微膨胀混凝土养护不少于 14d，现在可用自流密实混凝土浇捣。

3. 墙体裂缝处理

墙体裂缝根据裂缝宽度和裂缝的部位分以下三种情况进行处理。

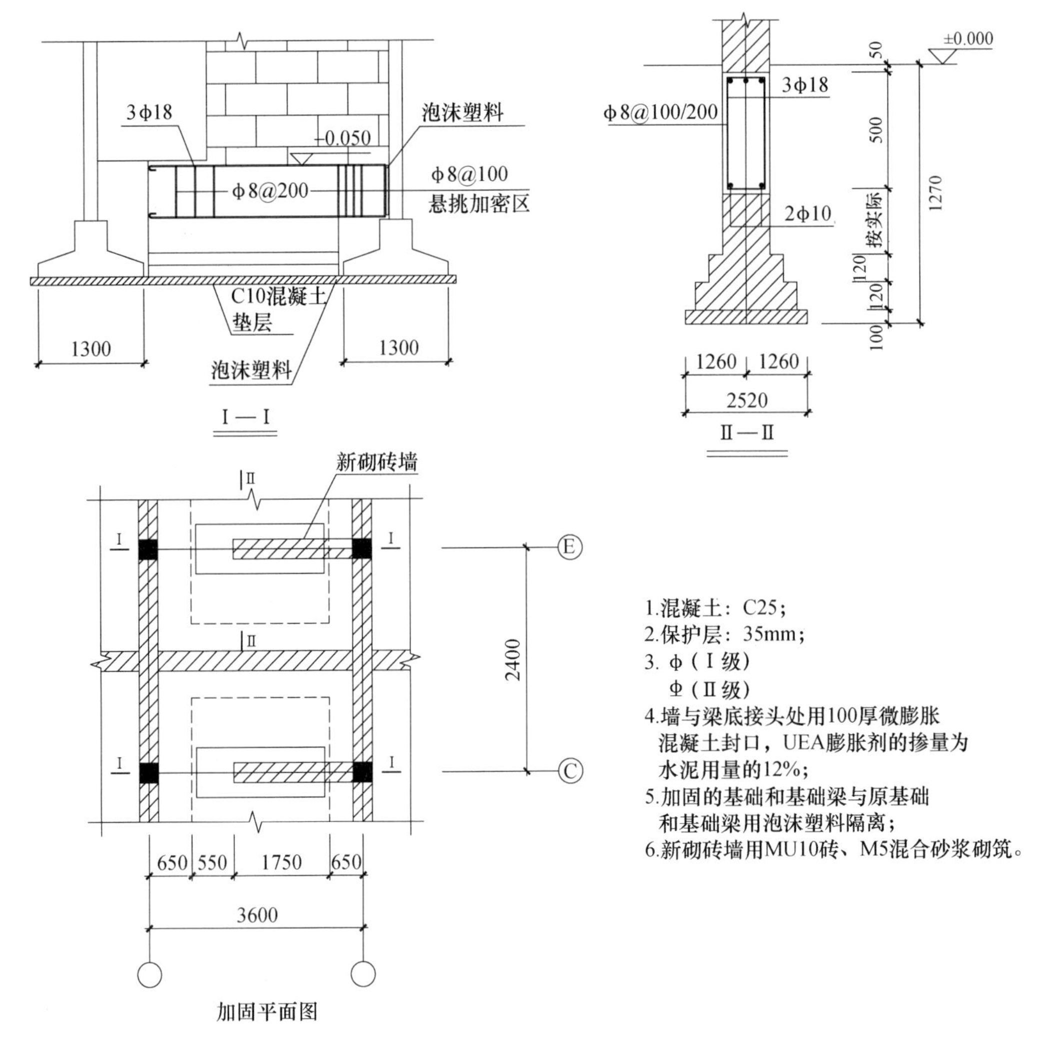

图 5-2-4　L-6 砌砖墙加固图

（1）0.3mm 以下内墙的裂缝处理。

小于 0.3mm 内墙的裂缝处理的施工要点如下：

① 将裂缝上、下、左、右各 250mm，即（l_x+500）×（l_y+500）范围内（l_x、l_y 为裂缝的水平和垂直投影长度）墙两面的粉刷层凿除，对每条垂直和水平灰缝进行勾缝，使灰缝凹进墙面 25mm，并将墙面和灰缝清洗干净。

② 随即粉 M10 掺有水泥用量 10%UEA 型膨胀剂的水泥砂浆，厚度与原粉刷层相等，要求挤压密实。

③ 待水泥砂浆初凝后，及时喷水养护 14d。

④ 水泥砂浆结硬（约 15d）之后，补做墙面面层（如刷 888 面层）。

（2）0.3mm 及 0.3mm 以上内墙裂缝处理。

内墙裂缝宽度为 0.3mm 及 0.3mm 以上时按图 5-2-5 处理，其施工要点如下：

① 将裂缝上、下、左、右各 500mm 的粉刷层凿除，对水平灰缝进行每隔三皮砖进行勾缝，使灰缝凹进墙面 10mm，并冲洗干净。

② 将长 280mmϕ6@360×360（四皮砖）的①号水平拉结钢筋平水平灰缝底钉入墙内，使其在墙面两侧外露 20mm 的钢筋头。

③ 将长为裂缝水平投影长度 l_x＋1m 的 Φ^b4@120 的②号钢筋置于①号钢筋之上，使其进墙 3mm，并与 1 号钢筋隔点电焊和扎牢。

④ 将长为裂缝垂直投影长度 l_y＋1m 的 Φ^b4@120 的③号竖向钢筋与②号水平钢筋扎牢。

⑤ 墙面双侧粉 25mm 厚 M10 水泥砂浆，粉刷前墙面要湿水，粉刷后要适时对墙面喷水养护。

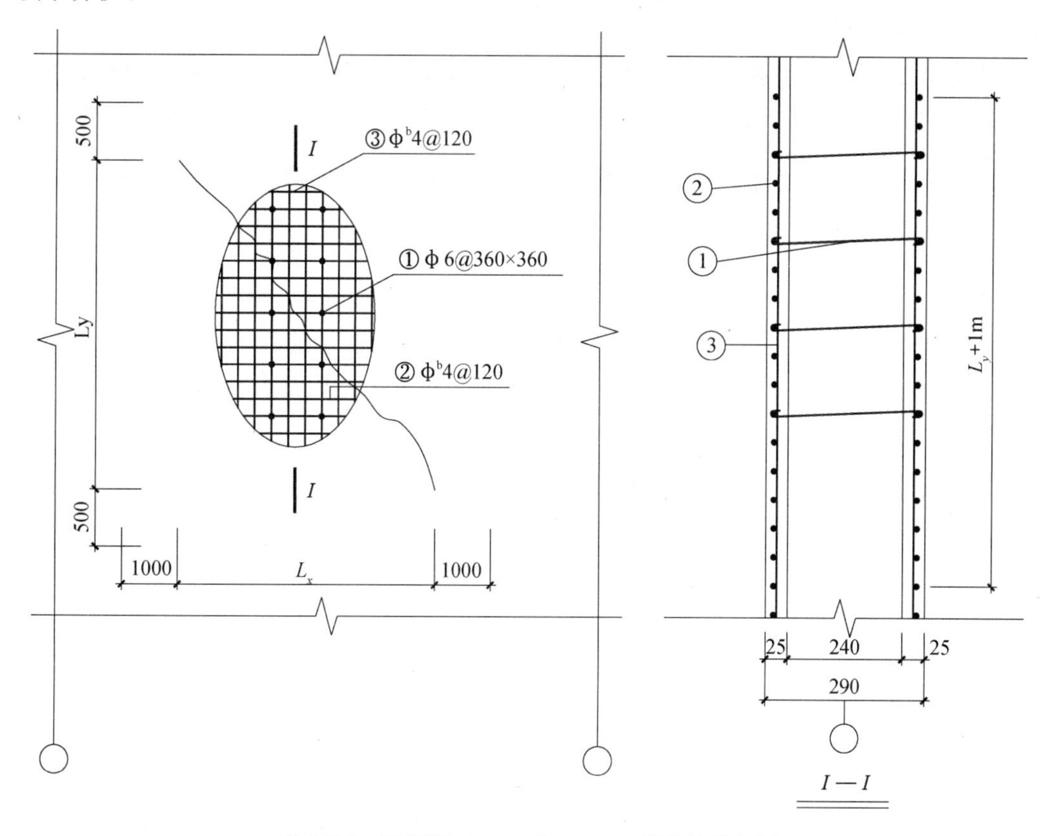

图 5-2-5　裂缝宽 0.3mm 和 0.3mm 以上墙体加固

（3）外墙的裂缝处理。

外墙的裂缝处理，原则上参照内墙处理，考虑到施工方便，如外墙已用水泥砂浆贴瓷砖，可仅对内墙面参照图 5-2-5 进行处理。不同的是，①号短钢筋改为 ϕ6@180×180 长 200mm 的钢钉，②号钢筋的直径仍为 ϕ4，但间距改为 180mm（三皮砖）。

（八）经验教训

2001 年按上述方案加固处理后，至今使用情况良好。从该事故可吸取如下经验教训。

（1）48 栋强夯地基上的工程实践表明，对于软弱土层（如填土等），在 6m 以内的大面积场地，兴建 3～4 层楼房采用强夯地基，在正常勘测、设计和施工的条件下是安全、经济、可行的。

(2) 强夯地基上个别出现沉降裂缝的工程（如 8 号商住楼），其主要原因是设计失误引起的，而并非采用强夯地基的缘故。

(3) 从设计失误中吸取的教训是：

① 结构布置和传力上，强夯地基应避免出现较大的集中压力，以免产生过大的压应力和相应的沉降变形；

② 集中力下地基承载力应满足建筑地基基础设计规范要求。否则，应在集中力作用范围内局部加大条基基底面积或在集中力下设注浆孔，内插粗钢筋，形成微型树根桩；

③ 不同轴线上墙下条基的轴向压力不同，应分别采用不同的基底尺寸，以使基底应力相互接近，不致产生过大的差异沉降；

④ 底层钢筋混凝土悬臂梁应有足够的强度和刚度，以免由于以上各层悬臂梁的变形传递，使底层悬臂梁超载引起墙体裂缝。至今还有类似的裂缝工程，应引起重视。

三、【工程实例 5-3　某市望月湖小区附 16 栋住宅楼】

(一) 工程概况

附 16 栋系望月湖小区 9 片 16 栋西端接长部分（一个单元），为七层住宅楼，共 21 户，建筑面积为 1379.56m²，桩基础，上部主体为砖混结构，桩基于 1992 年 8 月 3 日开工，当年 8 月 27 日完工。主体于 1992 年 10 月 7 日开工，1993 年 3 月 24 日竣工。

(二) 桩基设计与施工

1. 桩基设计

附 16 栋紧靠鱼池岸边，根据地质钻探报告，场地杂填土及粉质黏土层较厚，其基础设计采用振动沉管灌注桩，桩端持力层为室外地坪以下 9～12m 处的中风化板岩，单桩承载力设计值为 240kN。

2. 桩基施工与变更

桩基采用振动沉管灌注桩机施工，到 85# 桩位时，因临近鱼池的土质松软，桩机难以稳定和定位作业，施工方将剩余部分桩改为洛阳铲桩，①～④轴线共布置 41 根桩（包括 4# 振动沉管灌注桩），编号为 86#～126#（图 5-3-1），单桩承载力 160kN，其中 86#～126# 桩由原条形承台桩基改为筏板-群桩（37 根）桩基，筏板厚为 800mm，低洼处先填土后打桩。

3. 单桩承载力静载试验结果

1992 年 9 月 8 日，某省建筑设计院咨询部对 2#、8# 振动灌注桩和 100# 洛阳铲桩进行了单桩静载试验。2#、8# 单桩承载力均满足设计要求，100# 桩单桩承载力仅为 112.4kN，约为设计要求的 70%，未满足设计要求。

4. 单桩承载力不足的处理意见和措施

100# 洛阳铲单桩承载力不满足设计要求，在未进行加倍抽检的情况下，设计方对该栋房屋桩基采取了先验算后处理的对策。验算的原则是将 37 根洛阳铲桩全部按 70% 设计承载力考虑，结果表明，桩基总承载力仍大于由荷载引起的总轴向压力。但考虑到该栋地质条件较差，越靠近鱼池的桩承载力越低的可能性，在未补桩、不减少建筑层数的情况下，当时设计方采取了如下处理措施：

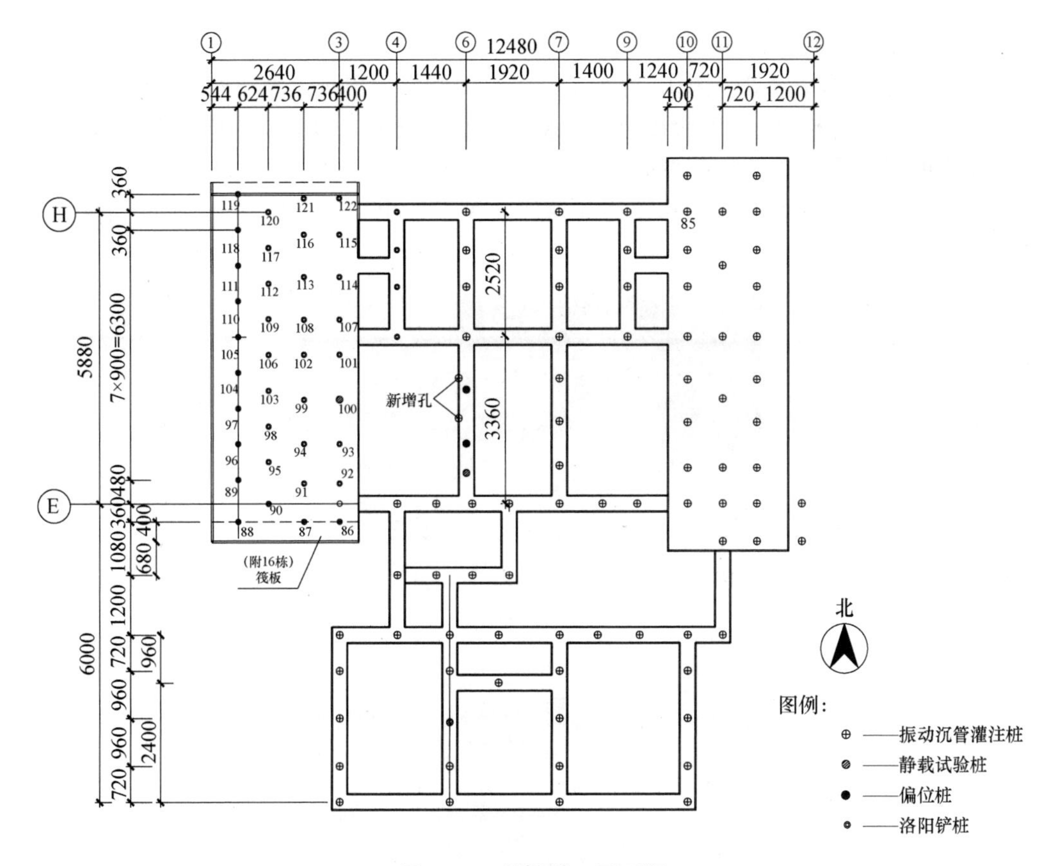

图 5-3-1　桩基竣工平面图

（1）西向①轴外墙增砌麻石护坡，从鱼池底往上砌筑，以防边坡塌方。

（2）场地平整至筏板板底标高时，在筏板范围内将 8～9 块红砖接连打入土中，以增加地基土对筏板的持力作用。

（3）将该栋楼板全部改为预应力空心板，并沿南北向搁置，使楼面荷载不沿东西向传递，减轻西向墙及墙下桩基的压力。

（4）四楼以上的墙体全部改用轻质充气混凝土砌块砌筑。

麻田建筑公司 1992 年 9 月 9 日按上述设计变更（其中麻石护坡改为混凝土挡墙）施工完毕，1992 年 9 月 21 日对桩基进行了验收。

（三）竣工后房屋结构裂缝情况及基础加固

1．裂缝情况

（1）第一次裂缝。

1993 年 3 月底，房屋竣工后不久，临鱼池北向一楼窗台发现微小的斜向裂缝，该裂缝由桩基不均匀沉降引起，经过四个月的连续观察，到 1993 年 7 月底，裂缝未见继续开展。1993 年 11 月 26 日，建设方召开设计、施工等单位技术负责人现场会，认为桩基沉降已趋稳定，可投入使用。

（2）第二次裂缝。

1994 年 11 月 26 日，鱼池水干涸，房屋结构第二次出现裂缝，这次情况较为严重，裂缝主要部位和特征是：

① 新、老山墙结合处（附 16 栋东头）沿墙面和楼面出现上宽下窄的裂缝，屋面在结合处裂缝宽度达 30mm，地面在结合处裂缝宽度约 6mm，该处室内墙角、墙面和沿墙楼地面出现明显通长的和上下错位的裂缝。

② 靠近鱼池外侧北向住房和楼梯间窗侧及窗下墙出现向西倾斜 45°～60°的斜裂缝（照片 5-3-1、照片 5-3-2）。

照片 5-3-1　附 16 楼楼梯间窗侧墙斜裂缝

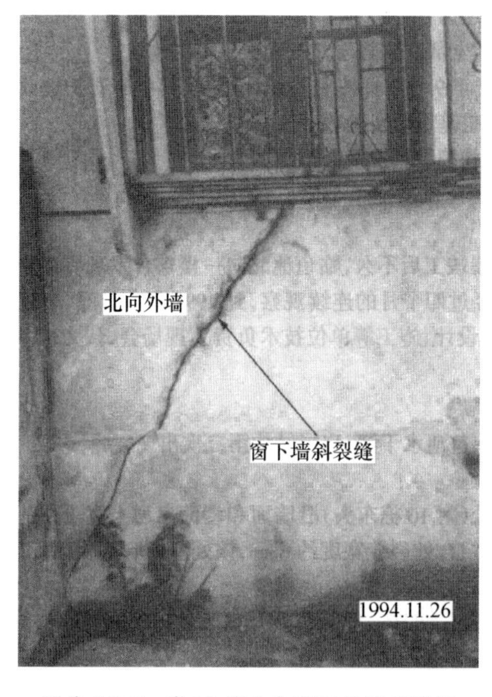

照片 5-3-2　附 16 栋北向窗下外墙斜裂缝

③ 靠近鱼池的室内地面出现宽1～8mm，室外地面出现宽10～25mm上、下错动裂缝，临鱼池一侧向下错动。

此外，约有半个单元一、二层住户的门窗开启困难。

2. 第一次和第二次裂缝的原因

上述裂缝和变形特征表明：附16栋靠近鱼池的洛阳铲桩比远离鱼池的沉降大，导致房屋整体向西倾斜（倾斜率约为1.5‰）。在竣工一年后出现这些裂缝和变形的原因，一个是内因，也是裂缝的主要原因；另一个是引发裂缝的外因。

（1）内因是洛阳铲桩未进入坚硬的持力层，且桩下地质情况越靠近鱼池越差，前者使桩的承载力达不到设计要求，后者使桩与桩之间出现沉降差。

（2）外因是鱼池因"清池"快速排水，地下水位下降，桩周围的粉质黏土失水下沉，桩因负摩擦力的作用而加荷。

3. 加固方案

该栋房屋由东向西的倾斜度当时估计为1.5‰，大于验收规范允许值1‰，虽然墙体开裂，但层层设置的混凝土圈梁和构造柱并未见开裂，房屋尚属安全可靠。如果地基不均匀沉降继续发生，不趋于稳定的话，可能转化为不安全。因此，当时及时采取了加固处理。

基于该栋房屋的桩基东头强（沉降较小），西头弱（沉降较大），发生向西倾斜的变形和裂缝。因此，采用了在西头山墙外侧沿墙布置三根直径为800mm的人工挖孔钢筋混凝土灌注桩，桩端进入基岩；三根桩的桩顶设一道 $b \times h$ 为1000mm×400mm的通长冠梁，在每根桩的桩顶设置有支承筏板的牛腿（图5-3-2），并与冠梁现浇成整体。

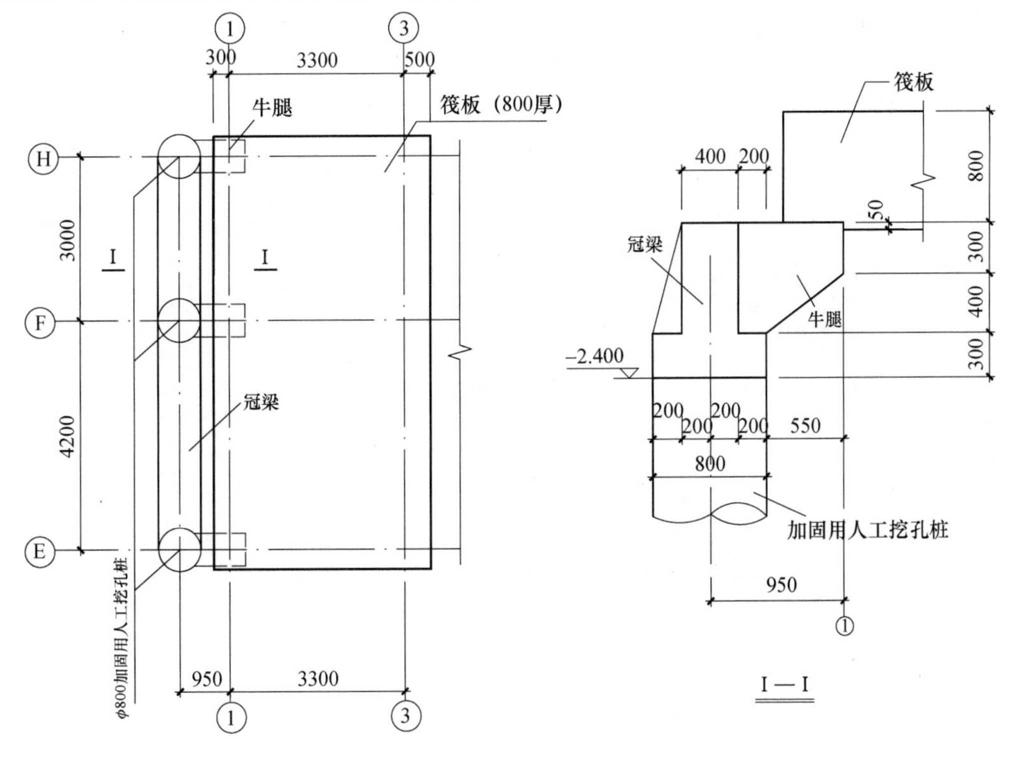

图5-3-2　加固桩、冠梁、牛腿平面及剖面

4．加固方案的实施

加固方案于1994年12月开始施工，1# 桩孔起初用砖砌护壁，当挖到5m深左右时，因现场自来水水管破裂，在水压力作用下，砖护壁变形，使房屋结构裂缝略有发展，经改用混凝土护壁后，变形裂缝稳定。加固方案于12月11日完成，历时10d左右。

1995年10月上旬房屋结构原裂缝部位和其他部位曾出现过一些新的微小裂缝。

（四）桩基加固三年后的裂缝（第三次裂缝）情况

为确切判断该栋房屋结构裂缝的稳定性，1997年12月17日我们在该栋房屋西向山墙和北向外墙以及楼梯间歇台窗侧墙的斜裂缝上，贴上石膏条，作为裂缝开展的观测点，楼梯间歇台墙上设了6个测点（编号1#～6#）。1#、2#、3#、6#测点保持完好。

1997年12月23日～1998年4月19日，共进行了11次观察，1#、2#、3#、6#石膏条均未开裂（照片5-3-3、照片5-3-4），表明桩基沉降已趋于稳定。

1999年2月底该栋住户反映又出现新的裂缝。为此，1999年3月3日作者到该栋房屋进行观察，结果发现：

（1）五楼西头住户的客厅窗台左侧墙面出现新的裂缝。

（2）三楼到四楼歇台上窗间墙斜裂缝上的2# 石膏条开裂，宽约为0.2mm。

（3）五楼东头新、老墙交接处的房间内，石膏天花装饰与老墙之间出现新的通长水平裂缝（照片5-3-5）。

1999年3月16日该栋住户反映墙体老裂缝又有发展，该栋西头新建教学楼（照片5-3-6）的桩混凝土已浇灌完毕，但该栋房屋西头室外靠墙地面堆载较多（照片5-3-7），堆有约1m高的脚手架用的钢管。1999年8月4日观测的裂缝状况无变化，尚存的石膏条观察均未见开裂，表明停止抽水，且西头地面堆载卸除后，该栋房屋墙面的裂缝状况已稳定。

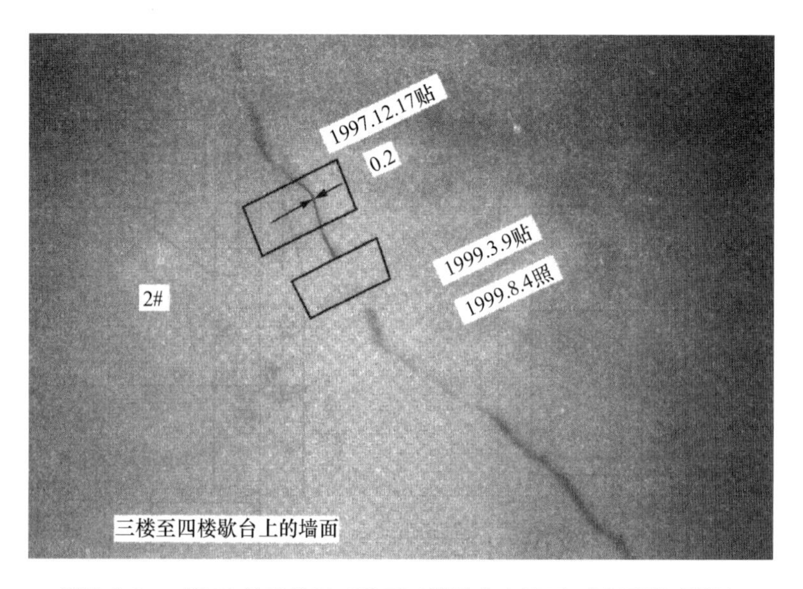

照片5-3-3　附16栋楼梯间三楼至四楼歇台上墙面2# 斜裂缝观测点

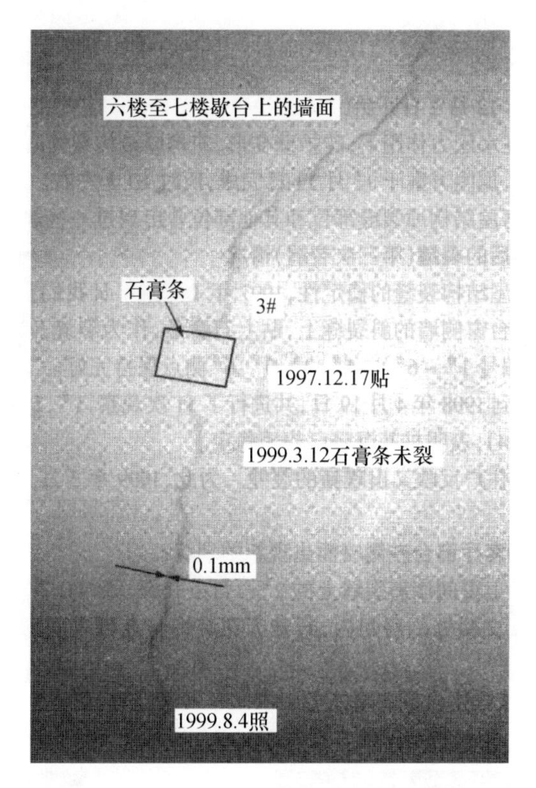

照片 5-3-4　附 16 栋楼梯间六楼至七楼歇台上墙面 3# 斜裂缝观测点

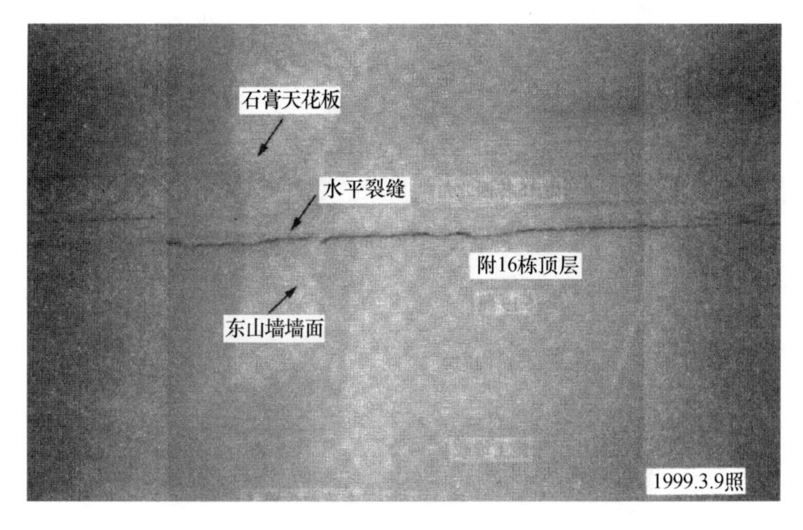

照片 5-3-5　附 16 栋楼东头新、旧墙交接处天棚石膏装饰与老墙之间的裂缝

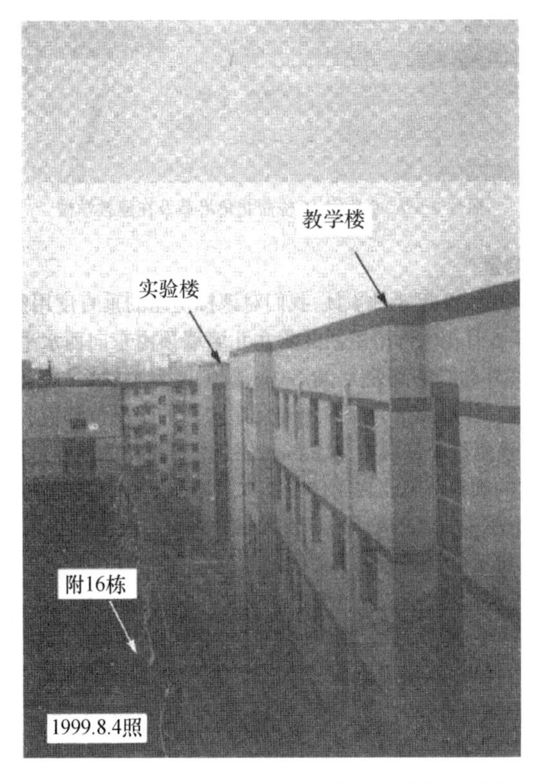

照片 5-3-6　附 16 栋西侧的新建教学楼与实验楼

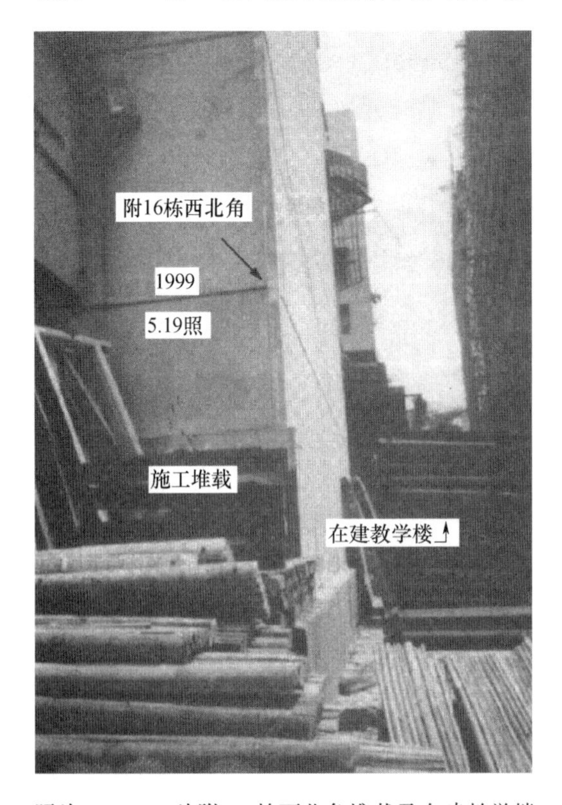

照片 5-3-7　9 片附 16 栋西北角堆载及在建教学楼

（五）房屋垂直度测量

1999年5月19日和1999年8月4日，笔者用经纬仪对该栋房屋的垂直度进行测量，其结果是：从竣工至1999年5月19日，房屋西北角女儿墙墙顶由东向西水平位移值为101.55mm，西北角女儿墙墙顶与室外勒脚的高差为20.865m，倾斜度为4.87‰，其南北向的水平位移值为29mm，倾斜度为1.39‰。1999年8月4日测得房屋向西的水平位移值为100.00mm，向北的水平位移值为32.00mm，该测量允许误差为1.5mm，因此，可以认为从5月19日到8月4日向西的倾斜已稳定，而向北的倾斜甚微。表明停止抽水且西头地面堆载卸除后，该栋房屋的倾斜状况也已趋于稳定。从房屋垂直度的测量可知，该栋房屋西北角相对于东北角发生了较大的沉降差，这也是引起西北角墙体开裂的主要原因。

（六）裂缝原因及危害分析

1993年3月和1994年11月先后出现的第一次和第二次裂缝的原因如前所述。经过加固处理事隔5个年头之后，1999年初又出现了第三次裂缝，根据两年来对该栋楼房的裂缝观测、倾斜测量的结果以及查阅有关设计、施工和事故处理小结等技术资料，这次裂缝也有其内外两个方面的原因。

1. 外因

这次裂缝的直接外因是1999年元月中旬至3月上旬在该栋房屋西头的鱼池范围内新建教学楼（图5-3-3，照片5-3-6及照片5-3-7），施工人工挖孔桩时大量抽水，导致地下水位降低，从而出现第三次裂缝。停止抽水后，到8月上旬该栋房屋裂缝和变形趋于稳定。由此可见，挖桩抽水是引起房屋墙面开裂的主要外因。停止抽水后，该栋房屋的裂缝并未立即稳定，这是由于地下水位下降引起沉降有一个滞后过程。引起裂缝有所开展的另一个外因是在房屋西头墙脚地面上堆积了大量的施工荷载。

2. 内因

这次裂缝的内因如下。

（1）西头靠近鱼池的洛阳铲桩在开挖三根人工挖孔加固桩时已证实未达到基岩，试压的承载力达不到设计要求，这是产生第三次裂缝的根本原因。

（2）由于桩未到达基岩，地下水位一旦发生变化，地基土体中的细微砂土流失，使桩周围的地基土体下沉，对桩产生负摩擦力；使①～③轴的未达到基岩的洛阳铲桩再次发生下沉，这是引发第三次裂缝的主要原因。

（3）1994年12月11日提供的用3根人工挖孔桩上的挑梁支承800mm厚钢筋混凝土筏板的加固方案，在地下水位不发生变化的情况下，曾使该栋房屋的裂缝保持稳定的状态。但是，第三次裂缝的出现已证明，该加固方案并未从根本上解决未到位的洛阳铲桩不均匀下沉的问题。首先是在加固方案中未采取防止桩基周围水土流失的措施，地下水位一旦变化，桩基仍会继续下沉；其次是在西头（①轴旁）虽设了三个支承筏板的牛腿，但其弯曲和剪切变形较大，且人工挖孔桩为大偏心受压，以致西北角墙体在原来已修补的裂缝处（第二次裂缝处）又有所开展，西向外墙勒脚处有一条明显的南头宽（20～30mm）到北头消失的水平裂缝（照片5-3-8），表示西南角有明显的下沉，这是产生第三次裂缝的另一重要原因。

照片 5-3-8　西向山墙地面以下部分的水平裂缝

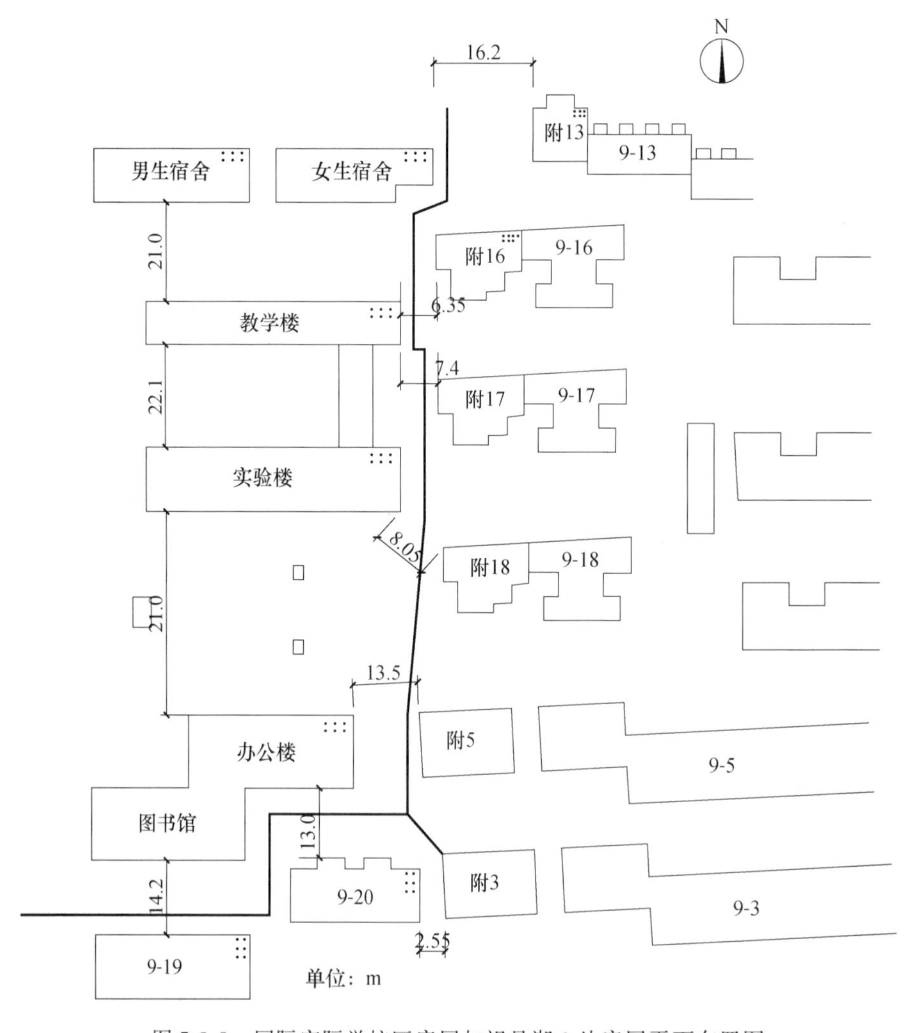

图 5-3-3　国际实际学校区房屋与望月湖 9 片房屋平面布置图

该栋房屋的裂缝倾斜现虽已稳定，但是当地下水位再次发生变化，又将引起未到位的洛阳铲桩不均匀下沉，使房屋继续开裂和倾斜，一旦支承整板（筏板）基础的牛腿断裂，这种倾斜将来得更加突然，可能引起该栋楼房整体倒塌或局部破坏，危及住户生命财产的安全，因此，应进行加固处理。

（七）处理措施

根据两年来对该栋楼房裂缝及垂直度观测的结果，在查阅有关设计、施工和事故处理小结等技术资料以及在对该栋楼房裂缝、倾斜原因危害分析的基础上，为保证该栋楼房今后能正常地、安全地使用，建议采取如下处理措施。

1. 对场地进行止水与地基基础加固

（1）沿筏板边缘斜向（与水平面的垂线向筏板内偏 5°）钻孔，其直径为 130mm，要求入岩 2m，再贯入 $\phi 50$ 无缝钢管（管壁钻有喷浆用的细孔），随即高压灌浆，形成主要是提高筏板承载力，也有止水效果的水泥钢管树根桩，该桩中距为 0.9m（图 5-3-4）；

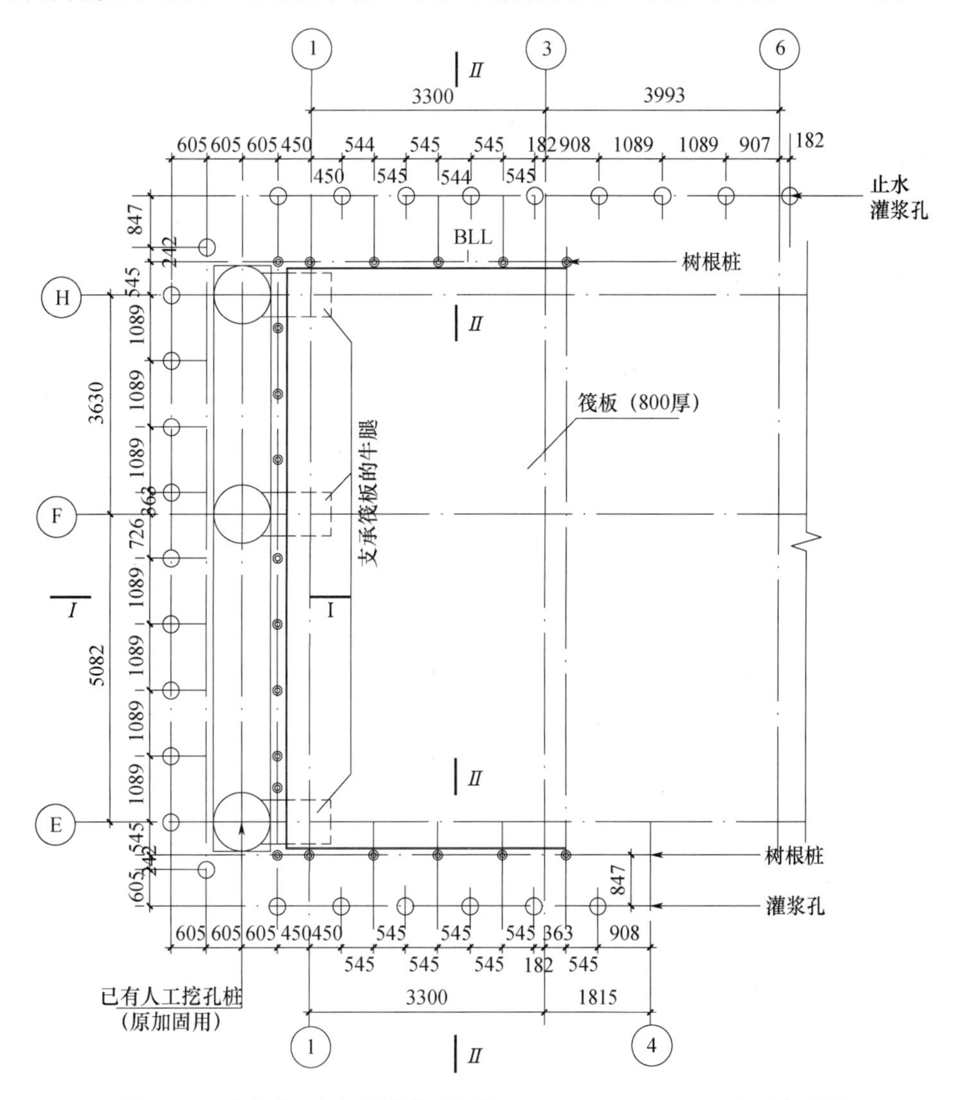

图 5-3-4　灌浆孔、加固树根桩及冠梁（XLL、BLL、LLL）平面布置图

（2）在上述树根桩的桩顶沿西、北、南三向设置冠梁，其截面尺寸和配筋西向如图5-3-5所示，南、北向如图5-3-6所示，要求树根桩进入冠梁50mm，冠梁的钢筋按图示要求与筏板的钢筋焊接，达到用“树根桩-冠梁”来加固“群桩-筏板”基础的目的，并可充分利用原加固用的三根人工挖孔桩；

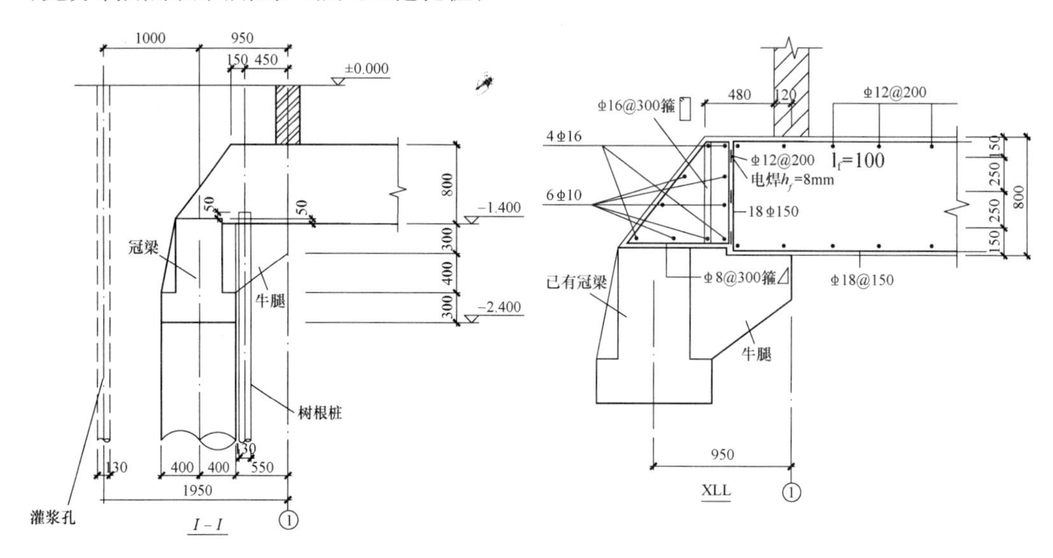

图5-3-5　I-I剖面和西向拉梁（XLL）截面尺寸及配筋构造

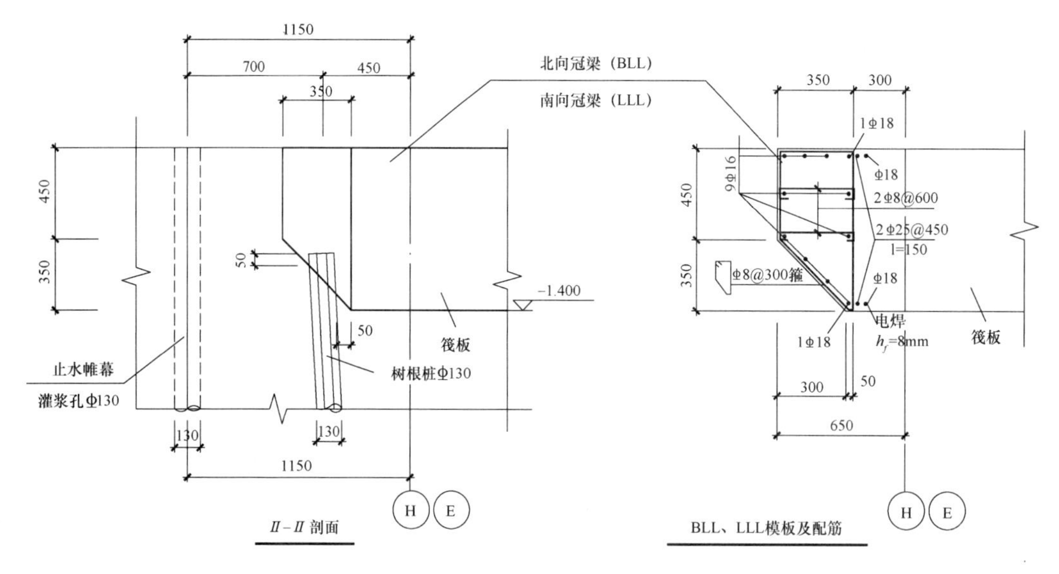

图5-3-6　II-II剖面和南、北向冠梁（BLL、LLL）模板及配筋

（3）在距树根桩700mm（南、北向）和15m（西向）处布置具有止水帷幕灌浆孔，其直径为130mm，中距为1m，要求垂直钻孔至基岩，再贯入直径为50mm的无缝钢管（管壁钻有喷浆用的细孔），然后高压灌浆，随灌随抽钢管，在西、南、北三个方向产生止水效果。

2. 实施止水加固方案时，应注意以下要点：

（1）在该栋房屋的西南角（①轴×Ⓔ轴）、西北角（①轴×Ⓗ轴）转角处以及

①轴×Ⓕ轴交点处附近，先挖三个探坑，了解三个人工挖孔桩、南向悬挑梁板以及筏板边缘的平面位置和埋深，以确定树根桩和止水帷幕灌浆孔的实际桩位和孔位。

(2) 紧靠筏板外边缘布置树根桩，该桩成孔时需穿过已有混凝土挡土墙的底板（向南还需穿过一层悬挑梁的混凝土板），钻孔应入岩 2.0m，经验孔合格后，方可将 ϕ50 无缝钢管灌入到位。

(3) 高压注浆的水泥宜采用 42.5 普通硅酸盐水泥，为加快结硬可加入适量的速凝剂，其数量应通过试验确定，水泥浆的水灰比为 0.6∶1，树根桩最后应灌注 M20 水灰比为 0.4∶1 的水泥浆。

(4) 灌浆时应由常压（0.3MPa）慢慢升至高压（1～2MPa），并需稳压 15min。

(5) 树根桩高压注浆后，钢管在桩中起承重作用，灌浆用的钢管，高压灌注稳定 15min 后随即拔出，为防止浆液凝固收缩影响桩顶标高，可在原孔位采用冒浆回灌或第二次注浆等措施。

(6) 待树根桩和灌浆施工完毕并达到 70%的设计强度之后，方可沿筏板西、南、北三个方向开挖土方，浇灌树根桩桩顶的钢筋混凝土冠梁。

(7) 高压注浆在施工结束 28d 后，应按有关施工规程进行质量检验，检验点不少于 2 个，部位在灌浆孔中心线上。

(8) 在加固施工过程中，为确保被加固楼房及邻近建筑的安全，应对建筑物裂缝和沉降（或垂直度）进行观测。

(9) 该地基基础加固处理工程施工单位的资质和水平，必须经认可方可进场施工。

3. 对已稳定的裂缝墙面进行修补

为避免外墙墙面渗水，以保护砖砌体和满足墙面美观的正常使用要求，建议对 1999 年 2 月以来曾继续开展的老裂缝和新出现的裂缝进行修补，其要点是：

(1) 凿去裂缝左右各 100mm 的粉刷层，露出砖砌体，将水平和垂直灰缝从已外露的砖的表面往里勾出 10mm 的缝隙，并清理干净。

(2) 砖砌体表面湿水后，随即粉掺有膨胀水泥的 M10 水泥砂浆，与原粉刷层齐平。

(3) 待水泥砂浆结硬浇水养护 14d 后，再用 888 或与原墙面面层相同的材料罩面。

（八）经验教训

该工程从 1993 年竣工到 1999 年的 6 年间，墙体裂缝一而再，再而三地发生，使住户、施工方、建设方为该工程墙体裂缝纠纷所困扰，造成精神上和经济上不小的损失，至今才得以妥善解决。从该裂缝工程吸取的深刻教训如下。

(1) 在临近鱼池的松软淤泥质场地上，不能因桩机难以稳定和定位作业，而将宜用于淤泥质土场地的振动沉管灌注桩改为洛阳铲桩，这是决策上的失误。这种决策不应由施工方单独作出，应受设计方、监理方和质监方的约束，建立强化这种约束机制。

(2) 在 100# 桩静载试验单桩承载力不满足设计要求的情况下，应分析原因，并经确认后按规定扩大抽检。这样，在施工上部结构之前，及时发现更多的问题，以便采取更稳妥的处理方案，从根本上解决沉降和不均匀沉降问题。

(3) 第一次裂缝出现之后，仅观察四个月，未见继续开展就作出桩基沉降已趋稳定，可投入使用的决定，过于匆忙。本沉降裂缝实例表明，至少要观察两年以上才能作出比较稳妥可靠的判断。

（4）第二次裂缝的出现，证明采用筏基的处理方案并未从根本上解决洛阳铲桩不均匀沉降的问题。在西头采用补设入岩桩建立不动点来支承筏板沉降较大的部位是一种可行的方案。但是，在地下水如此丰富的老鱼塘，采用人工挖孔灌注桩难以保证桩底入岩和混凝土浇捣质量，同时，采用三个牛腿集中偏心传力其可靠性也较差，为第三次裂缝的出现留下隐患。比较稳妥的方法应该是沿沉降较大的筏板边缘，设置小直径的树根桩，既可保证桩底入岩，又使传力均匀。

（5）采用人工挖孔桩的造价比泥浆护壁的机械钻孔桩的造价低、无噪声，对环境卫生影响小，一般乐于采用这种桩型。但对地下水丰富的场地，周围有建筑群时，要考虑抽水对地基变形的影响，大量抽排地下水可能引起地陷、房屋墙体开裂、围墙倒塌等安全事故。本裂缝工程，第三次裂缝不仅是附 16 栋，而且影响了邻近另外 5 栋住宅楼（图 5-3-3）。从而引起更大的沉降裂缝纠纷。因此，桩型应权衡利弊综合考虑确定。有的地区处于岩溶、土洞发育地段，由于人工挖孔桩大量抽水，导致邻近地基在较大范围内地下水位变化很大，使其附近一定范围内的建（构）筑物、地面、路面产生不同程度的开裂、沉陷和围墙倒塌的安全事故，给人们的心理、生活、工作影响很大，对人民和国家的生命财产安全造成威胁，甚至给社会的安定也带来影响。因此，这些地区对设计人工挖孔桩做如下规定：

① 凡是在城区人口稠密区、建筑密集区、交通繁忙区的新建、扩建、改造的工程，设计采用人工挖孔桩时，必须经过严密的科学论证，对周边建（构）筑物采取可靠的保护措施，并经当地建委总工办、工程技术管理部门审核批准方可实施。

② 除上述区域以外的地段采用人工挖孔桩也必须根据周边具体情况，因地制宜地采取防护措施。

第三节　屋面热胀裂缝工程

【工程实例 5-4　某县城商住楼】

（一）工程概况

该商住楼一层为混凝土框架结构，二～六层为砖混结构。桩基础，建筑面积为 3500m²。该楼 1996 年 12 月开工，1998 年 8 月竣工验收，并投入使用。

（二）裂缝特点

该楼竣工后，1998 年 9 月住户陆续搬进，在住宅楼六楼横墙墙面发现裂缝，并日益严重，同年 10 月份曾对裂缝严重的墙面塞木块、缝内嵌水泥砂浆、墙面进行重新粉刷。

1999 年 4 月 7 日对该楼墙体裂缝进行了检测，其特点为：

（1）裂缝先出现在六楼墙面，后出现在五楼墙面，四楼未见裂缝。

（2）裂缝的形式为与楼面约成 45°的斜裂缝，其方向为向室内倾斜。

（3）裂缝宽度六楼墙面比五楼严重，六楼最宽的为 1.2mm，五楼最宽的为 0.6mm，裂缝的条数有 1～3 条不等。

（三）砖及砂浆抗压强度检测结果

砖和砂浆的抗压强度三层楼墙面布置 2 个测区（1m×1m），六层楼墙面布置 8 个测区，每个测区除回弹砖和砂浆的强度外，还测量了砂浆的碳化深度，平均碳化深度为 2～3mm，三楼、六楼墙受检部位砖的抗压强度推定值均低于 MU7.5，砂浆抗压强度推定值均低于 M2.5。原设计三层砖用 MU7.5、混合砂浆用 M7.5，六层砖用 MU7.5、混合砂浆用 M2.5。三、六层受检部位砖和砂浆抗压强度均未满足设计要求。

（四）裂缝原因及危害分析

1. 裂缝原因

前述砖墙上的裂缝是由于砖砌体中的主拉应力超过砖砌体的抗拉强度引起的。由此可见，裂缝原因应从两方面进行分析，一方面是产生主拉应力的原因；另一方面是影响砖砌体抗拉强度的因素，从而找出上述结构裂缝的原因。

产生主拉应力的原因也有两大类：一类是由重力荷载引起的；另一类是由各种变形因素引起的。此外，也有由这两种因素共同作用引起的，只是主次有所不同。

墙面内斜裂缝（照片 5-4-1、照片 5-4-2）以六楼（顶层）较严重，五楼次之，三、四楼未见明显裂缝，二楼目前尚未见裂缝。产生这种裂缝的机理是，屋面热胀变形，在墙体内引起的主拉应力 σ_{tp} 超过砌体的抗拉强度 f_{tk}（图 5-4-1）。具体原因如下：

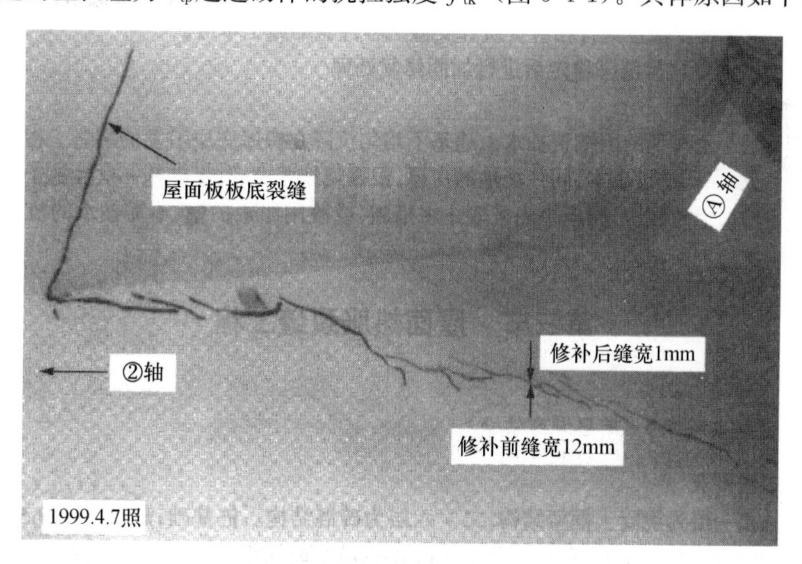

照片 5-4-1　商店—住宅部分②轴六楼横墙裂缝

（1）在炎热的夏季，屋面结构与墙体存在较大的正温差，屋面隔热效果越差，这种正温差越大，混凝土屋面的热胀量比黏土砖墙体大，热胀时在墙体内产生的主拉应力（σ_{pt}）也越大。

（2）屋面承重结构为混凝土，承重墙为砖砌体，它们的材性不同。混凝土的线膨胀系数（1.0×10^{-5}/1℃）几乎比黏土砖砌体的线膨胀系数（0.5×10^{-5}/1℃）大一倍，在同样升温的条件下，混凝土屋面的膨胀量要比砖砌体的大一倍。

（3）该综合楼采用了双层屋面板（上层为混凝土屋面板，下层为混凝土天棚板），中间为空气层的兜风隔热屋面，这种屋面构造得当，具有较好的隔热效果，但从该楼的

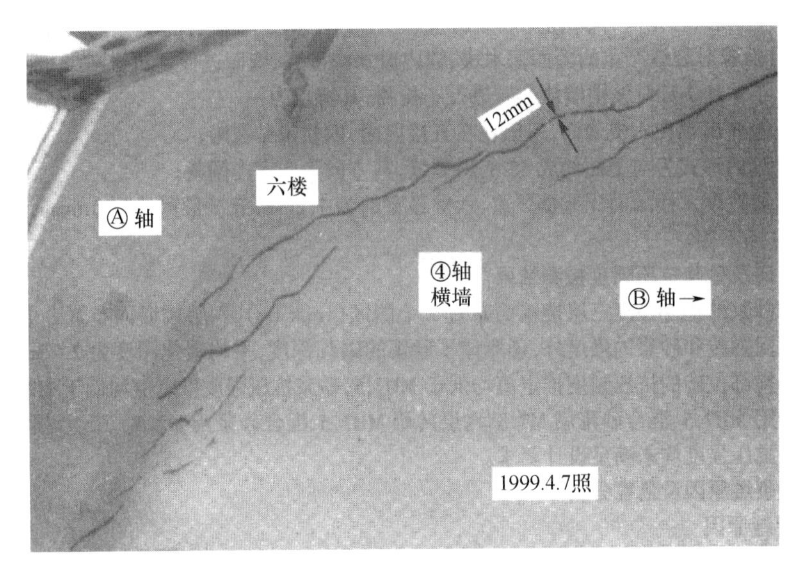

照片 5-4-2　商店—住宅部分④轴六楼横墙裂缝

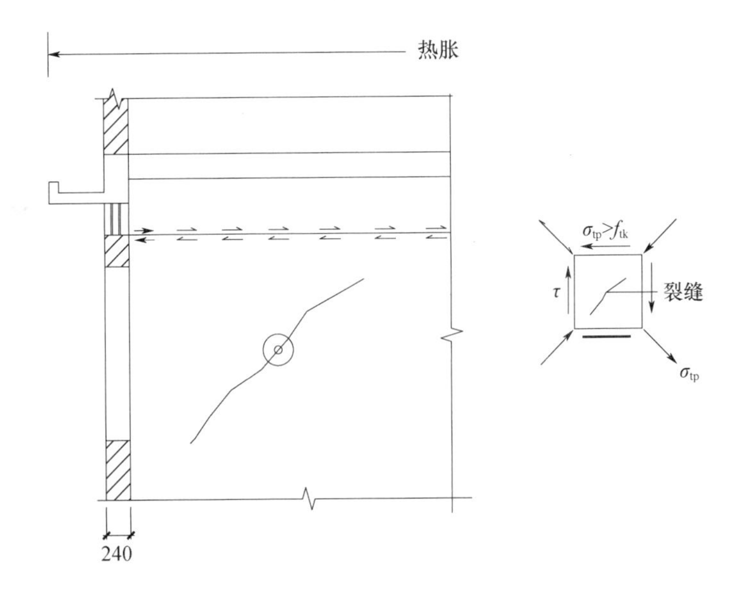

图 5-4-1　顶层墙面热胀裂缝机理

设计图纸立面上看不到通风孔的尺寸与间距，在剖面图上，虽有通风孔，但在中间又为纵墙隔断。从已建商住楼的立面看，立面凸出部分在顶层的窗顶上未设通风孔，影响屋面的通风效果。

（4）墙的砌筑质量较差，有的部位采用了半截砖，且竖向灰缝同缝（照片 5-4-3），砂浆设计等级为 M2.5 的水泥混合砂浆已偏低，检测结果更低，外观看不出是含有水泥的混合砂浆，手挖可成灰末状，使得砖砌体的抗拉强度很低，易在竖向灰缝同缝处拉裂。

2. 裂缝危害分析

顶层墙体裂缝，属典型的由屋面结构热胀变形引起的变形裂缝，这种裂缝一旦出现，屋面结构热胀在墙体内引起的内力随即消失，裂缝宽度随季节周期性变化，属于稳

照片 5-4-3　砖砌体砌筑质量及砌体结构热胀裂缝

定裂缝，故不会危及结构安全，但影响结构的整体性、耐久性和美观，应进行加固处理。

（五）加固处理方案

该工程顶层墙体采用设钢筋网粉水泥砂浆的加固处理方案，建议在高温季节完成墙体加固施工。

（六）经验教训

该商住楼曾被建设主管部门下文责令停业等待检测鉴定加固处理的裂缝工程。根据作者提出的“在观察中使用，在使用中观察”的建议，恢复营业，经过两年多的观测，对裂缝墙体进行加固处理后，至今使用正常。从中吸取的经验教训是：

（1）设计上，顶层墙体的砂浆强度级别不仅要满足受力要求，更重要的是要考虑对付屋面热胀变形作用的需要。

（2）施工上，绝不能认为顶层墙体受力最小，而轻视砌筑砂浆的质量，更不能偷工减料。

（3）裂缝出现后，不能因为是斜裂缝，就认为是地基不均匀沉降引起的，更不能因墙体裂缝与屋面板的裂缝相互衔接，而误认为进入危险状态，责令停业整改。对于这类变形裂缝，宜采用“在观察中使用，在使用中观察”的对策，可获得安全、经济、可行的处理方案。

第四节　温度收缩裂缝工程

一、【工程实例 5-5　某市栖凤渡商贸城】

（一）工程概况

该商贸城主体为三～四层砖混结构（照片 5-5-1），其中局部为混凝土框架结构，混凝土柱下独立锥形基础和浆砌墙下条形基础，建筑面积共为10100m²。一层用红砖砌筑，二层和二层以上用粉煤灰砖砌筑。1994年10月开工，1995年年底基本完工，1996年春节前，部分住户陆续迁入。1999年鉴定时该商贸城尚未正式验收。

（二）裂缝概况

商贸城的住户于1996年春节前搬进后，最先在顶层（三层）西头的墙上发现裂缝。1996年11月份以前，在顶层的中间部位以及中间层的墙面尚未见裂缝，1997年3、4月在这些部位的墙上也陆续发现裂缝，有的墙面裂缝经修补后又重新开裂，且裂缝开展较为严重，引起住户和主管部门各级领导的重视。作者接受委托后，1999年5月中旬～6月中旬对该商贸城的裂缝进行了全面观测，其概况如下：

（1）一楼墙面未观察到任何肉眼可见的裂缝。

（2）二楼临街（107国道）横墙裂缝。

① 与地面成45°～70°的斜裂缝及沿混凝土构造柱柱边的垂直裂缝（照片5-5-1、照片5-5-2）。

② 墙面上的斜裂缝（照片5-5-3）。

③ 混凝土梁下横墙垂直裂缝（照片5-5-4）。

以上裂缝最宽为2.0mm，大多数为1.0～1.5mm。

二楼个别非临街的横墙，也出现程度不同的垂直裂缝和斜裂缝。

照片5-5-1　⑧轴临街墙面裂缝

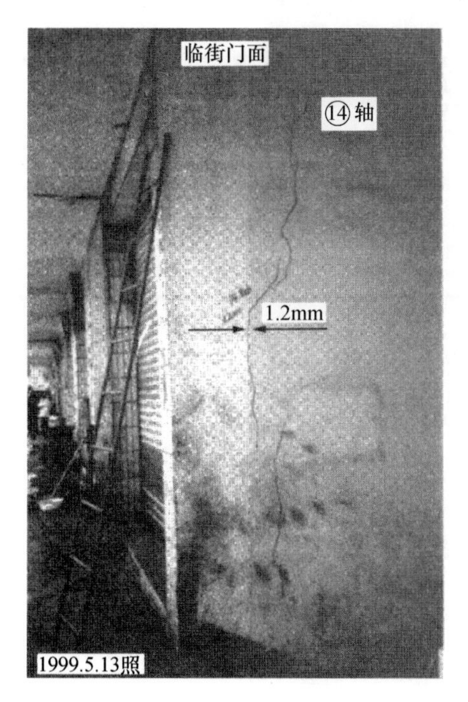

照片 5-5-2　⑭轴、⑮轴临街墙面裂缝

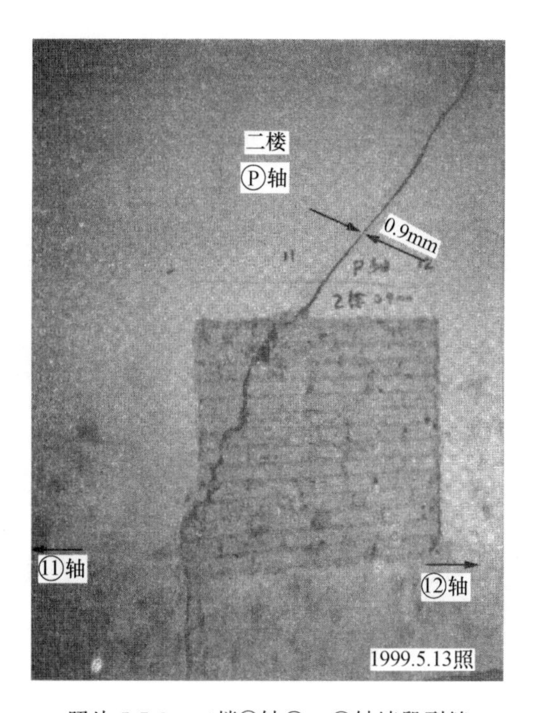

照片 5-5-3　二楼Ⓟ轴⑪～⑫轴墙段裂缝

照片 5-5-4　二楼Ⓝ轴⑩～⑪轴墙段垂直裂缝

（3）顶层（三楼或四楼）墙面裂缝。

① 阳台隔墙与屋面挑梁下边缘脱开的水平裂缝及与外纵墙脱开的垂直裂缝（照片 5-5-5）。

② 窗下角的墙面斜裂缝（照片 5-5-5）。

③ 屋面圈梁梁底与墙体之间的水平裂缝。

④ 与水平面成 45°～60°的内倾斜裂缝（照片 5-5-6）。

以上裂缝最宽的为 1.2mm，一般为 1mm 左右。

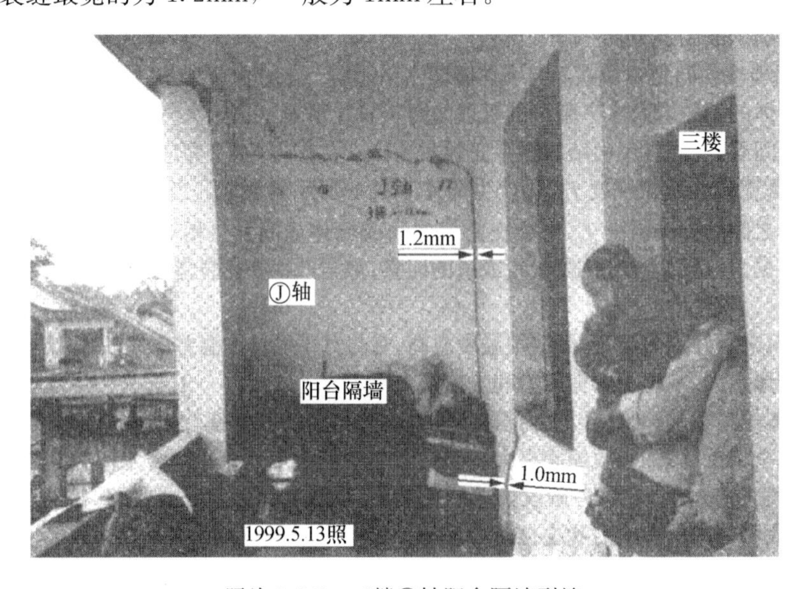

照片 5-5-5　三楼Ⓙ轴阳台隔墙裂缝

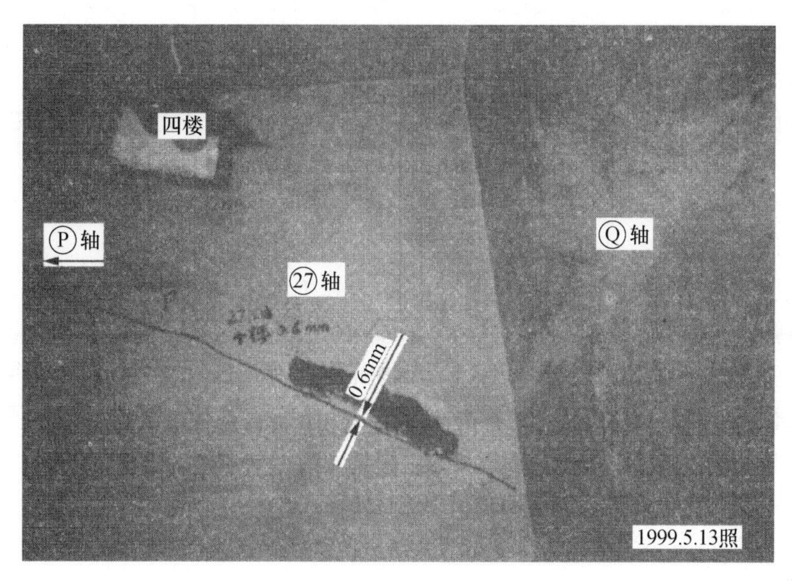

照片 5-5-6　四楼㉗轴Ⓟ～Ⓠ墙段内倾斜裂缝

（三）房屋垂直度测量结果

1999 年 6 月 8 日对商贸城房屋的垂直度用经纬仪进行了测量，观测得到的柱顶、女儿墙墙角的水平偏移结果为：

除个别女儿墙墙角外，有 5 个女儿墙墙角的水平偏移值均在 30mm 以内，但大都超过 20mm，女儿墙角的顶到地面或窗台的高度按 12m 计算，相对水平偏移（垂直度）在 2.5‰以内，均超过 1‰，但小于 4‰，其中包含砌筑过程中的倾斜。

（四）裂缝的原因及危害

1. 顶层墙体的斜裂缝及屋面与墙体间的水平裂缝

顶层墙体的斜裂缝及水平裂缝的机理如图 5-5-1 所示。由于大气在升温过程中，屋面结构与墙体之间有正温差，屋面结构热胀变形对墙体产生推力（水平剪应力）和相应的主拉应力 σ_{tp}，当后者大于砌体抗拉强度 f_{tk}，即产生如照片 5-5-6 所示斜裂缝。当水平的剪应力大于屋面结构与墙体之间的粘结强度 f_{tk}，则会在它们之间或墙体之间发生相对滑移变形，出现水平裂缝。由此可见，凡是增大 σ 或减小 f_t 或 f_τ 的因素，都与产生上述裂缝有关，具体的裂缝原因有以下几点：

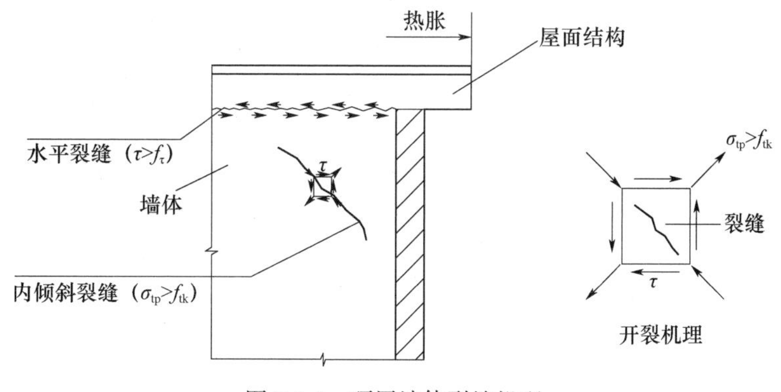

图 5-5-1　顶层墙体裂缝机理

（1）屋面未做好隔热层，屋面结构温度越高，它与其下墙体的温差越大，屋面结构相对于墙体的热胀变形越大，墙体中的剪应力和主拉应力也越大。

（2）墙体材料二层和二层以上为粉煤灰砖，这种材料的收缩率较大，当砖的含水率从饱和含水率到完全干燥状态时，收缩率最大。80％以上的收缩量是在平均含水率为3.15％至完全干燥状态阶段完成的。在这一阶段如遇屋面热胀，墙体材料大量完成收缩，相当于加大正温差，从而加大墙体内的剪应力和主拉应力。

（3）顶层砂浆的强度用M2.5偏低，实际上施工的砂浆还未达到M2.5。因此，砖砌体的抗拉强度很低，当$\sigma_{tp}>f_{tk}$或$\tau>f_{\tau}$时发生斜裂缝或水平裂缝。

这种由变形因素引起的裂缝一旦出现，屋面结构热胀在墙体中引起的约束应力随即消失，不复存在力的作用，故不会危及结构安全。但是，这种裂缝的出现和开展，将影响建筑物的整体性、耐久性和美观，应采取有效措施进行处理。

2. 中间层墙体的斜裂缝

中间层墙体的斜裂缝的原因，除温度影响较顶层小些外，其原因及危害性分析如顶层所述。

3. 阳台隔墙的裂缝

（1）三楼阳台悬挑跨度较大（2.4m），除端部的天沟及一般阳台栏杆荷载之外，还有砌到屋顶的┣形240mm厚双面粉刷的横墙，阳台上又堆满了杂物（照片5-5-5），结构复算表明，该挑梁原设计正截面抗弯承载力不足$R/\gamma_0 s=0.825<1$，在重力荷载下挠度较大，使三楼阳台挑梁上的墙体与挑梁下缘的界面处裂开。

（2）三楼阳台挑梁下边处于完全悬空状态，而屋顶挑梁下面有┣形墙，并非理想的悬挑结构，变形未全部完成，有部分屋面荷载，将通过屋面挑梁传给三楼楼面挑梁，加大该层楼阳台挑梁的负荷。

（3）阳台横墙与外纵墙拉接不好，未形成整体。

这是一种由荷载因素引起的裂缝，但这种裂缝并未发生在挑梁结构本身，而是在阳台挑梁上的墙体与屋面挑梁梁底和纵墙的界面上，但挑梁抗弯承载力不够，当出现最不利荷载情况时，将引起阳台倒塌，应采取旨在提高挑梁的抗弯承载力，或卸载的有效措施，以确保阳台的安全使用。

4. 二楼临街墙裂缝

二楼临街墙裂缝（照片5-5-2）的原因是：

（1）粉煤灰砖砌体在干燥过程中的收缩变形。

（2）临街雨篷使构造柱有微小外移的变形。

（3）混凝土柱与墙之间未拉接好（如构造柱未预留拉接钢筋等）。

（4）砂浆抗压强度低，粘结性差，粉煤灰砖砌体的抗拉强度小。

这种裂缝属于荷载因素与变形因素共同作用引起的裂缝，不仅有碍美观，而且破坏墙与构造柱的共同工作，如遇上最不利荷载情况，这种裂缝将影响结构安全，应做加固处理。

5. 混凝土梁下墙体垂直裂缝

混凝土梁下墙体垂直裂缝（照片5-5-4）的原因是：

（1）混凝土梁和上部墙体传来压力的作用，使墙体垂直方向受压，水平方向受拉。

（2）粉煤灰砖砌体在干燥过程中的收缩作用，由于混凝土构造柱的约束，引起的约束水平拉应力。

（3）砂浆强度低，使粉煤灰砖砌体的抗拉强度低，粉煤灰砖的抗折强度低，当灰缝饱满度差时折断，出现垂直方向裂缝。

（4）该处设计图及竣工图上有构造柱，实际上该处未见构造柱。

当前两项作用迭加的水平拉应力超过砖砌体的抗拉强度时出现垂直方向的裂缝。这种裂缝属于荷载与变形因素共同作用的结果，不仅影响美观和结构的整体性，也影响结构的安全。一旦遇到最不利的荷载情况，在其持续作用下将出现房屋倒塌事故。因此，对这种裂缝应采取旨在提高抗压承载力的加固处理方案。

（五）加固方案

从前述裂缝的原因和危害分析可知，该商贸城由于设计、施工、材料等方面的原因，出现了较为严重的裂缝，已影响到商贸城的可靠性（包括安全性、适用性和耐久性），一旦出现最不利又是可能的荷载情况，将导致结构（构件）发生倒塌（破坏）的安全事故。因此，应针对不同的工程质量问题，采取相应合理的整改方案，达到满足安全性、适用性和耐久性的要求。为此，建议对已出现裂缝的墙体，视裂缝的性质、形态和位置采取不同的加固处理方案；对承载力不足的混凝土阳台挑梁进行卸载；对现有屋面做好防水隔热等。现分述如下。

1. 顶层砖墙的斜裂缝

顶层砖墙的斜裂缝如图 5-5-2 所示详图进行加固处理，其施工要点是：

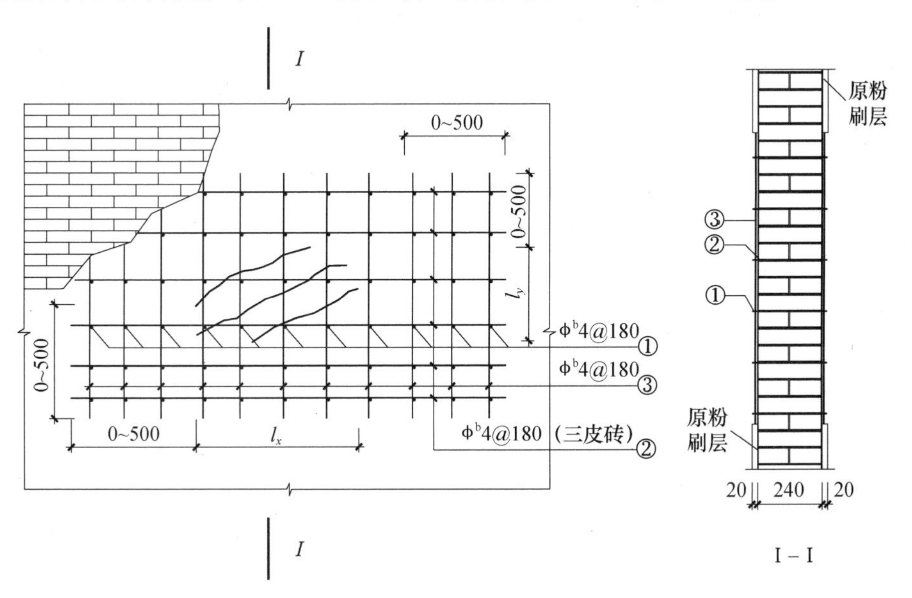

图 5-5-2　砖墙斜裂缝加固处理方案

（1）打掉开裂部分墙上两侧的粉刷层，露出砖面和灰缝，使灰缝凹进砖侧面 2～3mm，并清理干净。

（2）将长 280mm，直径为 4mm 的①号冷拔钢丝插入斜裂缝上下、左右的水平灰缝内，双向间距为 180mm（三皮砖），每侧外露 20mm。

（3）铺设长为斜裂缝水平投影长度 l_x 加 1000mm、直径为 4mm 的②号水平冷拔钢丝，其间距为 180mm，进入水平灰缝为 2～3mm。

（4）铺设长为斜裂缝垂直投影长度 l_y 加 1000mm、直径为 4mm 的③号竖向的冷拔钢丝，其间距为 180mm。

（5）将①、②、③号钢丝在交汇点处先扎结，后呈梅花形隔点点焊。

（6）墙两侧粉厚为 25mm（平原墙面粉刷层），强度等级为 M10 的水泥砂浆，粉刷前应对砖砌体墙表面湿水。

（7）初凝后，注意及时浇水养护，养护期不少于 14d。

2. 顶层砖墙的水平裂缝

顶层砖墙的水平裂缝如出现在墙的中间部位，可按图 5-5-3 所示的详图进行加固处理，施工要点与前述相同。如出现在屋面板或圈梁与墙顶的界面处，宜采用先清除板底至不规则水平裂缝以下 200mm 范围内的粉刷层，用水湿润砖墙后，用 M10 水泥砂浆重新粉刷，但在界面处留通长水平人工变形缝，再做与原墙面相同的面层。

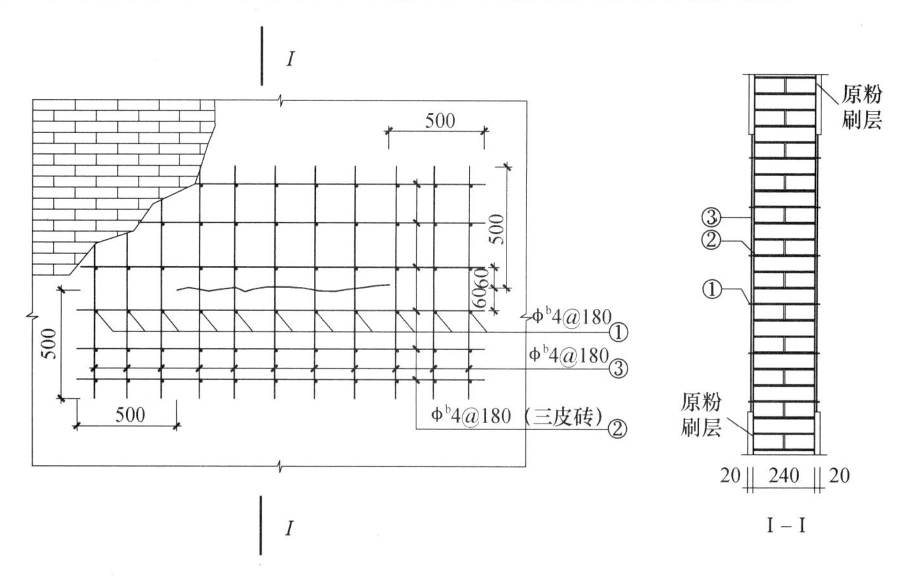

图 5-5-3　砖墙水平裂缝加固处理方案

3. 混凝土梁下砖墙的垂直裂缝

混凝土梁下砖墙的垂直裂缝按图 5-5-4 所示进行加固处理，施工要点为：

（1）打掉墙上垂直裂缝两侧各 600mm 的粉刷层，露出砖面和灰缝，使灰缝凹进砖侧面为 40mm，并清理干净。

（2）将长为 280mm、厚为 3mm、宽为 50mm 的扁钢条插入砖水平灰缝内，其水平中距为 150mm，垂直中距为 300mm（5 皮砖），扁钢条每侧外露 20mm。

（3）铺设长为 1200mm 的②号水平扁钢条（厚为 3mm，宽为 50mm），对称于垂直裂缝布置，其垂直方向中距为 300mm（5 皮砖），扁钢条进入灰缝为 40mm，外露为 10mm。

（4）将①、②号扁钢条在 50mm 宽度范围内电焊，焊缝高度不小于 3mm，每点均需电焊。

（5）墙两侧粉厚为 25mm（平原墙面粉刷层），强度等级为 M10 的水泥砂浆，粉刷前应对砖砌体墙表面湿水。

（6）初凝后，注意及时浇水养护，养护期不少于 14d。

为确保施工过程中的安全，在墙两侧的梁下设木柱支撑。

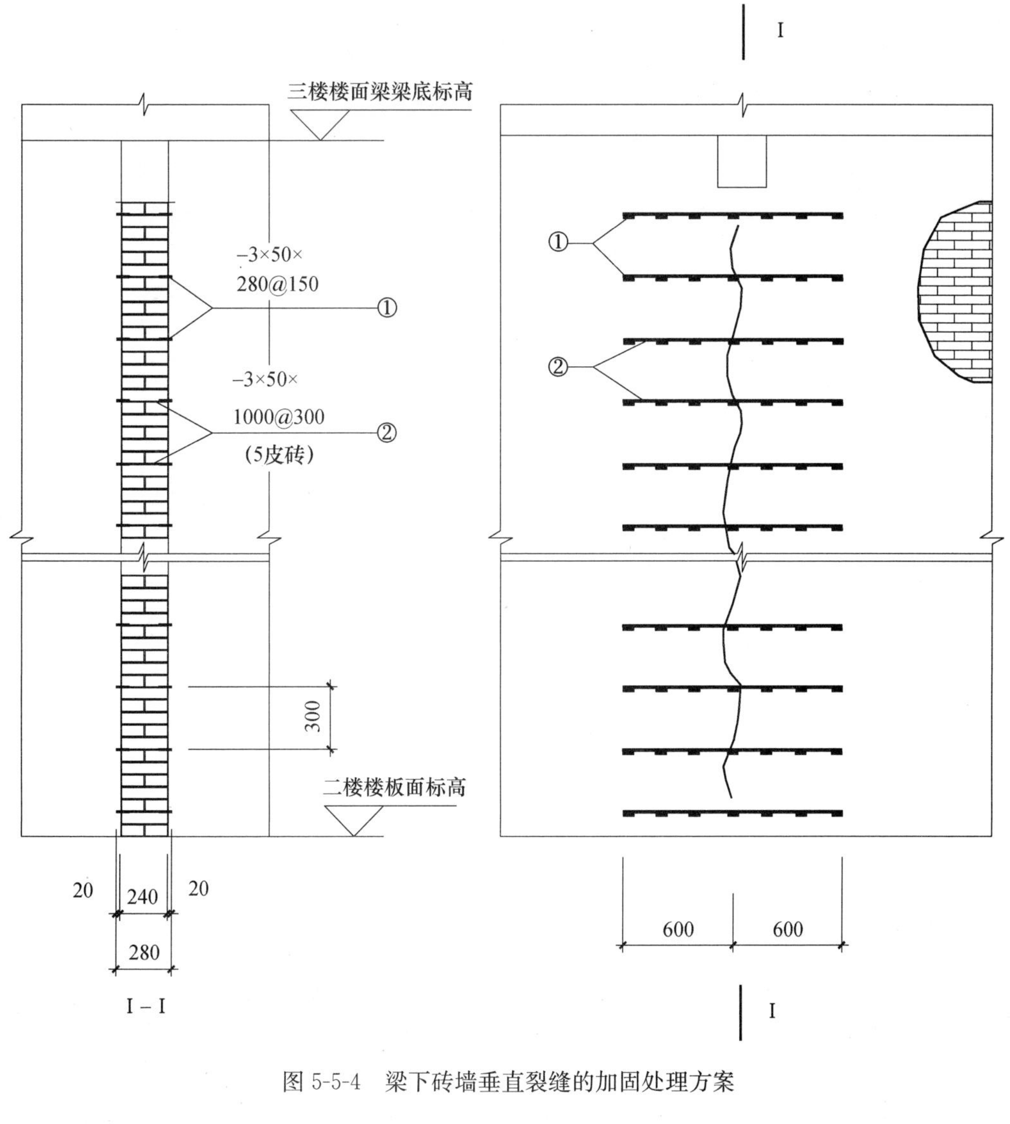

图 5-5-4　梁下砖墙垂直裂缝的加固处理方案

4. 二楼临街（107 国道）横墙裂缝

二楼临街（107 国道）横墙裂缝按图 5-5-5 所示加固处理。其施工要点如下：

（1）打掉墙上构造柱一侧约宽为 1m、高为层高范围内的粉刷层，露出砖面和灰缝，使灰缝凹进砖侧面 2～3mm，并清理干净。

（2）将长为 280mm、直径为 4mm①号冷拔钢丝插入砖水平灰缝内，其水平中距为 150mm，垂直中距为 300mm（5 皮砖），钢丝每侧外露为 20mm。

（3）平墙面向混凝土构造柱两侧打入 $\phi 6$ 的膨胀螺丝，其水平中距为 240mm，垂直中距为 300mm（5 皮砖）。

（4）铺设长为 800～1000mm 的③号冷拔钢丝，其垂直中距为 300mm（5 皮砖），在靠构造柱一侧与膨胀螺丝杆和螺帽焊接（图 5-5-5A 大样）。

（5）在斜裂缝范围内布置④号冷拔钢丝，将①③④号钢丝先扎结，后隔点焊接。

（6）墙两侧粉厚为 25mm（平原墙面粉刷层），强度等级为 M10 的水泥砂浆，粉刷前应对砖砌体墙表面湿水。

（7）初凝后，注意及时浇水养护，养护期不少于 14d。

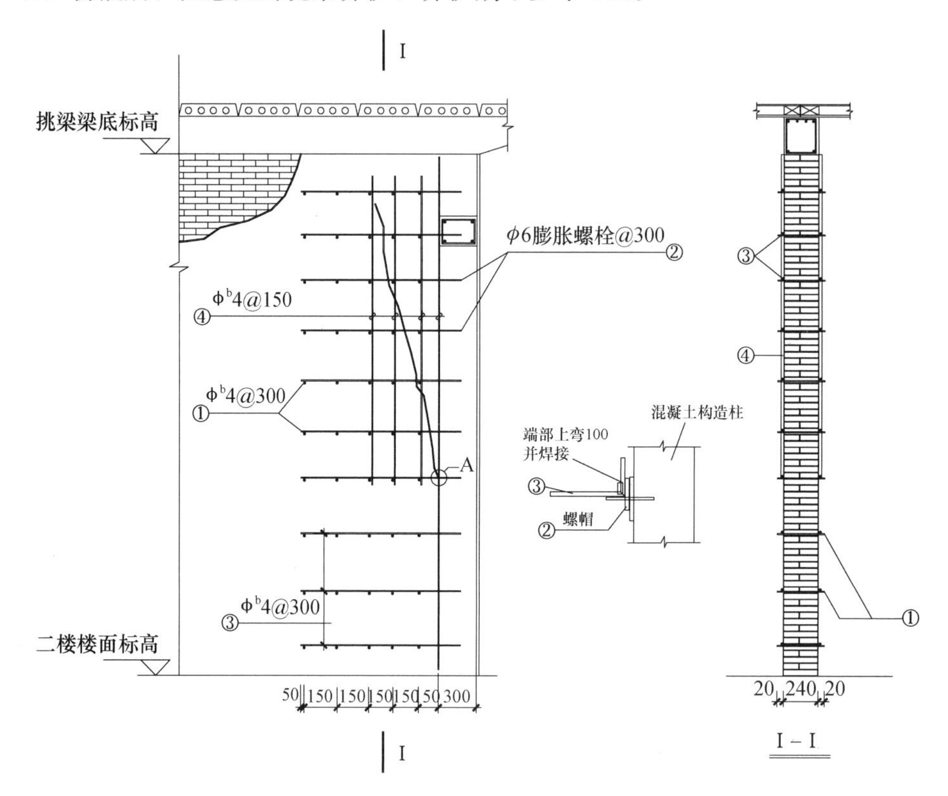

图 5-5-5　二楼临街（107 国道）横墙裂缝加固处理方案

（六）阳台挑梁的处理方案

三楼带天沟的阳台挑梁 L4，复算表明该挑梁原设计正截面抗弯承载力不够，建议采用卸载的处理方案：①将已有的 240mm 厚的┣形挡雨墙与横隔墙拆除，重新安装重量小于 $1kN/m^2$ 的轻质横隔墙板，砌筑 120mm 厚挡雨墙；②将天沟端壁凿掉，改为雨板；③将阳台拦板改为预制花格板，要求自重小于 $1kN/m^2$。在安装轻质墙板时，按如下要点施工：

（1）原墙拆除并清理干净后，在墙板安装前，将需粘结部分涂抹 107 胶一层，然后再涂抹 107 水泥砂浆粘结料。安装时用专用撬棒将板撬起，向一侧推挤，使板与板之间的缝隙被粘结料充实，检查垂直度、平整度，合格后用木楔块顶紧墙板底部，替下撬棒。

（2）墙板临时固定后，用 C20 细石混凝土将板底空隙填嵌密实，一周后拆除板底楔块，再用 C20 细石混凝土填实楔块孔洞。

（3）用粘结料勾各板缝，并用玻纤布将板缝粘牢。

（4）安装完毕后的两周内，勿打孔钻眼，以免粘结料固化时间不足，使墙板震裂。

此外，该阳台挑梁端部天沟的端壁凿掉后，落水管口应堵死，雨板顶面用 1∶2 水泥砂浆按 3%找坡，在其端部做老鹰嘴滴水线。

（七）经验教训

该裂缝工程住户反映强烈，曾多次上访，引起有关方面的重视。经作者检测鉴定，使裂缝纠纷得到妥善解决。从该例取得的经验教训如下。

（1）实事求是，既不掩盖矛盾，也不夸大问题，如挑梁上横墙裂缝宽超过 10mm，且挑梁承载力负荷不够，不能夸大地说就会倒塌，而应说在最不利荷载作用下，有可能发生破坏。

（2）灰砂砖砌体，确实容易导致墙体开裂，这种砖应进一步研究，方可推广应用。

（3）对不同的裂缝采取既安全可靠又经济可行的处理方案是成功解决裂缝纠纷的关键。

二、【工程实例 5-6　某市交通规费征稽办公大楼】

（一）工程概况

某市交规处办公大楼高为 36.6m，地下 1 层，地上 10 层（照片 5-6-1），主体为混凝土框架结构，②～⑧轴×Ⓐ～Ⓕ轴楼面板为无粘结预应力混凝土结构，板厚为 200mm，其余楼面和屋面为非预应力混凝土结构，桩基础。大楼外墙为在楼板悬挑或边梁上砌筑的混凝土空心砌块墙体。大楼于 1995 年开工，主体结构于 1997 年 7 月完工，之后因故停工，1999 年 9 月复工，1999 年 11 月主体工程验收合格，2000 年 11 月投入使用，2002 年 11 月 5 日发现墙体开裂。

照片 5-6-1　某市交规处办公大楼东南立面

（二）裂缝特点

2002 年 11 月 13 日作者对办公大楼进行了现场调查和观测，发现该大楼的裂缝具有如下特点：

(1) 大楼的裂缝出现在墙与楼板和墙与梁柱的界面处以及墙面上（照片 5-6-2～照片 5-6-8)，混凝土梁柱及楼（屋）面板未见裂缝。

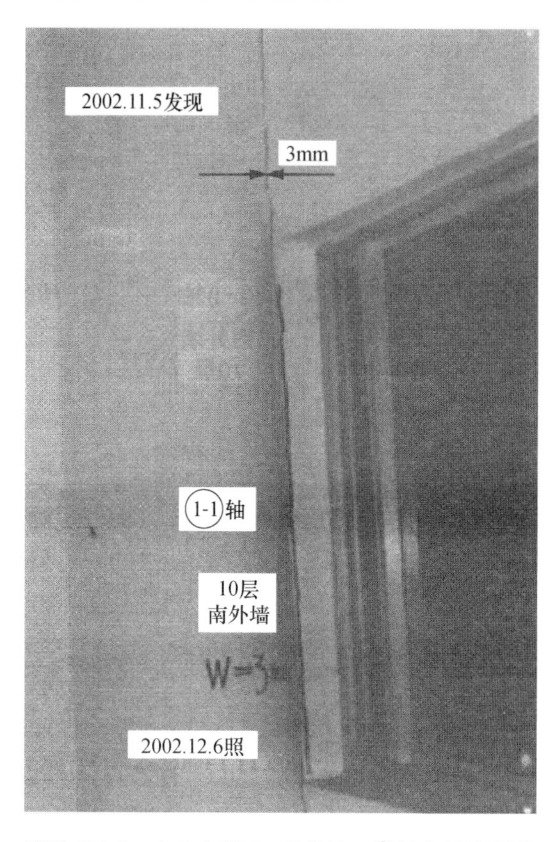

照片 5-6-2　办公大楼 10 层⑧轴～(1-1)轴南外墙裂缝

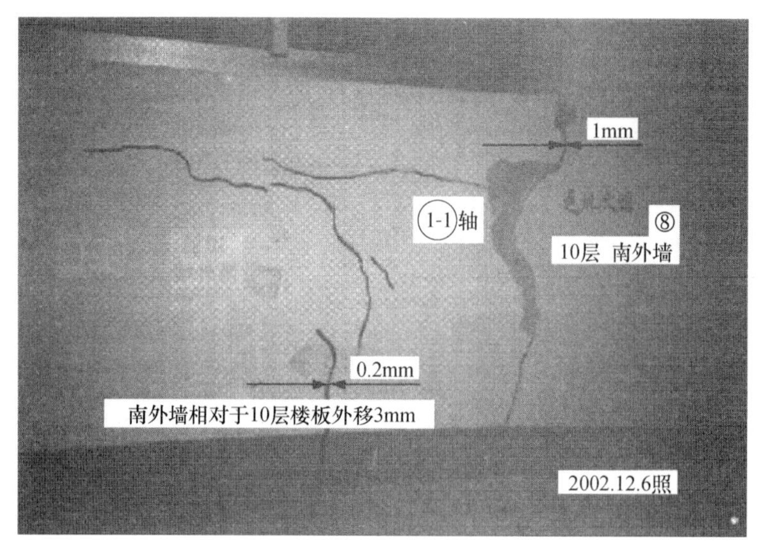

照片 5-6-3　办公大楼 10 层⑧轴～(1-1)轴南外墙与楼板水平错位裂缝

照片 5-6-4　办公大楼 10 层①-1轴～①-2轴南外墙裂缝

照片 5-6-5　办公大楼 10 层①-2轴～①-3轴南外墙裂缝

照片 5-6-6　办公大楼 10 层①-③轴～①-④轴南外墙裂缝

照片 5-6-7　办公大楼 10 层①-③轴～①-④轴南外墙与楼板水平错位裂缝

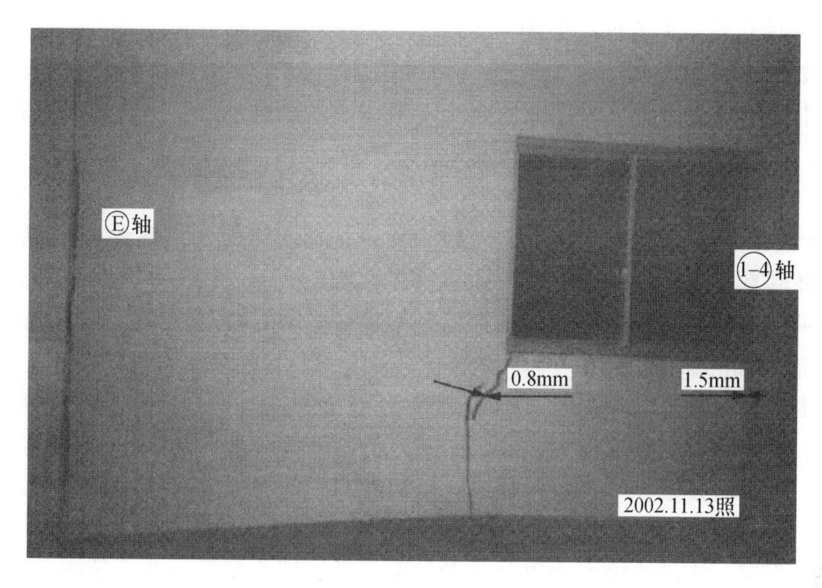

照片 5-6-8　办公大楼 10 层(1-4)轴～Ⓔ轴南外墙裂缝

（2）墙面及墙与梁板柱界面处的裂缝主要出现在顶层（10 层）⑧轴至(1-1)～(1-4)轴及Ⓔ轴南向外墙。

（3）墙面上的裂缝大部分为垂直裂缝，部分为斜裂缝，少量为水平裂缝和不规则裂缝。

（4）从墙与梁板柱界面上的裂缝，可以看出墙与梁柱或墙与楼板之间发生了相对错位，即墙面向外（向东南方向）、柱或楼面向内（向西北方向）发生了水平的相对位移。

（5）⑧轴～(1-1)轴开间内的南外墙与柱和楼面板之间的相对水平位移最大，为 3mm，由西向东逐渐减少，靠近东向的(1-4)轴减小为 1.5mm，墙面上的斜裂缝、垂直裂缝和水平裂缝宽度较小，为 0.1～1.0mm。

（6）⑧轴～(1-1)轴开间内的南外墙，在 10 楼层高范围内，墙面已有 2 块面砖脱落。

（二）裂缝危害及其原因分析

该大楼南外墙系用混凝土空心砌块砌筑在楼板悬挑或边梁上的自承重墙体，非竖向承重结构。因此，该墙体的现有裂缝不会危及主体结构的安全。但是，由于这些裂缝的存在，形成雨水渗入外墙内侧（室内）的通道，影响办公大楼的美观和正常使用，特别是外墙面砖的脱落，将危及生命财产的安全，应及时进行妥善处理，以确保大楼的安全和正常使用。

南外墙与梁板柱界面处及墙面上裂缝的主要原因，根据结构体系的特点、南向外墙造型、施工气温条件等分析如下。

1. 结构体系方面的原因

该大楼②～⑧轴×Ⓐ～Ⓕ轴楼面采用了后张无粘结预应力混凝土楼板，厚为 200mm，其余楼（屋）面为非预应力混凝土结构，大楼主体结构完工之后，楼板在一个相当长的时间内，才能逐渐完成混凝土材料的体积收缩变形以及在预压应力作用下产生的使板块缩短的徐变变形。这两种变形的共同作用，是南外墙与混凝土柱相接处产生垂直裂缝，与楼面梁板相接处产生水平裂缝，使南外墙相对于梁板柱的位置向外（向东南方向）发生水平移位（1.5～3.0mm）的主要原因。

2. 南外墙建筑造型方面的原因

该大楼⑧～Ⓔ轴南外墙的建筑造型为半径 12m 的 1/4 圆弧形，具有圆拱作用，该段南外墙不能随楼板混凝土收缩徐变同步发生变形，这也是使它们之间产生相对移位的重要原因。

3. 施工气温条件方面的原因

该大楼主体结构于 1997 年 7 月完工。顶层混凝土结构（包括预应力混凝土楼板）在气温较高的夏季（6 月份）施工，混凝土成型温度较高，到冬季较大的降温温差会使混凝土楼板发生较大的冷缩变形，加大墙与梁板柱之间的相对移位。

4. 其他方面的原因

（1）由于采用预应力混凝土结构，楼板混凝土强度等级较高（C35），水泥用量较大，相应混凝土收缩变形也较大。

（2）在板与墙发生相对移位过程中，墙体在自重和界面约束作用下发生水平裂缝和斜裂缝。

（3）由于混凝土的收缩变形以及各种约束条件，墙面发生一些不规则裂缝。

（4）②～⑧轴×Ⓐ～Ⓕ轴楼板为预应力混凝土结构，⑧～⑬轴×(1/A)～(1/H)轴为非预应力混凝土楼板，且南外墙在⑧轴处未设落地柱，楼面梁板支承在⑧轴大梁上，该处楼面相对于支承在(1-1)～(1-4)轴柱上时的约束较小，故⑧轴～(1-1)轴开间内南外墙与梁板柱的相对移位和裂缝最为严重，裂缝情况由(1-1)轴向(1-4)轴和Ⓔ轴逐渐减轻。

（5）混凝土空心砌块抗裂性较差，故墙面在上述各种因素作用下，出现较多的裂缝，凿除粉刷层后，可见到裂缝处混凝土空心砌块也已开裂。

（6）由于屋面和 10 层楼面结构受到的约束相对较小，完成的温差、收缩、徐变变形相对较大，故南外墙的移位和裂缝出现在顶层，而其他各层除 9 层墙柱界面有轻微裂缝外，尚未发现肉眼可见的裂缝。

（三）裂缝处理方案

考虑采用灌缝补强与设钢筋网补强两个方案。

1. 灌缝补强处理方案

（1）为恢复大楼东南向圆弧形外墙的防水性，建议对墙与柱之间的垂直裂缝凿除粉刷层并清理干净后，先用环氧水泥浆或环氧水泥砂浆封缝，然后采用裂缝跟随性好的环氧树脂胶液进行灌缝。

（2）对墙与楼面梁板之间的水平裂缝，建议采用开 V 形槽用建筑结构胶进行嵌缝处理。

（3）对南外墙墙面的裂缝，当凿除粉刷层后，裂缝宽度为 0.1mm 及以下时，采用环氧胶封缝处理，对 0.1mm 以上的裂缝采用建筑结构胶进行灌缝处理。

（4）为消除南外墙墙面面砖脱落的隐患，建议对大楼南外墙的面砖进行一次全面检查，例如发现空壳、松动的面砖，应及时清除。

（5）在室内进行裂缝处理后，用原墙面罩面材料罩面，在室外敲掉松动空壳面砖后，用同样材质面砖饰面，并对面砖砖缝涂刷防水胶以恢复大楼的防水性和美观。

（6）裂缝处理必须遵守《混凝土结构加固技术规范》（CECS 25—1990）关于补缝的有关规定。

（7）建议裂缝处理工程安排在气温较低的季节进行施工。

2. 设钢筋网加固补强处理方案

为恢复大楼东南向圆弧形外墙的防水性及与主体结构的连接，采用如图 5-6-1 所示的补强加固处理方案，其要点如下：

（1）将 10 层窗顶以上和窗台以下的圆弧形外墙和圆柱的粉刷层凿除至混凝土砌块和混凝土柱表面，并将表面凿毛。

（2）按图 5-6-1 在凿除粉刷层的墙面上，打 M6 的膨胀螺丝，中距 600mm，呈梅花形交错布置，并与墙的竖筋或水平筋焊牢。

（3）按图 5-6-1 配置柱的箍筋和纵筋，以及墙面的竖筋和水平钢筋，用⑦号短钢筋将墙的竖筋和柱的纵筋拉结并焊牢。

（4）墙柱相接部位装模浇捣 C20 细石混凝土，尺寸视实际情况确定，以不超出柱表面为准。

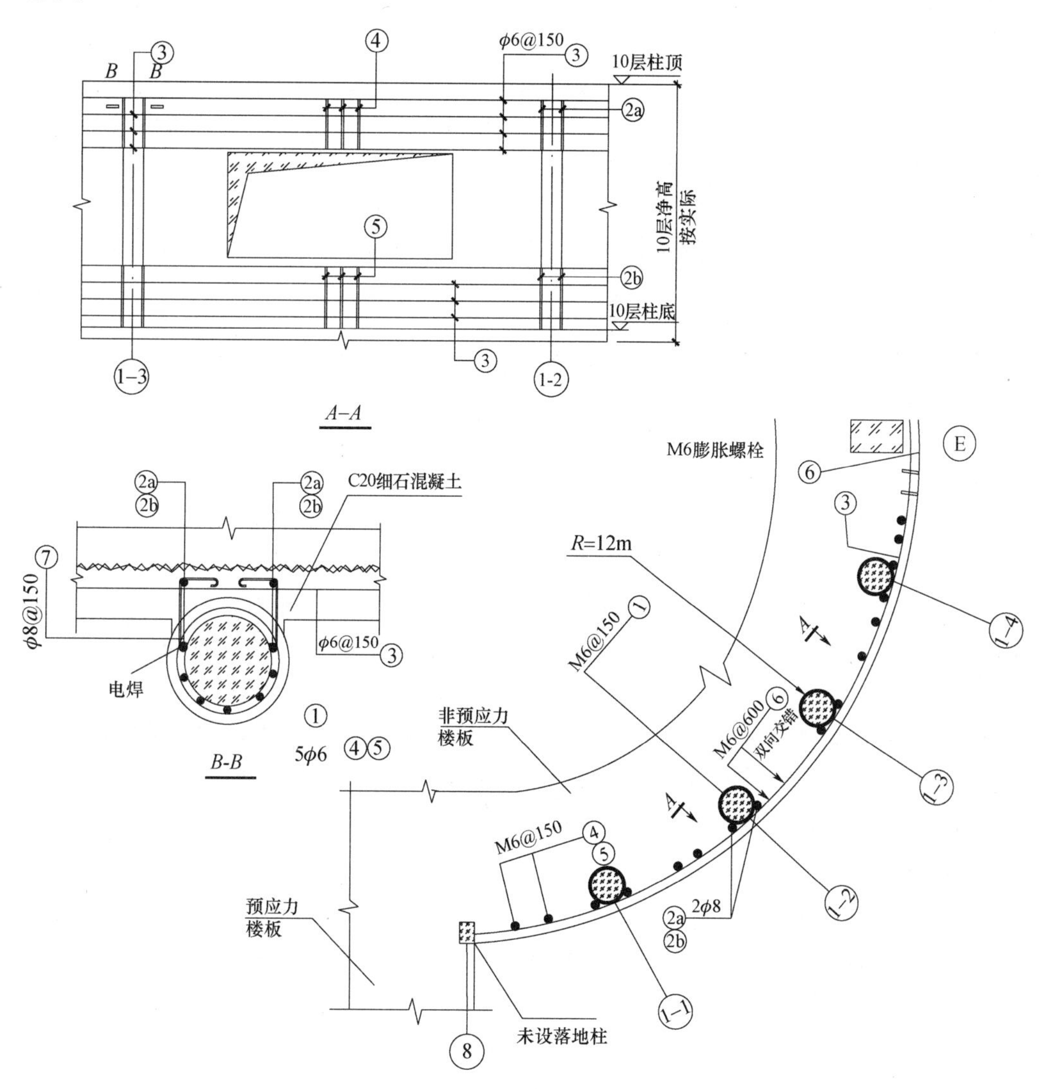

图 5-6-1　10 层圆弧形墙加固处理水面

（5）粉 M10 的水泥砂浆，平原墙面。

（6）为消除南外墙墙面面砖脱落的隐患，建议对大楼南外墙的面砖进行一次全面检查，例如发现空壳、松动的面砖，应及时清除。

（7）在室内进行裂缝处理后，用原墙面罩面材料罩面，在室外敲掉松动空壳面砖后，用同样材质面砖饰面，并对面砖砖缝涂刷防水胶以恢复大楼的防水性和美观。

（8）未尽事宜应遵守有关施工规范的要求。

（9）建议裂缝处理工程安排在气温较低的季节进行施工。

经技术经济比较以及可靠性分析，建议采用设钢筋网加固补强的处理方案。

（四）经验教训

（1）对于楼（屋）面，宜采用同一种结构类型。当需要采用预应力混凝土和非预应力混凝土两种不同类型的楼（屋）面结构时，为避免在两种结构中及其界面上产生裂缝，应在结构构造上进行妥善处理，如在界面上设置人工缝，采用抗裂性较好的墙体材料等。

（2）为处理好这类工程的裂缝纠纷，应深入现场取得第一手结构裂缝资料，根据裂缝特点、结构类型、材料特性、施工及气温等情况进行综合分析，正确推断裂缝原因、危害，方能提出安全、经济、可行的处理方案，使裂缝问题得到较为满意的解决。

第五节　受力裂缝工程

【工程实例 5-7　某市冶炼厂办公楼】

（一）工程概况

该楼于 1973 年破土动工，原设计为三层，施工过程中，根据建设方要求，将中间部分⑤～⑭轴线增加一层即为局部四层，于 1975 年建成。据调查，于 1983、1984 年中间四层两侧又先后增加一层，即全部均为四层。

该楼平面尺寸为 58.2m×14m，层高为 3.9m，开间有 3.4m 和 3.6m 两种，设内走廊，一般为横墙承重，大开间处为纵、横墙混合承重。纵、横墙地面以上用 75# （MU7.5）砖和 25# （M2.5）混合砂浆砌筑，地面以下用 50# 水泥砂浆砌筑。楼面采用预制空心板，屋面部分采用预制，部分（大开间）采用现浇。大梁处设有壁柱，每层在窗顶设有圈梁（兼过梁和梁垫）。地基为 6～7m 填土，填土下为水稻田，采用砂垫层作人工地基，砂垫层厚度为 600～700mm，其上做钢筋混凝土阶梯形条形基础，该楼竣工至今均作办公用。

（二）裂缝检测

墙、柱裂缝检测包括裂缝总体分布规律以及局部裂缝大样的测绘。

房屋Ⓒ轴的纵向墙的两端出现一系列向外倾斜的斜裂缝 [图 5-7-1（a）]，①～⑤轴与⑭～⑱轴的斜裂缝组成倒八字形；房屋横向墙的两端出现向外倾斜的斜裂缝和垂直裂缝 [图 5-7-1（b）]。纵横墙双向的裂缝形成漏斗状。

为了解粉刷层里面承重墙体的破损情况，将部分裂缝的粉刷层剥掉（有的可用手剥落）后，可明显地观察到这些裂缝不是粉刷层的表面裂缝，而是内部承重墙、柱的裂缝。如④轴～③轴门窗之间纵向墙上表面的斜裂缝，剥掉粉刷层后，观察到砖沿斜截面被拉断，断口的宽度为3mm左右，局部墙体已发生沿斜截面破坏［图5-7-1（c)]。又如Ⓑ轴与④轴交点处的垂直裂缝，剥掉粉刷层后，观察到连续10皮砖沿垂直截面拉断，断口的宽度为1mm左右，其旁边的下方又已有4皮砖被拉断，该壁柱将发生沿正截面的破坏［图5-7-1（d)]。

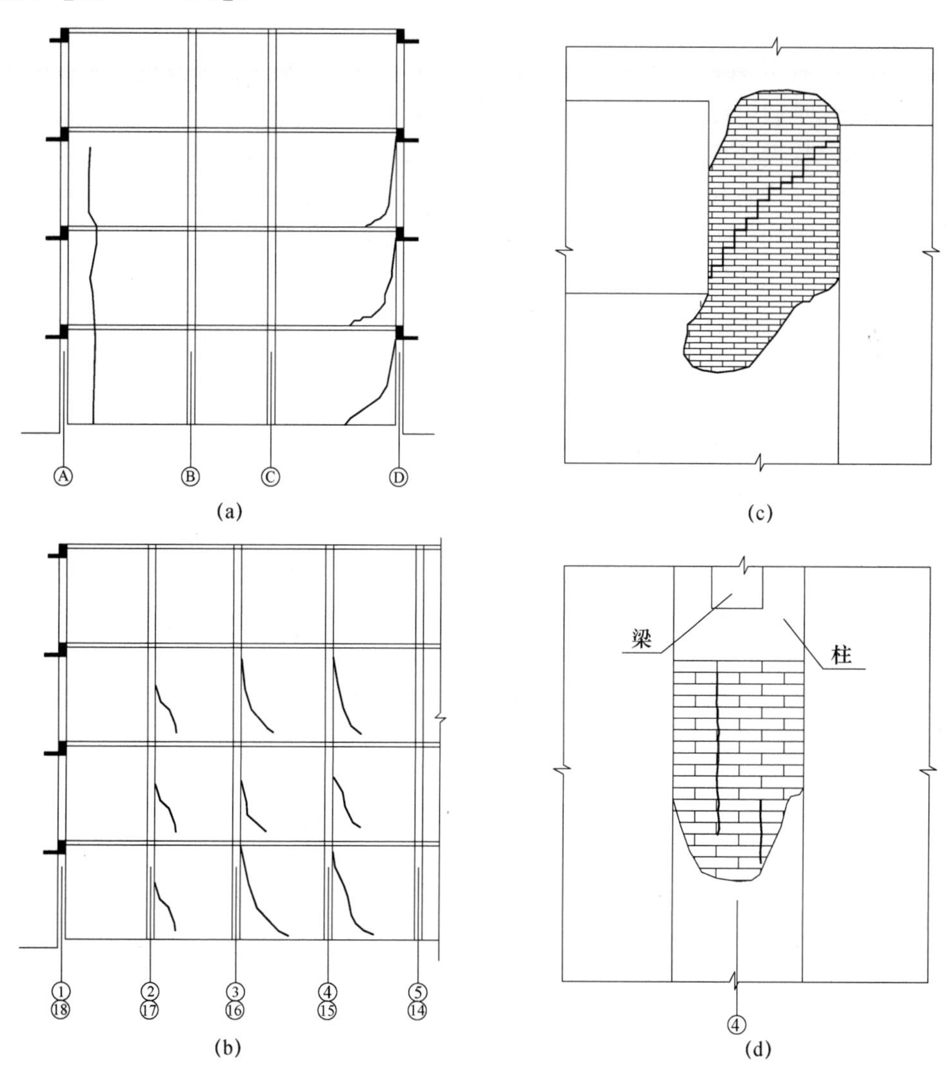

图5-7-1　房屋整体裂缝及局部裂缝大样

(a)⑭轴横墙裂缝；(b)Ⓒ轴纵墙裂缝；(c)④～③轴门窗间墙裂缝；(d)Ⓑ轴壁柱裂缝

（三）裂缝原因

1. 墙面上的斜裂缝

墙面上的斜裂缝属于变形引起的裂缝。其主要原因是，由于该楼位于填土区，虽然采用了刚度较好的钢筋混凝土条形基础和层层设置了圈梁，但填土深6～7m和砂垫层厚600～700mm，7～8年后两端的增层荷载使该楼两端与中间部分出现沉降差，这种地基不均匀的沉降差产生的剪应力是引发墙体出现斜裂缝的外部原因；内因则是该楼墙体的砌筑质量差（水平灰缝的砂浆不均匀，上下皮砖的垂直灰缝同缝等），砌体的抗剪强度低。此外，垂直荷载也有一定的影响。从整体上看，这种出现在墙面上漏斗状的裂缝，虽然暂时不会有使房屋倒塌的危险，但已使房屋处于四分五裂的状态，严重削弱了房屋的整体性，同时，由于裂缝尚未稳定，据调查，裂缝近年仍有所发展，处于活动期，必然影响室内外装修和正常使用。

2. 壁柱上的垂直裂缝

壁柱上的垂直裂缝属于受力引起的裂缝，其主要原因：从设计上复核表明该楼第一层壁柱偏心受压承载力设计值与荷载作用的偏心轴向力设计值之比小于 1.0，不满足国家标准《砌体结构设计规范》（GBJ 3—1988）第 4.1.1 条受压构件承载力的要求，即壁柱截面尺寸过小，或砖和砂浆的强度等级过低。从施工上，剥掉粉刷层后的观察表明，该楼的砖砌体工程的施工多处违反《砖石工程施工及验收规范》（GBJ 203—1983）的规定：①规范第 4.2.1 条规定，砖砌体应上、下错缝，内外搭接，而该壁柱有上、下同缝，且采用了内外不搭接的包心砌法；②规范第 4.2.2 条规定，砖砌体水平灰缝的砂浆应饱满，竖向灰缝宜采用挤浆法，使其砂浆饱满，而该壁柱的水平灰缝和垂直灰缝均不饱满；③规范第 4.2.3 条规定，砖砌体的水平灰缝和竖向灰缝厚度一般为 10mm，但不应小于 8mm，也不应大于 12mm，而该壁柱水平灰缝厚薄不均，最厚的有 30mm，而最薄的为零，试验表明，这种水平灰缝极不均匀的砖砌体，受压承载力降低20%～30%。

试验表明，砖柱的破坏起于单砖先裂，此时的荷载为破坏荷载的 50%～70%；随着荷载增加，裂缝进一步发展，贯穿若干皮砖，此时的荷载为破坏荷载的 80%～90%；如果荷载继续增加，垂直裂缝又进一步发展，形成若干独立小柱而使砖柱发生失稳破坏，如果荷载不增加，但在荷载持续作用下，垂直裂缝进一步发展，导致砖柱破坏。该壁柱，一条垂直裂缝已贯穿 10 皮砖，另一条垂直裂缝也已贯穿 4 皮砖［图 5-7-1（d）］。表明该壁柱已接近破坏阶段，即使荷载不增加，但在现有荷载的持续作用下，迟早将导致突发的脆性破坏。

（四）结论及建议

1. 结论

该楼为砖混结构，其可靠度主要取决于承重墙柱。因此，鉴定该楼的可靠度，主要是鉴定墙柱的可靠度。

该楼由于地基不均匀沉降（两头大，中间小）、墙体砌筑质量差、施工和使用中加层以及结构计算上的部分失误，导致墙柱严重开裂，纵横墙连接削弱，房屋结构整体性受损，尤其是砖壁柱承载力严重不足，壁柱上的裂缝已发出壁柱接近破坏的警告。因此，从总体上看，该楼房的可靠性应评为 D 级，可靠性已不满足国家现行规范要求，应予整体加固补强，对壁柱应尽快采取措施进行处理。

2. 建议

（1）该楼如使用功能和层数不变，应先尽快对壁柱及其下的地基进行加固处理，然后观测现有斜裂缝是否继续开展，裂缝若稳定，可对该楼补强后进行全面装修。

（2）该楼使用功能和层数有变化，如需要加层，仍先尽快对壁柱及其下基础，按加层要求进行加固处理。然后，按加层要求对其余纵、横墙及地下基础进行加固处理。

(3) 该楼如需加层，估计地基处理及墙柱加固的费用较高，且墙柱加固后使用面积有一定的影响，故宜拆除重建。

(五) 总结

根据该楼的裂缝及损坏情况，考虑到加固费用较高，现已拆除重建。

第六章　混凝土施工质量问题结构加固

本章涉及的混凝土施工质量问题，不是一般的施工质量通病，而是将影响混凝土结构正常使用、承载力、耐久性甚至危及结构安全的问题，例如混凝土构件表面的蜂窝麻面、龟裂、不同材料的界面裂缝等。因此需要在正确检测鉴定结论的前提下，对问题结构进行安全、经济、合规、合理、可行的加固设计和加固施工。

混凝土施工质量问题结构调查统计分析表明，在现浇混凝土结构工程中，基桩、墙柱、梁板等混凝土结构构件，混凝土强度、构件截面尺寸偏低偏小，混凝土保护层过厚（钢筋位移），拆模时间过早等质量缺陷（2004—2019 年，湖南大学设计研究院加固所罗刚团队在检测鉴定中发现的混凝土施工质量问题结构部分典型工程实例统计见表 6-1）都将影响混凝土结构构件的承载力和建筑的正常使用。其中，混凝土强度的质量缺陷，不仅影响混凝土结构的承载力，而且影响耐久性。

表 6-1　2004—2019 年混凝土施工质量问题工程部分统计表

<table>
<tr><th rowspan="2">序号</th><th rowspan="2">问题类型</th><th rowspan="2">工程名称</th><th>主体竣工</th><th rowspan="2">主要裂缝形式</th><th rowspan="2">最大裂缝宽度（mm）</th><th rowspan="2">裂缝及缺陷原因</th></tr>
<tr><th>鉴定日期</th></tr>
<tr><td rowspan="2">1</td><td rowspan="18">混凝土施工质量问题</td><td rowspan="2">新世纪家园安居工程</td><td>2004.08</td><td rowspan="2">屋面板网纹状裂缝</td><td rowspan="2">0.3</td><td rowspan="2">拆模过早</td></tr>
<tr><td>2004.09</td></tr>
<tr><td rowspan="2">2</td><td rowspan="2">某省体育局经济适用房</td><td>2003.04</td><td rowspan="2">柱水平、梁贯穿裂缝</td><td rowspan="2">1.0</td><td rowspan="2">拆模过早</td></tr>
<tr><td>2004.07</td></tr>
<tr><td rowspan="2">3</td><td rowspan="2">某市和生贸易仓库</td><td>2015.12</td><td rowspan="2">梁 U 形裂缝</td><td rowspan="2">0.5</td><td rowspan="2">保护层过厚</td></tr>
<tr><td>2016.03</td></tr>
<tr><td rowspan="2">4</td><td rowspan="2">某市公安局地下车库</td><td>2014.12</td><td rowspan="2">找平层网纹裂缝</td><td rowspan="2">9</td><td rowspan="2">地下室找平层过厚</td></tr>
<tr><td>2016.12</td></tr>
<tr><td rowspan="2">5</td><td rowspan="2">某县广电文苑地下室</td><td>2013.08</td><td rowspan="2">露筋、锈蚀、水平裂缝</td><td rowspan="2">10</td><td rowspan="2">梁水平施工缝缺陷</td></tr>
<tr><td>2017.03</td></tr>
<tr><td rowspan="2">6</td><td rowspan="2">某市金山新城公租房</td><td>2015</td><td rowspan="2">地下室梁水平、斜裂缝</td><td rowspan="2">2.1</td><td rowspan="2">地下室底板抗浮不足</td></tr>
<tr><td>2017.07</td></tr>
<tr><td rowspan="2">7</td><td rowspan="2">因康星 5＃楼三层悬挑板</td><td>2015</td><td rowspan="2">竖向、斜向裂缝</td><td rowspan="2">1.2</td><td rowspan="2">过梁与挑板分两次浇捣</td></tr>
<tr><td>2016.07</td></tr>
<tr><td rowspan="2">8</td><td rowspan="2">某市皇家酒吧屋面梁</td><td>2010</td><td rowspan="2">U 形贯通裂缝</td><td rowspan="2">2.5</td><td rowspan="2">钢筋与混凝土粘结不好，保护层脱落、梁底露筋</td></tr>
<tr><td>2017.08</td></tr>
<tr><td rowspan="2">9</td><td rowspan="2">万科金城缇香地下室</td><td>2016</td><td rowspan="2">柱顶下混凝土开裂、钢筋弯曲</td><td rowspan="2">9</td><td rowspan="2">上面施工荷载引起</td></tr>
<tr><td>2018.04</td></tr>
</table>

续表

序号	问题类型	工程名称	主体竣工 鉴定日期	主要裂缝形式	最大裂缝宽度(mm)	裂缝及缺陷原因
10	混凝土施工质量问题	某县富丽华宾馆	2016 2018.10	梁周边板开裂	2.0	板上堆积荷载
11		某市私宅5～6层梁板	2012 2019.02	斜向U形贯通缝	2.5	混凝土强度偏低，加密箍不到位
12		某市国际新城2＃栋挑梁	2010 2017.09	墙梁交界处竖向裂缝	1.0	未按设计构造施工
13		某县南方水泥库环梁	2010 2017.09	减压仓立柱受压钢筋锚固破坏	0.22	立柱竖筋未按设计要求锚固进入减压仓结构
14		红橡华园地下室	2012 2013.10	—	—	混凝土强度不足
15		某市妇幼保健院梁柱	2017 2018.05	—	—	混凝土强度不足
16		某县和美中心剪力墙	2013 2014.02	—	—	混凝土强度不足
17		某县芙蓉中学2＃、3＃楼	2019.08 2019.10	U形、梭形裂缝	0.20	拆模过早、保护层过厚
18		某天心区成达华园3＃栋	2017.05 2019.10	水平、竖向裂缝	6.0	二层悬挑梁变形加大
19		某县林业安置房	2017.08 2018.09	—	—	混凝土强度不足
20		某市天元涉外11＃楼	2013.04 2014.03	—	—	基桩混凝土强度不足
21		某市台北城	 2018.06	—	—	桩底有溶洞、基桩混凝土离析
22		某县福鑫苑2＃基桩	 2019.12	—	—	基桩混凝土强度不足

有关混凝土结构构件承载力的加固方法在前面章节中已有介绍，因此本章重点介绍恢复结构耐久性的加固和混凝土强度缺陷对混凝土结构承载力影响较大的混凝土墙柱（包括梁柱接头）和桩基的加固及防裂。

第一节　混凝土结构的耐久性

一、混凝土结构耐久性的基本概念

混凝土耐久性是指混凝土结构在设计使用年限（50年或100年或其他设计指定的

年限）内，钢筋混凝土构件表面不出现锈胀裂缝；预应力筋未开始锈蚀；结构表面混凝土未出现肉眼可见的耐久性损伤（例如酥裂、粉化等）。总之，尚未出现随时间延续因材料劣化引起的性能衰减，尚未影响到正常使用和结构安全，这种状态属耐久性正常使用极限状态。结构的耐久性设计就是要避免混凝土结构出现或进入这种极限状态。一旦进入这种状态，将引起构件承载力降低，甚至发生破坏。

二、耐久性极限状态的设计要求

影响混凝土结构材料性能劣化的内、外因素比较复杂，不确定性很大，其外因是混凝土结构所处的环境［环境类别按现行标准《混凝土结构设计规范》（GB 50010）有关规定判别］，例如干湿交替、室内潮湿、室外露天、地下水浸润、水位变动等环境条件以及气温是严寒还是非严寒，一般涉及的是一、二类环境。内因是指混凝土材料质量，影响耐久性的内因是混凝土的强度等级、水胶比、氯离子含量和碱含量。混凝土强度反映了密实度，混凝土强度高，密实性好，空气就难以进入密实的混凝土而有利于耐久性。

（1）对于设计年限为50年的混凝土结构，其混凝土材料符合表6-2的要求，且混凝土保护层厚度符合表6-3的要求时，可从设计上防止结构进入耐久性极限状态。

表6-2 结构混凝土材料耐久性基本要求

环境等级	最大水胶比	最低强度等级	最大氯离子含量（%）	最大碱含量（kg/m^3）
一	0.60	C20	0.3	不限制
二a	0.55	C25	0.2	3.0
二b	0.50（0.55）	C30（C25）	0.15	3.0
三a	0.45（0.50）	C35（C30）	0.15	3.0
三b	0.40	C40	0.10	3.0

注：1. 氯离子含量系指其占胶凝材料总量的百分比；
2. 预应力构件混凝土中的最大氯离子含量为0.06%；其最低混凝土强度等级宜按表中的规定提高两个等级；
3. 素混凝土构件的水胶比及最低混凝土强度等级的要求可适当放松；
4. 有可靠工程经验时，二类环境中的最低混凝土强度等级可降低一个等级；
5. 处于严寒和寒冷地区二b、三a类环境中的混凝土应使用引气剂，并可采用括号内的有关参数；
6. 当使用非碱活性骨料时，对混凝土中的碱含量可不作限制。

（2）一类环境中，设计使用年限为100年的混凝土结构为避免进入耐久性正常使用极限状态应符合下列要求：

① 钢筋混凝土结构的最低强度等级为C30；预应力混凝土结构的最低强度等级为C40；

② 混凝土中的最大氯离子含量为0.06%；

③ 宜使用非碱活性骨料，当使用碱活性骨料时，混凝土中的最大碱含量为3.0kg/m^3；

④ 混凝土保护层厚度应符合表6-3的规定；当采用有效的表面防护措施时，混凝土保护层厚度可适当减小。

表 6-3　混凝土保护层的最小厚度 c（mm）

环境类别	板、墙、壳	梁、柱、杆
一	15	20
二 a	20	25
二 b	25	35
三 a	30	40
三 b	40	50

注：1. 混凝土强度等级不大于 C25 时，表中保护层厚度数值应增加 5mm；

2. 钢筋混凝土基础宜设置混凝土垫层，基础中钢筋的混凝土保护层厚度应从垫层顶面算起，且不应小于 40mm；

3. 设计使用年限为 50 年的混凝土结构，构件中最外层受力钢筋保护层厚度不应小于钢筋的公称直径 d；

4. 设计使用年限为 100 年的混凝土结构，最外层钢筋保护层厚度不应小于表中值的 1.4 倍。

（3）二、三类环境中设计使用年限为 100 年的混凝土结构还应采取专门的有效措施。

（4）耐久性环境类别为四类和五类的混凝土结构，其耐久性要求应符合有关专门标准的规定。

（5）混凝土结构在设计使用年限内为避免结构进入耐久性正常使用极限状态尚应遵守下列规定：

① 建立定期检测、维修制度；

② 设计中可更换的混凝土构件应按规定更换；

③ 构件表面的防护层应按规定维护或更换；

④ 结构出现可见的耐久性缺陷时，应及时进行处理。

三、混凝土锈胀裂缝机理及其特点

混凝土材性研究表明，混凝土原本是碱性的，可使钢筋表面钝化，免于锈蚀。但是，当混凝土密实性差、强度低，空气中的二氧化碳（CO_2）进入混凝土与水泥中溶于水的石灰（CaO）生成的氢氧化钙［$Ca(OH)_2$］反应生成碳酸钙，使混凝土的碱性指标 pH 值降低而碳化成酸性，当碳化到钢筋表面，混凝土失去保护钢筋的作用，开始生锈，锈蚀物因体积膨胀，将混凝土保护层胀裂，出现沿顺筋方向的锈胀裂缝，这就是形成锈胀裂缝的机理。

由锈胀裂缝的机理可知：从二氧化碳渗入混凝土保护层，并碳化到钢筋表面，有一个较长的时间过程；胀裂之后加快了钢筋的锈蚀，锈蚀削弱钢筋截面面积，到出现垂直于钢筋方向的受力裂缝，又有一个过程。因此，耐久性不够引起的结构开裂和破坏，有明显的裂缝征兆和一个较长时间的过程和预告。因此，降低了混凝土结构破坏的危险性，故规范对耐久性的要求不是强制性的，不是规定“应符合”，而是要求“宜符合”，给设计者可根据工程经验，采取有效措施的选择余地。锈胀裂缝的明显特点是沿钢筋走向出现胀裂，严重时导致混凝土保护层脱落，将加快钢筋的锈蚀，破坏钢筋与混凝土共同工作的基础——钢筋与混凝土之间的粘结力，而导致钢筋与混凝土各个击破。对梁板结构而言，特别是悬臂梁板结构，锚固端的粘结一旦破坏，其垮塌破坏后果是十分严重的，因此耐久性问题实质上是长期承载力的问题，如长期承载力具有足够的安全储备，结构的耐久性就可以得到保证。此外，尚应制定正常维护制度，及时发现及时进行加固处理，消除混凝土结构，特别是悬臂梁板结构的安全隐患。

四、混凝土强度及耐久性问题结构加固处理

按照安全、经济、合理（合规）、可行的原则，为恢复混凝土结构的耐久性，提高混凝土结构的承载力，满足设计和规范要求，根据混凝土强度缺陷程度和问题结构的具体情况，混凝土问题结构加固处理方案有如下几种：

（1）混凝土强度问题桩基工程采用桩中和桩周增设钢管混凝土树根桩及桩周注浆加固处理方案；

（2）墙柱混凝土强度问题工程采用置换和加大截面加固处理方案；

（3）梁板混凝土强度问题工程采用增设防护层提高耐久性的加固处理方案；

（4）梁柱混凝土强度问题工程采用外包型钢加固处理方案。

鉴于混凝土梁柱问题工程采用外包型钢加固处理已在第二章有所介绍，而增设涂料防护层恢复混凝土耐久性的方法未列入规范规程，有待研究，故本章仅对前两种加固处理方案结合工程实例进行介绍。

第二节　混凝土强度问题基桩加固工程实例

一、【工程实例 6-1　某市天元涉外景园 11＃栋塔楼问题基桩加固工程】

（一）工程概况

涉外景园 C 区 11＃栋为地下 1 层、地上 32 层混凝土框架-剪力墙结构，基础采用人工挖孔灌注桩，桩端持力层为强风化板岩，桩身直径为 800～1300mm，混凝土设计强度等级为 C30，护壁厚为 100mm，混凝土设计强度等级为 C30。单桩抗压承载力特征值为 3050～12500kN，主筋直径为 ϕ12～ϕ16，桩顶以下 5d 范围的桩身螺旋箍加密区为 ϕ8@100。

该栋建筑于 2013 年开工，现已完成基桩及其承台混凝土垫层的施工，经检测有限公司采用钻芯法检测，结果表明：本工程共计 103 根人工挖孔桩，95 根桩身混凝土强度低于原设计要求，其中 4 根桩桩身混凝土强度推定值在 10～15MPa 之间；44 根推定值在 15～20MPa 之间；39 根推定值在 20～25MPa 之间；8 根推定值在 25～30MPa 之间；8 根推定值大于 30MPa；共计 87 根推定值低于 C25，不满足《建筑桩基技术规范》（JGJ 94—2008）中 4.1.2 条、3.5.2 条及《混凝土结构设计规范》（GB 50010—2010）中 3.5.3 条规定，基于耐久性要求结构混凝土材料强度等级不宜小于 C25。为使该桩基工程满足设计规范耐久性要求，确保上部结构的安全，达到验收合格的目的，需要进行加固设计。

（二）加固处理方案

根据钻芯法实测的混凝土抗压强度代表值$f_{cu,s}$的大小以及桩基受力大小可采用如下四种处理方案：

（1）当$30MPa > f_{cu,s} \geqslant 25MPa$时，经有资质的设计单位按钢筋混凝土基桩核算并确认仍可满足结构安全的，即$N_u \geqslant N_{max}$可以按合格验收，不予处理。

（2）当$25MPa < f_{cu,s}$时，经有资质设计单位按素混凝土基桩核算仍满足结构安全的，即$N_{u,c} \geqslant N_{max}$也可以按合格验收，不予处理。

（3）当$25MPa < f_{cu,s}$且$N_{max} > N_{u,c}$时，经按素混凝土基桩核算不满足结构安全的，应采用在桩中或同时在桩中与桩周设置树根桩进行加固处理，经验收合格能满足该建筑原桩基设计承载力要求，经加固施工后满足加固设计要求的可予合格验收。

（4）当桩的完整性不满足规范要求时，采用同时在桩中和桩周设树根桩的加固处理方案。经加固施工后，满足加固设计要求的可予合格验收。

（三）加固设计要点

1. 钢筋混凝土基桩轴心受压承载力计算

本工程钢筋混凝土桩桩顶以下$5d$范围的桩身螺旋式箍筋间距不大于100mm，且符合JGJ 94—2008第5.8.2条规定，当$30MPa > f_{cu,s} \geqslant 25MPa$时，桩正截面受压承载力可按下式计算：

$$N_{max} \leqslant \psi_c f_{c,s} A_{ps} + 0.9 f'_y A'_s \qquad (6\text{-}1\text{-}1)$$

式中　N_{max}——荷载效应基本组合下桩顶最大轴向力设计值；

ψ_c——人工挖孔桩成桩工艺系数，按规范$\psi_c = 0.9$，鉴于混凝土强度为实测值，故可取$\psi_c = 1.0$；

$f_{c,s}$——桩身混凝土实测轴心抗压强度设计值，按以下三种情况计算：

当$25MPa > f_{cu,s} \geqslant 20MPa$时，$f_{c,s}$按C20取值；

当$20MPa > f_{cu,s} \geqslant 15MPa$时，$f_{c,s}$按C15取值；

当$f_{cu,s} < 15MPa$时，按素混凝土取$f_{c,s} = 0.48 f_{cu,s}$；

A_{ps}——桩身截面面积；

f'_y——钢筋抗压强度设计值；

A'_s——抗压钢筋截面面积。

2. 素混凝土基桩轴心受压承载力计算

本工程当实测混凝土强度代表值小于25MPa时，不满足规范耐久性要求的C25强度等级。此时，如按素混凝土受压构件计算，则可不受此强度等级的限制。根据本工程地勘报告场地地下水为微腐蚀以及混凝土结构设计规范GB 50010—2010表3.5.3注4，当有可靠工程经验时，二类环境中的混凝土强度等级可降低一个等级，即可降低为C20，又根据该表注3素混凝土构件水胶比及最低混凝土强度等级的要求可适当放松的规定，因此需按素混凝土受压构件计算桩的抗压承载力，按下式进行复核：

$$N_{max} \leqslant \psi_c f_{cc,s} A_{ps} = N_{u,c} \qquad (6\text{-}1\text{-}2)$$

式中　$N_{u,c}$——素混凝土桩桩身轴心抗压承载力设计值；

$f_{cc,s}$——素混凝土轴心抗压强度实测值；

A_{ps}——考虑部分（50%）护壁作用的桩身截面面积，$A_{ps}=\pi(D+100)^2/4$。

N_{max}、ψ_c 意义同前。

当满足式（6-1-1）和式（6-1-2）式，则可以不做加固处理，当式（6-1-1）和式（6-1-2）不能满足时，则需采用增设树根桩的方案进行加固处理。

3. 桩中新增树根桩的单桩承载力的计算

（1）树根桩桩型及计算参数。

桩中设置的置换缺陷混凝土的树根桩的桩型为钢管混凝土树根桩。计算参数：桩径为100mm，钢管直径为75.5mm，壁厚为3.75mm，混凝土强度等级为C30 。

（2）桩中设树根桩的单桩轴心受压承载力设计值。

对于桩身具有混凝土强度缺陷的桩中树根桩，其轴心受压承载力可按下式计算：

$$N_{u,z}=0.9(f_cA_c+f'_yA'_s) \tag{6-1-3}$$

式中 $N_{u,z}$——单根桩中钢管混凝土树根桩的单桩轴心抗压承载力设计值；

f_c——新增混凝土的轴心受压强度设计值；

A_c——新增桩中钢管混凝土树根桩的混凝土截面面积；

A'_s——新增桩中钢管混凝土树根桩受压钢管的截面面积；

f'_y——新增桩中树根桩钢管的抗压强度设计值。

桩中树根桩可利用已有的芯样钻孔，下钢管、注浆管，注浆，抛细骨料后采用二次注浆成桩的工艺施工。

4. 桩周新增树根桩的根数应满足下列条件：

$$n_1\geqslant\frac{N_{max}-N_{u,c}-N_{u,z}}{1.25R_a} \tag{6-1-4a}$$

$$n_2\geqslant\frac{N_{kmax}-(N_{u,c}+N_{u,z})1.25}{R_a} \tag{6-1-4b}$$

式中 n_1、n_2——桩周新增树根桩的根数，取大值；

N_{max}、N_{kmax}——加固桩位柱底最大轴向力设计值、标准值；

$N_{u,c}$——加固桩素混凝土桩身抗压承载力设计值；

R_a——桩周新增钢筋混凝土树根桩单桩抗压承载力特征值。

5. 桩周新增树根桩单桩抗压承载力的计算

（1）树根桩的桩型，树根桩有钢管混凝土树根桩和钢筋混凝土树根桩两种，该加固工程的树根桩桩周采用钢筋混凝土树根桩，桩中采用钢管混凝土树根桩。

（2）钢筋混凝土树根桩的计算参数：①桩径：180mm；②配筋：主筋 3ϕ16 拼筋，每隔 500mm 中置 ϕ48 长 50mm 的钢管与 ϕ16 的钢筋点焊成型；③混凝土强度等级：C30；④桩长，根据场地土层构造和岩土性质按计算确定。

（3）桩周新增树根桩单桩承载力特征值按下式确定：

$$R_a=\pi d\sum q_{sia}l_i+A_pq_{pa} \tag{6-1-5}$$

式中 d——钢筋树根桩桩径；

q_{sia}——第 i 层岩土侧阻力特征值；

l_i——第 i 层岩土层厚，按平均层厚考虑，最后一层按嵌入深度考虑；

A_p——桩端截面面积；

q_{pa}——桩端端阻力特征值。

6. 钢筋与钢管混凝土树根桩

（1）成桩工艺：①机械钻孔（桩中树根桩可利用已有的抽芯钻孔）；②下钢筋或钢管和注浆管注浆；③抛细骨料（05 籽）；④二次注浆成桩。

（2）注浆材料及配比：①水泥：P・O42.5 普通硅酸盐水泥；②水：洁净饮用水；③水灰比：0.5～0.6。

（3）注浆压力：0～0.5MPa，由现场试验确定；二次注浆压力：1.0～3MPa。

7. 人工挖孔桩桩周压密注浆及桩中钻孔注浆

（1）注浆目的：改善桩周回填土土性和环境，提高混凝土桩头和桩身的耐久性。

（2）注浆范围：实测混凝土强度代表值 $f_{cu,s}<20N/mm^2$ 且不需进行加固处理或虽需进行加固处理而桩周未设 4 根和 4 根以上树根桩的人工挖孔桩的桩周回填土、耕植土等软弱土层，进入强风化板岩层 500mm。

（3）注浆孔布置：沿桩周紧靠桩身布置 4 个注浆孔。

（4）注浆孔直径：90mm，孔内插 1ϕ20 锚入承台 35d 的钢筋。

（5）注浆材料及配比：①水泥：P・O42.5 普通硅酸盐水泥；②水：洁净饮用水；③水灰比：0.5～0.6。

（6）注浆压力：0.2～0.5MPa，经现场试验确定。

（7）非加固桩中的钻孔也需在承台施工之前，完成注浆灌注施工，要求将原钻孔注满。

8. 桩中树根桩的验收

桩中钢管树根桩可采用桩身完整性的动测试验和混凝土标养试块抗压强度试验进行验收。

9. 桩周钢筋混凝土树根桩的验收

桩周钢筋混凝土树根桩采用静载试验的方法进行验收，试验数量不少于总根数的 1%，也不少于 3 根。单桩承载力特征值为 300kN。

10. 施工委托

本加固工程应委托有加固资质且有类似工程经验的单位施工，施工前应提供通过相关专家或设计方认可的施工方案。

（四）部分加固设计图如图 6-1-1～图 6-1-3 所示

二、【工程实例 6-2　某市福鑫美苑安置房 2＃栋问题基桩加固工程】

（一）工程概况

某市福鑫美苑农民安置房一标 2＃栋工程，为地下 3 层、地上 28 层剪力墙结构，6 度抗震设防，桩基采用人工挖孔扩底桩。根据工程地质详勘报告，负三层底板落在强风化和中风化岩层上，桩身和护壁混凝土 C30，桩端持力层为中风化板岩。现桩承台及负三层底梁板混凝土已经浇筑完毕，后发现本工程桩身混凝土强度有问题，委托检测公司对每根桩都进行了钻芯检测。根据检测结果，桩基混凝土强度大多数不满足设计要求，需对该栋基桩进行加固。

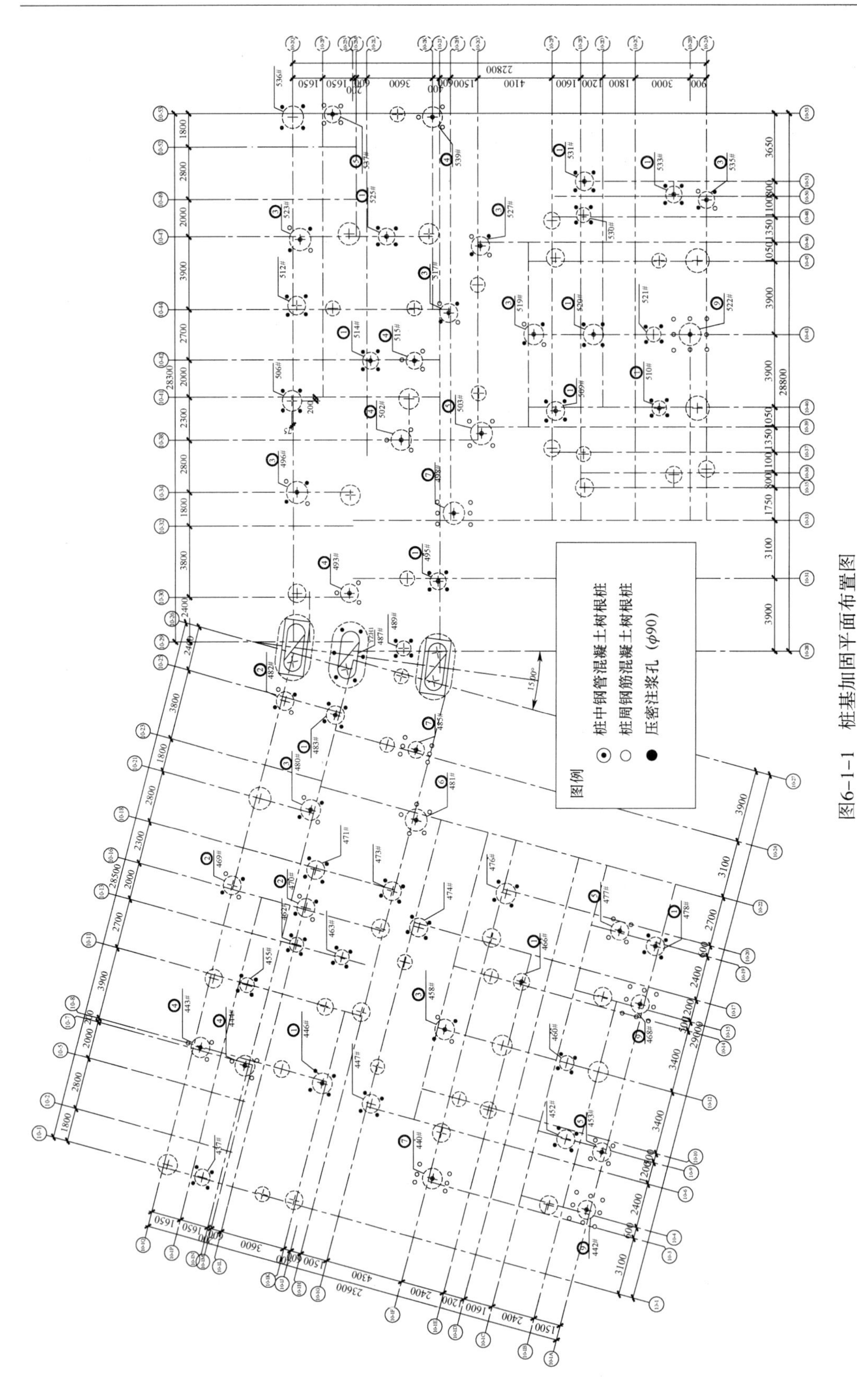

图6-1-1　桩基加固平面布置图

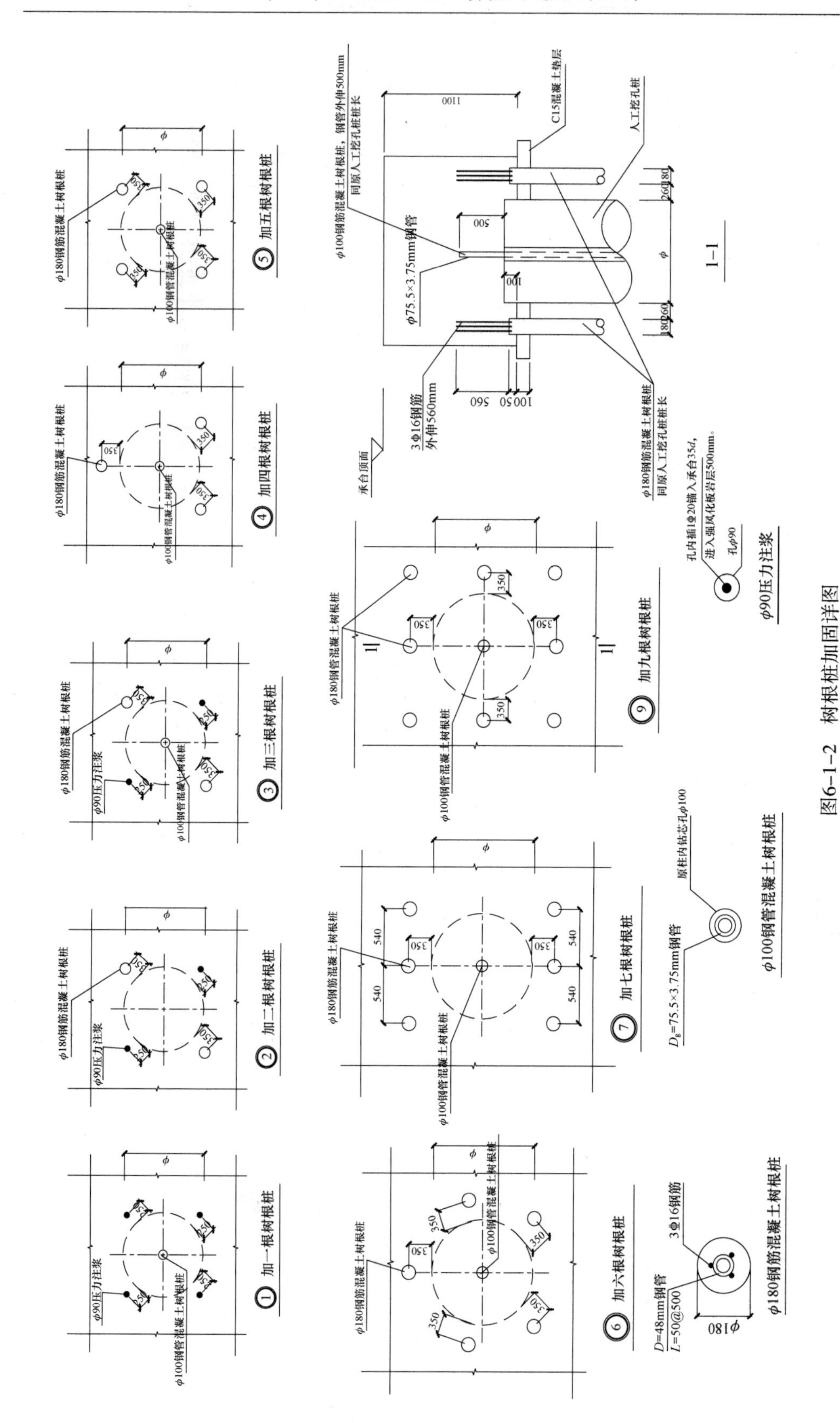

图6-1-2　树根桩加固详图

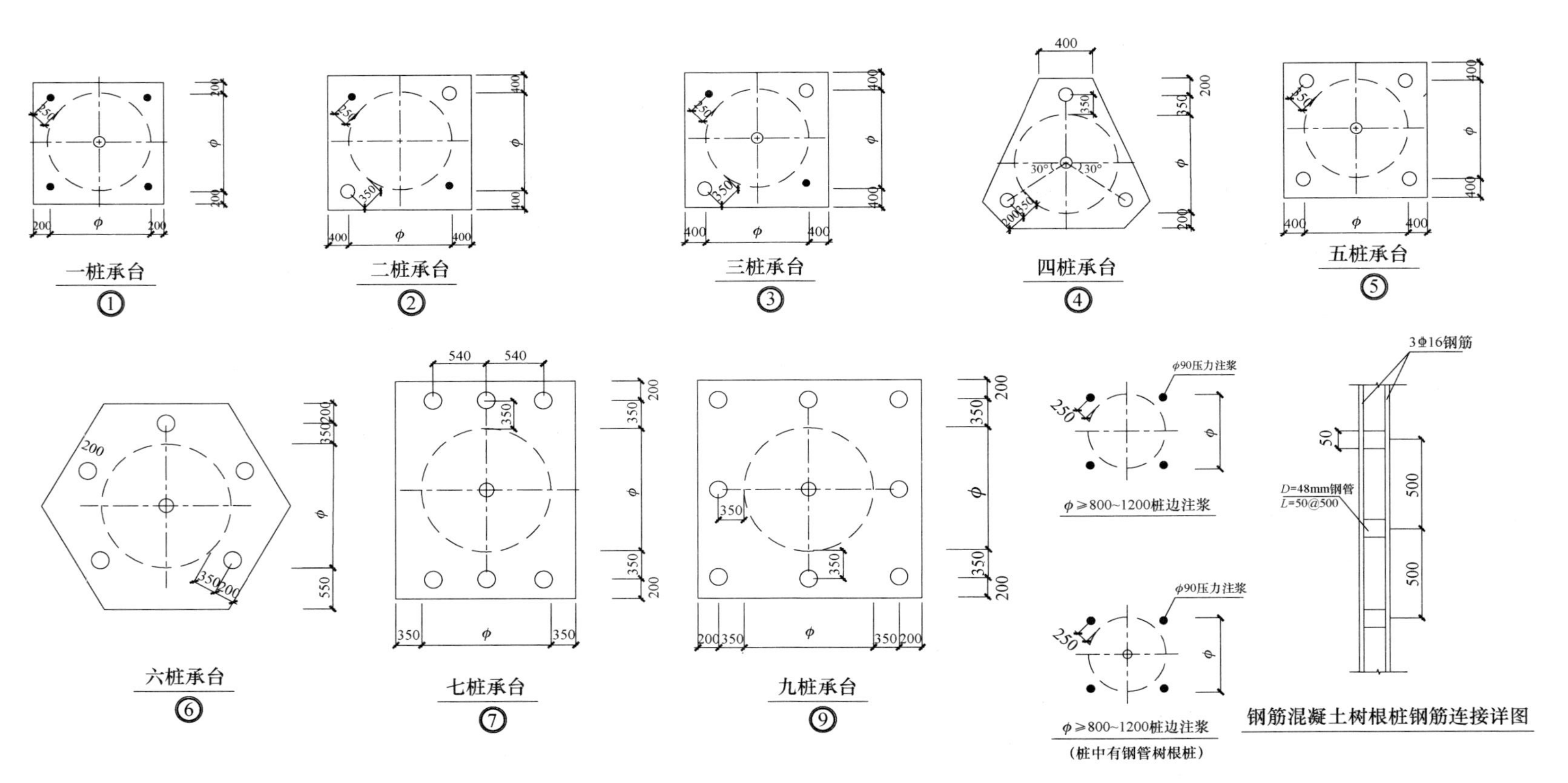

图6-1-3 承台布置及大样

（二）加固方案

该问题基桩工程现已根根进行了钻芯检测，74 根桩仅少数达到设计要求的 C30 强度等级，大部分桩不满足，需进行加固处理。根据安全、经济、合规、可行的原则，采用以下加固处理方案，以确保上部结构安全。

（1）对实测混凝土强度很低的桩，如强度小于 15MPa 的问题桩，按废桩处理，破除后重新浇筑。

（2）实测混凝土强度较低的桩，如强度大于等于 15MPa，但小于 25MPa 的桩，且经承载力验算不满足规范要求的，采用在桩周填土内注浆处理，改善桩周土的环境条件，同时在桩周新增钢管混凝土树根桩以满足设计抗压承载力和耐久性的要求。

（3）实测混凝土强度较高的桩，如强度大于等于 25MPa，但小于 30MPa 的桩，且经承载力验算满足设计要求的，采用在桩周填土内注浆处理，改善桩周环境，提高桩耐久性。

（三）计算及设计要点

1. 鉴于问题桩每根都进行了钻芯检测，其值是取桩身上、中、下位置处较小值，作为实测的混凝土强度等级，因此，计算桩身承载力时无须再考虑成桩工艺系数折减，可取 $\psi_c=1.0$。

2. 鉴于本问题桩承台下箍筋构造不满足规范要求，不考虑纵筋的抗压作用，原问题桩桩身承载力设计值按下式计算

$$N_{u0}=\beta_1\beta_2 f_{cs}A_{ps} \tag{6-2-1}$$

$$A_{ps}=A_c+nA_s \tag{6-2-2}$$

式中　N_{u0}——原问题桩桩身抗压承载力计算值；

β_1——混凝土实测强度折减系数，取 0.48（0.88×0.76/1.4）；

β_2——混凝土根据密实度（实测强度）的不同，引入的混凝土长期强度降低系数，当混凝土实测强度小于 15MPa 时，取 $\beta_2=0.25$，在加固设计中不予考虑，取 $\beta_2=0$；

当混凝土实测强度位于区间［15～18MPa］时，$\beta_2=0.75$；

当混凝土实测强度位于区间［18～20MPa］时，$\beta_2=0.83$；

当混凝土实测强度位于区间［20～25MPa］时，$\beta_2=0.93$；

当混凝土实测强度不小于 25MPa 时，$\beta_2=1.0$。

该随强度变化的系数是参考已建某加固工程的长期强度降低系数为常数 0.85 取值的，其平均值为 0.875；

f_{cs}——问题桩桩身混凝土实测强度；

A_{ps}——问题桩桩身混凝土折算截面面积；

A_c——问题桩桩身混凝土截面面积（如桩中新增钢管混凝土桩需扣除其截面面积）；

n——问题桩纵向钢筋与混凝土的弹性模量之比，$n=E_S/E_c$；

A_s——问题桩纵向钢筋截面面积；

3. 问题桩的加固计算要点

（1）当 $N \leqslant N_{u0}$，可不进行抗压承载力加固计算。

（2）当 $N > N_{u0}$，需进行抗压承载力加固计算。

式中　N——按荷载基本组合确定的问题桩顶由柱传来的最大的轴向压力设计值。

（3）采用在桩中和桩周增设钢管混凝土树根桩进行加固计算，桩周新增钢管混凝土树根桩的根数 n 按下列二式计算取大值；

$$n=\frac{N-N_{u0}-n_0\xi\overline{N}_{u0}}{\xi\overline{N}_u} \tag{6-2-3a}$$

$$n=\frac{N_k-R_{a0}-n_0\xi\overline{R}_{a0}}{\xi\overline{R}_a} \tag{6-2-3b}$$

计算表明，桩周新增钢管混凝土树根桩的根数由式（6-2-3b）控制，故只需按式（6-2-3b）计算。

式中　n_0——混凝土强度实测值很低时，在问题桩中增设加固桩的桩数，可取 $n_0=1\sim5$，在计算中宜优先考虑利用检测钻芯取样的孔施工加固桩即至少均可取 $n_0=1$。

$\overline{N}_{u0}$——桩中新增单根钢管混凝土桩桩身抗压承载力设计值；

$\overline{N}_u$——桩周新增单根钢管混凝土树根桩桩身抗压承载力设计值；

ξ——新增加固桩的抗压承载力利用系数，取 $\xi=0.9$；

N_k——按荷载标准组合确定的问题桩顶由柱传来的最大的轴向压力标准值；

R_{a0}——原问题桩单桩承载力特征值，取 $R_{a0}= N_{u0}/1.4$；

$\overline{R}_{a0}$——桩中新增单根钢管混凝土树根桩单桩承载力特征值，取 $R_{a0}=N_{u0}/1.4$；

R_a——桩周新增单根钢管混凝土树根桩单桩承载力特征值，取 $R_a=N_u/2$；

（4）桩中新增单根钢管混凝土桩的承载力设计值按下式计算

$$N_{u0}=\psi_c f_c A_{ps}+0.9 f_y A_s \tag{6-2-4}$$

式中　ψ_c——加固桩成桩系数，鉴于是在混凝土中钻孔浇筑，可取 $\psi_c=1.0$；

f_y——钢管抗压强度设计值；

A_s——钢管截面面积；

A_{ps}——桩中新增钢管混凝土桩的桩混凝土截面面积。

（5）桩周新增钢管混凝土树根桩的承载力设计值按下式计算

$$N_{u0}=0.8 f_c A_{ps}+0.9 f_y A_s \tag{6-2-5}$$

式中符号含义同上，0.8 为桩周新增钢管混凝土树根桩的成桩工艺系数。

4. 加固施工要点

（1）钢管混凝土树根桩。

① 桩径 250mm，内放 ϕ159×6 钢管，桩身强度等级 C30，采用机械钻孔、注浆抛细骨料、二次注浆成桩的施工工艺，对照平面应错开地梁位置。

② 浆液：采用碎石填灌，注浆应采用水泥浆，且满足强度等级 30MPa 的要求，采用 P·O42.5 普通硅酸盐水泥、洁净饮用水；水灰比：0.5～0.6。

③ 注浆压力：起始注浆压力不应小于 1.0MPa，待浆液经注浆管从孔底压出后，注浆压力为 0.1～0.3MPa，第二次注浆压力宜为 1～3MPa，拔出注浆管后应立即在桩顶

填充碎石，并在1～2m范围内补充注浆。

④ 钢管侧壁应焊接ϕ6@1000支架定位钢筋，确保下钢管时居中。

⑤ 注浆施工时，应采取间隔施工、间歇施工或增加速凝剂掺量等技术措施，防止出现相邻桩冒浆和窜孔现象，桩身不得出现缩颈和塌孔。

⑥ 桩长要求：入中风化岩深度不小于2m，且桩长不小于6m。

（2）注浆孔：

① 注浆目的：改善原桩周土性和环境，提高原桩桩身混凝土的耐久性。

② 注浆压力：0.3～2MPa，由现场试验确定。

③ 采用P·C42.5复合硅酸盐水泥，水灰比宜为0.6～1。

④ 注浆孔孔径90mm，注浆深度要求进入强风化岩层不小于0.5m。

（3）利用问题桩桩中取样的钻孔（ϕ100），下ϕ80×5钢管、注浆管，施工无砂钢管混凝土桩，桩强度等级为C30，对桩中其他抽芯孔用C35混凝土灌实。

（4）承台加固处理：为将柱中轴力传给问题桩桩周新增的钢管混凝土树根桩，需扩大原问题桩承台的宽度，即将原底板在新增桩范围内局部加厚和加强配筋以及提高底板局部加厚范围内混凝土的强度等级，为此需将底板凿除部分，按详图施工，采用C40改性混凝土（抗渗等级P8）重新浇筑。

5. 问题桩加固处理方案的耐久性分析

问题桩的长期抗压承载力的问题可以按规范要求和方案的计算要点通过计算得到解决，在加固计算中还未考虑原设计强度C30、壁厚为175mm护壁的作用，以及桩周侧阻力通过注浆和二次注浆工艺得到提高，改善桩身的环境条件和受力状态等有利因素。因此，留有一定的安全储备。耐久性的问题实质上最终归结于长期承载力的问题，根据地勘报告，本工程地下室底板标高以下主要为强、中风化岩层，同时进一步通过对可能存在的回填土层采取注浆以及对问题桩桩周新增钢管混凝土树根桩、采用二次注浆的成桩工艺等措施获得解决。对于问题桩通过以上处理方案的实施能达到规范要求的耐久性，分析如下：

（1）混凝土耐久性的概念：混凝土耐久性是指混凝土结构在设计使用年限（本工程为50年）内，钢筋混凝土构件表面不出现锈胀裂缝，结构表面混凝土未出现肉眼可见的耐久性损伤（如酥裂、粉化等）。总之，尚未出现随时间延续因材料劣化引起的性能衰减，如混凝土强度随材料密实度和时间延续而降低，但经加固处理后尚未影响到上部结构的正常使用和结构安全，即说明耐久性满足要求。

（2）混凝土锈胀裂缝的机理：混凝土材料性能研究及工程实践表明，混凝土原本是碱性的，可使钢筋表面钝化，免于锈蚀，但是当混凝土强度低、混凝土密实性差时，空气中的CO_2将进入保护层混凝土，与水泥中溶于水的CaO生成的$Ca(OH)_2$反应生成$CaCO_3$，使混凝土碱性指标pH值降低而碳化呈酸性，当碳化到钢筋表面，混凝土就失去对钢筋的保护作用，导致钢筋开始生锈，锈蚀物的体积将发生膨胀，进而将混凝土保护层胀裂，这就是形成锈胀裂缝的机理。

（3）锈胀裂缝的特点及规范对耐久性的要求：由锈胀裂缝机理可知，从CO_2渗入保护层混凝土并碳化到钢筋表面有一个较长的时间过程，胀裂之后锈蚀削弱钢筋截面面积，出现受力裂缝，又有一个过程。因此，耐久性不足引起的结构破坏，有明显的裂缝征兆和较长的时间过程和预告，因而降低了混凝土结构破坏的危险性，故规范对混凝土耐久性的要求不是强制性的，不是“应满足……”，而是“宜满足……”，给设计者可根据工程经验针对具体情况采取措施留有余地。如设计者根据实测强度的不同，采取在计算中引入不同的随时间老化强度降低系数，经加固处理后长期的承载力满足正常使用和结构安全性的要求。

根据本工程的特点和具体情况，以下因素对问题桩的抗压承载力和耐久性有利：

① 受压桩，不会出现受拉裂缝。

② 人工挖孔护壁桩，桩身不会直接浸泡在地下水中，上部填土层中的护壁对桩身抗压承载力十分有利。

③ 地下水仅具有微腐蚀性。

④ 位于地下的混凝土桩不存在 CO_2，不存在碳化问题。

⑤ 地处南方不存在冰冻土层，不存在冻融交替的作用。

⑥ 加固设计中对地下室四周的回填土提出严格按规范要求进行回填施工，确保回填质量，对提高问题桩基工程上部结构荷载引起的沉降和不均匀沉降有利。

因此，本工程的问题桩按上述加固方案施工验收合格后，可确保抗压承载力具有足够的安全储备，同时能满足耐久性的要求。

6. 注意事项

（1）进场建筑材料应有出厂合格证，抽样送检，合格后用于施工现场。

（2）施工前必须完全理解整体加固的原则，施工单位应有完善的施工组织和方案。

（3）问题桩桩周的树根桩要求在承台加固施工前做静载验收试验，不少于总数 1%且不少于 3 根。

（4）问题桩桩中钢管混凝土桩细石混凝土按规范要求留试块试压；不同类型混凝土各不少于三组试块。

（5）在施工中必须做好对新旧混凝土浇筑界面的处理，凿毛、充分湿润、接浆（或使用其他界面剂）、植筋，保证连接面的质量及可靠性。混凝土基面和植筋的处理对保证加固质量十分重要，在施工中应严格控制。不同直径受力钢筋各做不少于两组植筋拉拔试验。

（6）对混凝土 15MPa 强度以下的问题桩按废桩处理凿除重做以及在新增树根桩承台施工中，要特别注意在凿除施工过程中避免对原桩周底板的破坏影响，交界区段应轻凿、保留钢筋，按原设计和加固设计重新浇捣，同时新老界面采取防水处理措施。

（7）纵向受拉钢筋的搭接和焊接接头，应按规范要求进行。

（8）资料与进度同步；注意安全用电，确保施工安全，防止安全事故发生。

（9）信息化施工；施工过程中如发现有与图纸不一致的情况应及时记录并报告。

（10）对地下室四周的回填土严格按规范要求进行回填施工。

（11）本工程施工应由具有特种施工资质（结构补强）和类似工程经验的专业公司完成。

（12）未经技术鉴定或设计许可，不得改变加固后结构的用途和使用环境。

（四）部分加固设计图如图 6-2-1～图 6-2-4 所示。

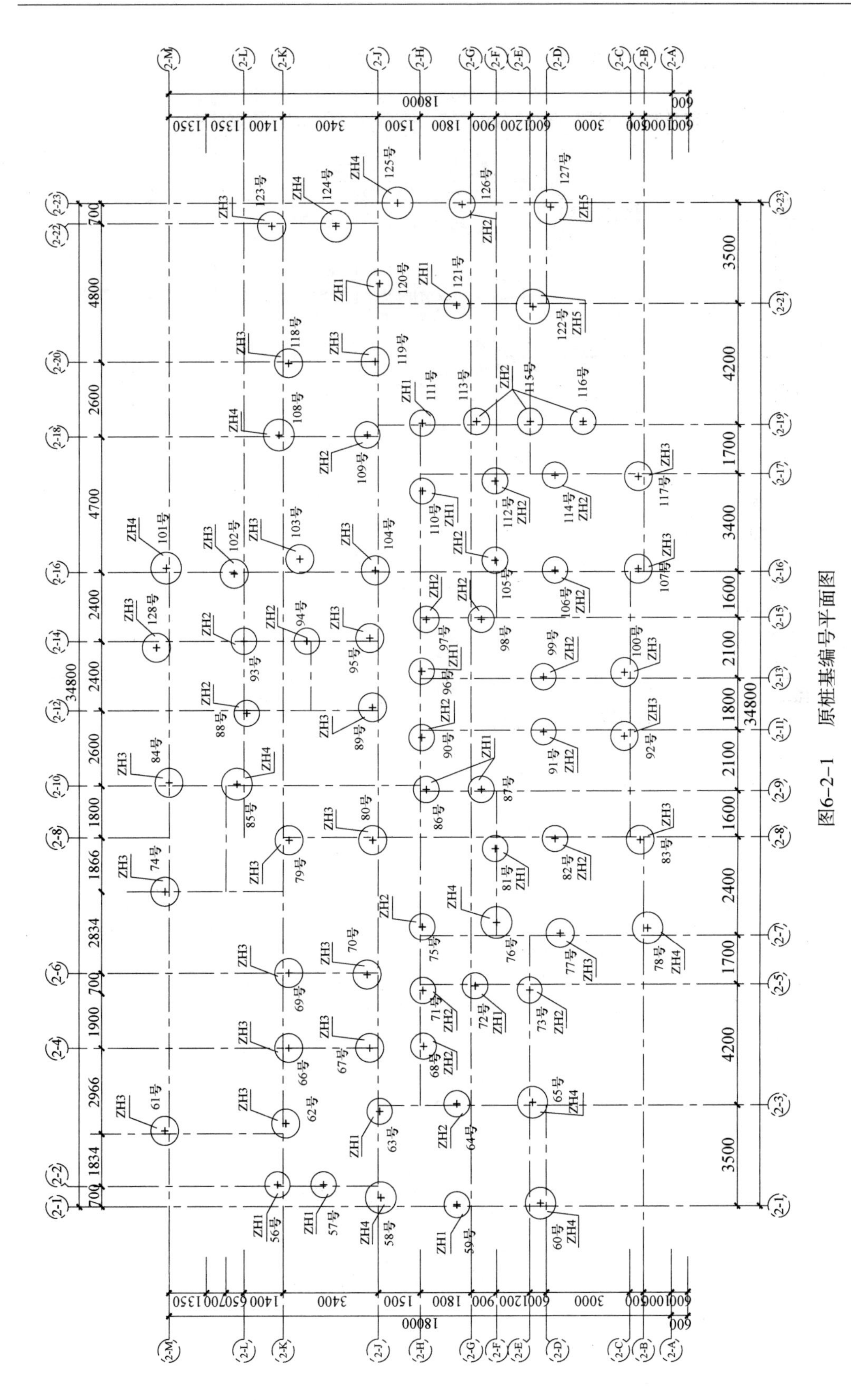

图6-2-1　原桩基编号平面图

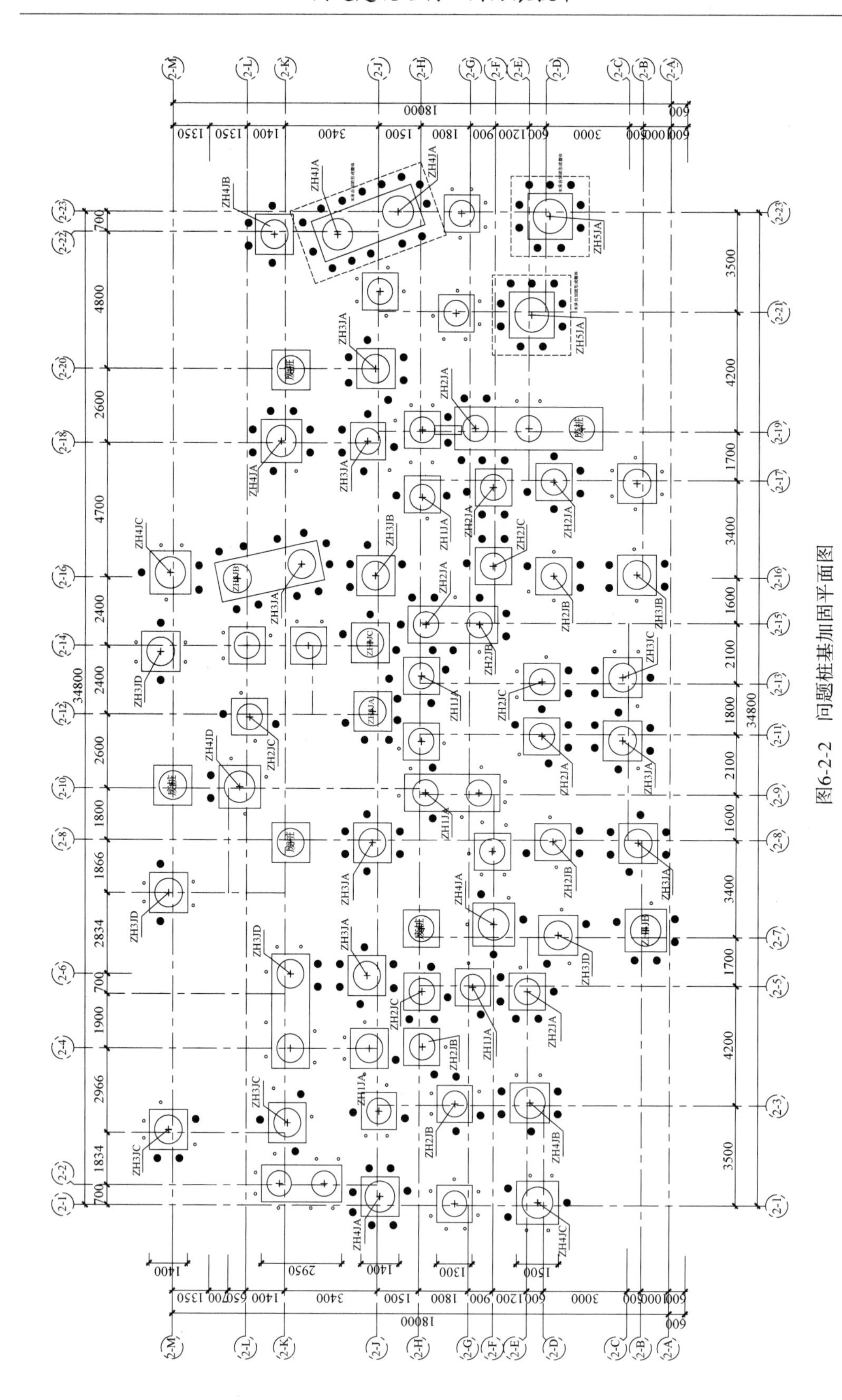

图6-2-2 问题桩基加固平面图

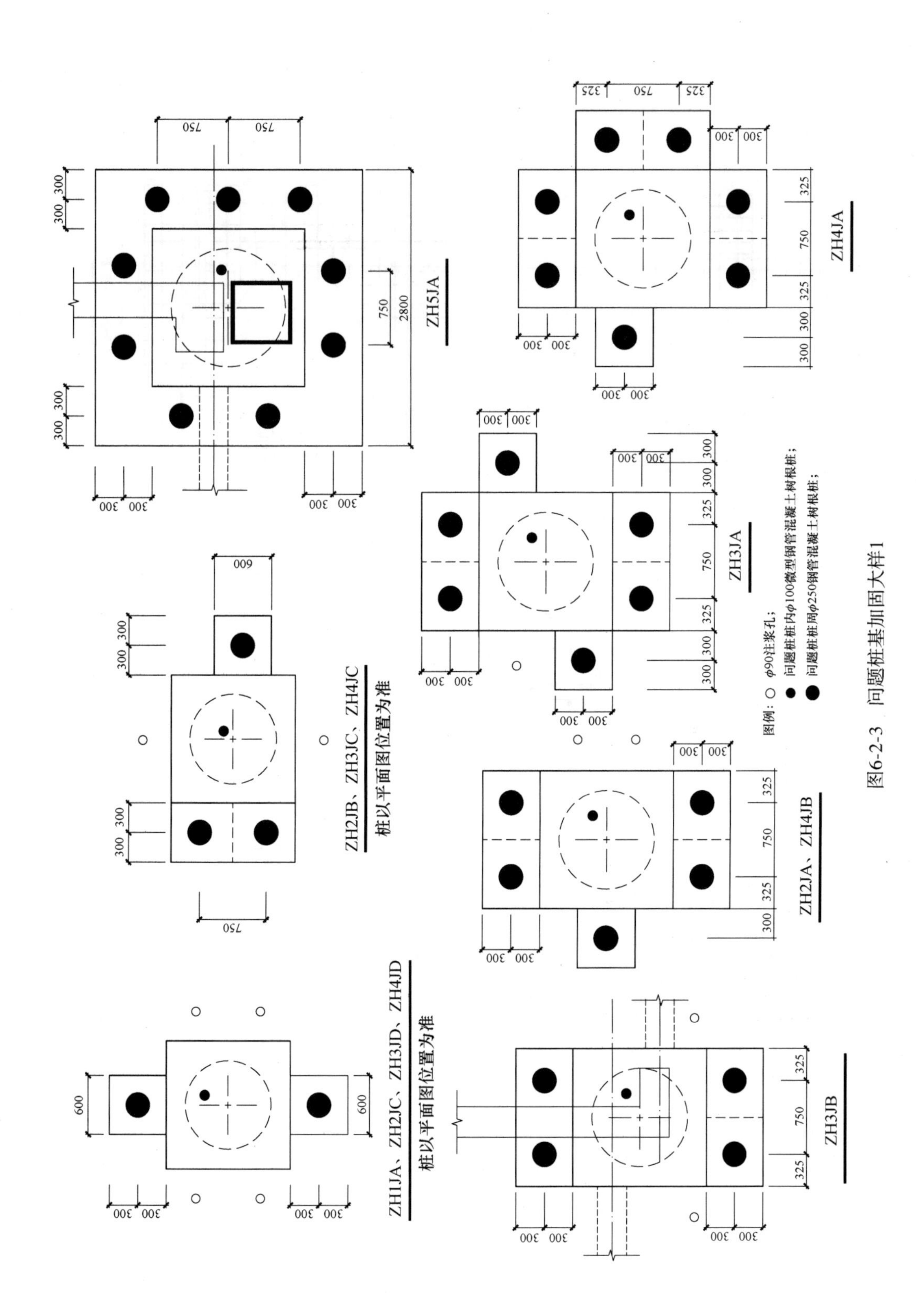

图6-2-3　问题桩基加固大样1

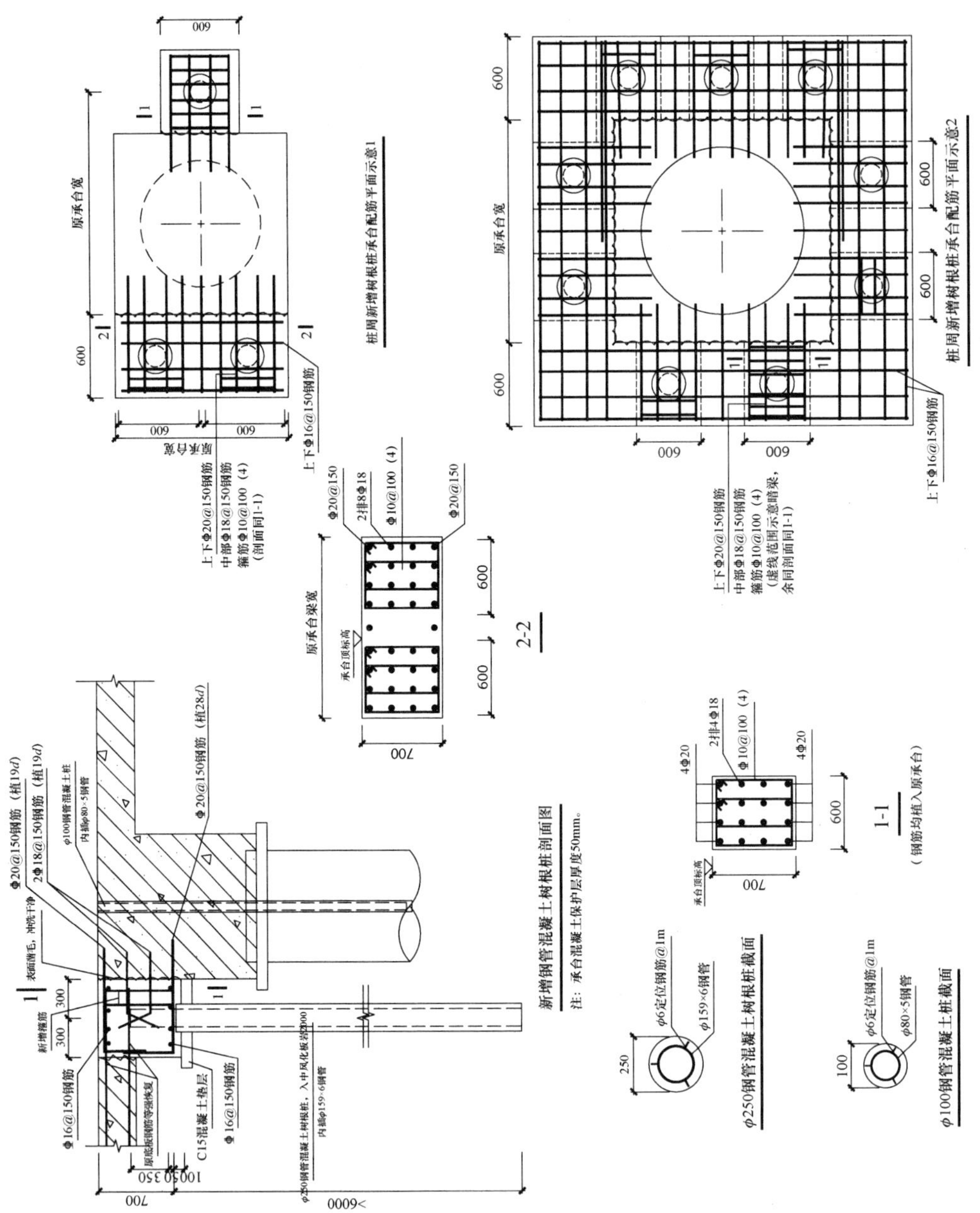

图6-2-4　问题桩基加固大样2

第三节　混凝土强度问题剪力墙加固工程实例

一、【工程实例 6-3　某市和美中心 5＃栋问题剪力墙加固工程】

（一）工程概况

某市和美中心一期 5＃栋为地下 1 层、地上 32 层的剪力墙结构。于 2013 年设计、施工，当施工至 18 层，2014 年 2 月经钻芯法检测，确认 5＃栋一层剪力墙混凝土抗压强度推定值在 10.5～19.7MPa 之间，为原设计强度等级 C45 的 23％～44％；为确保该栋高层建筑在施工阶段和使用阶段的安全，需对问题剪力墙进行加固设计。

（二）加固方案

1. 确定加固方案的原则

（1）满足原设计剪力墙承载力的要求，确保加固后使用阶段的安全。

（2）满足原设计使用期限的要求，确保墙柱加固后的耐久性。

（3）尽可能少占原设计建筑空间，满足正常使用要求。

（4）尽可能缩短加固工程的工期，降低加固工程的造价。

2. 加固方案选用

混凝土墙柱加固方案有粘钢、贴碳纤维片材、加大截面法、置换法等。遵照上述加固方案选用的原则，为确保结构安全、方便施工加快工程进度，经比较并经建设方认可，以采用加大截面的加固方案为宜。

3. 加固设计

（1）加固设计计算方法：

① 用电算对原设计剪力墙加固部位的墙身和暗柱进行承载力复核，确认原设计符合规范的要求。

② 在原设计符合设计规范要求的前提下，根据混凝土结构加固设计规范的计算公式和构造要求，用手算的方法确定墙柱混凝土需要加大的厚度，混凝土的强度等级以及主筋的数量和级别。

（2）加固设计要点：

① 新增混凝土的强度等级。

原设计 5＃栋一层墙柱混凝土的强度等级为 C45，根据加固设计规范要求新加的混凝土的强度等级至少比原设计高一个等级的要求，故本加固设计新加混凝土的强度等级按 C50 考虑，$f_c=23.1\text{N/mm}^2$。

② 新增钢筋的级别和数量。

新增钢筋的级别为 HRB400，$f_y=360\text{N/mm}^2$，数量按计算确定。

③ 剪力墙增加的厚度

对于剪力墙两侧增加的厚度，按加固后剪力墙截面的承载力与加固前剪力墙原设计的截面承载力相等的条件确定，即每侧需增加的厚度为

$$t \geqslant \frac{(f_{c0}-f_{cs})bh-\alpha_{cs}f'_yA'_s}{2\alpha_{cs}f_cb} \tag{6-3-1}$$

式中 f_{c0}——剪力墙原设计混凝土的轴心抗压强度设计值；

f_{cs}——剪力墙实测的混凝土轴心抗压强度设计值；

f_c——剪力墙新增混凝土的轴心抗压强度设计值；

α_{cs}——剪力墙新增混凝土和钢筋抗压强度利用系数；取 $\alpha_{cs}=0.8$；

h——墙厚度；

b——墙的长度，可取 $b=1$m；

f_y'——新增主筋的抗压强度设计值；

A_s'——新增主筋的截面面积。

对于伸缩缝处仅能在墙单侧增加厚度的，按下式计算新增墙厚：

$$A_{ps}=A_c+nA_s \tag{6-3-2}$$

4. 加固施工要求

（1）加固施工顺序：

凿毛→凿除新增竖筋处的混凝土保护层（仅用于需增配双层钢筋网的剪力墙）→新增主筋上、下设钢垫板并与原水平筋隔一点焊→扎丝扎接→植拉结销钉→支模→浇自密实混凝土→拆模养护。

（2）凿除原竖筋处混凝土保护层：

凿除原竖筋处的混凝土保护层，要求原水平筋在该处全部外露，剪力墙其余部位需凿毛。

（3）新增主筋上下设钢垫板：

在新增主筋上下设钢垫板，将新增主筋与墙中原水平筋隔一点焊，隔一扎丝，形成钢筋网。外排钢筋网的竖筋上端与钢板端部点焊，内排较粗的竖筋与底部和顶部钢板点焊，钢板厚为10mm，宽为50mm，长按实际确定。外排钢筋网的竖筋下端应穿过楼板，至从板面算起35d（d为竖向钢筋直径）处。

（4）支模、浇自密实混凝土、拆模、养护：

支模要求模板光滑、接缝密实、不漏浆、不走模，自密实混凝土严格按试配比进行现场计量配制，浇捣密实。预留足够的试块及适时拆模养护，保持表面湿润，要求表面光滑，不需再作找平层。严格控制最外层钢筋的保护层厚度不小于15mm。

（5）本加固工程应委托有加固施工资质的单位进行施工。

（三）部分加固设计图如图6-3-1～图6-3-5所示。

二、【工程实例6-4　某县中伟中央广场6＃楼剪力墙加固工程】

（一）工程概况

某县中伟中央广场6＃楼为地下3层、地上34层框架-剪力墙结构，设计使用年限为50年，抗震设防烈度为6度，原设计地下3层～地上5层墙柱混凝土强度等级为C50，6～10层为C45，11～15层为C40，16～20层为C35，21～机房顶层为C30，16层层高2.9m，现已施工完26层。经建设工程质量检测有限责任公司用回弹法检测，发现16层部分墙柱混凝土强度等级小于C35；后由湖南湖大土木建筑工程检测有限公司对16层其余10个墙柱构件进行强度检测，且经混凝土抽芯检测修正后强度推定值为8.8～22.4MPa，不满足原设计C35强度要求。为此，需对该层混凝土墙柱进行加固处理。

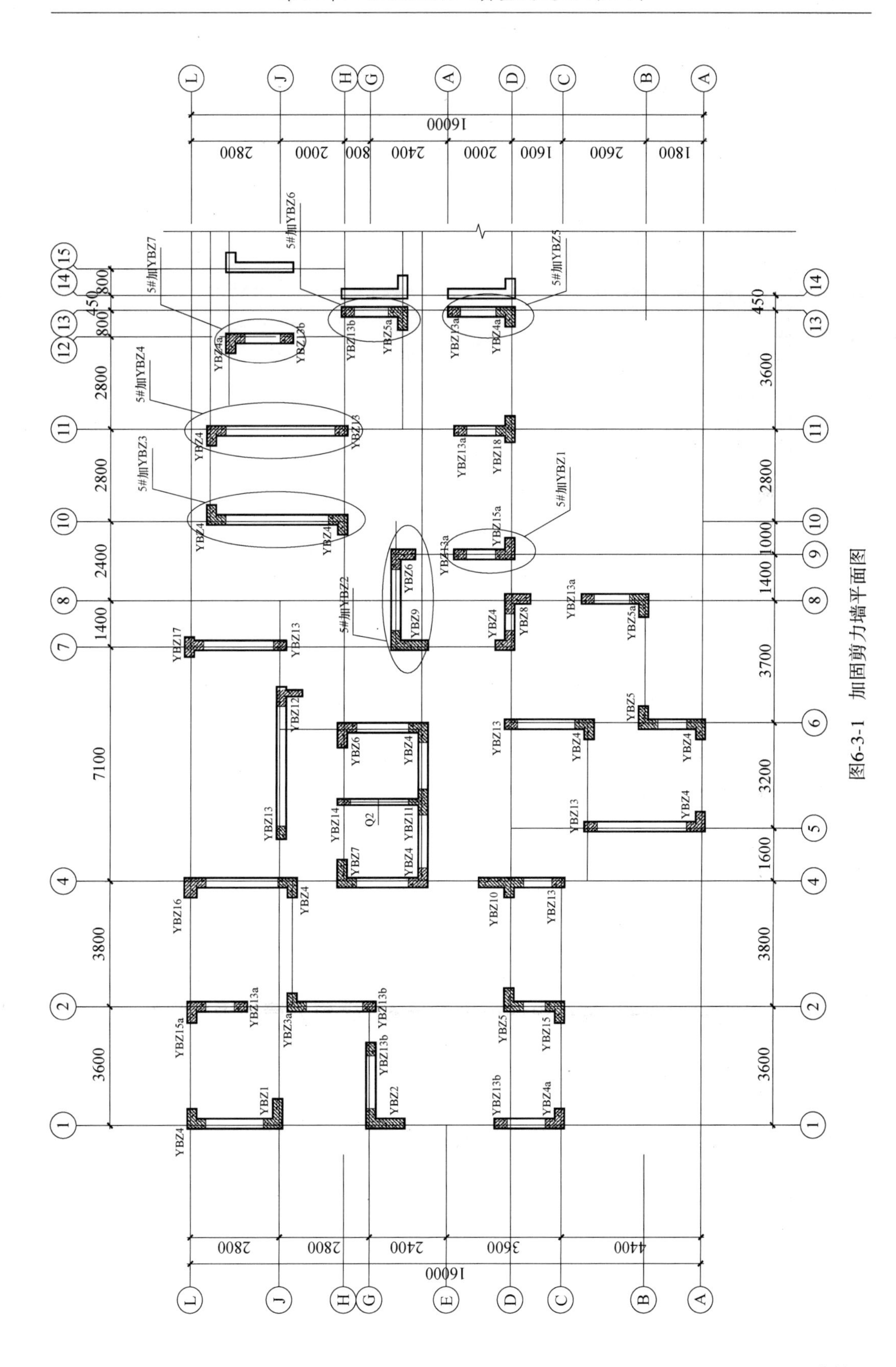

图6-3-1　加固剪力墙平面图

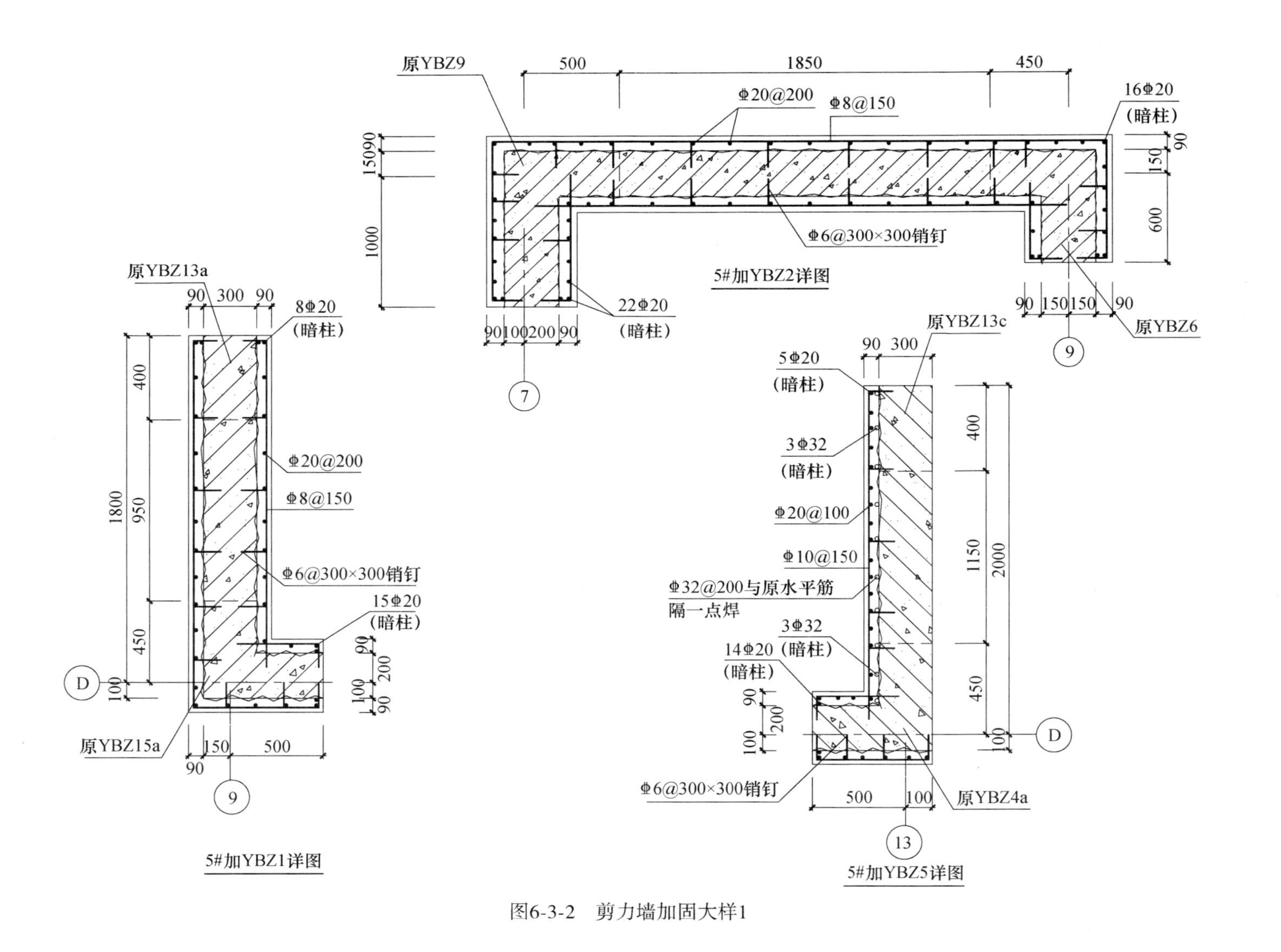

图6-3-2 剪力墙加固大样1

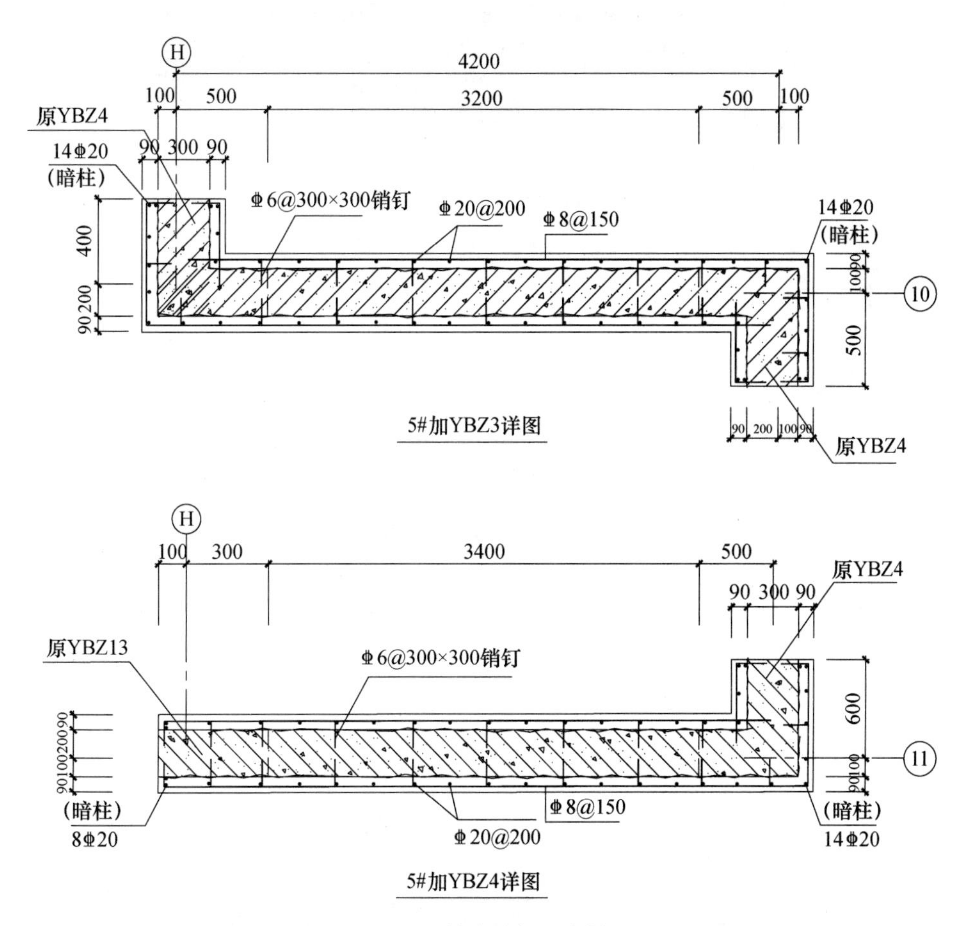

图 6-3-3　剪力墙加固大样 2

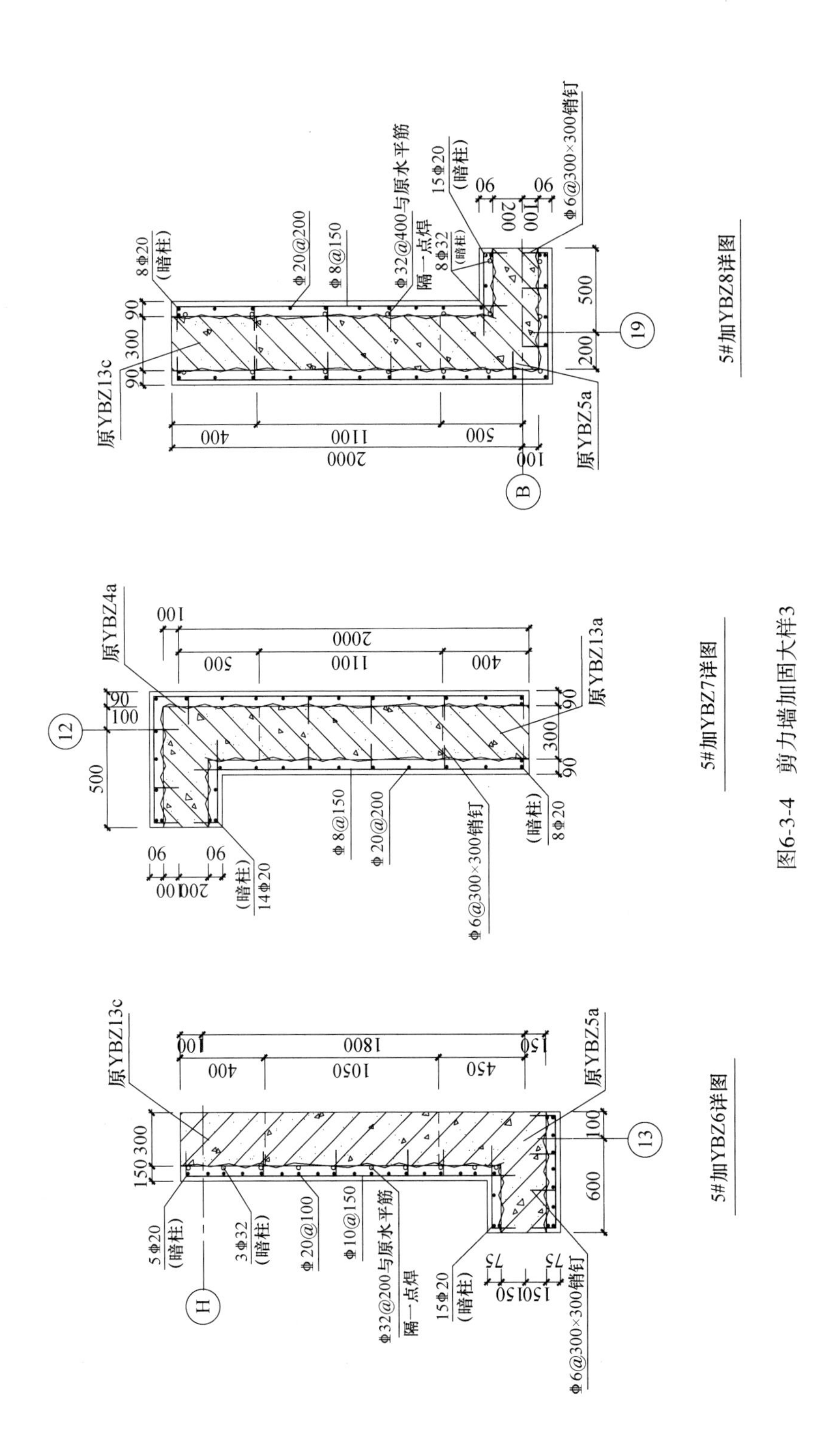

图6-3-4 剪力墙加固大样3

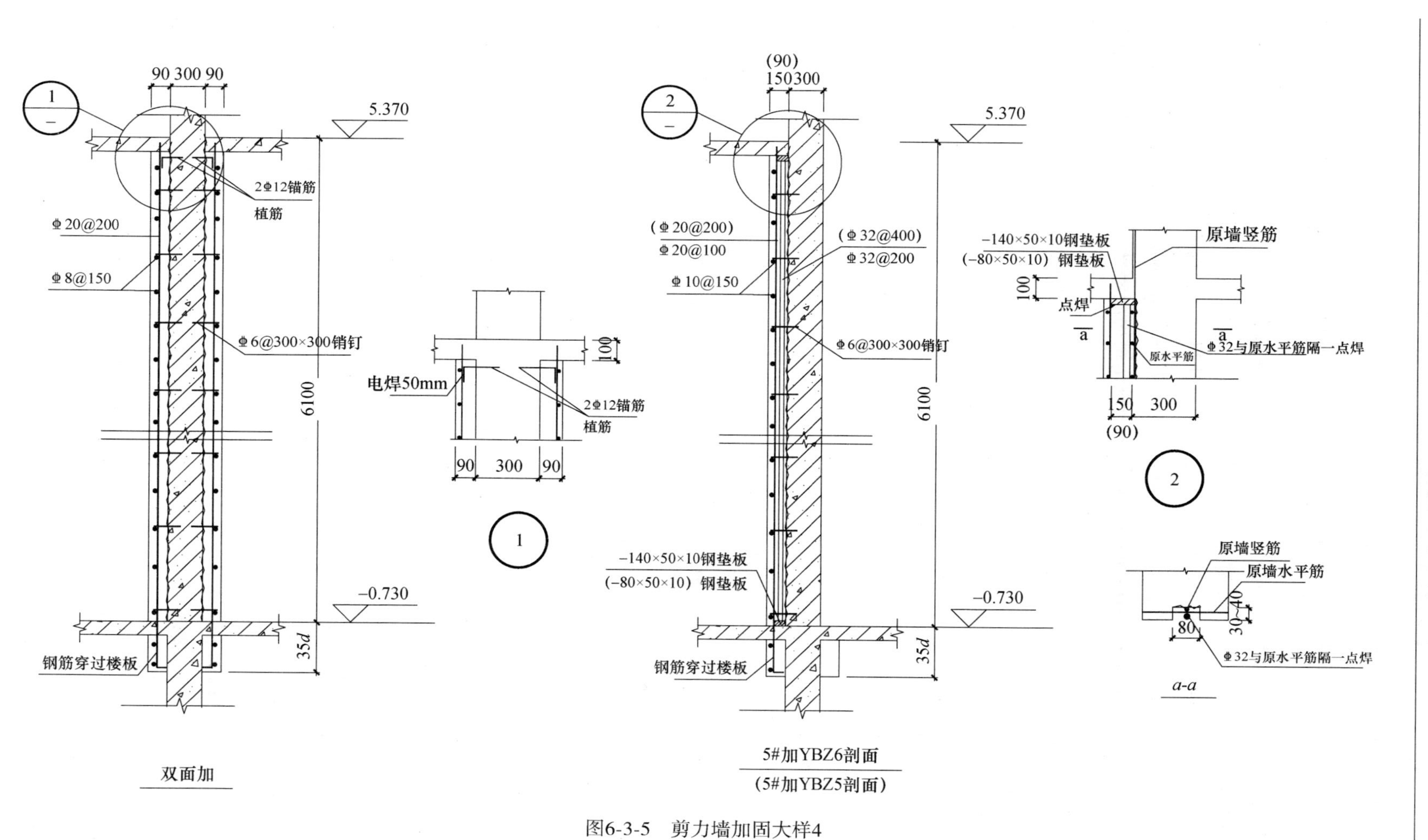

图6-3-5　剪力墙加固大样4

（二）加固方案及设计要点

本加固设计采用混凝土全凿除置换和混凝土部分凿除置换并加大截面两种加固方案。

（1）问题剪力墙混凝土强度小于C20时，将问题剪力墙（含暗柱）从16层板面至上层梁底按详图先后顺序分段凿除置换、随凿除随加设墙内支撑，保留原竖筋、水平筋、箍筋，清除混凝土灰渣、冲洗干净，受损钢筋补强复位，剪力墙身增设ϕ6@200水平筋、边缘暗柱与框架柱增设ϕ6@200箍筋（隔一布一），跳凿跳浇C40自密实混凝土，适时保湿养护。要求相邻剪力墙的置换加固必须跳凿跳捣间隔施工，以确保施工阶段的安全。

（2）问题剪力墙混凝土强度在C20以上时，采用将问题剪力墙（含暗柱）两边从16层楼板至上层梁底凿除55mm（保留原钢筋）、加厚20mm支模，端部凿除原有混凝土75mm不增厚，浇C40自密实混凝土加固，具体按详图施工。要求每道剪力墙先凿除置换剪力墙两侧，达到50%设计强度后再凿除置换暗柱两侧和端部，分段跳凿跳捣，以确保施工阶段的安全。

（3）问题剪力墙混凝土凿除施工前，必须严格按本设计图以及相关支撑规范的要求进行支撑卸荷。

（三）加固施工要点

（1）为确保施工阶段的安全，施工中应严格采取如下安全措施：

① 停止上部工程施工，并卸除加固层以上楼层已有的施工堆积荷载。

② 对于15、16、17层必须按设计要求设置钢管支撑卸荷。在15、17层紧靠墙柱设置两排间距450mm和900mm的钢管支撑；在16层距被加固墙柱两边900mm处设置中距为450mm的钢管支撑；凡墙间、墙边的梁下设置两排钢管支撑（15、17层按中距450mm布置，16层靠墙边留400mm宽度后按中距225mm布置）；楼板中间的钢管支撑间距双向为900mm×900mm。

③ 按规范要求设扫地杆、水平杆、剪刀撑、连接扣件，上设顶撑，下设垫板。

④ 边凿除边在凿墙柱内按详图安设钢管支撑，用ϕ12短筋将钢管与原水平筋焊接，全高每边焊3处。

（2）在混凝土凿除和设钢管支撑过程中，建立安全观察制度，按信息化施工，观察置换层上部剪力墙和楼板裂缝、变形，如有异常情况及时通告相关责任方，研究确保质量和安全的处理方法和措施。

（3）在安装剪力墙外的钢管支撑时，除满足设计要求外，支撑的构造（包括上顶撑、下垫块、扫地杆、纵横水平杆、剪刀撑、连接扣件等）应满足建筑施工扣件式钢管脚手架安全技术规范的要求。在安装钢管支撑时要求上下垂直顶紧。

（4）加固层外墙脚手架体搭设好，并设置严密安全防护网全封闭，确保安全。

（5）在凿除过程中要求不损伤钢筋及其锚固端的锚固性能，随凿随清理干净。

（6）在安装模板时要求接缝密实、支撑牢固、不跑模、不胀模、不漏浆，充分考虑自密实混凝土侧压力大的特点，并采取能确保墙柱钢筋混凝土保护层厚度的可靠措施。

（四）注意事项

（1）主要建筑材料应有出厂合格证，抽样送检，先检后用。

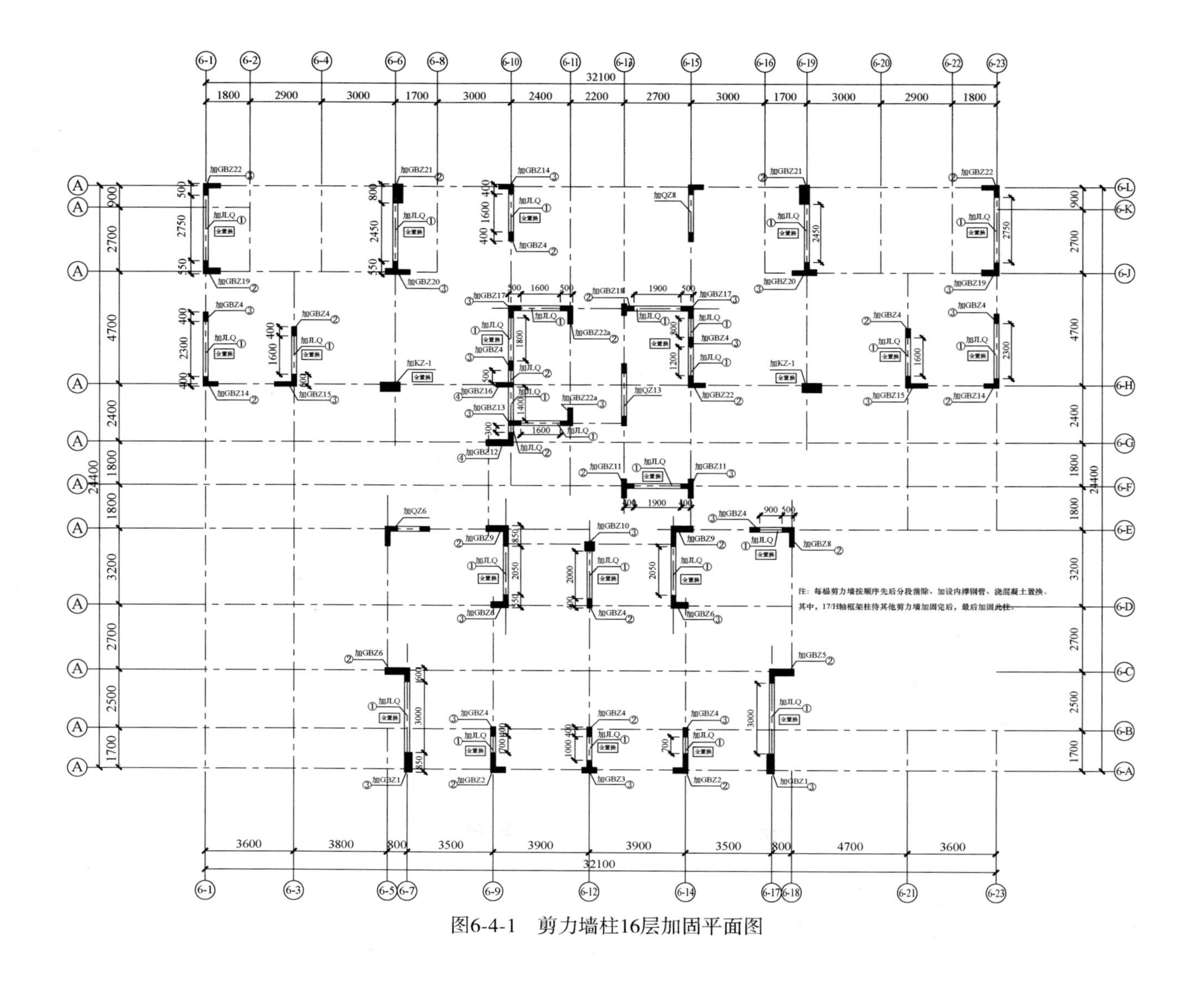

图6-4-1　剪力墙柱16层加固平面图

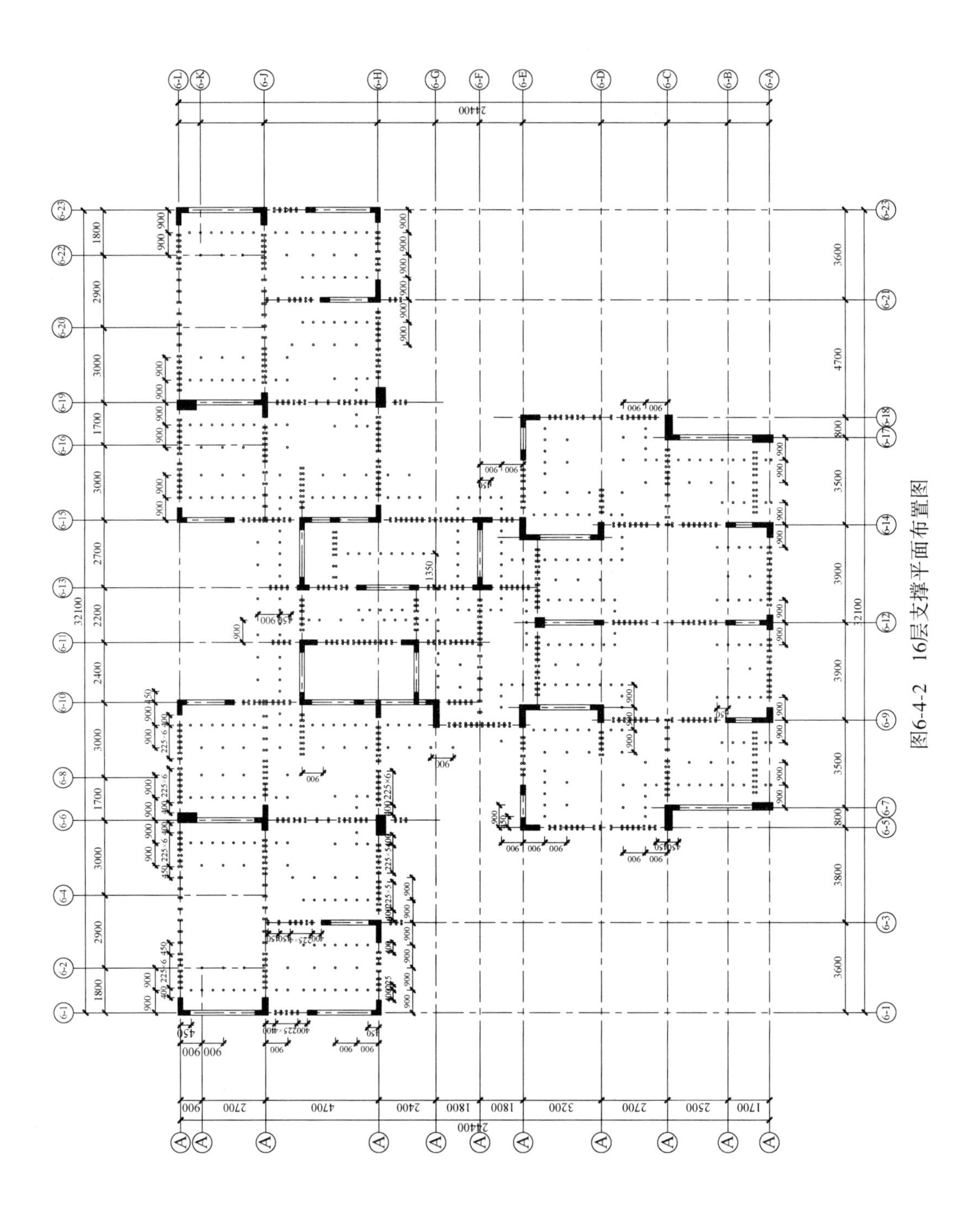

图6-4-2　16层支撑平面布置图

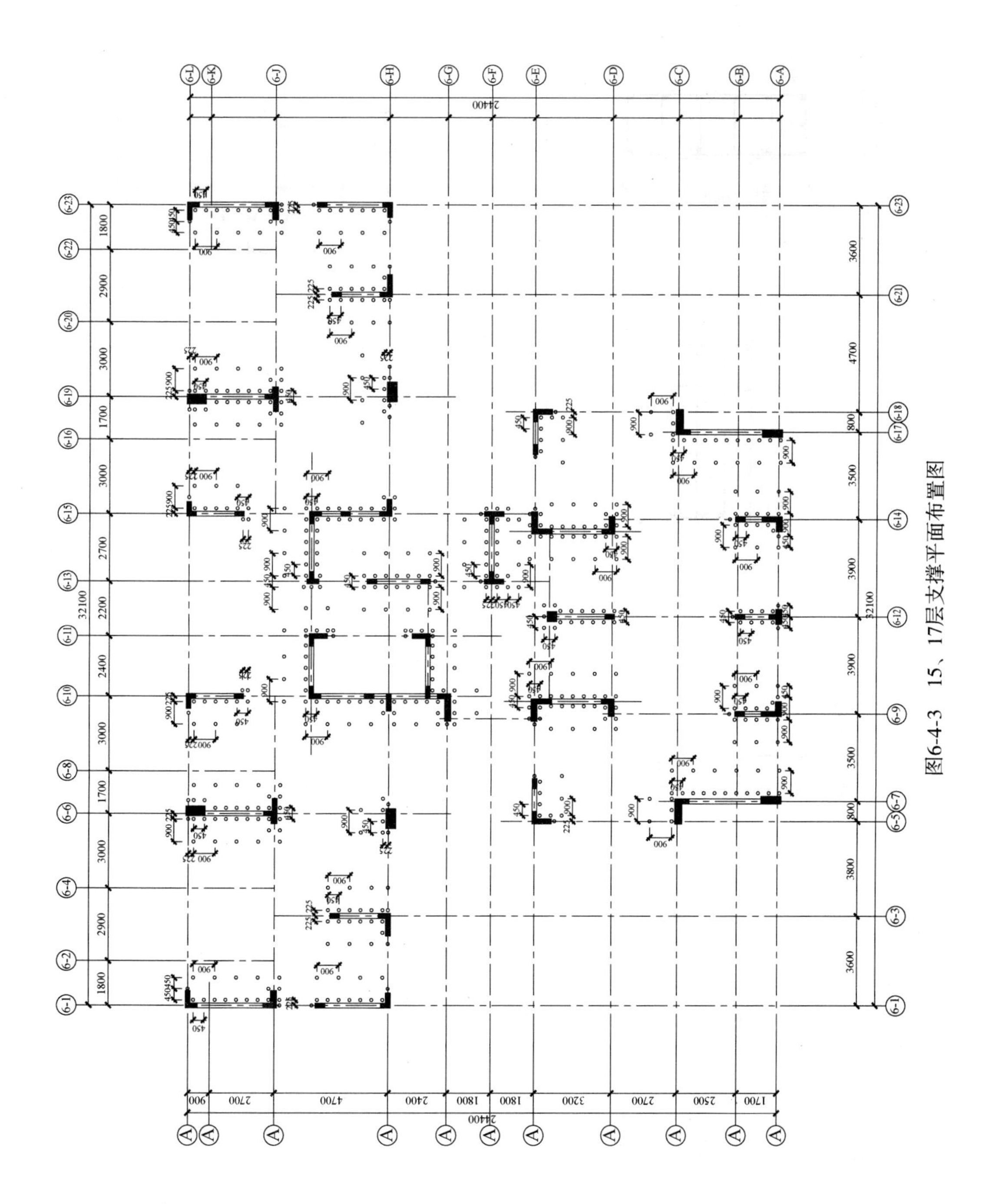

图6-4-3 15、17层支撑平面布置图

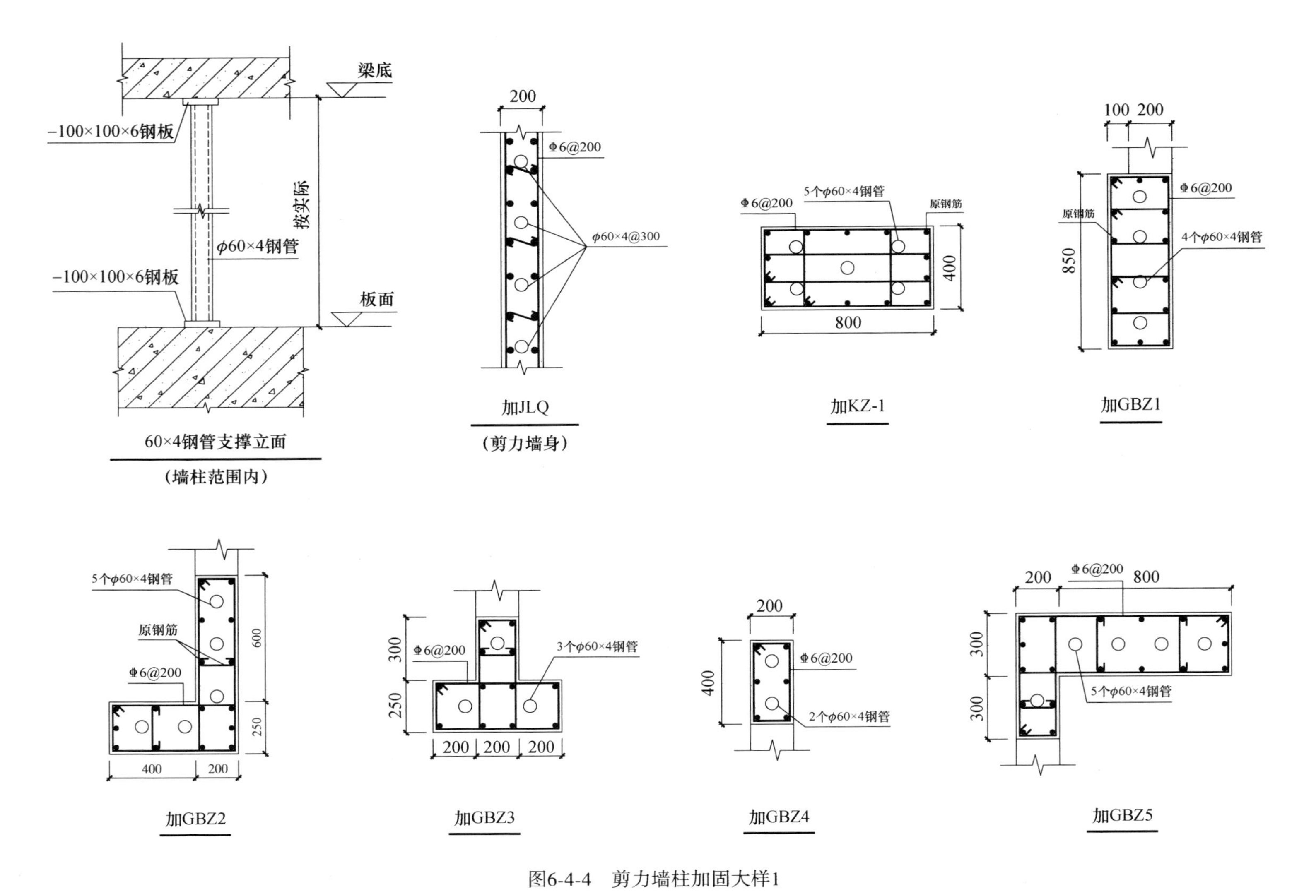

图6-4-4 剪力墙柱加固大样1

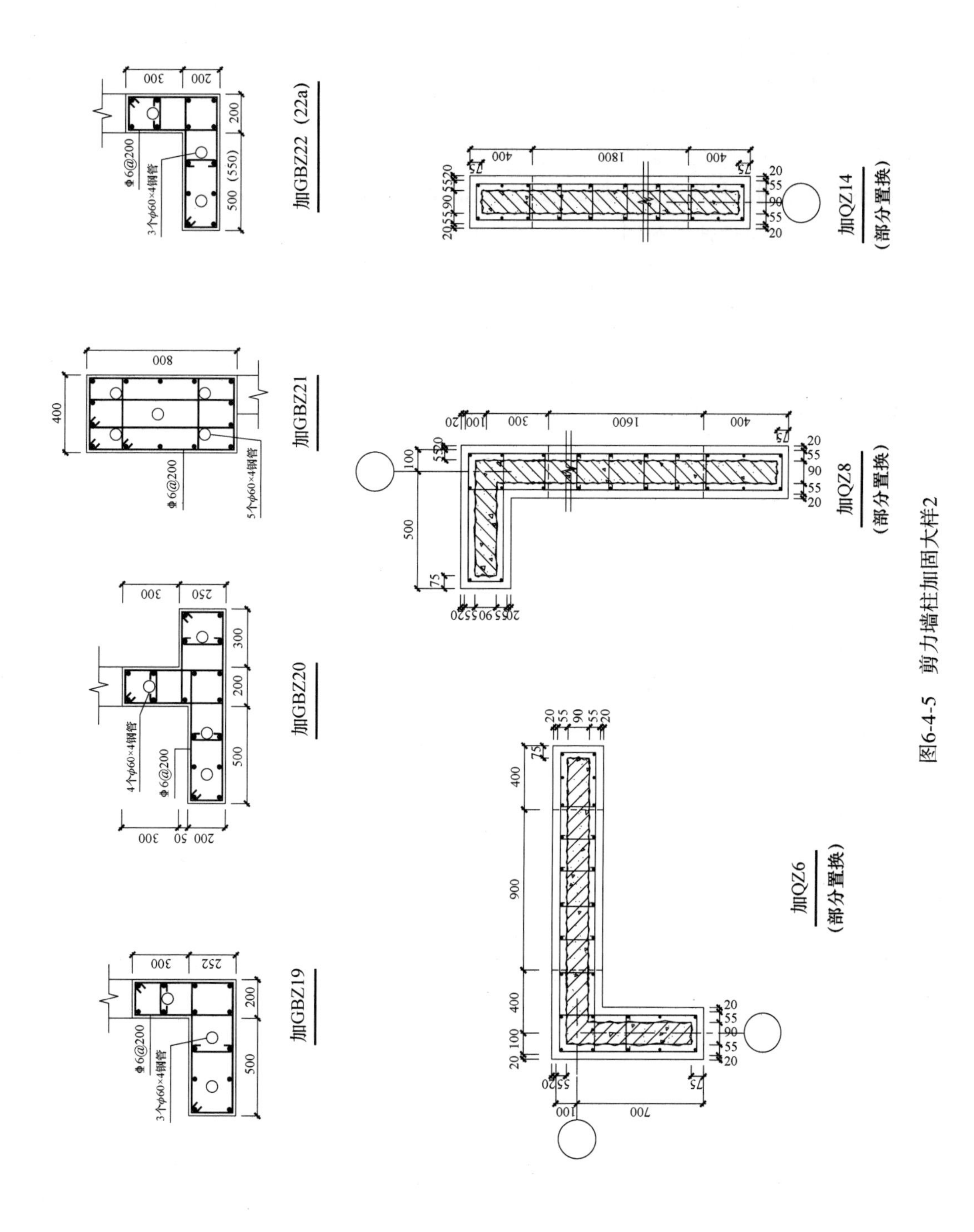

图6-4-5　剪力墙柱加固大样2

（2）C40自密实混凝土应请有资质的实验室试配。
（3）每个墙柱凿除后支模前应组织隐蔽验收。
（4）留标养试块和同条件养护试块各两组，保湿养护不少于7d。
（5）注意安全用电，避免安全事故发生。
（6）搭设好脚手架，确保施工人员安全。
（7）资料与进度同步，信息化施工。
（8）本加固施工图经专家评审和审图机构审核通过后方可实施。

9. 本设计加固工程应委托有加固施工资质的单位施工。

（五）部分加固设计图如图6-4-1～图6-4-5所示。

第四节　混凝土强度问题柱加固工程

【工程实例6-5　某市红橡华园9♯栋框架柱加固工程】

（一）工程概况

红橡华园二期9♯栋为地上28层、地下2层的高层建筑，采用钢筋混凝土框剪结构，6度抗震设防，其框架柱抗震等级为三级，楼（屋）面采用现浇混凝土结构，人工挖孔桩基础。现已施工至第十五层（含地下二层）。该栋地下室负一层和负二层框架柱混凝土抗压强度，经湖南湖大土木建筑工程检测有限公司采用钻芯法检测，最低的1根为22.8MPa（负一层）和21.4MPa（负二层），最高的1根为45.8MPa（负一层）和46.4MPa（负二层），均低于设计要求的强度等级C55。为确保该高层建筑结构的安全，达到合格工程的要求，需进行加固设计。

（二）加固方案

1. 加固设计原则

加固方案遵守的原则是在消除混凝土强度等级缺陷带来的安全隐患，完全满足原结构设计要求，确保负一、负二层框架柱安全的前提下，既适用经济又施工可行。

2. 加固设计方案

根据上述原则和现场实际情况，在粘钢、贴碳纤维片材、外包型钢、增大截面、置换混凝土等众多的加固法中，建议针对32根柱的不同情况采用如下加固方案：

（1）当混凝土实测强度等级C40和C40以上时，截面损失的承载力较小，可采用按构造要求增大混凝土截面和增配纵筋和箍筋的加固方案，来满足原结构设计的要求。但增大截面的尺寸除满足承载力的要求之外，还应满足施工可能的要求。此外，截面周边的纵筋和箍筋应不小于原设计的配筋。

（2）当混凝土实测强度等级在C25和C25以上～C40以下时，截面损失的承载力较大，可采用按计算增大混凝土截面和增配纵筋和箍筋的加固方案，来满足原结构设计的要求。

（3）当混凝土实测强度等级在C25以下，截面损失的承载力很大，应采用部分凿除（置换）、部分增大截面和配筋的加固处理方案，在加固凿除施工过程中应进行可靠的支撑，以确保施工过程中的安全。当按方案（2）加固的配筋量太大时，也可改用方案（3）进行加固。

3. 设计要点和要求

（1）加固设计思路是在复核原框架柱设计的基础上，对同一编号的框架柱（截面尺寸和配筋相同但内力不完全一样的框架柱），按最大轴向力的不利组合中的最大轴向力 N_{max} 进行加固后的截面轴心抗压承载力的计算，满足原结构设计的要求，确保框架柱的安全。

（2）加固后截面尺寸和配筋应满足下列五个条件：

① 框架柱加固后截面轴心抗压承载力 N_u 和轴压比 n 应满足下列条件

$$N_u > N_{u0} \tag{6-5-1}$$

$$n = N_{max}/N_c \leqslant n_b \tag{6-5-2}$$

式中　N_u、N_{u0}——框架柱加固前、后截面的轴心抗压承载力设计值；

n_b——框架柱轴压比限值，本工程框架柱的抗震等级为三级，相应的轴压比限值 $n_b=0.9$，考虑到加固后原柱中箍和新增箍以及后浇外包混凝土的收缩对内部混凝土的约束作用，根据《高层建筑混凝土结构技术规程》（JGJ 3—2010）表 6.4.2 注 4、5 至少可将 n_b 提高到 0.95；

N_{max}——框架柱截面的最大轴心压力设计值；

N_c——框架柱截面混凝土的抗压承载力设计值；

采用增大截面法计算 N_u 时，应按《混凝土结构加固设计规范》（GB 50367）综合考虑新增混凝土和钢筋强度利用程度的修正系数 $\alpha=0.9$。

采用置换混凝土加固法计算 N_u 时，如置换过程未支顶取新增混凝土强度利用系数 $\alpha=0.8$；如置换过程采用有效措施，取 $\alpha=1.0$。本工程取 $\alpha=0.9$，为减少加固费用和确保施工阶段的安全，仅个别柱设有效的临时支撑。

② 框架柱加固后的截面周边竖筋截面面积 A_s 应满足：

$$A_s \geqslant A_{s0} \tag{6-5-3}$$

式中　A_s、A_{s0}——框架柱加固前、后沿截面周边竖筋的截面面积。

理论分析、实例计算以及工程实践经验证明，采用增大截面法加固的框架柱，只要满足了条件（1）和（3）就满足框架柱在最不利荷载组合作用下的偏心受压（M_{max} 与相应的 N）作用下的承载力的要求。

③ 加固后沿柱周边新增竖向钢筋的直径和间距应满足钢筋混凝土结构 6 度抗震的构造要求。

④ 根据建筑使用要求，柱截面每边增大的厚度，9＃栋一般要求不大于 100mm，个别柱（⑨轴交Ⓕ轴）要求可放宽到不大于 200mm。

⑤ 根据施工要求，柱截面每边增大的厚度不小于 100mm。

（3）为解决柱中竖向受力钢筋在框架梁上下植筋难的问题，本设计采用规范允许的并筋措施予以解决，即将梁宽范围内的竖向钢筋移至梁两侧，与两侧的竖筋并列布置。

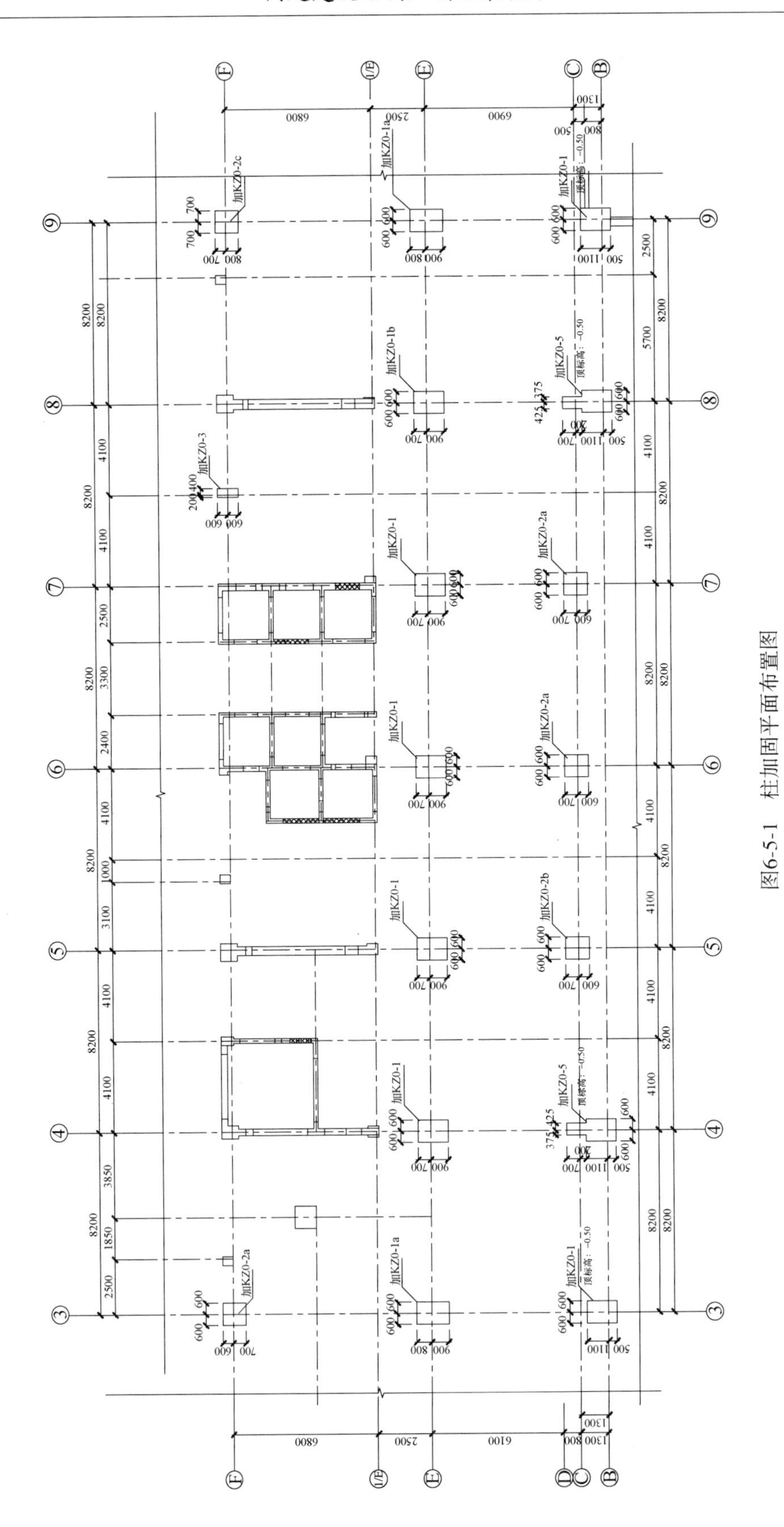

图6-5-1　柱加固平面布置图

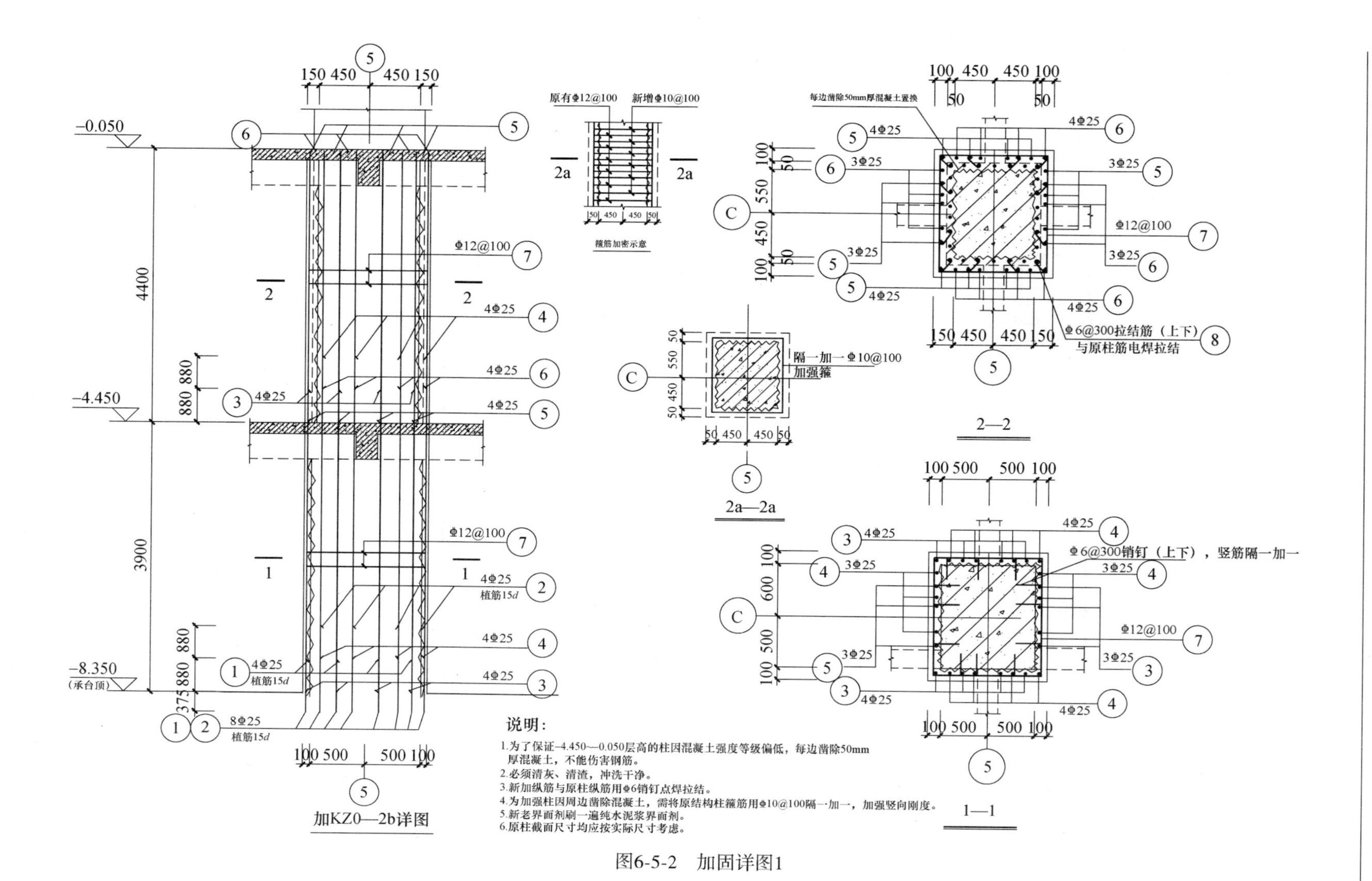
加KZ0—2b详图
2—2
2a—2a
1—1
箍筋加密示意
原有Φ12@100
新增Φ10@100
每边凿除50mm厚混凝土置换
Φ6@300拉结筋（上下）
与原柱筋电焊拉结
Φ6@300销钉（上下），竖筋隔一加一
隔一加一Φ10@100
加强箍
植筋15d
-0.050
-4.450
-8.350
(承台顶)
说明：
1.为了保证-4.450—0.050层高的柱因混凝土强度等级偏低，每边凿除50mm厚混凝土，不能伤害钢筋。
2.必须清灰、清渣，冲洗干净。
3.新加纵筋与原柱纵筋用Φ6销钉点焊拉结。
4.为加强柱因周边凿除混凝土，需将原结构柱箍筋用Φ10@100隔一加一，加强竖向刚度。
5.新老界面刷一遍纯水泥浆界面剂。
6.原柱截面尺寸均应按实际尺寸考虑。

图6-5-2　加固详图1

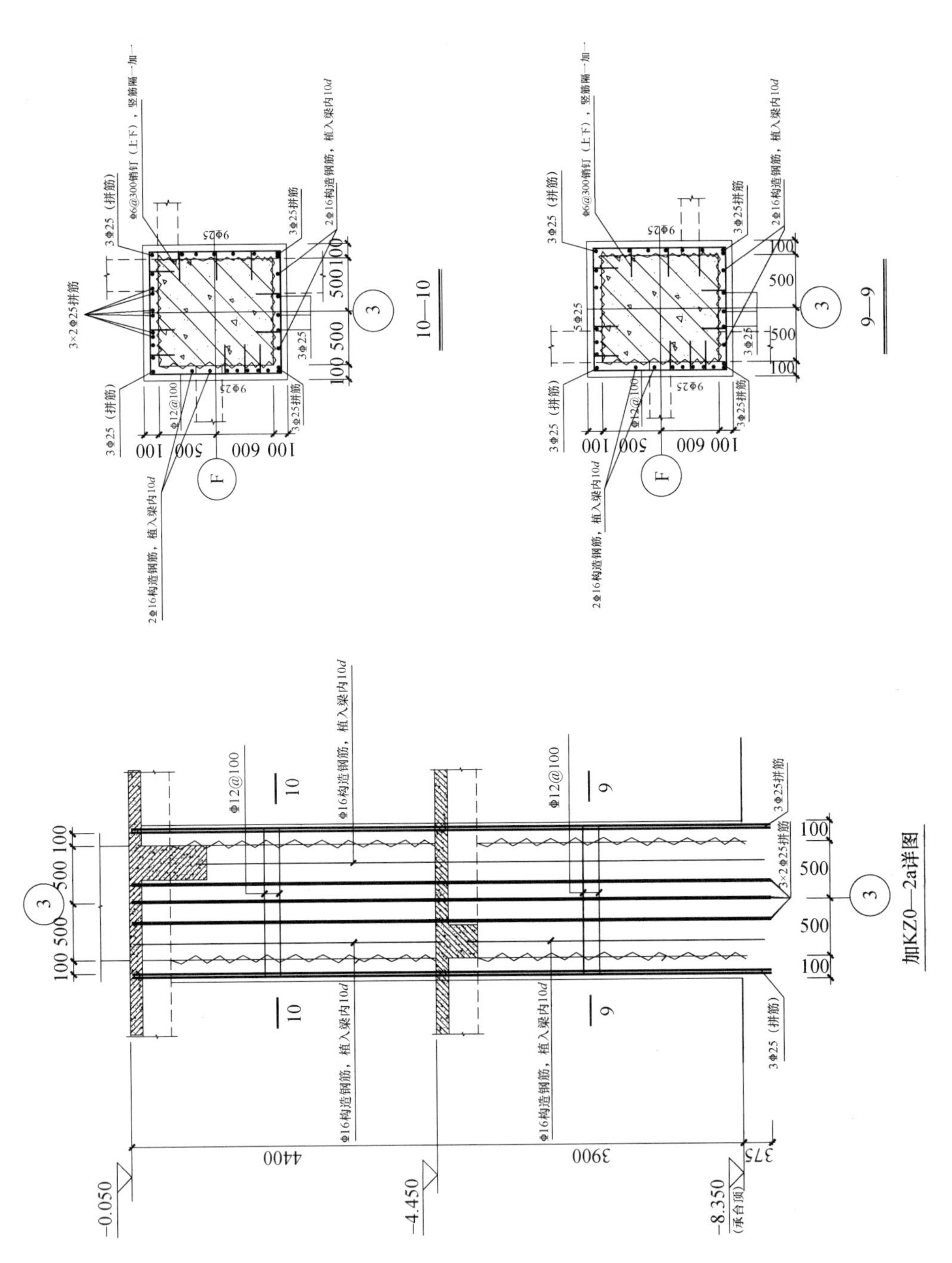
10—10
9—9
加KZ0—2a详图
3×2⌀25拼筋
3⌀25（拼筋）
3⌀25拼筋
⌀12@100
⌀16构造钢筋，植入梁内10d
2⌀16构造钢筋，植入梁内10d
⌀6@300销钉（上下），竖筋隔一加一
9⌀25
5⌀25
−0.050
−4.450
−8.350
（承台顶）
4400
3900
375

图6-5-3　加固详图2

（4）本加固工程在施工阶段视加固柱完成的情况对主体施工控制的最大施工层数的要求如下：当C25和C25以下的缺陷框架柱全部加固完成的一周之后，控制的施工层数为18层；当C35和C35以下的缺陷框架柱全部加固完成的一周之后，控制主体结构的施工层数为21层；当C40和C40以下的缺陷框架柱加固完成的一周之后，控制主体的施工层数为24层。加固工程和主体工程施工的进度计划必须按上述要求进行编制和控制。

（5）加固材料。

① 混凝土：框架柱新增混凝土的强度等级应比原设计高一个强度等级，即采用C60的自密实高强度混凝土，$f_c=27.5\text{N/mm}^2$。

② 钢筋：纵筋HRB400，$f_y=360\text{N/mm}^2$，箍筋HRB400，$f_{yv}=360\text{N/mm}^2$。

（6）采用置换混凝土加固法凿除混凝土的置换厚度后，柱应满足施工阶段承载力的要求，否则采取临时性支顶和永久性支顶相结合的措施，以确保施工阶段的安全。

（7）C60自密实混凝土应严格按规范要求，施工前进行试配，施工中计量备料，搅拌充分、浇捣密实、预留足够的试块，并要求模板不漏浆、不跑模、及时保湿养护等。

（8）施工过程中应按规范要求进行监测。

（9）本加固工程应委托有相应资质和类似工程经验的单位组织施工。

（三）部分加固设计图如图6-5-1～图6-5-3所示。

第五节 混凝土强度问题梁柱接头加固

【工程实例6-6 某市妇幼保健院健康服务大楼附楼框架梁柱接头加固工程】

（一）工程概况

某市妇幼保健院健康服务大楼附楼为地下2层加地上8层框架结构。该工程采用人工挖孔桩基础，建筑结构安全等级为二级，设计使用年限50年。该工程抗震设防类别为乙类，按6度抗震设防，按7度采取抗震措施，5层框架柱混凝土强度设计等级为C35，6层楼面梁、板混凝土强度设计等级为C30，附楼部分主体现已完工。经检测，该工程5层框架柱和6层楼面梁板混凝土强度不满足设计要求，为确保结构安全，据湖南湖大土木建筑工程检测有限公司出具的附楼5层柱、6层梁混凝土抗压强度检测评定报告，需对该5层柱、6层梁板进行结构加固设计。

（二）加固方案

为确保问题结构加固后满足正常安全使用和混凝土结构耐久性要求，同时考虑施工安全和施工进度因素，设计采用局部加强配筋、部分混凝土置换部分加大截面，以及混凝土全置换的加固方案。结构加固后使用年限与原设计年限相同。

（1）对于框架柱，依据现行标准《混凝土结构加固设计规范》（GB 50367），按照加固后与原设计柱截面抗压承载力相等的条件，采用部分混凝土置换部分加大截面法进行加固。

（2）对于框架梁和次梁可按照满足原设计梁截面抗弯、抗剪承载力的加固原则采用部分混凝土置换部分加宽截面加固；对于板可采用截面抗弯承载力相等的条件对板上下进行部分置换。经施工难度、进度及经济适用性比较，宜采用凿除梁板混凝土、保留原钢筋（复位补强）、增设钢筋、支模重新浇捣高一强度等级普通混凝土全置换的加固方案。

（3）为提高抗震性能，设计通过增加箍筋来提高梁柱接头的抗剪承载力。同时，在增大截面区域增设纵筋和箍筋，以提高保护层的抗裂性和整体加固性能。

（三）加固设计施工要点

为确保施工阶段安全，首先应对上部各层结构尽可能地卸荷，并在加固层及上下层的梁下、板下设置足够确保安全的钢管支撑系统，加固施工单位应提供确保施工阶段安全的专项施工方案。

1. 施工程序

设置支撑卸荷→置换加固梁柱接头→置换加固柱→置换加固梁→置换加固板。

2. 框架梁柱接头及柱的加固

（1）框架柱每向增加的厚度与每向凿除置换深度，根据置换加固后与原设计柱抗压承载力相等的条件，按现行标准《混凝土结构加固设计规范》（GB 50367）的 5.4 受压构件正截面加固计算要求，通过计算确定，见加固平面及详图。

（2）对柱加固时混凝土保护层因超过 45mm，故增设 12Φ16 纵筋和Φ6@原箍筋间距的箍筋；对梁柱接头位置随凿随增设 12Φ20 纵筋和Φ8@100 箍筋。

（3）电梯井的框架柱仅外侧加大截面，凿除深度加大。

3. 梁、板混凝土置换加固

凿除梁板混凝土、保留原钢筋，对受扰动钢筋复位，对受损的钢筋等强增设补偿，对梁隔一加一增设Φ8 箍筋，对板底跨中区域增加Φ8@200×200 钢筋，支模浇 C35 混凝土，截面尺寸同原设计。

4. 增大截面加固施工工序

结构界面凿毛并冲洗干净→布钢筋、植筋→隐蔽验收后支模→浇自密实混凝土→保湿养护。

5. 各工序施工技术要点

凿毛凹凸面深度对梁不少于 6mm、对板不少于 4mm；植筋孔比钢筋直径大 4～6mm，应清孔干净，植筋间距不宜小于 50mm；植筋施工应避开原结构主筋，新拉结筋、箍筋植筋深度为 $10d$，主筋植筋深度不小于 $15d$，且应满足现行标准《混凝土结构后锚固技术规程》（JGJ 145）的相关要求；在安装模板时要求接缝密实、支撑牢固、不跑模、不胀模、不漏浆，充分考虑自密实混凝土侧压力大的特点，并采取能确保钢筋混凝土保护厚度的可靠措施。

（四）注意事项

（1）主要建筑材料应有出厂合格证，抽样送检，合格后用于施工现场。

（2）加固施工单位应编制包括结构加固工程的加固程序、跳凿跳捣随凿随撑（构件内部支撑）的措施以及设置卸载的钢管外部支撑等确保施工安全的专项施工方案。

（3）不同强度混凝土各留两组试块试压。

（4）不同直径植筋钢筋应做一组拉拔试验。

（5）注意安全用电，避免安全事故发生。

（6）搭设好脚手架和支撑，确保施工人员安全。

（7）信息化施工，资料与进度同步。

（8）本设计加固工程应委托有特种施工（结构补强）专业资质且有类似加固工程经验的单位施工。

（五）部分加固设计图如图 6-6-1～图 6-6-3 所示。

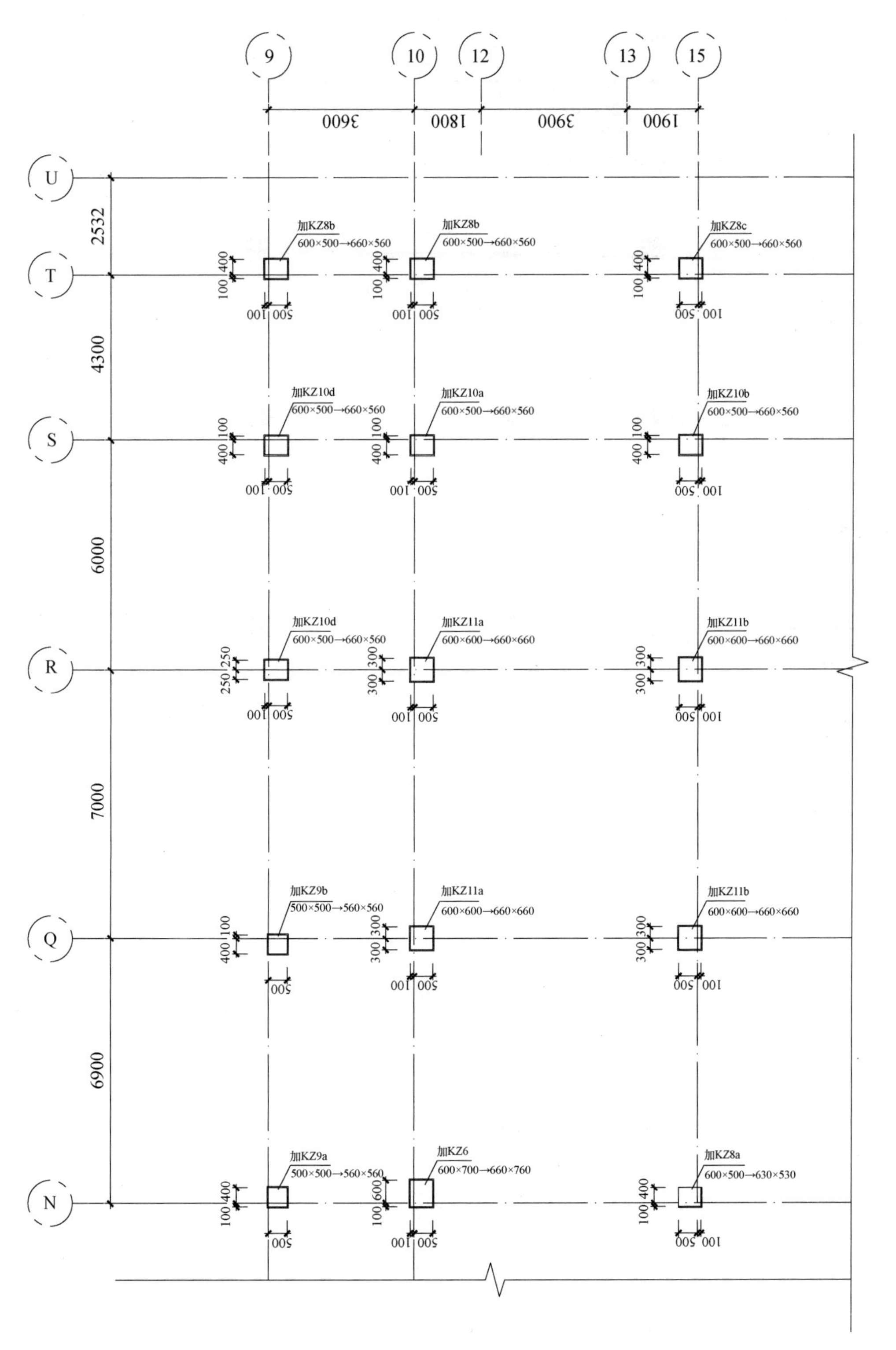

图6-6-1　柱加固平面布置图

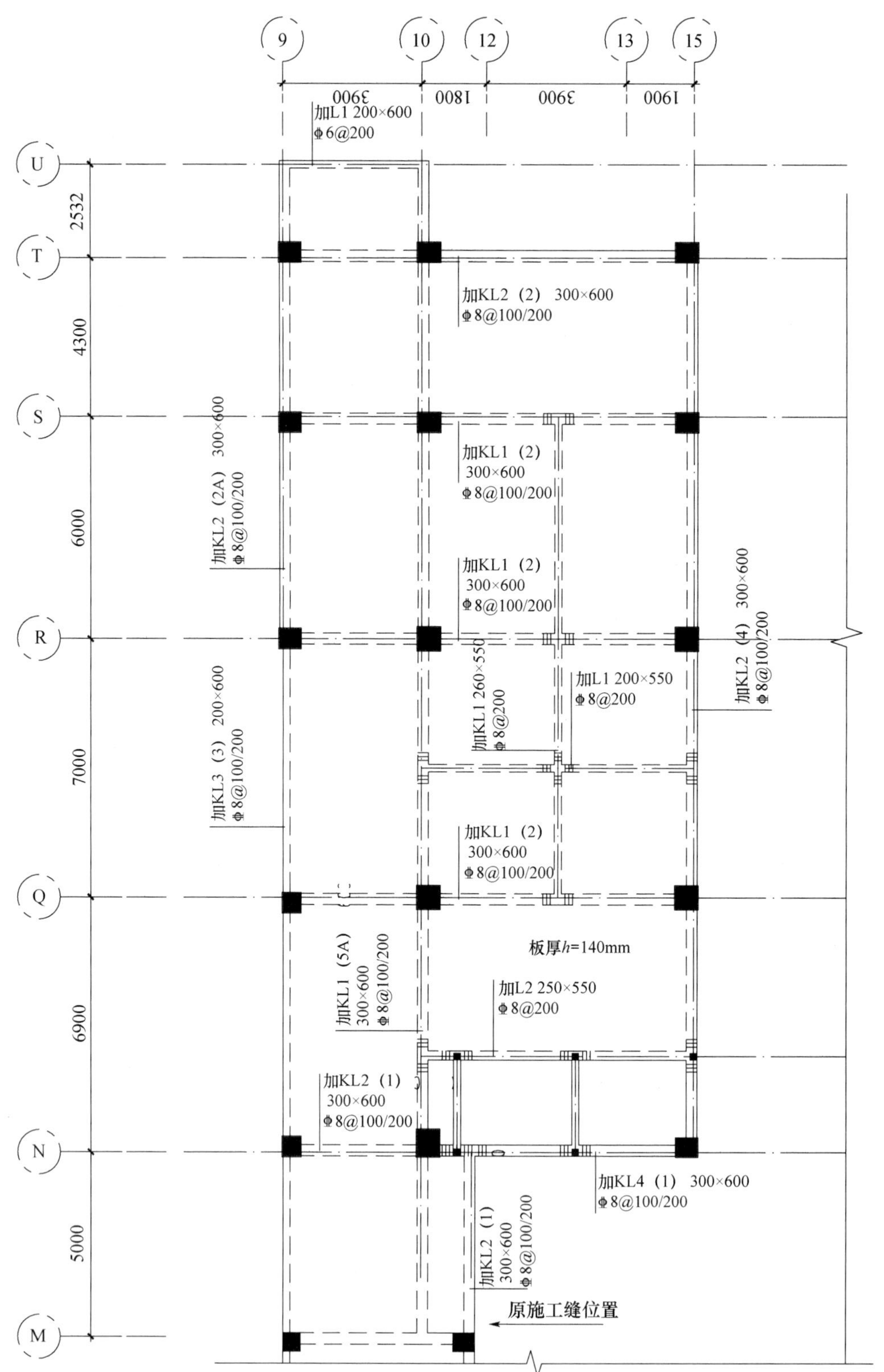

图6-6-2　梁加固平面布置图

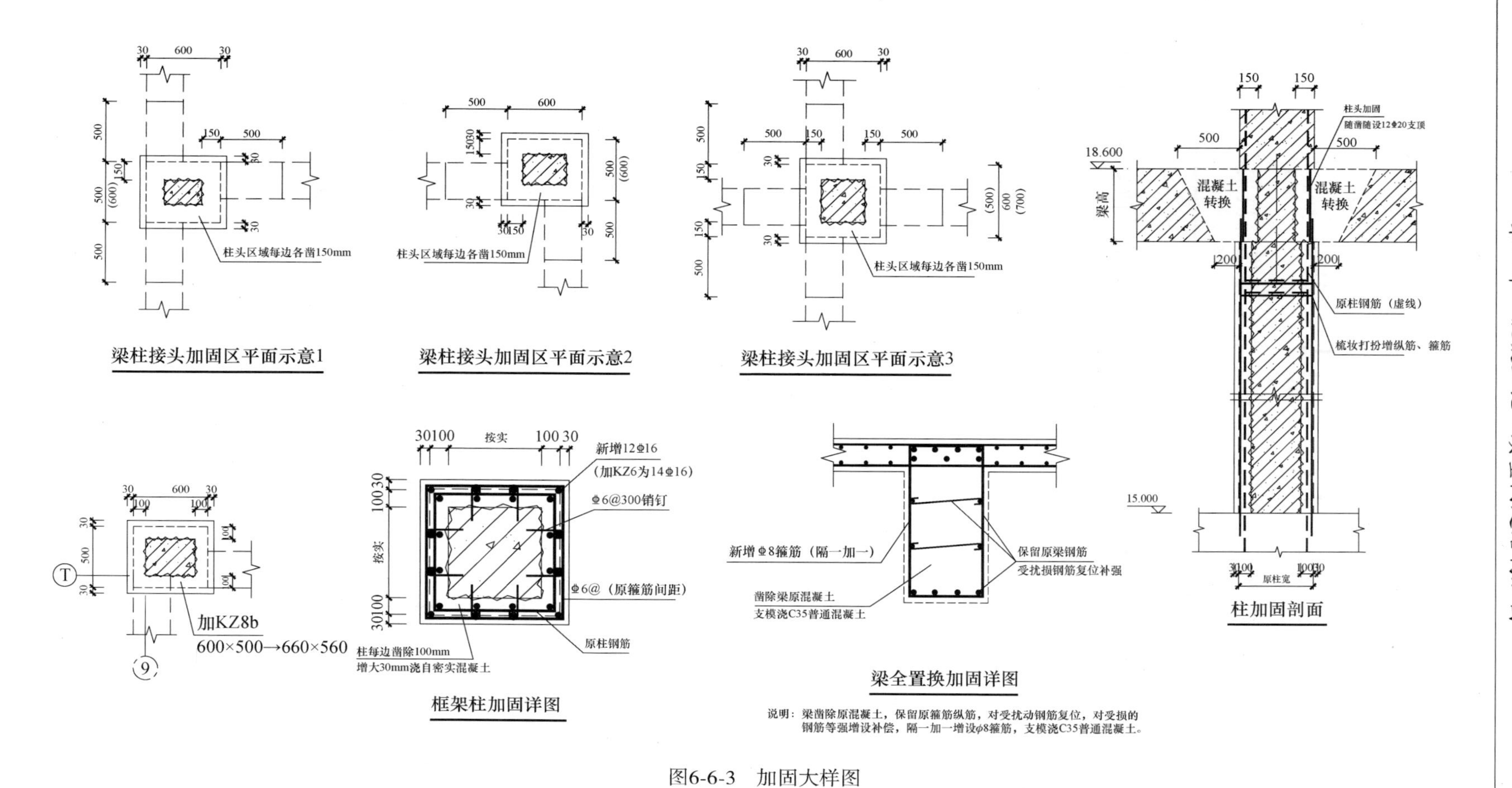

梁柱接头加固区平面示意1
柱头区域每边各凿150mm
梁柱接头加固区平面示意2
柱头区域每边各凿150mm
梁柱接头加固区平面示意3
柱头区域每边各凿150mm
18.600
梁高
混凝土
转换
混凝土
转换
柱头加固
随凿随设12⌀20支顶
原柱钢筋（虚线）
梳妆打扮增纵筋、箍筋
15.000
原柱宽
柱加固剖面
加KZ8b
600×500→660×560
新增12⌀16
（加KZ6为14⌀16）
⌀6@300销钉
⌀6@（原箍筋间距）
原柱钢筋
按实
柱每边凿除100mm
增大30mm浇自密实混凝土
框架柱加固详图
新增⌀8箍筋（隔一加一）
保留原梁钢筋
受扰损钢筋复位补强
凿除梁原混凝土
支模浇C35普通混凝土
梁全置换加固详图
说明：梁凿除原混凝土，保留原箍筋纵筋，对受扰动钢筋复位，对受损的钢筋等强增设补偿，隔一加一增设φ8箍筋，支模浇C35普通混凝土。

图6-6-3　加固大样图

后 记

混凝土与砌体结构问题工程诊治有待研究解决的问题

建筑医生对问题工程诊治的水平随着不断诊治实践而提高，使问题工程得到安全经济合理可行的解决。但是，在实际工程中仍会不断出现未能妥善解决的诊治难题，要去研究探讨，通过诊治实践研究解决，这就需要创新，对问题工程不断的诊治实践，是建筑医院赋有生命力的源泉。

21 世纪以来，湖南大学设计研究院加固所对问题工程坚持进行检测、鉴定、加固设计、加固施工一条龙的诊治服务，为撰写本书提供了宝贵的鲜活资料和问题工程诊治的成功案例，同时也发现了有待进一步研究的问题。后者，在本书的结尾中提出，有望与读者和业内人士在今后对问题工程不断的诊治实践中研究解决。

一、结构体系裂缝及其防控

结构体系裂缝简称体系裂缝，是作者与罗国强教授、国家一级注册结构工程师罗刚在《混凝土与砌体结构裂缝控制技术》一书中提出来的，被裂缝专家王铁梦和丁大钧教授称为该书的创新点和对变形裂缝理论的又一贡献。但是，对于这种因结构体系约束（非局部约束）引起的温度和收缩变形裂缝，由于混凝土结构体量大，温度收缩变形量大，对结构造成的裂缝和伤害也大，因此，对体系裂缝的处理较为麻烦，费时耗材，对其防控和处理是值得进一步研究的问题。

国家现行标准《混凝土结构设计规范》与《砌体结构设计规范》对房屋结构伸缩缝的最大间距都有明确的规定，其目的就是为了防控伸缩缝超规的房屋由于上部墙体结构、楼（屋）面结构温度收缩变形受到地基基础的约束而引起的结构体系裂缝。因此，为防控这种体系裂缝，在设计阶段应按规范规定设置伸缩缝，使单栋独立房屋的长度不超过规范规定的相应伸缩缝最大间距；在施工阶段，除保证混凝土结构和砌体结构的施工质量外，应按设计要求保证伸缩缝的施工质量，形成上下贯通的缝隙，使单栋独立的房屋结构伸缩自如。

在防控体系裂缝的工程实践中，往往存在使用功能上房屋需要超长，或超长设缝，需要在设计和施工中采取措施来防控体系裂缝，这是值得进一步研究的问题。本书虽已提出了减小结构体系约束的建议，进行了整体滑动建筑的工程试点，但还有待业内人士深入理论和试验研究以及通过不断的工程实践来解决。

二、整体滑动建筑

整体滑动建筑的概念是 21 世纪末湖南大学罗国强教授根据地下室混凝土剪力墙、

梁板结构裂缝较为严重的检测结果，为了防控混凝土结构体系裂缝提出的，作者用这一概念结合长沙矿山研究大楼的建设进行了整体滑动建筑的结构设计，该大楼建成至今二十多年，作者对该整体滑动建筑回访表明，从地下室到上部结构工作正常，并未因结构裂缝问题进行过修理，是一个解决混凝土结构体系裂缝成功的工程实例。

整体滑动建筑的概念来源于整体滑动预应力台面和预应力屋面防水工程，先后在湖南邵阳和衡阳研制成功 120m 长整体滑动的预应力长线台面工程和 56m 长整体滑动的预应力屋面防水工程，在研制过程中提出了整体滑动板块温度应力的计算模型和计算公式以及在板块工程中应用，其中论文《整体滑动刚性防水屋面设计与施工新技术》在《工业建筑》杂志发表。被全国知名屋面防水专家叶琳昌誉为对屋面防水具有开创性的意义。

混凝土结构整体滑动是指建筑基础及其以上的结构（含基础），能克服地基的约束，可在温度升降体积胀缩变形的作用下伸缩自如。平置板块的理论和试验研究以及工程实践表明，一旦板块的抗力能以克服摩擦力，板块就可以胀缩自如。温度胀缩应力的大小，与温度高低无关，从外部约束来看，主要与地基对基础胀缩时的阻力有关，减小这种阻力是实现整体滑动的关键，上世纪作者试点的整体滑动建筑就是根据这一理念设计的。

二十多年过去了，工程实践证明，整体滑动建筑对付温度胀缩变形具有良好的结构性能，是解决温度收缩裂缝的有效途径。由于这种建筑的基础与地基是脱开的，因此，是否也具有良好的抗震性能，能否改善钢筋混凝土结构梁柱节点配筋密集的构造等，都是值得进一步研究的课题。解决这些问题，将有利于整体滑动建筑的推广应用，在不断地研究与推广应用工程实践中也有利于解决建筑结构抗震与防裂这两大难题。

三、混凝土结构的耐久性

混凝土结构例如材料强度出了质量问题，是一个非常难以处理的工程问题，要做到安全、经济、合规、合理、可行地解决这一难题，在实际工程中确实困难，如某县 15 栋安置房，为 7 层砖混结构，现浇混凝土楼（屋）面，层层设置有混凝土圈梁和构造柱。2016 年建成至今，承重墙体未出现明显肉眼可见的裂缝，部分业主已装修入住，室内墙体和楼面结构也未发现肉眼可见的裂缝。但是，由于发现混凝土强度达不到耐久性的要求，在部分业主干预下，原设计单位最开始出具的粉水泥复合砂浆和恢复耐久性涂层的整改方案没有通过，后来加固设计单位根据检测结果、规范要求以及图审意见出具的采用凿除置换的加固方案又难以实施，至今这 15 栋房屋的处理未得到解决。因此，为解决问题混凝土结构耐久性的问题，需要业内人士，特别是混凝土结构设计规范的编审者，对满足混凝土耐久性强度等级的确定原则和要求慎重考虑。作者认为，混凝土的耐久性正如现行规范编制说明 3.5.1 所述：混凝土耐久性特点是着随时间发展因材料劣化而引起的性能衰减。在结构环境相同的条件下，主要与材料质量（强度或密实度）和时间有关。因此，随着高层建筑的高度的增高和社会对结构安全性要求的提高，混凝土耐久性强度等级也要随之提高的提法是否恰当的，由于钢筋强度较高而要求较高的混凝土强度等级也是否属耐久性的要求。前述 15 栋 7 层砖混结构混凝土强度等级设计为

C30，因为楼面结构采用了 HRB400 的钢筋，要求混凝土强度等级最低不应低于 C25，并以此作为混凝土耐久性最低强度等级，因为这种说法，该 15 栋砖混结构的楼面结构大部分需要采用凿除置换的方案，而使加固整改方案无法实施。因此，规范对正常条件状况下房屋结构混凝土最低强度等级的要求至关重要。现行标准《混凝土结构设计规范(2015 版)》(GB 50010）表 3.5.3 对一类环境等级的结构混凝土满足耐久性最低的强度等级规定为 C20，而 GB 50010—2002 表 3.4.2 规定最低的强度等级也为 C20，但注 5 中认为当有可靠工程经验时，处于一类和二类环境中的最低混凝土强度等级可降低一级，即 C15。支撑该条文的依据在 GB 50010—2002 的编制说明中给出，根据国内混凝土结构耐久性状态的调查，一类环境设计使用年限为 50 年基本可以得到保证，耐久性调查发现实际使用年数在70～80 年一类环境中的混凝土构件基本完好，这些构件的混凝土立方体抗压强度在 15N/mm^2 左右，保护层厚度 15～20mm。在此，作者再补充一个结构混凝土龄期具有 58 年的工程实例：湖南大学大操场司令台混凝土顶盖结构（照片 1)，该司令台顶盖结构 1962 年由现年 83 岁高龄的罗国强教授设计并参与施工。在 20 世纪 50～60 年代，该顶盖主梁混凝土强度等级设计为 200 号（C18)，板和次梁混凝土强度等级为 150 号（C13)。当作者撰写到后记时，正好该司令台装修，有机会登上台顶，观察已经过 58 年风风雨雨之后混凝土顶盖结构的状况。该司令台进行全面装修，并非因屋面开裂渗水或出现结构裂缝，经仔细观察主体结构完好（详见照片 2～照片 4)，顶盖混凝土梁板结构未发现肉眼可见的裂缝，更未见沿钢筋走向的锈胀裂缝以及混凝土耐久性损伤（酥裂、粉化等)，该司令台经装修后将继续投入使用。该工程实例与规范编制组 2002 年混凝土耐久性调查结果是基本相符的。作者认为混凝土立方强度达到 15MPa 的混凝土结构，耐久性能达到 50 年以上的原因，除混凝土强度等级能达到 C15 的密实度之外，其中与 21 世纪以来，大气环境（如减少酸雨、净化空气等）改善以及构件表面的粉刷层有关。该司令台顶盖结构为未设围护墙体的露天结构，使用 58 年之后能保持主体结构如此完好，究其缘故，除岳麓山空气质量好之外，也与该顶盖结构上方有防水层的保护，周边有可靠的粉刷层的保护，使混凝土的碳化至今都尚未到达钢筋表面有关。因此，2002 年版的《混凝土结构设计规范》对于混凝土耐久性最低的混凝土强度等级的表中注 3 除可靠工程经验之外，宜再强调构件表面要有可靠的粉刷层。这样，前述 15 栋 7 层砖混结构，如按 2002 年版的规范以 C15 作为满足耐久性要求的最低强度等级，要置换的楼面结构将少很多（因为如以 C15 作为最低强度等级，虽不满足设计要求的 C25，但静载试验强度、刚度和裂缝均可满足规范要求，因而可减少需要置换的楼面)，加固整改方案也将可以实施。因此，客观、科学地确定混凝土结构耐久性要求的最低强度等级具有一定的工程意义和经济价值，作者希望这一问题能够引起重视，得到妥善解决。尽管我国即将批准发布的强制性标准《混凝土结构通用规范》(草案）对一般环境下使用年限大于 50 年的混凝土耐久性能要求大于 C30，反映了对混凝土强度提出了更高的要求，但并不会改变混凝土原本具有的耐久性属性，只是意味着对新设计的混凝土结构将有更高的安全储备和更长的使用寿命。

此外，为按安全、经济、合理、可行的原则解决混凝土结构耐久性问题，对前述混凝土强度问题梁板构件能否采用表面粉（或刷）防护层，隔绝空气或有害气体侵入混凝土保护层，提高问题混凝土梁板构件的耐久性，也是值得研究的问题。

照片 1　湖南大学大操场司令台（建于 1962 年）

照片 2　司令台上翘悬挑板

照片 3　司令台屋顶主次梁板
（未见锈胀裂缝、酥裂和粉化）

照片 4　司令台屋顶梁柱接头
（未见锈胀裂缝、酥裂和粉化）

四、恢复耐久性和防裂用钢问题

恢复混凝土结构耐久性和防裂用钢问题，主要在于用钢的直径和强度，直径要小，强度可低，有利于混凝土耐久性和防裂。因为，钢筋的直径小，在有限的面层厚度内，更能确保保护层的厚度；钢筋的强度低，更能与混凝土或砌体协同工作。根据线上建筑医院平台罗刚团队完成的加固设计和线下加固施工的经验，强度以采用冷拔低碳钢筋为宜，直径以 4mm 为佳。现以 4mm 和 6mm 的钢筋进行经济和性能比较如下。

（一）经济比较

表　钢筋截面面积及单位长质量

直径（mm）	截面面积（mm^2）	质量（kg/m）
4	12.5	0.099
6	28.2	0.222

由上表可知，钢筋每米长质量直径 6mm 的比 4mm 的重 2.24 倍，在钢筋间距相同的情况下，恢复耐久性和防裂的问题工程中，采用 6mm 钢筋进行的加固工程比用 4mm 的多用 124％的钢材，可见采用 4mm 钢筋有比较好的经济效益。

（二）性能比较

如前所述，混凝土结构的耐久性在同等环境条件下，除混凝土的强度等级外，还主要与混凝土保护层厚度有关，以混凝土结构提高耐久性的防护层——水泥复合砂浆层厚30mm为例，采用6mm的钢筋，扣除2倍钢筋直径和钢筋与原结构表面的净空5mm，净保护层c＝30-2×6-5＝13mm＜15mm（墙板保护层厚度限值），而采用4mm的钢筋，净保护层c＝30-2×4-5＝17mm＞15mm，采用4mm的钢筋比采用6mm的钢筋能保证有足够的保护层厚度，满足规范对耐久性保护层厚度的要求。可见采用4mm的钢筋比采用6mm的钢筋除前述有较好的经济性外，还具有较好的耐久性。因此，湖南大学设计研究院加固研究中心“建筑医院”线上平台完成的加固设计，凡为恢复问题混凝土结构耐久性，或是为提高裂缝砌体结构的抗裂性的加固工程，大都采用直径为4mm的冷拔低碳钢筋。

但是，在实际工程中，采用直径为4mm的冷拔低碳钢筋曾受到业内资深人士的强烈反对，其理由是《混凝土结构设计规范》早已不用冷拔钢筋，过时了。为此，作者曾写了一篇《论冷拔低碳钢筋在中国建筑工程中的地位与作用》一文，在2017年建筑结构第六届全国建筑结构技术交流会论文集上发表。冷拔钢筋是否已过时，是否人们早已不用，实际工程中并非如此。然而，确实在国家标准《混凝土结构设计规范》中早已删去冷拔低碳钢丝，有关混凝土结构与砌体结构加固的行业技术规程以及建筑类专业教科书上早已没有冷拔低碳钢丝这种材料。在本书前面已谈到，这种材料是具有中国特色的建筑用钢，曾在我国建筑工程中发挥过重要作用，现在钢材生产发展了，预应力混凝土结构和钢筋混凝土结构用钢已有性能更好的钢材代替，然而冷拔低碳钢丝，特别是直径为4mm的，在恢复混凝土结构耐久性和抗裂性方面具有上述优点，市面上仍有这种钢材供应，但在国家标准《混凝土结构设计规范》中，附录A钢筋的公称直径、公称截面面积及理论重量表A. 0. 1中公称直径栏是从6mm开始。鉴于上述理由，作者建议今后修改规范时，除了将冷拔低碳钢筋的型号、性能列入规范有关表中外，也希望能在表A. 0. 1中补充4mm的规格，以便设计，特别是加固设计采用，使混凝土结构设计的构造配筋得到完善，不致使具有中国特色的建筑用钢从源头（设计规范）上在人们的视线中消失。此外，尽管我国即将批准发布的强制性标准《混凝土结构通用规范》（草案）中注明：直径4mm的冷轧带肋钢筋仅用于混凝土制品，目前该强制性标准正在审查中，除了用于混凝土制品之外，作者希望还能用于结构构件的防裂抗裂中。

2021年1月24日

参考文献

［1］罗国强，等．混凝土与砌体结构裂缝控制技术［M］．北京：中国建材工业出版社，2006.

［2］王铁梦．工程结构裂缝控制［M］．北京：中国建筑工业出版社，1997.

［3］刘兴法．混凝土结构的温度应力分析［M］．北京：人民交通出版社，1991.

［4］罗国强，等．刚性防水屋面设计与施工［M］，北京：建筑结构工业出版社，1983.

［5］罗国强著，整体滑动刚性防水屋面设计和施工新技术［J］．工业建筑，1996，1.

［6］罗国强，罗刚．建筑施工中的结构问题［M］．北京：中国建筑工业出版社，1997.

［7］GB 50010—2010. 混凝土结构设计规范［S］：2015 年版．北京：中国建筑工业出版社，2015.

［8］JGJ 125—2016. 危险房屋鉴定标准［S］．北京：中国建筑工业出版社，2016.

［9］GB 50292—2015. 民用建筑可靠性鉴定标准［S］．北京：中国建筑工业出版社，2016.

［10］罗国强译，高梁在弯矩和剪力作用下沿斜截面的强度［J］．建筑结构，1986.

［11］CECS 25：90. 混凝土结构加固技术规范［S］.

［12］GB 50367—2013. 混凝土结构加固设计规范［S］．中国建筑工业出版社，2013.

［13］JGJ/T 259—2012. 混凝土结构耐久性修复与防护技术规程［S］.

［14］罗诚，等．论冷拔低碳钢丝在中国建筑工程中的地位与作用［J］．建筑结构，2017.

［15］龚晓南．深基坑工程设计施工手册［M］．北京：中国建筑工业出版社，1998.

［16］王铁梦．工程结构裂缝控制［M］．北京：中国建筑工业出版社，2007.